JN447062

A WALK THROUGH COMBINATORICS

An Introduction to Enumeration and Graph Theory -Third Edition

조합론 산책

Miklós Bóna 저 | 노유미 역

KYOWOOSA 教友社

A Walk Through Combinatorics by Miklós Bóna
Copyright ⓒ 2011 by World Scientific Publishing Co. Pte. Ltd.
All Rights reserved. This book, or parts thereof, way not be reproduced in any form or by any means, electronic or mechanical, including photocopying, recording or any information storage and retrieval system now known or to be invented, without written permission from the Publisher.

Korean translation edition ⓒ 2013 by Kyowoosa
Published by arrangement with World Scientific Publishing Co. Pte. Ltd., Singapore
Through Bestun Korea Agency, Seoul, Korea.
All rights reserved.

이 책의 한국어 판권은 베스툰 코리아 에이전시를 통하여 저작권자인 World Scientific Publishing Co. Pte. Ltd.와 독점 계약한 교우사에 있습니다. 저작권법에 의해 한국 내에서 보호를 받는 저작물이므로 어떠한 형태로든 무단 전재와 무단 복제를 금합니다.

추 천 서

조합론이라는 주제는 매우 방대하여 교재의 저자는 포함할 주제 선정에 큰 어려움을 겪는데 정수론이나 복소수론 분야에서와 같이 표준적인 주제가 없다. 미클로스 보나(Miklós Bóna)는 누구나 교재에 포함할 고전적인 결과에 더 깊은 공부에 필수적인 보다 진전된 주제를 첨가하고 독자를 현재 연구의 첨단으로 인도하는 최근 작업까지 맛보도록 하는 등, 이 세 가지를 감탄할 만큼 잘 섞었다. 또한 이를 열정적으로 많은 흥미로운 예와 연습문제와 함께 전달하였다.

보나는 제한된 순환 구조를 가진 치환, 행렬-트리 정리, (고전적인 그래프의 램지 정리보다 훨씬 깊은 수준의) 램지 정리, 확률론적 방법, 부분 순서 집합의 뫼비우스 함수 등 상대적으로 진전된 주제를 포함한다. 이 모든 주제는 조합론이 예외적으로 풍부하고, 다양하고 깊고 활용 가능하다는 것을 학생들에게 납득시킬 후속 과목이나 과제를 위한 발판이 될 것이다. 보나가 포함시킨 주제 중 가장 흔하지 않은 주제는 치환과 패턴 회피와 스택 분류가능한 치환과의 연관성이다. 이는 대부분의 작업이 기초적인, 상대적으로 새로운 분야이다. 창의적인 연구를 하려는 학부생은 패턴 회피 치환 분야에서 기여할 기회가 많다.

조합론을 배우기 시작하는 학생 시절에 이렇게 매력적인 책이 있었더라면 한다. 오늘날 학생들은 여기에 있는 보물을 채취할 수 있어서 행운이다.

리차드 스탠리(Richard Stanley)
케임브리지, 메사추세츠

저자 머리말

요세미테 국립공원에 대하여 아는 최선의 방법은 많은 경로를 산책하는 것이다. 최적의 경우에, 펼쳐지는 장관은 우리의 단단해진 근육에 풍부한 보상을 해 줄 것이다. 이 책에서는 아름다운 결과를 산책하면서 조합론의 기본을 설명하고자 한다. 첫 장부터, 매우 간단한 기술이 동시에 매우 강력할 수 있다는, 이 분야의 가장 매력적인 특징을 나타내는 많은 예를 보여줄 것이다. 또한 동전의 다른 면, 즉 때로 전적으로 기초적인 듯한 문제가 예상 외로 깊거나 미지일 수조차 있다는 것을 보여줄 것이다.

이 책은 한 두 학기용 조합론 기초 과정의 교재로 저술했다. 기계적인 수준부터 독립적으로 발표할 수 있는 수준까지 매우 광범위한 연습문제를 포함한다. 각 절에 기존의 교재에서 명시적으로 논하지 않은 내용을 포함하는 연습문제가 있는데 강사가 강조점을 옮긴다면 부가적으로 선택할 수 있도록 하기 위하여서이다.

당연히 고전적인 내용인 조합론의 선택 문제와 그래프 이론을 포함했다. 또한 보다 정교한 개념인 램지 이론, 확률론적 방법, 패턴 회피를 포함했다. 이는 패턴 회피의 첫 시도일 것이다. 이 분야의 표면만 스쳤지만 어떤 학생들이 첫 눈에도 주목할 만큼 흥미롭다고 믿는다. 대부분의 학부생은 조합론을 한 과목 이하로 수강하므로 그들을 사로잡는 문제를 가능한 한 많이 보는 것이 중요하다. 이러한 의미에서 제 2판에서 알고리듬과 계산 복잡도 이론에 관한 장을 추가했다. 이 책을 끝까지 읽을 가장 우수한 학부생은 이 두 분야에 관하여 매우 어려운 문제를 풍부하게 알게 될 것이다. 제 3판에서 블록 디자인과 그로부터 얻는 코드에 관한 장과 라벨 없는 구조의 계수에 관한 장을 추가했다.

이 책을 조합론은 연구, 강의, 배움이 항상 즐겁다는 믿음에서 썼다. 산책이 끝날 때 독자도 동의하기를 기대한다.

평균보다 현저히 어려운 연습문제는 몇 개의 +로 표시한다. +가 한 개 표시된 문제는 어려운 숙제 수준이다. +가 두 개 이상 표시된 문제는 독자적으로 발표 가능한 수준이다. 평균적인 문제보다 현저히 쉬운 문제는 −로 표시한다.

각 장의 말미에 부가 연습문제를 제공한다. 이는 대개 그 장에서 가장 쉬운 문제를 포함하나 그러한 문제만으로 국한되지는 않는다.

저자

역자 머리말

역자가 수학을 전공한다고 하면 대부분의 사람들이 수학에 대한 고충을 과장하여 토로하곤 한다. 그러나 이 중 상당수의 사람들은 어린 시절에, 한 붓 그리기 등 수수께끼 같은 문제를 접하며 수학에 흥미를 느꼈던 경험이 있을 것이다. 이러한 문제들을 체계적으로 연구하는 분야가 조합론이다. 독자가 이 책을 읽는 동안 아련한 추억이나마 떠올리며 즐거운 수학도 있다는 사실을 상기해 준다면 만족하겠다.

이 책을 리차드 스탠리(Richard Stanley)가 "조합론을 배우기 시작하는 학생 시절에 있었더라면 하는 매력적인 책"이라고 추천했는데, 역자가 번역한 것도 같은 이유에서이다. 저자의 논의 전개 과정을 따라가기 위하여 가능한 한 직역에 가깝게 번역했다. 오역은 전적으로 역자의 몫이나, 저자의 실수까지 역자에게 돌리지는 마시기를 … 좀 웃은 독자는 이제 산책을 시작할 준비가 되었다.

원고를 읽어 준 표 성수 박사와 그림을 도와 준 윤 성택군과 이 규임양에게 감사를 표한다.

n개의 원소를 가진 대상을 n-대상이라 표기했다. 예로 n-집합, n-순열 등이다. n가지 색으로의 색칠을 n-색칠이라 하고 n개의 수의 순서쌍을 n겹 순서쌍, n개의 집합의 교집합을 n겹 교집합이라 했다.

송도에서 역자

차 례

제1부 기본적인 방법

제2부 계수 조합론

A work Through Combinatorics

Part 1

기본적인 방법

CHAPTER 1장

일곱은 여섯보다 크다. 비둘기집 원리

1.1 기본적인 비둘기집 원리

일곱은 여섯보다 크다. 넷은 셋보다 크다. 둘은 하나보다 크다. 이들 명제는 매우 재미있거나 흥미롭거나 심오하지는 않아 보인다. 그러나 유명한 비둘기집 원리는 이들을 아주 잘 이용한다는 사실을 알게 될 것이다. 비둘기집 원리가 매우 강력한 결과를 매우 간단한 수단으로 얻을 가능성이라는, 조합론의 가장 매력적인 장점을 드러내기 때문에 우리는 조합론 산책을 비둘기집 원리를 논의하면서 시작하기로 한다.

정리 1.1 비둘기집 원리(Pigeon-hole Principle)

n, k를 $n > k$인 양의 정수라 한다. n개의 동일한 공을 k개의 동일한 상자에 넣는다고 가정하자. 그러면 적어도 한 상자에는 두 개 이상의 공을 넣는다.

증명 기술된 정리는 직관적으로 자명해 보이지만 이 책 전체에서 엄밀한 성격의 증명을 이용할 것이므로 이러한 성격의 증명을 하려고 한다.

정리를 간접적인 방법으로 증명하려고 한다. 즉 사실이 아니라고 가정하고 모순을 끌어낼 것이다. 이는 수학에서 매우 흔한 방법인데, 사실상 증명할 아이디어가 없을 때 항상 간접증명을 시도할 수 있다.

두 개 이상의 공이 있는 상자가 없다고 가정하자. 그러면 k개 상자 각각에는 한 개 이하의 공이 있다. 공이 없는 상자의 수를 m이라 하면 명백히 $m \geq 0$이다. 물론 $k-m$개 상자에는 각각 한 개의 공이 있다. 따라서 k개 상자에 $k-m < n$개 공이 있고 이는 n개의 공을 상자에 넣어야 하고 $k-m \leq k < n$인데 비추어 모순이다. 그러므로 어느 상자에도 두 개 이상의 공이 있지 않다는 가정은 거짓이다.

다음에서 이 무해한 정리가 사실은 매우 강력한 도구임을 보여주는 몇 가지 응용을 제시한다.

예제 1.2

다음의 수열 7, 77, 777, 7777, ⋯에는 2003으로 나누어지는 수가 있다.

풀이 수열의 첫 2003개의 원소 중 2003으로 나누어지는 수가 있다는 보다 강력한 내용을 증명한다. 아니라고 가정하자. 수열의 첫 2003개의 원소 각각을 2003으로 나눈다. 그 중 어느 원소도 2003으로 나누어지지 않으므로, 각각의 나머지는 1 이상이고 2002 이하일 것이다. 2003개의 나머지가 있으므로, 비둘기집 원리에 의해 그 중 적어도 두 개의 원소의 나머지가 같다. $i, j(i<j)$ 번째 원소 a_i, a_j를 이 두 원소라 하자.

a_i와 a_j를 2003으로 나눌 때 같은 나머지를 가지므로, $a_i = 2003k_i + r$이고 $a_j = 2003k_j + r$라는 조건을 만족하는 음이 아닌 정수 k_i, k_j $r \le 2002$가 존재한다. 따라서 $a_j - a_i = 2003(k_j - k_i)$이고 특히 $a_j - a_i$는 2003으로 나누어진다.

이것은 좋은 결과이지만, 수열에 2003으로 나누어지는 원소가 있다는 것을 보여야 하는데, $a_j - a_i$는 수열의 원소가 아니다. 그림 1.1은 그럼에도 불구하고 $a_j - a_i$가 2003으로 나누어진다는 것이 매우 유용한 정보인 이유를 이해하는데 도움이 된다.

	77777777777777777777777777	j개 자릿수
−	7777777777777777777	i개 자릿수
	77777770000000000000000000	$j-i$개 자릿수가 7, i개 자릿수가 0

그림 1.1 a_j와 a_i의 차

사실상, $a_j - a_i$의 $j-i$개 자릿수가 7이고 i개 자릿수가 0이다. 즉,

$$a_j - a_i = a_{j-i} \cdot 10^i$$

인데 10^i는 명백히 2003과 서로 소이므로 a_{j-i}가 2003으로 나누어지고 증명이 완성된다.

이 예에서, 총 2002개인 가능한 나머지의 값은 상자의 역할을, 수열의 첫 2003개 원소는 공의 역할을 했다. 상자의 수보다 공의 수가 많으므로, 비둘기집 원리가 적용된다.

예제 1.3

어느 체스 경기에 n명의 선수가 참가하는데, 임의의 두 선수는 서로를 상대로 한 번 경기를 한다. 어느 시점에든, 같은 수의 경기를 마친 두 선수가 있음을 보여라.

풀이 먼저 선수(공)의 수가 n이고 한 선수가 마칠 수 있는 경기(상자)의 수가 n가지이므로 비둘기집 원리가 여기에 적용되지 않는다고 생각할 수 있다. 그러나 한 선수가 마칠 수 있는 경기의 수는 0 이상, $n-1$ 이하이다.

두 선수가 서로를 상대로 경기를 한다는 사실은 증명의 잃어버린 조각을 제공한다. 어떤 선수 A가 $n-1$개 경기를 마쳤다면, 다른 모든 선수는 적어도 A와의 경기를 마쳤으므로 0개 경기를 마친 선수는 없다. 따라서 0과 $n-1$은 어느 시점에도 둘 다 선수들이 마친 경기의 수가 될 수는 없다. 그러므로 이러한 수(상자의 수)는 어느 시점에나 $n-1$개 이하이고, 예는 증명된다.

1.2 일반화된 비둘기집 원리

비둘기집 원리를 다음과 같이 일반화하는 것은 쉽다.

정리 1.4 비둘기집 원리, 일반화된 형태(Pigeon-hole Principle, generalized version)

n, m, r를 $n > rm$인 양의 정수라 한다. n개의 동일한 공을 m개의 상자에 넣는다고 가정하자. 그러면 적어도 한 개의 상자에는 $r+1$개 이상의 공을 넣는다.

증명 정리 1.1에서와 마찬가지로, 정리가 성립하지 않는다고 가정하자. 그러면 m개의 상자 각각에는 r개 이하의 공이 있다. 따라서 전체 상자에 $rm < n$개 이하의 공이 있고 이는 n개의 공을 상자에 넣어야 한다는 조건에 모순이다.

비둘기집 원리는 단지 정수론에서만 매우 유용하지는 않다. 다음 예는 기하학적 응용이다.

예제 1.5

열 개의 점이 단위 정사각형 내에 있다. 그러면 적어도 두 점의 거리가 0.48보다 작고 적어도 세 점이 반경 0.5인 원에 포함되어 있다.

풀이 단위 정사각형을 그림 1.2에서와 같이 직선을 이용하여 동일한 아홉 개의 작은 정사각형으로 나눈다. 아홉 개의 작은 정사각형 안에 열 개의 점이 있으므로, 정리 1.1에 의하여 적어도 한 개의 작은 정사각형이 두 개 이상의 점을 포함한다. 한 변의 길이가 $\frac{1}{3}$인 정사각형 내의 두 점의 최대 거리는 한 대각선의 양 끝점 사이의 거리이다. 피타고라스 정리에 의하여, 그 거리는 $\frac{\sqrt{2}}{3} < 0.48$이고, 서술의 첫째 부분이 성립한다.

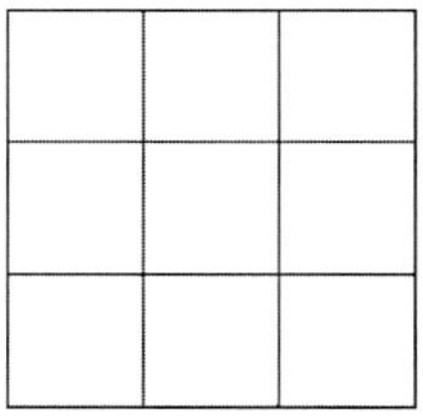

그림 1.2 아홉 개의 작은 정사각형에 열 개의 점

서술의 둘째 부분을 증명하기 위하여, 단위 정사각형을 그림 1.3에서와 같이 두 개의 대각선을 이용하여 네 개의 동일한 삼각형으로 나눈다. 정리 1.2에 의하여 이 삼각형 중 적어도 하나에 세 개 이상의 점이 포함된다. 이 삼각형의 외접원의 반경이 0.5 미만이므로 정리가 증명된다.

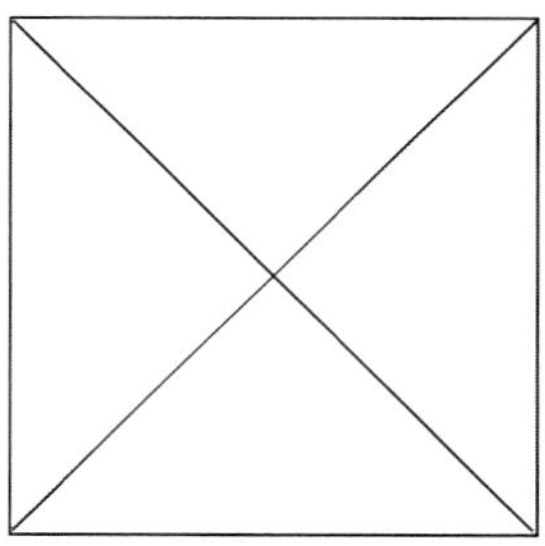

그림 1.3 네 삼각형에 열 개의 점

비둘기집 원리에 관한 논의를 매우 놀라운 두 가지 응용을 제시함으로써 마친다. 첫 번째 예에서 놀라운 점은 그것이 대부분의 사람 뿐 아니라 모든 사람에게 유효하다는 것이다. 따라서 독자 자신을 주인공으로 하여 예를 논의할 수 있다.

예제 1.6

독자에게 그의 부모 모두의 조상 P가 존재하는, 조상 A가 지난 1000년 사이에 있다.

풀이 다시, 간접증명법으로 증명한다. 아니라고 가정하고 모순을 유도한다. 간단히 하기 위하여, 대략의 값을 구하는데, 그렇게 해도 논의의 유효성은 감소되지 않는다.

그림 1.4에 있는 독자의 가계의 트리를 보자.

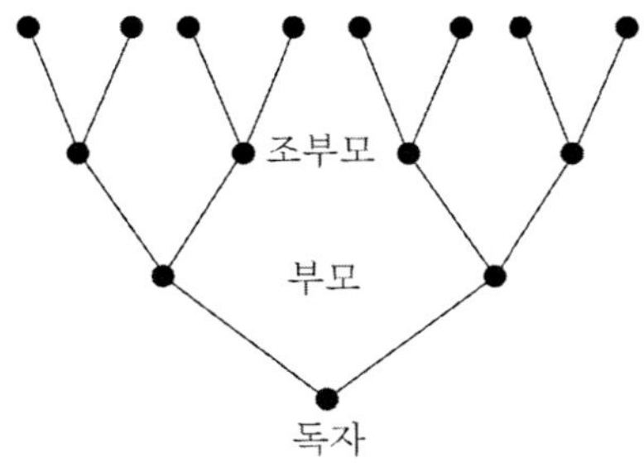

그림 1.4 독자의 가계도의 처음 몇 단계

이 트리의 근은 독자 자신이고 트리의 첫째 단계에 독자의 부모, 둘째 단계에 네 조부모가 있는 등등이다. 간단히, 한 세대가 자녀를 낳는데 25년 걸린다고 하자. 이는 1000년 동안 40세대가 자라고 $1+2+2^2+\cdots+2^{40}=2^{40}-1$개의 노드가 가족 트리에 있음을 의미한다. 만약 두 개의 노드가 같은 사람 B라면, B가 P의 역할을 할 수 있으므로 증명된다.

이제 가계 트리의 처음 40세대의 어느 두 노드도 같지 않다고 가정하자. 그러면 이들 $2^{40}-1$개 노드는 서로 다르다. 이는 지난 1000년 동안 지구상에 살았던 사람보다 많은 $2^{40}-1$명의 서로 다른 사람들이 있었다는 것을 의미한다. 사실 지구의 현재 인구는 10^{10}보다 작고 이전 어느 시점에도 이보다 작았다. 따라서 지난 1000년 또는 40세대의 누적 인구는 $40\times 10^{10} < 2^{40}-1$보다 작고 정리는 모순에 의하여 증명된다.

한 세대가 자손을 낳는데 25년이 걸린다는 가정은 현실적인 것이었다. 입수할 수 있는 모든 자료에 의하면, 오늘날 평균 수명은 이전보다 길고 25는 높은 목표의 추정치이다. 독자는 25를 더 작거나 더 큰 숫자로 바꾸면 논의가 어떻게 수정될 지 잠시 생각해 보아야 한다.

마지막 예는 그래프 이론의 예인데, 이 책에서 몇 장을 할애할 정도로 이 이론은 조합론의 광대하고 중요한 분야이다.

예제 1.7

스미스씨 부부는 네 부부를 집으로 초대했다. 손님은 스미스씨나 스미스씨 부인의 친구이다. 손님들이 도착하자, 전부터 알던 손님들끼리는 악수하고, 그렇지 않은 손님들끼리는 인사만 하였다. 이를 관찰하던 스미스씨는 "매우 흥미로운 일입니다. 나를 제외한다면, 어느 두 사람도 같은 횟수의 악수를 하지는 않았습니다." 라고 하였다. 스미스씨 부인은 몇 번 악수를 했는가?

풀이 독자는 예컨대 스미스 씨의 둘째 사촌의 나이에 관한 질문보다 나을 것 없이, 주어진 정보로는 이 질문에 답할 수 없다고 생각할 지도 모른다. 그러나 비둘기집 원리와 매우 편리한 모델인 그래프를 이용하여 이 질문에 답할 수 있다.

각 사람을 노드로 나타내고, 스미쓰 씨 이외의 각 사람의 악수의 횟수를 해당하는 노드 옆에 쓰면서 답을 시작한다. 이러한 방법으로 아홉 개의 서로 다른 음이 아닌 정수를 써야 한다. 누구도 자신이나 배우자와 악수하지 않으므로 이 모든 정수는 9보다 작아야 한다. 따라서 정수는 0에서 8 사이이고, 아홉 개가 있으므로, 0, 1, 2, 3, 4, 5, 6, 7, 8 각 수를 정확히 한 번씩 써야 한다. 이제까지 구축한 다이어그램이 그림 1.5에 있다.

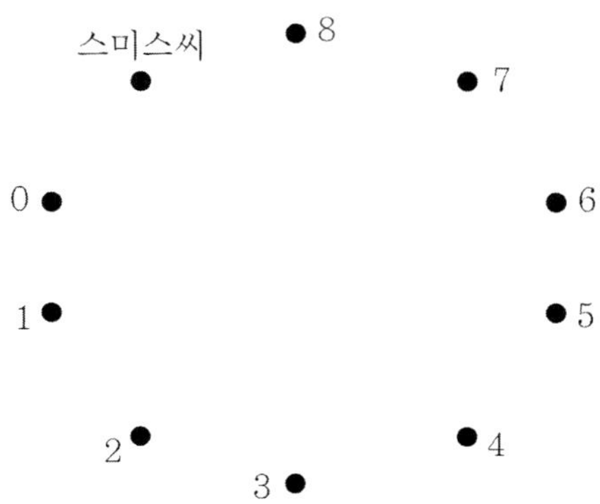

그림 1.5 모임의 참가자

두 노드를, 해당하는 두 사람이 악수를 하였으면 선으로 연결한다. 이러한 다이어그램을 그래프라 하고 노드는 그래프의 점, 선은 그래프의 선분이라 한다. 따라서 다이어그램은 열 개 점을 가진 그래프이다.

i회의 악수를 한 사람을 Y_i라 나타내자. (스미스 씨는 어떤 부가적인 기호로도 나타내지 않는다.) 누가 Y_8의 배우자가 될 수 있는가? Y_8은 한 사람과만 악수하지 않았고, 그 사람이 배우자이다. 한편, Y_8은 다른 누구도 그렇듯이 Y_0와 악수하

지 않았다. 따라서 Y_8과 Y_0은 부부이고, Y_8은 Y_0을 제외한 모든 사람과 악수하였다. 이 사실을, Y_8의 점을 Y_0 이외의 모든 사람의 점과 연결하고 Y_8과 Y_0의 점을 사각형으로 묶어서 그들이 부부임을 표시한다.

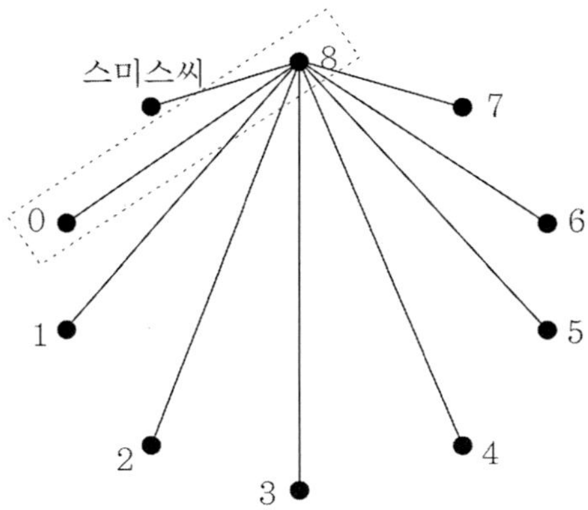

그림 1.6 Y_8과 Y_0는 부부

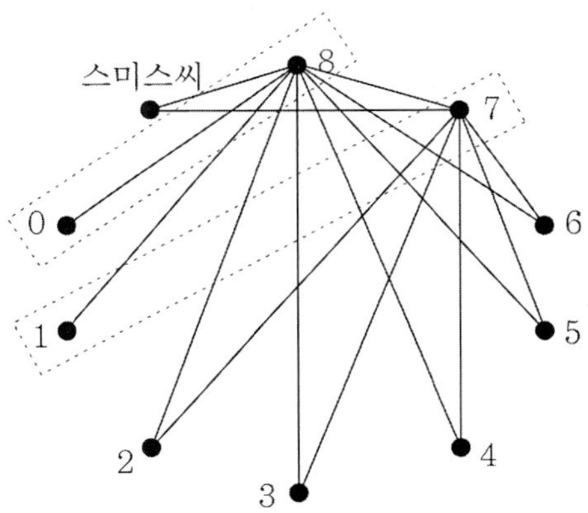

그림 1.7 Y_1과 Y_7은 부부

Y_7의 배우자를 발견하도록 하는데, 그는 일곱 번 악수했다. 즉, 배우자를 포함한 두 사람과 악수하지 않았다. 그림 1.6을 보며 이 두 사람이 누구인지 말할 수 있다. 그 중 한 사람은 한 번도 악수를 하지 않은 Y_0이고, 다른 한 사람은 Y_8과만 악수한 Y_1이다. 배우자들끼리는 악수하지 않으므로, Y_7의 배우자는 Y_0 또는 Y_1이다. 그러나 Y_0은 Y_8과 부부이므로, Y_1이 Y_7과 부부이다.

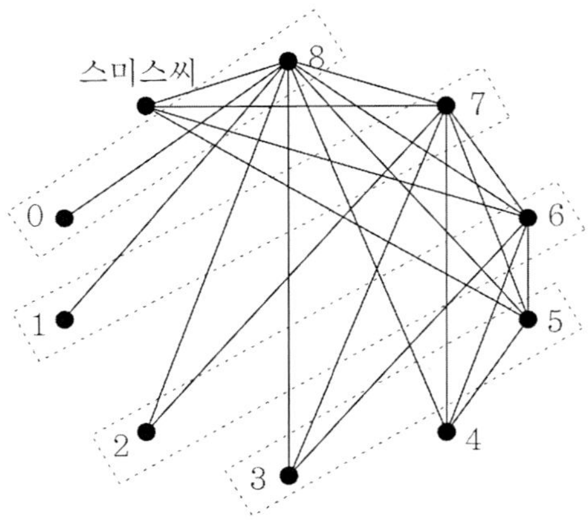

그림 1.8 스미스씨 부인은 네 번 악수했다

> 유사한 논의에 의하여 Y_6과 Y_2는 부부이고 Y_5와 Y_3은 부부라는 것을 독자들은 증명할 수 있다. 따라서 이들을 제외하면 Y_4는 스미스 씨 부인이고, 스미스 씨 부인은 네 번 악수했다.

이러한 강력한 결과를 어떻게 "거의 전무한 자료"로부터 얻었는가? 사실은 우리의 자료, 즉, 스미스 씨 외의 사람들이 서로 다른 횟수의 악수를 했다는 자료는 상당히 제약적이다. 실제로, 예 1.3을 다시 명백히 재구성해 보면 (어느 두 사람도 두 번 이상 악수하지 않는 한) 모두 다른 횟수의 악수를 하는 모임을 갖는 것은 불가능하다. 예 1.7은 모두 다른 횟수라는 제한을 조금 완화하여 스미스 씨에게는 적용하지 않는다. 우리의 논의에 의하면 그러한 덜 제약적인 조건 하에서, 새롭고 약한 조건을 만족시키는 모임을 생각할 수 있는데, 단 한 가지 방법으로만 가능하다. 그러한 방법이 그림 1.8의 그래프에 묘사되어 있다.

연습문제 Exercises

1. 어느 붐비는 항공사에 매일 1500회 비행기가 이륙한다. 적어도 두 비행기가 일 분 안에 이륙함을 보여라.

2. 다음 조건을 만족하는 $a<b<c$인 세 개 양의 정수의 세 겹쌍을 모두 구하여라.

$$\frac{1}{a}+\frac{1}{b}+\frac{1}{c}=1$$

3. 단위 육면체에 100개의 점이 있다. 적어도 네 점이 부피가 $\frac{1}{99}$ 이하인 사면체를 구성함을 보여라.

4. (+) 200개의 공을 100개의 상자에 넣는데 각 상자에 1개 이상 100개 이하의 공을 넣도록 한다. 공의 합이 정확히 100인 상자가 있음을 보여라.

5. (+) 지난 해에 제일 지역 야구팀들은 평균 18개의 다른 팀과 경기하였다. 각 팀이 그룹 내에서 적어도 열 개 팀과 경기한 그룹이 있는가?

6. (a) 집합 M은 아홉 개의 양의 정수로 구성되어 있는데, 이들은 6보다 큰 소수로 나누어지지 않는다. 곱이 정수의 제곱인 두 수가 존재함을 보여라.
   (b) (+) (선형 대수학과 대수학의 지식이 요구된다.) 집합 A는 $n+1$개의 양의 정수로 구성되어 있는데, 이들은 n 번째로 작은 소수로 나누어지지 않는다. 집합 A의 공집합이 아닌 부분집합 B 중 모든 원소의 곱이 완전제곱인 것이 존재함을 증명하라.

7. (++) 집합 L은 2003개의 양의 정수로 구성되어 있는데, 이들은 24보다 큰 소수로 나누어지지 않는다. 곱이 정수의 네제곱인 네 수가 존재함을 보여라.

8. (+) 주어진 실수 100개의 합이 0이다. 적어도 99가지 두 수의 합이 음수가 아니다. 이 결과가 최상인가?

9. (+) R^2 평면의 모든 정수 격자점을 여섯 가지 색으로 칠한다. 꼭짓점이 동일한 색인 사각형이 존재함을 증명하라. 원하는 사각형의 크기를 제한함으로써 보다 강한 사실을 말할 수 있는가?

10. 502개의 양의 정수 중, 합이나 차가 1000으로 나누어지는 두 수가 있음을 증명하라.

11. (+) $1, 2, \cdots, 3n$으로부터 $n+2$개의 수를 고른다. 고른 수 중 차가 n보다 크고 $2n$보다 작은 두 수가 있음을 보여라.

12. 뒷마당에 네 개의 돌무더기가 있다. 이들을 다섯 개의 무더기로 다시 쌓는다. 적어도 두 개의 돌이 더 적은 무더기로 들어감을 보여라.

13. 바구니에 무한 장의 종이가 있는데 각 종이에 양의 정수가 하나씩 써 있다. 무한 장의 종이를 어떤 방법으로 고르든지, 종이에 써 있는 수의 차가 천만 이하인 두 장이 있다. 무한 장의 종이에 써 있는 수가 적어도 하나 있음을 보여라.

14. (+)

(a) 어느 축구팀이 올해에 30경기를 하고 매 경기에 적어도 한 골을 넣어서 총 53골을 넣었다. 이 팀이 연이어 정확히 6골을 넣은 날이 있음을 증명하라.

(b) (a)의 주장은 다른 변수는 그대로이고 60골을 넣은 팀에는 성립하지 않음을 증명하라.

(c) (a)의 주장은 다른 변수는 그대로이고 59골을 넣은 팀에는 성립함을 증명하라.

15. (+) 양의 정수의 집합은 몇 개의 등차수열로 분할된다. 이 중 적어도 한 등차수열의 초항이 공차로 나누어짐을 증명하라.

부가 연습문제

Supplementary Exercises

16. (–) 해마다 일요일이 다섯 번 있는 달이 네 달 또는 다섯 달임을 증명하라.

17. (–) 어느 축구 리그에서 오늘 17개 팀이 경기했다. 어느 팀도 세 골보다 많이 넣지는 못한다고 가정하자. 두 번 이상 일어나는 결과가 있음을 증명하라. 결과는 홈팀의 골의 수 – 방문 팀의 골의 수로 표기하며 $3-2$와 $2-3$은 다른 결과로 간주한다.

18. (–) 일곱 명이 주어진 농구 경기에서의 총점을 예측하려고 한다. 처음 여섯 명은 이미 추측을 했는데, 흥미롭게도 서로 다른 짝수를 골랐다. 느림 씨가 마지막으로 추측하는데, 이전의 모든 추측을 안다. 자신의 추측이 다른 사람 절반의 추측보다 낫다고 보장할 전략이 있는가?

19. (–) 어느 축구팀이 이번 시즌에 총 40골을 넣었다. 아홉 명의 선수가 각각 한 골 이상 넣었다. 이 중 두 명이 같은 수의 골을 넣었음을 증명하라.

20. (–)

(a) 사월에 일관성 씨가 수영장에 26번 갔다. 연속된 엿새 동안 간 적이 있는가?

(b) (a)의 상황에서 사월 대신 오월이라면 어떠한가?

21. (a) 29보다 작은 11개의 양의 정수를 임의로 고른다. 최대공약수가 1보다 큰 두 수가 있음을 증명하라.

(b) (a)에서 10개의 양의 정수를 고른다면 어떠한가?

22. 44^n-1이 7로 나누어지는 양의 정수 n이 존재함을 증명하라.

23. 다섯 개의 양의 정수의 합이 100이다. 차가 10 이하인 두 수가 있음을 증명하라.

24. 다음 조건을 만족하는 $a<b<c<d$인 양의 정수의 모든 네겹쌍(a, b, c, d)를 구하라.

$$\frac{1}{a}+\frac{1}{b}+\frac{1}{c}+\frac{1}{d}=1$$

25. 비둘기집 원리를 실수에서로 일반화한, 다음 주장을 완성하라. "k개 실수의 합이 n이면, 적어도 한 개가 ..이다". 또한 이 주장을 증명하라.

26. 단위 정삼각형 내에 열 일곱개의 점이 있다. 거리가 $\frac{1}{4}$ 이하인 두 점이 있음을 보여라.

27. 1967, 19671967, 196719671967, $\cdots$, 중 1969로 나누어지는 수가 있음을 보여라.

28. 어떤 교사가 격주로 급료를 받는데, 같은 요일에 받는다. 연이은 여섯 달 동안 항상 정확히 열세 번 받는가?

29. (+) T가 꼭지각이 30, 60, 90도이고 빗변의 길이가 1인 삼각형이다. T의 내부에서 열 개의 임의의 점을 고른다. 이 중 적어도 네 점이 반경 0.42인 반원의 내부나 경계선에 있음을 보여라.

30. $n+1$개의 서로 다른 수를 $\{1, 2, \cdots, 2n\}$에서 고른다. 고른 수 중 최대공약수가 1인 두 수가 있음을 보여라.

31. (a) $n \geq 2$이다. $n+1$개의 서로 다른 수를 $\{1, 2, \cdots, 2n\}$에서 고른다. 고른 수 중 어느 수가 다른 수의 두 배인가?
(b) 고른 수 중 어느 수가 다른 수의 배수인가?

32. 어느 오후에 수학 도서관에 몇 명의 출입자가 있었다. 사서는 다음과 같은 세 명은 없다는 것을 알았다. 그 중 어느 두 명도 도서관에서 이 날 오후에 만난 적이 없다. 그렇다면 이 날 오후에 두 순간이 있어서, 각 출입자가 그 중 적어도 한 순간에 도서관에 있었음을 증명하라.

33. (+) r가 무리수이다. nr에서 가장 가까운 정수와의 거리가 10^{-10}미만인 양의 정수 n이 있음을 증명하라.

34. p, q가 최대공약수가 1인 양의 정수이다. 음이 아닌 모든 정수 $s \leq p-1$, $t \leq q-1$에 대하여, m을 p로 나누면 나머지가 s이고, m을 q로 나누면 나머지가 t인 음이 아닌 정수 $m \leq pq$가 있음을 증명하라.

CHAPTER 2장

한 번에 한 단계. 수학적 귀납법

2.1 귀납법(약귀납법)

지금은 자정이 가까운데 오늘 온종일 비가 오지 않았다고 가정하자. 어느 날 비가 오지 않는다는 가정 하에 다음 날도 비가 오지 않는다는 것이 사실이라면, 같은 가정 하에 이후 어느 날도 비가 오지 않는다는 것 또한 사실이다. 오늘 비가 오지 않으므로 내일도 비가 오지 않고, 따라서 모레도 비가 오지 않는다는 등등이다.

이 간단한 논리는 수학에서 매우 강력한 도구, 즉 수학적 귀납법(약귀납법, indudtion, weak induction)을 제공한다. 이 방법을 모든 자연수 m에 대한 정리의 증명에 적용할 수 있다. 이 방법에는 두 가지 단계가 있다.

(1) **기본 단계** 정리가 정의된 최소의 m, 대개의 경우 0 또는 1에 대하여 성립함을 증명한다.

(2) **귀납 단계** 정리가 n에 대하여 성립한다면("귀납적 가정")이라면 $n+1$에 대하여도 성립함을 증명한다.

이 두 단계를 수행할 수 있다면, 모든 m에 대하여 정리가 성립함을 증명할 수 있다. 아니라고 가정하자, 즉 위에 기술된 두 단계를 수행했는데도 정리가 성립하지 않는 양의 정수가 있다고 하자. $m+1$을 그러한 최소의 수라 한다. 기본 단계와 모순되지 않으려면 $m+1$은 정리가 정의된 최소의 수가 아니다. 따라서 정리가 m에서 정의된다. 또한 $m+1$이 정리가 성립되지 않는 최소의 수임을 고려하면, 정리는 m에서 성립한다. 결국 정리는 m에서 성립하고 $m+1$에서 성립하지 않는데 이는 귀납 단계와 모순이다. 사실상 귀납 단계에서 $m=n$으로 선택하면 이러한 모순이 생긴다.

수학적 귀납법이 유효하다는 것을 알았으므로, 그에 대한 적용을 개괄하자.

예제 2.1

모든 자연수 n에 대하여

$$1^2 + 2^2 + \cdots + n^2 = \frac{n(n+1)(2n+1)}{6} \tag{2.1}$$

이다.

수학적 귀납법이 아니라면 증명이 곤란할 것이다. 좌변은 등차수열이나 등비수열의 합이 아니므로, 이러한 수열에 관하여 알려진 공식을 사용할 수 없다. 더욱이 우변은 다소 직관에 반하는데, 예로 분모에 6이 있는 이유를 모른다. 그러나 수학적 귀납법은 아래에서 보는 바와 같이 이 문제를 쉽게 해결한다.

풀이 (1) 기본 단계. $m=1$이라면 좌변은 1이고, 우변도 1이므로, 정리는 성립한다.

(2) 귀납 단계. (2.1)이 n에 대하여 성립한다고 가정하고 $n+1$에 대하여 성립함을 보인다. $n+1$에 대한 정리는 (2.1)에서 n을 $n+1$로 바꾸어 얻는데 다음과 같다.

$$1^2 + 2^2 + \cdots + n^2 + (n+1)^2 = \frac{(n+1)(n+2)(2n+3)}{6} \tag{2.2}$$

(2.2)를 (2.1)로부터 증명하려면, 두 등식이 매우 유사함에 주의하라. 사실상, 그들의 차이는 단순한 등식이다. 이 차이가 좌우변이 같은 등식임을 증명하려고 한다. 두 좌변의 차이는 명백히 $(n+1)^2$이고 두 우변의 차이는 $\frac{(n+1)[(n+2)(2n+3)-n(2n+1)]}{6} = (n+1)^2$이다. 따라서 참인 것으로 판명된 (2.1)과 $(n+1)^2 = \frac{(n+1)[(n+2)(2n+3)-n(2n+1)]}{6}$을 더하면 (2.2)를 얻는다. 그러므로 정리는 모든 자연수 n에 대하여 성립한다.

이 예는 수학적 귀납법의 심각한 장단점을 보여 준다. 장점은 일반적인 정리를 증명하는 대신 두 가지 구체적인 주장만 증명하면 된다는 것이다. 즉, 먼저 기본 단계를 수행하여야 하는데, 그것은 $m=0$ 또는 $m=1$을 대입하면 정리가 매우 다룰 수 있도록 간단해지므로 매우 쉬워진다. 그런 후 n일 때 정리가 성립한다는 가정 하에 $n+1$일 때 성립함을 증명하는 귀납 단계를 수행하면 되는데, 이는 귀납적 가정 없이 $n+1$일 때 성립함을 증명하는 것보다 보통 경우에 쉽다. 단점은 다음 예를 본 후 쉽게 알 수 있다.

예제 2.2

$f(m)$은 평면을 m개의 직선으로 분할하여 얻는 영역의 최대 수이다. $f(m)=\frac{m(m+1)}{2}+1$이다.

명백히 한 개의 직선은 항상 평면을 두 개의 영역으로 분할하므로 $f(1)=2$이고 기본 단계는 수행된다. 독자는 아래에 구축된 예가 $m=2$와 $m=3$일 때 최적이고 따라서 $f(2)=4$이고 $f(3)=7$임을 쉽게 증명할 수 있을 것이다. 이 단계는 귀납적 증명에 필요하지는 않지만 독자가 문제를 시각화하는데 도움이 될 것이다.

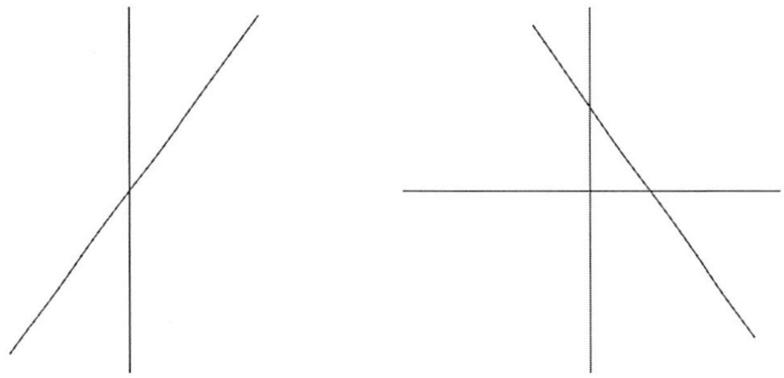

그림 2.1 $m=2$와 $m=3$일 때의 최적 구축

이제 서술이 어떤 정수 n에 대하여 성립한다고 가정하고, $n+1$에 대하여도 성립함을 증명하자. s를 이들 직선 중 하나라고 한다. s를 그림에서 마지막에 그은 직선이라고 생각해도 좋다. 그러면 s는 n개 이하의 다른 직선과 교차한다. 이 직선들을 s와 교차하는 순서대로 예컨대 왼쪽부터 $t_1, t_2, \cdots, t_k$라 한다. 따라서 $k \le n$이다. 이는 s가 다른 n개 직선으로 분할하여 생긴 $k+1$개 영역을 지나고 그들 각각을 두 개의 영역으로 분할함을 의미한다. 즉, s는 영역의 수를 $k+1 \le n+1$개 증가시킨다. 방금 $f(n+1) \le f(n)+n+1$이고, 등호는 정확히 s가 다른 모든 n개 직선과 교차할 때 성립함을 증명했다. 따라서 $f(n+1)=f(n)+n+1$이다. 그런데 귀납적 가정에 의해 $f(n)=\frac{n(n+1)}{2}+1$이다. 결국

$$f(n+1)=f(n)+n+1=\frac{n(n+1)}{2}+1+n+1=\frac{(n+1)(n+2)}{2}+1$$

이고 정리는 증명되었다.

이 증명은 바로 전의 예에서 제곱수의 합의 공식이 주어진 것처럼 $f(m)$의 공식이 주

어졌으므로 가능했다. 이들 공식이 주어지지 않았다면 먼저 그들을 추측한 후, 수학적 귀납법으로 증명할 수 있었을 것이다. 이것이 언급한 단점이다. 그럼에도 불구하고, 다음 예에서와 같이 이 추측은 언제나 어려운 것은 아니다.

예제 2.3

$a_0 = 1$이고 모든 양의 정수 $n \geq 1$에 대하여 $a_{n+1} = 3a_n + 1$이라 한다. a_m을 구체적인 식으로 나타내라.

이러한 문제를 짐작 없이 풀 수 있는 기술을 배울 것이다. 그러나 지금은 이 수열의 초기 항들 1, 4, 13, 40, 121을 구한다. $a_m = \frac{3^m - 1}{2}$이라고 추측하는 것은 쉽다. 이를 귀납법으로 증명한다. $m = 1$일 때 이는 자명하다. 이 추측이 n일 때 사실이라고 가정하자. 그러면

$$a_{n+1} = 3a_n + 1 = \frac{3(3^n - 1)}{2} + 1 = \frac{3^{n+1} - 1}{2}$$

이므로 추측은 $n+1$일 때 사실이다. 따라서 추측은 항상 사실임이 증명된다.

한마디

독자는 지금쯤 수학적 귀납법에 대한 기본적인 이해가 있을 것이고 귀납법 증명의 말미에는 항상 $m = n$으로 선택한다는 것을 주목했을 것이다. 그러므로 추후로는 m, n에 서로 다른 변수를 이용하지 않을 것이다.

또한 유한 집합은 서로 다른 원소의 순서 없는 모임이다. 즉, $\{1, 3, 2\}$와 $\{2, 1, 3\}$은 원소들의 순서만 다르므로 같은 집합이다. $(1, 1, 2, 3)$에서 1과 같이 어떤 원소가 집합에서 두 번 이상 나타나면, 그 집합을 다중집합(multiset)이라 한다. B의 모든 원소가 A의 원소이면, 집합 B를 집합 A의 부분집합이라 하고 $B \subseteq A$라 표기한다. 이 경우에 자명하게 B의 원소의 수는 A의 원소의 수 이하이다.

기초적인 조합론 계수하기에서, 집합의 가장 중요한 성질은 원소의 수이다. 대개, 계수 조합론의 성질을 가진 정리가 크기 n인 어느 한 집합에서 성립한다면, 그 정리는 크기 n인 모든 집합에서 성립한다. 그러므로 논의의 대부분에서 크기 n인 한 집합 $\{1, 2, \cdots, n\}$을 사용하는 것이 허용되고, 당연히 편리하다. 이 집합은 표준 예가 될 것이므로, $[n] = \{1, 2, \cdots, n\}$이라 표기한다.

정리 2.4

모든 양의 정수 n에 대하여, $[n]$의 부분집합의 개수는 2^n이다.

증명 $n=1$일 때, $[1]$이 두 개의 부분집합, 공집합과 $\{1\}$을 가지므로, 정리는 성립한다.

이제 n일 때 성립함을 가정하고 $n+1$일 때 성립함을 증명한다. $[n+1]$의 부분집합을 두 클라스로 나눈다. 즉 $n+1$을 포함하는 부분집합과 그렇지 않은 부분집합이다. $n+1$을 포함하지 않는 부분집합은 $[n]$의 부분집합이고, 귀납적 가정에 의해 그들의 개수는 2^n이다. $n+1$을 포함하는 부분집합은 $n+1$과 $[n]$의 부분집합으로 구성되어 있는데, 후자는 $[n]$의 2^n개의 부분집합 중 임의의 부분집합이므로, 이들 $[n+1]$의 부분집합의 개수 또한 2^n이다. 따라서 $[n+1]$의 부분집합의 개수는 합하여 $2^n+2^n=2^{n+1}$이고 정리는 증명된다.

이제까지 본 바와 같이 강력하므로, 귀납법은 주의하여 적용하지 않으면 위험하다. 흔한 함정은 기본 단계에서 주의 깊은 증명을 하지 않고, 귀납 단계에서 오류가 있는 정리를 "증명"하는 것이다. 예로 $2n+1$의 형태의 모든 양의 정수가 2로 나누어진다는 오류가 있는 정리를, 귀납법을 어떤 한 곳에서 시작할 수 있다면, 즉 이 성질이 성립하는 어떤 하나의 n을 찾을 수 있다면, '증명'할 수 있다. $2(n+1)+1-(2n+1)=(2n+1)+2-(2n+1)=2$는 명백히 2로 나누어지므로 귀납 단계는 쉽게 수행할 수 있으나, 기본 단계는 수행할 수 없다.

다음 예에는 훨씬 더 미묘한 오류가 있다.

모든 말은 같은 색이라고 주장한다. 전 세계의 말의 수는 당연히 유한이므로, 주장을 다음과 같이 다시 서술할 수 있다. 모든 양의 정수 n에 대하여, n마리 말은 항상 같은 색이다. 귀납법에 의한 증명은 다음과 같다. $n=1$일 때 주장은 자명하게 참이다. 주장이 n에 대하여 참이면 $n+1$일 때도 참임을 증명한다. $n+1$마리 말을 선택하여 일렬로 세운다. 처음 n마리는 귀납적 가정에 의해 같은 색, 예컨대 검정색이고, 마찬가지로 마지막 n마리도 귀납적 가정에 의해 같은 색이다. 따라서 마지막 n마리도 검정색이다. 처음 n마리가 검정색이라는 것을 아는데 그들이 두 번째, 세 번째, $\cdots$, n 번째 말을 포함하고 또한 마지막 n마리도 그들을 포함하기 때문이다. 그러므로 $n+1$마리 말이 모두 검정색이다.

이 논의는 $n=1$일 때를 제외한 모든 n에서 성립하므로, 오류 단계를 찾기는 그다지 쉽지 않다. 그러나 이 논의가 한 마리에 대하여 성립함을 이용하여, 두 마리의 말에 대하여 성립함을 증명하려고 하면 극복할 수 없는 곤경에 처한다. 이유는 간단한데, 이 경우에 "첫 n마리"는 단지 첫째 말이고, "마지막 n마리"는 단지 마지막 말이기 때문이다. 이 두 집합에는 공통 원소가 없고, 첫 번째 집합에 속한 말의 색과 두 번째 집합에 속한 말의 색이 같을 이유는 없다!

이 오류는 귀납 단계가 기본 단계에서 이용한 수 이상의 모든 n에 대하여 사실임을 확인해야 한다는 것을 보여 준다.

물론, 우리의 논의에 의하면 임의의 두 마리가 같은 색이면, 모든 말은 같은 색일 것이나, 위의 결과에 의하면 다른 색이다.

2.2 강귀납법

예제 2.5

$a_0 = 0$이고 $n \geq 1$이면 $a_{n+1} = a_0 + a_1 + \cdots + a_n + n + 1$이다. 모든 양의 정수 n에 대하여, $a_n = 2^n - 1$임을 증명하라.

증명 명백히 이 주장을 이전의 귀납법으로 증명할 수 없다. 사실 a_{n+1}은 a_n뿐만 아니라, a_{n-1}, a_{n-2}, $\cdots$, a_1에 의하여 결정되므로, 단순히 $a_{n-1} = 2^{n-1} - 1$로는 충분하지 않다.

풀이 (예 2.5). $a_0 = 0$이므로, 기본 단계는 참이다. n 이하의 모든 양의 정수에 대하여 참이라 가정한다. 그러면 재귀적 공식에 의하여,

$$
\begin{aligned}
a_{n+1} &= a_0 + \cdots + a_n + n + 1 = (2^0 - 1) + \cdots + (2^n - 1) + n + 1 \\
&= 1 + 2 + 4 + \cdots + 2^n = 2^{n+1} - 1
\end{aligned}
$$

이다. 이는 $n+1$에 대한 구체적인 공식이 옳다는 것을 보여 주고, 증명은 완성되었다. a_0을 $\{a_n\}$에서 제거하면, 등비수열이 된다.

이 강귀납법(strong induction)의 단계를 복습해 보자.

(1) **기본 단계** 정리가 정의된 최소의 n, 대개의 경우 0 또는 1에 대하여 성립함을 증명한다.

(2) **귀납 단계** 정리가 $n+1$ 보다 작은 모든 정수에 대하여 사실이라면("귀납적 가정")이라면 $n+1$에 대하여도 성립함을 증명한다.

귀납법에서와 마찬가지로, 이 두 단계를 수행할 수 있다면, 모든 자연수 n에 대하여 정리가 성립함을 증명할 수 있다. 아니라고 가정하자, 즉 위에 기술된 두 단계를 수행했는데도 정리가 성립하지 않는 양의 정수가 있다고 하자. $n+1$을 그러한 최소의 수라 한

다. 기본 단계에서 증명한 내용과 모순되지 않으려면 $n+1$은 정리가 정의된 최소의 수가 아니다. 따라서 정리가 n 이하의 모든 정수에서 정의되고 $n+1$이 정리가 성립되지 않는 최소의 수임을 고려하면, 정리는 n 이하의 모든 정수에서 성립한다. 결국 정리는 n 이하의 모든 정수에서 성립하고 $n+1$에서 성립하지 않는데 이는 귀납 단계를 수행했다는 사실과 모순이다.

강귀납법 알고리듬의 적용 예를 하나 더 보자. 이 책에서는 이제부터 자연수의 집합을 N이라 표기한다.

예제 2.6

$f(0)=1$, $f(1)=2$이고 $n \geq 1$이면 $f(n+1)=f(n-1)+2f(n)$이라 한다. 모든 $n \in N$에 대하여 $f(n) \leq 3^n$임을 증명하라.

풀이 $n=0$, $n=1$일 때는 주어진 조건에 의하여 참이다. 서술이 n보다 작거나 같은 모든 정수에 대하여 참이라 가정하고 $n+1$에 대하여 증명한다. $n \geq 1$일 때

$$\begin{aligned} f(n+1) &= f(n-1)+2f(n) \\ &\leq 3^{n-1}+2\times 3^n \\ &= 7\times 3^{n-1} \\ &< 3^{n+1} \end{aligned}$$

이고 귀납적 증명은 완성된다. 귀납적 가정을 첫 번째 행에서 다음 행으로 진행할 때 사용했음을 주목하라. 또한 강귀납법의 가정을 $f(n-1) \leq 3^{n-1}$과 $f(n) \leq 3^n$을 둘 다 이용하기 위하여 사용했음을 주목하라.

Notes

매개변수를 귀납법 증명에서 변경하는 것은 때로 편리하다. 이는 귀납 단계가 $n-1$일 때 정리를 가정하고 n에 관하여 증명하거나(귀납법), n 미만의 모든 정수에 관하여 정리를 가정하고 n에 관하여 증명하는 데 관련되어 있다. 또한 짝수 또는 홀수의 어떤 성질을 증명하려고 할 수도 있는데, 이 경우에 귀납 단계를 조정하여야 할 것이다. 이 책에 이러한 예가 많이 소개될 것이다.

연습문제 Exercises

1. (+) $p(k)$를 d차 다항식이라 한다. $q(n)=\sum_{k=1}^{n} p(k)$가 $d+1$차 다항식임을 증명하라. 이 다항식 q가 $q(0)=0$을 만족함을 증명하라.

2. 어느 테니스 토너먼트에서, 임의의 두 선수는 서로를 상대로 정확히 한 경기를 했다. 모든 경기가 종료된 후, 각 선수는 자신이 이긴 선수의 이름과, 자신이 이긴 선수가 이긴 선수의 이름을 기록했다. 적어도 한 선수는 다른 모든 선수의 이름을 기록했음을 증명하라.

3. 어느 테니스 토너먼트에서, 2^n명 중 임의의 두 선수는 서로를 상대로 정확히 한 경기를 했다. 어느 $n+1$명의 선수가 다음과 같은 일렬을 형성할 수 있음을 증명하라. 각 선수가 자신의 뒤에 있는 선수를 이겼다.

4. 모든 양의 정수 n에 대하여, n개 풋볼 팀의 다음과 같은 라운드 로빈 토너먼트를 조직할 수 있음을 증명하라.

(a) n이 짝수이면 $n-1$회

(b) n이 홀수이면 n회

각 회는 n이 짝수이면, 각 팀이 하나의 상대팀과 경기하고 n이 홀수이면, 한 팀만 경기하지 않는 경기의 집합이다. 라운드 로빈 토너먼트는 어느 두 팀도 정확히 한 번 경기하는 토너먼트이다.

5. $a_0=1$이고 음이 아닌 모든 정수 n에 대하여 $a_{n+1}=3a_n+2$이다. $a_n=2\times 3^n-1$임을 증명하라.

6. $a_0=1$이고 음이 아닌 모든 정수 n에 대하여 $a_{n+1}=4a_n-1$이다. $a_n=\dfrac{2\times 4^n+1}{3}$임을 증명하라.

7. $a_0=1$이고 음이 아닌 모든 정수 n에 대하여 $a_{n+1}=2\sum_{i=0}^{n} a_i$이다. a_n의 공식을 구하라.

8. 어느 의사의 사무실에 n명의 환자가 대기하고 있다. 각 환자는 $1, \cdots, n$ 중 한 가지 수를 선택한다. 환자들은 자신이 가진 수의 순서에 따라 호명되지는 않으나, 순서에 따라 호명될 경우에서 보다 더 많은 사람의 뒤에 호명되지는 아닐 것이다. 즉, 수 i를 가진 환자는 $i-1$명 이하의 환자보다 뒤에 호명된다.
존즈씨가 이 안내를 듣고 "이 순서는 정확히 환자들이 가진 수의 순서와 같다."라고 말했다. 이 말은 맞는가?

9. 모든 자연수 n에 대하여 $a_n = n^3 + 11n$은 6으로 나누어짐을 증명하라.

10. 모든 $n \geq 8$에 대하여 $3^n > n^4$임을 증명하라.

11. 모든 자연수 n에 대하여 $8^n - 14n + 27$은 7로 나누어짐을 증명하라.

12. 정사각형을 네 개의 보다 작은 정사각형으로 자른 후, 작은 정사각형 중 일부를 네 개의 보다 작은 정사각형으로 자르는 작업을 계속한다. 이 과정의 어느 시점에도 정사각형의 개수는 $3m+1$ 형태임을 증명하라.

13. (미적분학 지식 필요) $n! = 1\times 2\times \cdots \times n$이다. 모든 자연수 n에 대하여 $n! > \dfrac{n^n}{3^n}$ 임을 증명하라.

14. 어떤 자연수 N에 대하여 $n > N$이면 $n! < \dfrac{n^n}{2.5^n}$ 임을 증명하라.

15. (+) 기하 평균과 산술 평균 사이의 다음 부등식의 귀납적 증명을 구하라.
$a_1, a_2, \cdots, a_n$이 음이 아닌 정수이면

$$\sqrt[n]{a_1 a_2 \cdots a_n} \leq \frac{a_1 + a_2 + \cdots + a_n}{n} \tag{2.3}$$

이다.

16. (+) 조화 평균과 기하 평균 사이의 다음 부등식의 귀납적 증명을 구하라.

$a_1, a_2, \cdots, a_n$이 양의 정수이면

$$\frac{n}{\frac{1}{a_1}+\frac{1}{a_2}+\cdots+\frac{1}{a_n}} \leq \sqrt[n]{a_1 a_2 \cdots a_n}$$

이다.

부가 연습문제 Supplementary Exercises

17. (−) 모든 양의 정수 n에 대하여 다음 등식을 증명하라.

$$1+3+\cdots+(2n-1)=n^2$$

18. (−) 양의 정수 n에 대하여 육면체를 $7n+1$개의 보다 작은 육면체로 분할하는 것이 가능함을 증명하라.

19. (−) $a_1=3$이고 모든 $n \geq 2$에 대하여 $a_n = a_1 \cdot a_2 \cdots\cdots a_{n-1}+2$라 한다. $a_n = 2^n+1$임을 증명하라.

20. (−) 다음 등식을 증명하라.

$$1\times2+2\times3+\cdots+(n-1)n=\frac{(n-1)n(n+1)}{3}$$

21. (−) 귀납법에 의하여 볼록 n각형의 꼭지각의 합이 $180(n-2)$도임을 증명하라.

22. 모든 자연수 n에 대하여 다음 등식을 증명하라.

$$1^3+2^3+\cdots+n^3=(1+2+\cdots+n)^2 \tag{2.4}$$

23. 모든 자연수 n에 대하여 다음 등식을 증명하라.

$$2(1+2+\cdots+n)^4 = (1^5+2^5+\cdots+n^5)+(1^7+2^7+\cdots+n^7)$$

24. 수식 $\sum_{i=1}^{n} i(i+1)$의 합의 기호를 포함하지 않는 닫힌 형식을 구하라.

25. $a_0 = 1$이고 $a_{n+1} = 10a_n - 1$이다. 모든 $n \geq 1$에 대하여, $a_n = \dfrac{8 \times 10^n + 1}{9}$임을 증명하라.

26. $a_0 = 1$이고 $a_{n+1} = 10a_n - 3$이다. a_n의 구체적인 공식을 구하라.

27. $a_0 = 3$이고 모든 $n \geq 0$에 대하여 $a_{n+1} = \sqrt{a_n + 7}$이다. 모든 $n > 0$에 대하여 $3 < a_n < 4$임을 증명하라.

28. $a_0 = 0$, $a_1 = 1$이고 모든 $n \geq 0$에 대하여 $a_{n+2} = 6a_{n+1} - 9a_n$이다. 모든 $n \geq 0$에 대하여 $a_n = n3^{n-1}$임을 증명하라.

29. $a_0 = a_1 = 1$이고 모든 $n \geq 0$에 대하여 $a_{n+2} = a_{n+1} + 5a_n$이다. 모든 $n \geq 0$에 대하여 $a_n \leq 3^n$임을 증명하라.

30. H를 두 자리 양의 정수 열 개의 집합이라 한다. 원소의 합이 같고 교집합이 없는 H의 두 부분집합 A, B가 있음을 증명하라.

31. 양의 정수가 3으로 나누어지는 필요충분조건은 모든 자릿수의 합이 3으로 나누어지는 것임을 증명하라.

32. $a_1, a_2, \cdots, a_n$이 양의 정수 m의 왼쪽부터의 자릿수라 한다. m이 11로 나누어지는 필요충분조건은 $a_1 - a_2 + a_3 - \cdots + (1-)^{n-1}a_n$이 11로 나누어지는 것임을 증명하라.

33. $a_1 = 5$이고 모든 음이 아닌 정수 n에 대하여 $a_{n+1} = a_n^2$이다. a_n의 마지막 n개 자릿수는 a_{n+1}의 마지막 n개 자릿수와 같음을 증명하라.

34. 모든 양의 정수 n에 대하여 삼각형 T는 $3n+1$개 닮은 삼각형으로 분할될 수 있음을 증명하라.

35. 자연수 $n > 14$에 대하여 정사각형은 n개의 보다 작은 정사각형으로 분할될 수 있음을 증명하라.

36. 자연수 $n > 2$에 대하여 n이 소수의 곱임을 증명하라.

37. 음이 아닌 모든 정수의 집합에서의 함수 μ를 다음과 같이 정의한다. $\mu(1) = 1$이다. 정수 $n > 1$에 대하여, n이 정수 $a > 1$의 제곱으로 나누어지면 $\mu(n) = 0$이고, 그렇지 않으면 서로 다른 소수 p_i에 대하여 $n = p_1 p_2 \cdots\ p_k$일 때 $\mu(n) = (-1)^k$이다. 귀납법에 의하여 모든 양의 정수 $m > 1$에 대하여

$$Z_n = \sum_{d|n} \mu(d) = 0$$

임을 증명하라. 기호 $d|n$은 n의 모든 제수 d에 관하여 합한다는 것을 나타낸다.

A work Through Combinatorics

Part 2

계수 조합론

CHAPTER 3장 그러한 여럿이 있다. 기본적인 계수 문제

지난 두 장에서 비둘기집 원리와 수학적 귀납법을 이용하여 어떤 수들로부터 결론을 도출하는 방법을 설명했다. 그러나 그러한 수들을 발견하는 것은 항상 쉽지는 않다. 우리가 근원적인 계수 기술을 배운 주요한 시기였다.

3.1 조합

n명이 치과에 동시에 도착했다고 가정하자. 진료 순서를 정해야 하는데 몇 가지가 가능한가?

이 문제, 즉 서로 다른 대상들을 일렬로 정렬하는 문제는 조합론에 편재하여 정렬과 그 방법의 수는 이름이 같다. 그러나 먼저 위의 질문에 답하고자 한다.

당연히, 첫 번째로 치아의 쾌적함을 누릴 사람을 선택하는 방법은 n가지이다. 두 번째 사람을 선택하는 방법은 몇 가지인가? 첫 번째이었던 사람을 제외한 모든 사람을 선택하는 $n-1$가지 방법이 있다.

지금 결정적인 관측 사항은 첫 번째 진료 받을 사람에 대한 n가지 각 선택에 대하여, 두 번째 진료 받을 사람을 선택하는 방법은 $n-1$가지라는 것이다. 따라서 이 두 명을 선택하는 방법의 수는 $n(n-1)$이다. 믿어지지 않는다면, 네 명의 환자 A, B, C, D를 대상으로 계산해 보면 정말 12가지 방법이 있음을 알 것이다.

이 후 유사한 방법으로 진행할 수 있다. 세 번째 환자를 선택하는 방법은 처음 두 환자를 제외한 $n-2$가지이다. 네 번째 환자를 선택하는 방법은 $n-3$가지 등이고 마지막에서 두 번째 환자를 선택하는 방법은 2가지이고 마지막 환자를 선택하는 방법은 유일하게 남은 환자를 선택하는 1가지이다. 그러므로 환자들의 순서는 $n(n-1)(n-2)\cdots 2\times 1$가지이다.

정의 3.1

서로 다른 대상들을 각 대상을 정확히 한 번 사용하여 정렬한 일렬 정렬을 순열(permutation)이라 한다. n개 대상의 모든 순열의 수인 $n(n-1)(n-2)\cdots\ 2\times 1$을 n계승(factorial)이라 하고 $n!$이라 표기한다.

방금 다음의 기본적인 정리를 증명했다.

정리 3.2

n개 원소의 순열(n-순열)의 개수는 $n!$이다.

관례로 $0!=1$임을 주목한다. $0!$의 값으로 0이 아닌 1을 선택한 이유가 정말 궁금하다면 답은 다음과 같다. 각각 n명과 m명이 있는 방이 하나씩 있다. 각 방의 사람들이 일렬로 서는 방법의 수는 얼마인가? 하나의 방이 어느 열에 대하여도 다른 방의 모든 열이 가능하므로 답은 물론 $n!m!$이다. $n=0$인 특별한 경우를 고려하라. 그러면 두 번째 방의 사람들은 여전히 $m!$가지 열을 형성할 수 있다. 그러므로 이 특별한 경우에도 $n!m!$이 옳은 답이 되려면 $0!=1$로 선택하여야 한다. $0!=1$이 좋은 정의가 되는 많은 경우를 곧 보게 될 것이다.

$n!$은 이 책 전체에서 보듯이 계수 조합론의 진수이다. 이 수가 n에 관하여 얼마나 클지 궁금할 것이다. 이 질문은 다양한 수준의 정확도에 따라 대답할 수 있다. 적어도 어느 정도 정확한 답은 고등미적분학을 요한다. 증명 없이 다음을 언급한다.

$$n! \sim \sqrt{2\pi n}\,(\frac{n}{e})^n \tag{3.1}$$

$n! \sim z(n)$은 $\lim_{n\to\infty}\frac{n!}{z(n)}=1$을 의미한다. (3.1)은 스털링 공식(Stirling's formula)이라 하는데 15장에서 사용할 것이다.

예제 3.3

빨강색, 하얀색, 녹색을 이용하여 몇 가지 삼색기를 만들 수 있는가?

풀이 정리 3.2에 의해, 답은 $3!=3\times 2\times 1=6$이다. 여섯 가지 깃발 RWG, RGW, WRG, WGR, GWR, GRW를 열거하여 이를 납득하기는 쉽다.

이전의 문제의 답이 간단한 것은 다음 몇 가지 요인에 기인한다. 각 대상을 정확히 한 번 사용했고, 대상들의 순서를 고려했고, 대상들이 서로 달랐다. 이 절의 나머지 부분에서, 이 요인 중 일부가 없는 문제를 공부할 것이다.

예제 3.4

어느 정원사가 5송이 빨강색 꽃, 3송이 노랑색 꽃, 2송이 하얀색 꽃을 일렬로 심으려 한다. 몇 가지 방법으로 할 수 있는가?

이 문제는 이전 문제와 단 한 가지 점, 즉 대상이 모두 서로 다르지는 않다는 점에서 차별된다. 5송이 빨강색 꽃, 3송이 노랑색 꽃, 2송이 하얀색 꽃의 모음은 종종 다중집합(multiset)이라 한다. 다중집합의 모든 원소를 정확히 한 번 포함하는 선형 순서를 다중집합 순열(multiset permutation)이라 한다.

다중집합에 몇 가지 순열이 있는가? 이 질문을 모든 대상이 서로 다른, 바로 이전의 문제로 귀착시켜 답하려고 한다. 정원사가 A가지 방법으로 꽃들을 일렬로 심은 후 번호(가령 빨강색 꽃에 $1-5$번, 노랑색 꽃에 $1-3$번, 하얀색 꽃에 $1-2$번)를 붙여 구별한다고 가정하자. 이제 서로 다른 열 송이 꽃이 있으므로 꽃의 열은 $10!$가지 다른 방법인 것 같을 것이다. 이 중 몇 가지 정렬이 단지 번호로 인하여 다른지 말해야 한다.

다섯 송이 빨강색 꽃에 $5!$가지 방법으로, 세 송이 노랑색 꽃에 $3!$가지 방법으로, 두 송이 하얀색 꽃에 $2!$가지 방법으로 번호를 붙일 수 있을 것이다. 더욱이, 서로 다른 색 꽃의 번호를 붙이는 것은 서로 독립적으로 수행될 것이다. 그러므로 A가지 방법으로 꽃을 심은 후 열 송이 꽃에 번호를 붙이는 것은 $5!3!2!$가지 방법으로 수행될 것이다. 따라서 $A5!3!2! = 10!$ 즉

$$A = \frac{10!}{5!3!2!} = 2520$$

이다.

이 논의는 일반적인 정리로 쉽게 일반화될 수 있다. 그럼에도 불구하고, 이를 위하여 기호를 보다 깊은 수준으로 추상화할 필요가 있을 것이다. 이는 많은 대상들 뿐 아니라, 서로 다른 많은 종류의 대상들에 일반적인 변수를 사용할 것이기 때문이다. 즉, 5송이 빨강색 꽃, 3송이 노랑색 꽃, 2송이 하얀색 꽃이 있다고 하는 대신 k가지 색의 꽃을 허용하고, a_1송이 첫 번째 색 꽃, a_2송이 두 번째 색 꽃, a_3송이 세 번째 색 꽃이 있다고 하는 등일 것이다. 이 조건의 마지막은 a_k송이 k 번째 색 꽃이 있다는 것이다.

이는 조건들의 긴 집합이므로, 보다 짧게 표현하면 확실히 덜 고통스러울 것이다. "모든 $i \in [k]$에 대하여 a_i송이 i 번째 색 꽃이 있다고 함으로써 이를 달성할 것이다. 꽃을 일렬로 심는다고 하는 대신, 종종 대상을 선형으로 순서화한다고 말할 것이다.

이제 일반적인 정리를 서술할 입장이 되었다.

정리 3.5

$n, k, a_1, a_2, \cdots, a_k$가 $a_1 + a_2 + \cdots + a_k = n$인 양의 정수라 한다. 모든 $i \in [k]$에 대하여 a_i개 i 번째 형의 대상이 있다고 가정하자. 그러면 이들 대상의 선형순서는 $\dfrac{n!}{a_1!a_2!\cdots a_k!}$가지이다.

증명 이는 예 3.2의 일반화이고, 같은 아이디어로 증명된다. 자세한 사항은 독자들에게 맡긴다.

3.2 유한 알파벳에서의 문자열

단순히 각 대상을 몇 번 사용하는지 알면서 어떤 대상들을 정렬하는 데 그치지 않고, 유한 알파벳이라 부르는 유한 개의 기호의 집합으로부터 문자열(string) 또는 단어를 만드는 문제를 연구하려 한다. 각 기호를 한 번 이하로 사용한다는 조건이 있을지는 모르나 각 기호를 몇 번 사용하는지 정확히 정하지 않는다.

정리 3.6

n개 알파벳으로부터 형성할 수 있는 k자리 문자열의 개수는 n^k이다.

증명 첫째 자리수를 n가지 방법으로 선택할 수 있다. 그런 후 순열과는 달리 같은 수를 다시 이용할 수 있으므로 둘째 자리 수 또한 n가지 방법으로 선택할 수 있다. 유사하게, 셋째 자리 수, 넷째 자리 수, $\cdots$, k째 자리 수를 n가지 방법으로 선택할 수 있다. 이 모든 선택을 서로 독립적으로 할 수 있으므로, 전체 방법의 수는 n^k이다.

예제 3.7

k자리 양의 정수의 개수는 $9 \times 10^{k-1}$이다.

풀이 두 가지 방법으로 알 수 있다. 정리 3.6에 의하여 알파벳 $\{0, 1, \cdots, 9\}$로부터 형성할 수 있는 k자리 수열의 개수는 10^k이다. 그러나 이들 모두가 k자리 양의 정수는 아니다. 사실 첫째 자리가 0인 수들은 아니다. 이 중 몇 개가 양수인가? 첫째 자리를 제외하면 이들은 제약 조건 없는 $\{0, 1, \cdots, 9\}$로부터의 $k-1$자릿수이므로, 정리 3.6에 의하여 10^{k-1}개이다. 그러므로 0으로 시작하지 않는 k자릿수, 즉 k자리 양의 정수는 주장한 대로 $10^k - 10^{k-1} = 9\times 10^{k-1}$개이다.

다른 증명으로, 다음과 같이 논의할 수 있을 것이다. 첫째 자릿수에 0을 제외한 9가지 선택이 가능하고 나머지 각 $k-1$자리에 10가지 선택이 가능하다. 그러므로 전체 선택 방법은 이전 논의에서와 마찬가지로 $9\times 10\times \cdots \times 10 = 9\times 10^{k-1}$가지이다.

다음 예를 논의하기 전에, 계수하기에서 전단사함수(bijection)라는 일반적인 기술을 언급한다. 어느 대형 홀에 남녀가 많이 모여 있다. 남자의 수는 모르나 여자는 253명이다. 남자가 253명이라 생각하지만 확신하지는 않는다고 가정하자. 이 추측을 시험해 보는 빠른 방법은 무엇인가? 남녀에게 짝짓기를 요구할 수 있다. 그들이 성공하면, 즉 남는 사람 없이 짝이 있다면, 남자도 253명이다. 아니면, 두 가지 가능성이 있다. 즉 어떤 남자가 짝이 없다면, 남자는 253명보다 많다. 어떤 여자가 짝이 없다면, 남자는 253명보다 적다.

두 집합을 원소별로 짝짓고 성공할 경우에 두 집합이 동수라고 결론짓는 것은 조합론의 계수하기에서 매우 종종 이용된다. 보다 엄밀한 내용으로 기술한다.

정의 3.8

유한 집합 X, Y에 대하여, 함수 $f: X\to Y$가

(1) $f(a) = f(b)$이면 $a = b$이고,
(2) 모든 $y\in Y$에 대하여, $f(x) = y$인 $x\in X$가 있을 때

f를 X에서 Y로의 전단사함수(bijection)라 한다. 즉, 모든 $y\in Y$에 대하여, $f(x) = y$인 유일한 $x\in X$가 있을 때 f를 X에서 Y로의 전단사함수라 한다.

다시 말하여, 전단사함수는 X의 각 원소를 정확히 한 번 Y의 원소와 짝짓는다. 전단사함수를 정의하는 두 성질 중 한 가지를 만족하는 함수도 이름이 있다.

정의 3.9

$f: X \to Y$가 함수이다. f가 정의 3.8의 (1)을 만족하면, f는 일대일함수(one-to-one function) 또는 단사함수(injection)라 한다. f가 정의 3.8의 (2)를 만족하면, f는 위로의 함수(onto function) 또는 전사함수(surjection)라 한다.

성질 3.10

X, Y가 유한 집합이다. X에서 Y로의 전단사함수 f가 있으면, X와 Y는 같은 수의 원소를 갖는다.

증명 전단사함수 f는 X의 원소와 Y의 원소를 짝짓는다. 즉 X의 원소 한 개와 Y의 원소 한 개로 이루어진 쌍들을 만든다. f가 m개의 쌍을 만들면, X, Y 모두 m개 원소를 갖는다.

전단사함수 방법의 장점은 명백하다. X의 원소를 세는 것보다 Y의 원소를 세는 것이 쉽다면 Y의 원소를 센다. 그런 연후에 X에서 Y로의 전단사함수 f를 구한다. $[n]$의 부분집합의 개수를 귀납법에 의존하지 않고 계산함으로써 이를 설명하도록 한다.

예제 3.11

n개 원소인 집합(n-집합)의 부분집합의 개수는 2^n이다.

풀이 n-집합의 부분집합으로 이루어진 집합으로부터 $\{0, 1\}$에서의 n자리 수의 집합으로의 일대일 대응을 구축한다. 그러면 뒤의 집합은 정리 3.6에 의하여 2^n개 원소를 가지므로 앞의 집합도 마찬가지이다.

전단사함수를 구축하기 위하여, B를 $[n]$의 임의의 부분집합이라 한다. $f(B)$를 i 번째 자리수가 $i \in B$이면 1이고 아니면 0인 수라 한다. 이러한 방법으로, $f(B)$는 사실 길이 n인 이진수이다. 더욱이, 각 자리수가 0이나 1인 길이 n인 이진수열 s에 대하여, $f(B) = s$인 유일한 집합 $B \subseteq [n]$이 있다. 사실상, B는 정확히 s의 i 번째 원소가 1인 원소 $i \in [n]$으로 구성되어 있다.

예제 3.12

어느 도시에 최근 조성한 교차로가 열 개 있다. 이 중 일부에 신호들이 생길 것이고, 또 한 신호등이 생긴 교차로 중 일부에 주유소가 생길 것이다. 몇 가지 방법이 있는가?

풀이 신호등과 주유소의 모든 분포의 집합에서 알파벳 $\{A, B, C\}$에서의 10자리 단어의 집합으로의 전단사함수를 구축하는 것은 쉽다. 사실상, 이러한 대상들의 각 분포에 $\{A, B, C\}$에서의 단어를 다음과 같이 정의한다. i 번째 교차로에 주유소와 신호등이 모두 생기면 구축하는 단어의 i 번째 자리수를 A라 하고, i 번째 교차로에 신호등만 생기면 구축하는 단어의 i 번째 자리수를 B라 하고, 둘 다 생기지 않으면 구축하는 단어의 i 번째 자리수를 C라 한다.

명백히, 각 10자리 단어는 정확히 한 가지의 주유소와 신호등의 분포로부터 얻을 수 있으므로 이는 전단사함수이다. 따라서 성질 3.10에 의하여, 구하는 수는 모든 10자리 삼진수의 개수, 3^{10}이다.

정리 3.13

n, k를 $n \geq k$인 양의 정수라 한다. 그러면 n개 알파벳에서 각 알파벳이 한 번 이하로 사용된 k자리 단어의 수는

$$n(n-1)\cdots(n-k+1) = \frac{n!}{(n-k)!} \text{ 이다.}$$

증명 계승에서와 마찬가지로, 첫째 자리 수에 n가지 선택, 둘째 자리 수에 $n-1$가지 선택 등이 있다. 유일한 차이는 여기에서 n개 대상 모두를 사용할 필요는 없고, k개를 선택한 후에 멈춘다는 것이다.

$n(n-1)\cdots(n-k+1)$은 때로 $(n)_k$라 표기한다.

예제 3.14

대통령이 20명의 후보로부터 다섯 가지 서로 다른 직책에 각료를 선택해야 한다. 몇 가지 방법이 있는가?

풀이 정리 3.13을 직접 적용할 수 있다. 20개의 알파벳에서의 5자리 단어를 알파벳의 중복 없이 세야 한다. 따라서 답은 $(20)_5 = 20\times19\times18\times17\times16$이다. 후보가 모두 동등한 자격이라면, 한참 걸릴 것이다.

3.3 선택 문제

헝가리의 전국 복권 추첨에서는 주어진 집합 [90]에서 임의로 다섯 개의 수를 선택한다. 일등으로 뽑히려면 다섯 개의 수 모두를 맞게 추측하여야 한다. 몇 개의 복권이 필요한가?

이 문제는 기본적인 계수하기 문제 중 가장 흥미롭고 마지막 문제인, 선택 문제의 예이다. 이러한 문제에서는, 주어진 집합의 부분 집합을 고른다. 종종 이 부분집합의 크기가 정해져 있다. 지난 두 절과 다른 중요한 점은 부분 집합의 원소의 순서를 고려하지 않는다는 것이다. 예로 $\{1, 43, 52, 8, 3\}$과 $\{52, 1, 8, 43, 3\}$은 [90]의 동일한 부분집합이다.

$[n]$의 k-집합은 조합론의 계수하기에서 지침이 될 만큼 중요하다. 따라서 이 수에 대한 기호와 이름이 있다.

정의 3.15

$[n]$의 k-부분집합의 개수는 $\binom{n}{k}$로 표기하고 n 추즈(choose) k라 한다.

$\binom{n}{k}$는 종종 이항 계수(binomial coefficient)라 하는데 이유는 4장에서 밝혀질 것이다.

정리 3.16

음이 아닌 모든 정수 $k \le n$에 관하여, $\binom{n}{k} = \frac{n!}{k!(n-k)!} = \frac{(n)_k}{k!}$ 이다.

증명 $[n]$의 k-집합을 선택하려면, 각 자릿수가 $[n]$의 원소인 k-문자열(k개 원소의 문자열)을 선택한다. 정리 3.6에 의하여, 이를 $\frac{n!}{(n-k)!}$가지 방법으로 할 수 있으나 이 선택에서는 원소들의 순서를 고려한다. 사실상, 각 k-집합은 $k!$가지 방법으로 치환할 수 있으므로 이러한 문자열 중 $k!$번 나타난다. 따라서 k-집합의 개수는 $\frac{1}{k!}$ 곱하기 k-문자열의 수이고, 증명은 완성된다.

그러므로 헝가리 복권에 확실히 당첨되려면, $\binom{90}{5} = \frac{90 \times 89 \times 88 \times 87 \times 86}{1 \times 2 \times 3 \times 4 \times 5} = 43949268$개 복권을 사야 한다. 샀다면, 맞는 번호를 써 넣었는지 확인하라.

정의 3.17

S를 $[n]$의 부분집합이라 한다. S의 여집합은 정확히 S의 원소가 아닌 원소들의 집합인 $[n]$의 부분 집합인데 S^c라 표기한다. 즉, S^c는 모든 $i \in [n]$이 다음 조건을 만족하는 유일한 $[n]$의 부분 집합이다. $i \in S^c$인 필요충분조건은 $i \not\in S$이다.

다음은 $\binom{n}{k}$의 당연한 성질을 요약한다. 쉬운 서술이지만 뒤의 절들에서 끊임없이 사용할 것이므로 성질로 정한다.

성질 3.18

음이 아닌 모든 정수 $k \leq n$에 관하여

(1) $\binom{n}{k} = \binom{n}{n-k}$이고

(2) $\binom{n}{0} = \binom{n}{n} = 1$이다.

증명 (1) $[n]$의 k-부분집합의 집합에서 $(n-k)$-부분집합의 집합으로의 전단사함수 f를 정한다. 이 f는 매우 간단하다. $[n]$의 k-부분집합 S를 여집합 S^c로 보낸다. 그러면 명백히, 어떤 $[n]$의 $(n-k)$-부분집합 T에 대하여도 $f(S) = T$, 즉 $S = T^c$인 집합 S가 정확히 한 개 존재한다. 따라서 f는 전단사함수이며, 이는 $[n]$의 k-부분집합의 개수는 $[n]$의 $(n-k)$-부분집합의 개수와 같고, 정의에 의해 $\binom{n}{k} = \binom{n}{n-k}$임을 의미한다.

(2) 첫째 등식은 (1)에서 $k = 0$인 특별한 경우이다. $\binom{n}{0} = 1$임을 알기 위하여, $[n]$의 0개 원소의 부분집합은 공집합 뿐이라는 점에 유의한다.

특히 $\binom{0}{0} = 1$이고, 때로 $n < k$인 경우에도 $\binom{n}{k}$를 정의하는 것이 편리하다는 점에 주의한다. 이러한 경우에, 어떤 집합에도 그 집합 자체보다 큰 부분집합은 없으므로 $\binom{n}{k} = 0$이라고 정의한다.

예제 3.19

어느 의학 전공 학생이 일월 달에 5일 동안 병원에서 일해야 한다. 그러나 연속된 이틀을 일하는 것은 허용되지 않는다. 일할 5일을 선택하는 방법은 몇 가지인가?

풀이 여기에서 어려운 점은 확실히 연속된 이틀을 선택하지 않아야 한다는 것이다. 이는 다음 방법으로 가능하다. 병원에서 일할 5일을 증가하는 순서로 a_1, a_2, a_3, a_4, a_5라 한다. a_i 중 연속된 이틀이 없고, 모든 i에 대하여 $1 \le a_i \le 31$이라는 조건은 $1 \le a_1 < a_2 - 1 < a_3 - 2 < a_4 - 3 < a_5 - 4 \le 27$이라는 조건과 같다. 즉, $[31]$의 연속된 두 수를 포함하지 않는 5-부분집합의 집합과 $[27]$의 5-부분집합의 집합 사이에는 명백한 전단사함수가 있다.

a_i를 선택하는 대신, $1 \le a_1 < a_2 - 1 < a_3 - 2 < a_4 - 3 < a_5 - 4 \le 27$인 수를 선택할 수 있다. 즉, 단순히 $[27]$의 5-부분집합을 선택할 수 있고 $\binom{27}{5}$가지 방법으로 가능하다.

여기에서 사용한 기술은 선택한 수가 동떨어져야 할 때뿐만 아니라, 심지어 같은 수를 허용할 때에도 유용하다.

예제 3.20

$[90]$의 5개 원소를 선택하고 선택된 수를 즉각 복원하는 복권 게임을 고려한다. 잭팟을 터뜨리기 위하여, (선택한 순서에 관계없이) 선택된 수와 같은 수들의 중복집합을 가지고 게임해야 한다. 잭팟을 터뜨리기 위하여 몇 가지 복권을 사야 하는가?

풀이 바로 이전의 예에서와 같은 방법을 역으로 적용할 것이다. 5개 원소의 중복집합

$$1 \le b_1 \le b_2 \le b_3 \le b_4 \le b_5 \le 90 \tag{3.2}$$

에서 $[94]$의 5-부분집합으로의 전단사함수가 있음을 주장한다. 실제로 그러한 전단사함수 f는 $f(b_1, b_2, b_3, b_4, b_5) = (b_1, b_2 + 1, b_3 + 2, b_4 + 3, b_5 + 4)$로 주어진다. b_i들이 (3.2)의 조건을 만족하는 필요충분조건은 $f(b_1, b_2, b_3, b_4, b_5) = (b_1, b_2 + 1, b_3 + 2, b_4 + 3, b_5 + 4)$가 $[94]$의 부분집합이라는 것이다. 따라서 잭팟을 터뜨리기 위하여 $\binom{94}{5}$가지 복권을 사야 한다.

여기에서 90과 5라는 수에는 아무런 마법도 없다. 사실상, 같은 논의를 일반적인 상황에서 반복하여, 다음 정리를 얻는다.

정리 3.21

$[n]$의 k개 원소의 중복집합의 수는

$$\binom{n+k-1}{k}$$

이다.

다음 표는 이 장에서 증명된 계수하기의 정리를 요약한다.

표 3.1 이 장에서 증명된 계수하기의 공식

	변 수	공 식
순 열	n개의 서로 다른 원소	$n!$
	a_i개의 i형 원소, $\sum_{i=1}^{k} a_i = n$	$\dfrac{n!}{a_1!a_2!\cdots a_k!}$
열 거	n개의 서로 다른 원소에서의 k-리스트	$(n)_k = \dfrac{n!}{(n-k)!}$
	n개의 서로 다른 문자에서의 길이 k인 문자열	n^k
부분집합	$[n]$의 k-부분집합(k-부분집합)	$\binom{n}{k}$
	$[n]$의 k-중복집합(k-중복집합)	$\binom{n+k-1}{k}$

Notes

이 장의 연습문제 중 가장 어려운 것은 24번이다. 이 문제에서 주어진 공식을 처음으로 증명한 사람은 아마도 1916년 맥마혼(P.A. MacMahon)[29]이다. 마방진에 관한 결과의 높은 수준의 개괄은 리차드 스탠리(Richard Stanley)의 조합론과 가환대수(Combinatorics and Commutative Algebra)[39]에 있고, 학부나 대학원 기초단계의 학생을 위한 개괄은 이 책 저자의 계수 조합론 소개(Introduction to Enumerative Combinatorics)[7]의 9장에 있다.

연습문제 Exercises

1. $[n]$에서 $[n]$으로의 함수 중 단사가 아닌 함수는 몇 개인가?

2. $[n]$의 부분집합 중 홀수 개의 원소를 가진 부분집합의 개수는 2^{n-1}임을 증명하라.

3. 어느 회사에 남자 12명, 여자 8명의 20명의 사원이 있다. 남자 한 명과 여자 한 명을 포함하는 5명의 위원회를 구성하는 방법의 수는 얼마인가?

4. 트랙과 필드 경기에 49개국으로부터 참가자가 있다. 각국의 깃발은 세 가지 다른 색의 가로줄로 구성되어 있다. 어떤 깃발도 빨강색, 하얀색, 파랑색, 녹색이 아닌 색을 포함하지 않는다. 같은 깃발을 갖는 3개국이 있는가?

5. 현재 유럽 연합에 속하는 나라에서, 17개 언어는 적어도 천 만 명 이상이 사용한다. 이 언어들 중 임의의 두 언어를 서로 통역하는 통역사를 고용한다. 어느 기자가 곧 가입 예정인 국가로 인하여 천 만 명 이상이 사용하는 언어가 22개 이상이 되면 백 명 이상의 새로운 통역사가 필요할 것이라고 관찰하였다. 이는 옳은가?(각 통역사는 한 가지 일만 한다.)

6. 다섯 자리 양의 정수 중 가운데 자릿수가 6이고, 3으로 나누어지는 것은 몇 개인가?

7. 다섯 자리 양의 정수 중 자릿수로 9를 포함하고, 3으로 나누어지는 것은 몇 개인가?

8. $\{1, 2, 2, 3, 4, 5, 6\}$을 같은 수가 이웃하지 않도록 나열하는 방법의 수는 얼마인가?

9. $\{1, 1, 2, 2, 3, 4, 5\}$를 두 개의 1이 이웃하지 않도록 나열하는 방법의 수는 얼마인가?

10. 어느 계산원이 일주일에 닷새 일하는데 토요일이나 일요일에는 쉬려고 한다. 일할 요일을 선택하는 방법의 수는 얼마인가?

11. 어느 자동차 대리점에서 다섯 명의 판매원을 고용한다. 각 판매원은 차량을 판매할 때마다 100달러의 보너스를 받는다. 어제 대리점에서 일곱 대를 판매했다. 몇 가지 방법으로 가능했는가? (보너스 액수가 다르면 판매 방법이 다르다고 간주하자.)

12. 어느 방문 판매원이 네 도시를 각각 오 분 동안 방문해야 한다. 첫 도시와 마지막 도시가 달라야 한다면 몇 가지 방법이 있는가?

13. 어느 대학 교수가 같은 학과에서 30년째 일하고 있다. 각 학기에 두 과목을 강의해 왔다. 이 학과는 15가지 과목을 개설한다. 이 교수가 같은 두 과목을 강의한 학기들이 있는가? 단 일 년에 두 학기가 있다.

14. 어느 식당에 다섯 가지 국, 열 가지 주 요리, 여섯 가지 후식이 있다. 갑은 각각 한 가지 이하의 국, 주 요리, 후식을 주문하기로 했다. 몇 가지 방법이 있는가?

15. 어느 물리학과 학생이 마지막 학기에 실험실에서 닷새를 보내야 한다. 하루를 실험실에서 보낸 후 다시 실험하기 전에 적어도 엿새 동안 자료를 분석해야 한다. 실험실에서 마지막 날을 보낸 후, 그 학기 마지막 날까지 제출할 리포트 작성에 열흘이 걸린다. 이 학기가 105일이라면 몇 가지 방법으로 가능한가?

16. (a) 이름이 A, B, C인 세 명의 친구가 어느 주어진 주일에 매일 탁구 토너먼트를 한다. 비기는 것은 불가능하다. 세 명의 순위가 같은 날이 있음을 증명하라.

(b) 이름이 D인 친구가 여기에 참여한다. 이 네 명은 주어진 다섯 주일 동안 매일 테니스 토너먼트를 한다. 매일의 순위에서 일등이나 꼴등이 동점인 경우는 없었다. 네 명의 순위가 같은 날이 있었는가?

(c) A, B, C가 1월 1일부터 매일 라운드 로빈 토너먼트 체스 게임을 한다. 모든 두 선수가 한 명은 하얀색, 다른 한 명은 검정색 말로 경기하고, 말의 색을 바꾸어서도 경기한다. 이 세 친구는 동일한 순위가 2일 나올 때까지 게임을 하기로 했다. (즉, 전의 어느 날, A가 하얀색 말로 경기하여 B를 이기고 검정색 말로 경기하여 비긴다면, 그 친구가 게임하는 마지막 날, A는 B를 하얀색 말로 경기하여 이기고, 검정색 말로 경기하여 비겨야 한다. 같은 결과가 (B, C)나 (A, C)에게도 일어나야 한다.) 남은 친구 D가 그 계획을 듣고, "이 게임을 정말 원하니? 체스는 2년 동안 끝나지 않을 지도 모른다."고 했다. 이는 과장인가?

17. $k \geq 1$이고 양의 정수 n에 대하여 $b_1, b_2, \cdots, b_k$가 합이 n 미만인 양의 정수들이라 한다. $b_1!b_2!\cdots b_k! < n!$임을 증명하라. 이 서술을 보다 강화할 수 있는가?

18. 각 자릿수의 합이 51 이하인 여섯 자리 양의 정수가 몇 개인가?

19. 30명의 학생이 있는 반에서 다음 조건을 만족하는 11명으로 이루어진 축구팀과 5명으로 이루어진 야구팀을 선발하는 방법의 수를 구하라.

(a) 누구도 두 팀에 있을 수 없다.

(b) 두 팀의 학생 수에 제한은 없다.

(c) 많아야 한 명이 두 팀에 있을 수 있다.

20. 조합섬에서 모든 차의 번호는 여섯 자리 수이다. 어느 범죄의 목격자가 도주 차량의 일부에 대해서만 진술할 수 있었다. 차량 번호는 조합섬으로부터이고, 단지 한 자릿수만 세 번 있고 다른 자릿수는 한 번 있었다. 경찰은 이 정보로 의심 차량의 90퍼센트를 제외시킨다고 추정했다. 이 추정은 맞는가?

21. (+) 어느 라운드 로빈 체스 토너먼트에 각 국에서 n명씩 $2n$명의 선수가 참가했다. 경기 종료 후 동점인 선수는 없었다고 한다. 상대국 선수와의 경기에서 올린 점수 이상의 점수를 자국 선수와의 경기에서 올린 선수가 적어도 한 명 있다는 것을 증명하라.(이 체스에서, 한 경기에서 이기면 1점, 비기면 0.5점을 얻는다.)

22. (+)

(a) 어느 라운드 로빈 체스 토너먼트에서 $\frac{3}{4}$ 이상의 경기가 무승부였다. 최종 점수가 같은 두 선수가 있음을 증명하라.

(b) t 라운드 이후, 즉 각 선수가 t 경기를 끝낸 후 토너먼트를 중단했다.(간단히, 선수의 수가 짝수라 가정한다.) $\frac{3}{4}$ 이상의 경기가 무승부로 끝났다면, 동점인 두 선수가 있는가?

(c) 토너먼트 경기가 임의의 순서대로 진행되면(회전이 없다. 다른 선수가 시작하기 전에 어느 선수가 경기를 끝낼 수도 있다.) $\frac{3}{4}$ 이상의 경기가 무승부이지만 동점인 두 선수가 없는 것이 가능한가?

(d) 토너먼트를 위의 경우에서와 같이 진행하다가, 끝난 경기의 K 이상이 무승부인 시점에서 중단했다면 동점인 두 선수가 있는 상수 $K < 1$이 있는가?

23. 체스 판에서 8개의 동일한 루크 중 어느 둘도 서로 공격하지 않도록 하는 방법이 몇 가지인가?

24. (++) 마방진(magic square)은 정방행렬로 원소가 음이 아닌 정수이며 각 행의 원소의 합과 각 열의 원소의 합이 같은 것이다. $H_3(r)$를 각 행의 합과 각 열의 합이 r인 3×3 마방진의 수라 한다.

$$H_3(r)=\binom{r+4}{4}+\binom{r+3}{4}+\binom{r+2}{4} \tag{3.3}$$

를 증명하라. 11장에서 공식 (3.3)의 보다 간단한 증명을 얻을 것이다.

부가 연습문제 Supplementary Exercises

25. (−) 세 자리 양의 정수 중 같은 자릿수가 정확히 두 개 있는 것은 몇 개인가?

26. (−) ALABAMA 단어의 글자들을 일렬로 나열하는 방법의 수는 얼마인가?

27. (−) 1과 2 중 정확히 하나를 포함하는 $[n]$의 부분집합의 수를 구하라.

28. (−) 1이나 2 중 적어도 하나를 포함하는 $[n]$의 부분집합의 수를 구하라.

29. (−) 첫 자리수와 끝 자리수가 짝수인 세 자리 양의 정수는 몇 개인가?

30. 모든 자리수가 서로 다른 네 자리 양의 정수는 몇 개인가?

31. 자리수 1을 포함하는 네 자리 양의 정수는 몇 개인가?

32. 자리수의 합이 짝수인 세 자리 양의 정수는 몇 개인가?

33. (a) $[n]$의 순열 중 1이 2보다 앞이고 3이 4보다 앞인 것은 몇 개인가?
(b) $[n]$의 순열 중 1이 2, 3보다 앞인 것은 몇 개인가?

34. $[n]$의 순열 중 이웃한 두 원소의 합이 모두 홀수인 것은 몇 개인가?

35. 서로 다른 소수 p_i와 양의 정수 a_i에 대하여 $n = p_1^{a_1} p_2^{a_2} \cdots p_k^{a_k}$라 한다. n의 양의 제수는 몇 개인가?

36. (a) n의 양의 제수의 수를 $d(n)$이라 한다. 어떤 n에 대하여 $d(n)$이 2의 멱승인가?
(b) 모든 양의 정수 n에 대하여 $d(n) \le 1 + \log_2 n$이 성립하는가?

37. 어느 학생이 1월에 닷새 동안 일할 필요가 있다. 일요일에 이틀 이상 일하고 싶지 않다. 일할 날을 고르는 방법의 수는? (그 해 1월에 일요일이 닷새 있다.)

38. (+) 어느 모임에 n쌍의 부부가 초대되었다. 이 $2n$명 중 일부가 연설을 하는데, 각 부부 중 한 명 이하만 연설을 하는 방법의 수를 구하라.

39. 어느 두 부분집합도 교집합이 있는 $[n]$의 부분집합의 수의 최대값을 구하라.

40. $[n]$의 부분집합 중 $A \cap B \neq \varnothing$인 순서쌍 (A, B)를 선택하는 방법의 수를 구하라.

41. $[n]$의 부분집합 중 $A \subseteq C$, $B \subseteq C$, $A \cap B \neq \varnothing$인 A, B, C를 선택하는 방법의 수를 구하라.

42. 연속된 이틀 동안 진행되는 어느 수학 학회에 n명이 참가했다. 일부는 토요일, 일부는 일요일에 발표했는데 누구나 한 번 이하로 발표했다. 학회가 끝날 때 몇 개의 발표는 책에 싣기로 했다. 적어도 하나의 발표를 싣는다면, 몇 가지 방법으로 가능한가?

43. 교수 — 학생 테니스 경기를 조직하는 어느 그룹은 네 명의 교수와 지원한 열세 명 중 네 명의 학생이 같이 경기하도록 해야 한다. 몇 가지 방법으로 가능한가?

44. P가 어느 세 개의 대각선도 교점이 없는 볼록 n각형이라 한다. P의 대각선의 교점의 수를 구하라.

45. 어느 학생이 26시간 동안 시험을 준비한다. 연속된 엿새 동안 공부하는데 매일 4, 5, 6시간 동안 공부한다. 몇 가지 방법으로 가능한가?

46. (+) 앤디와 브렌다가 주사위 게임을 하는데 동시에 네 개를 던진다. 적어도 하나의 주사위의 눈이 6이면 앤디가 이기고, 아니면 브렌다가 이긴다. 누가 이길 확률이 큰가?

47. (+) 어느 가게에서 n가지 물건을 판매한다. 각각의 가격은 1달러에서 n달러 사이로 서로 다르다. 어느 손님이 시간이 없어서, k가지 물건만 조사하고 이 중 최저가의 물건을 산다. 이 손님은 평균적으로 $\frac{n+1}{k+1}$달러를 지불한다는 것을 증명하라.

48. $n \times n$ 체스판에서 n개의 공격하지 않는 루크를 놓는 방법의 수를 구하라.

49. 어느 수업에 2, 3, 4학년이 n명씩 있다. 2, 3, 4 각 학년 한 명씩으로 구성된 n개 그룹을 형성하는 방법의 수를 구하라.

50. 전국 풋볼 리그는 32개 팀으로 구성되어 있다. 이 팀을 먼저 각각 열여섯 팀으로 구성되어 있는 아메리카 컨퍼런스와 전국 컨퍼런스로 나누고, 각 컨퍼런스를 각각 네 개 팀으로 구성된 네 개 분야로 나눈다. 각 분야의 이름이 다르다. 몇 가지 방법이 가능한가?

51. 위의 연습문제에서, 뉴욕의 두 팀이 서로 다른 컨퍼런스에 있도록 하는 방법의 수는 얼마인가?

52. $P_3(r)$가 3×3 마방진 중 주대각선에 대하여 대칭인 것의 수라 한다. $P_3(r) \le (r+1)^3$임을 증명하라.(마방진의 정의는 연습문제 24에 있다.)

53. $n \times n$ 마방진 중 각 원소가 0, 1이고 각 행의 원소의 합과 열의 원소의 합이 짝수인 것은 몇 개인가?

CHAPTER 4장

어떤 방법으로 자르거나. 이항 정리와 관계식

지난 장에서, 여섯 가지 기본적인 환경에서의 공식을 발견함으로써 계수 기술을 전개하기 시작했다. 5장에서도 같은 방향으로 전개할 것이다. 그러나 잠시 쉬고 이항 계수에 관한 등식 뿐 아니라 이항 정리와 다항 정리에 관하여 논의한다. 이 등식의 증명은 아마 등식 자체보다 더욱 중요할 것이다. 단지 주어진 등식의 양변이, 같은 종류의 대상을 두 가지 방법으로 계수한다는 것을 보일 것이다. 따라서 그 두 가지 표현은 같아야 한다. 이러한 유형의 논의는 등식을 증명하는 대부분 조합론자들의 꿈이다.

4.1 이항 정리

정리 4.1 이항 정리(Binominal Theorem)

음이 아닌 모든 정수 n에 대하여,

$$(x+y)^n = \sum_{k=0}^{n} \binom{n}{k} x^k y^{n-k} \tag{4.1}$$

이다.

증명 n개 항의 곱 $(x+y)(x+y)\cdots(x+y)$를 고려한다. 이 곱을 계산할 때, 2^n가지 가능한 방법으로 각 괄호로부터 항을 한 개씩 골라서 곱하고, 그들을 합한다. k개 항이 x일 때 곱 $x^k y^{n-k}$를 얻는다. n개 괄호의 집합에 $\binom{n}{k}$개의 k-부분집합이 있으므로, 그러한 항을 $\binom{n}{k}$번 얻고, 증명은 완성된다.

이항 정리에는 기초 미적분학에서와 같이 이른 과정에서부터 광대한 응용이 있다. 이 절에서는 이항 계수의 등식을 증명하기 위한 몇 가지 즉각적인 응용을 볼 것이다.

정리 4.2

음이 아닌 모든 정수 n에 대하여, 이항 계수 $\binom{n}{k}$의 교대합(부호가 바뀌는 합)은 0 이다. 즉,

$$\sum_{i=0}^{n}(-1)^k\binom{n}{k}=0$$

이다.

증명 $x=-1,\ y=1$에 대하여 이항 정리를 적용한다.

정리 4.3

음이 아닌 모든 정수 $n,\ k$에 대하여

$$\binom{n}{k}+\binom{n}{k+1}=\binom{n+1}{k+1} \tag{4.2}$$

이다.

증명 우변은 정의에 의하여, $[n+1]$의 $(k+1)$-부분집합의 수이다. 그러한 부분집합 S는 $n+1$을 포함하거나 그렇지 않다. 포함한다면, S의 나머지 부분은 $[n]$의 k-부분집합이고, 그 개수는 좌변의 첫 번째 수이다. 포함하지 않는다면, S는 $[n]$의 $(k+1)$-부분집합이고, 그 개수는 좌변의 두 번째 수이다.

정리 4.4

음이 아닌 모든 정수 n에 대하여

$$2^n=\sum_{k=0}^{n}\binom{n}{k}$$

이다.

증명 양변은 n-집합의 부분집합의 개수이다. 좌변은 직접 계산한 수이고, 우변은 k-부분집합의 수를 k에 관하여 합한 수이다.

새로운 지식을 적용하여 더욱 간결한 증명을 얻을 수 있다.

증명 (정리 4.4). $x = y = 1$이라 하고 이항 정리를 적용한다.

첫 번째 증명은 양변이 같은 대상을 계수하는 값이라는 것을 증명함으로써 조합론적 등식을 증명하는 고전적인 방법의 예이다. 같은 대상을 두 가지 방법으로 계수한다면, 같은 값을 얻으므로, 이는 유효한 추론이다. 이러한 증명은 편재하고 조합론의 계수하기에서 선호된다. 이 절에는 이러한 예가 많고, 연습문제에 추가적인 예가 많이 있다.

이제 모든 이항 계수를 그림 4.1에서와 같이 삼각형에 표시한다. 즉, n 번째 행의 i 번째 원소는 $\binom{n}{i}$이고 다이어그램은 0 번째 행에서 시작한다.

$$
\begin{array}{ccccccccccccc}
 & & & & & & 1 & & & & & & \\
 & & & & & 1 & & 1 & & & & & \\
 & & & & 1 & & 2 & & 1 & & & & \\
 & & & 1 & & 3 & & 3 & & 1 & & & \\
 & & 1 & & 4 & & 6 & & 4 & & 1 & & \\
 & 1 & & 5 & & 10 & & 10 & & 5 & & 1 & \\
1 & & 6 & & 15 & & 20 & & 15 & & 6 & & 1
\end{array}
$$

그림 4.1 파스칼 삼각형의 초기 행들

이 다이어그램은 파스칼 삼각형(Pascal triangle)이라 하는데 아름다운 성질이 많이 있다. 예로, 정리 4.4는 한 개의 원소로 이루어진 맨 위의 행을 0 번째 행이라 할 때, n 번째 행의 합은 2^n임을 보여준다. 정리 4.3은 삼각형의 각 원소가 자신의 위의 원소들의 합임을 보여준다. 그리고 정리 4.2는 행의 교대합이 항상 0임을 보여준다.

파스칼 삼각형의 보다 흥미로운 성질을 증명한다.

정리 4.5

음이 아닌 모든 정수 k, n에 대하여

$$\binom{k}{k}+\binom{k+1}{k}+\binom{k+2}{k}+\cdots+\binom{n}{k}=\binom{n+1}{k+1} \tag{4.3}$$

이다.

증명 우변은 명백히 $[n+1]$의 $(k+1)$-부분집합의 수를 계수한다. 좌변은 같은 값을 가장 큰 원소에 따라 몇 가지 경우로 나누어 계수한다.

즉 $[n+1]$의 $(k+1)$-부분집합 중 $k+1$이 가장 큰 원소인 부분집합이 $\binom{k}{k}$개, $k+2$가 가장 큰 원소인 부분집합이 $\binom{k+1}{k}$개 있는 등이다. 일반적으로, 모든 $i \le n-k$에 대하여 $[n+1]$의 $(k+1)$-부분집합 중 $k+i+1$이 가장 큰 원소인 부분집합이 $\binom{k+i}{i}$개 있다. 사실상, 그러한 부분집합의 가장 큰 원소가 $k+i+1$이면, 나머지 k개 원소는 $[k+i]$의 부분집합을 구성한다.

이는 파스칼 삼각형의 k 번째 행의 가장 왼쪽 원소로부터 시작하여, 한동안 대각선을 따라 내려가면서 만나는 모든 원소의 합이 파스칼 삼각형의 원소임을 의미한다. 독자는 그 원소가 어디에 있는지 발견하여야 한다.

마지막으로 이항 정리에서 직접 얻을 수는 없으나 매우 흥미로운 이항 계수에 관한 등식을 증명한다.

정리 4.6

모든 양의 정수 n에 대하여

$$\sum_{k=1}^{n} k\binom{n}{k} = n2^{n-1} \tag{4.6}$$

이다.

이 정리를 증명하기 전에, $\dfrac{\sum_{k=1}^{n} k\binom{n}{k}}{2^{n-1}}$가 정수인 이유도 명백하지 않다는 점에 주의하라. 증명은 그것이 정수일 뿐 아니라, n이라는 것을 보일 것이다. 이로써 독자가 이항 계수의 등식이 아름답다고 납득하기를 희망한다.

증명 (정리 4.6). 양변은 n명 중 위원들을 선택하고, 그 중 대통령을 선택하는 방법의 수를 센다. 좌변에서, k명의 위원을 $\binom{n}{k}$가지 방법으로 선택한 후, 그 중 대통령을 k가지 방법으로 선택한다. 우변에서, 대통령을 n가지 방법으로 선택한 후 나머지 위원들을 $n-1$명의 부분집합으로, 2^{n-1}가지 방법으로 선택한다.

이항 정리를 이용하는 다른 증명을 제공한다. 이 증명 또한 선택 문제처럼, 때로 틀림없이 유한해 보이는 문제도 함수나 그 미분처럼 무한량을 대상으로 한 계산을 이용하여 해결할 수 있다는 힌트를 초기 단계에서 준다.

증명 (정리 4.6). $y=1$일 때 이항 정리를 적용하여 다음 등식을 얻는다.

$$(x+1)^n = \sum_{k=1}^{n}\binom{n}{k}x^k \tag{4.5}$$

양변은 변수 x의 미분 가능한 함수이다. 양변을 x에 관하여 미분하면

$$n(x+1)^{n-1} = \sum_{k=1}^{n}k\binom{n}{k}x^{k-1}$$

이다. 이제 (4.4)를 얻기 위하여 $x=1$이라 한다.

이러한 직접적인 조합론적 논의는 매우 흥미로우므로 하나 더 논의할 수밖에 없다.

정리 4.7

모든 양의 정수 n, m, k에 대하여

$$\binom{n+m}{k} = \sum_{i=0}^{k}\binom{n}{i}\binom{m}{k-i}$$

이다.

증명 좌변은 $[n+m]$의 k-부분집합의 개수를 센다. 우변은 같은 수를 $[n]$의 원소의 수에 따라 센다. 사실상, $[n]$에서 i개 원소를 $\binom{n}{i}$가지 방법으로 선택한 후, $\{n+1, n+2, \cdots, n+m\}$에서 나머지 $k-i$개 원소를 $\binom{m}{k-i}$가지 방법으로 선택한다.

파스칼 삼각형의 임의의 행을 보면, 이항 계수 $\binom{n}{0}$, $\binom{n}{1}$, $\cdots$는 k가 증가할수록, 행의 중간까지는 증가하고 그 이후에는 감소하는 것 같다. 다음 정리에서 보여주듯이 모든 n에 대하여, 이것은 사실이다.

정리 4.8

$k \le \frac{n-1}{2}$ 인 모든 양의 정수 k, n에 대하여

$$\binom{n}{k} \le \binom{n}{k+1} \tag{4.6}$$

이고 등식은 정확히 $n = 2k+1$일 때 성립한다.

증명 계산에 의한 증명을 제공한다. $\frac{n!}{k!(n-k)!} \le \frac{n!}{(k+1)!(n-k-1)!}$ 이라는 것을 증명할 필요가 있다. 양변을 $n!$로 나눈 후 $k!(n-k-1)!$을 곱하여, $\frac{1}{n-k} \le \frac{1}{k+1}$을 얻는다. 역수를 취하고 다시 정리하여, $2k+1 \le n$, 즉 $k \le \frac{n-1}{2}$을 얻는다. 따라서 정리는 증명된다.

따름정리 4.9

$k \ge \frac{n+1}{2}$ 인 모든 양의 정수 k, n에 대하여

$$\binom{n}{k} \ge \binom{n}{k+1} \tag{4.7}$$

이고 등식은 정확히 $n = 2k-1$일 때 성립한다.

증명 정리 4.8과 $\binom{n}{k} = \binom{n}{n-k}$라는 사실에 의하여 직접 유도된다.

이 성질을 가진, 즉 증가한 후 감소하는 수열을 단봉(unimodal)이라 한다. 주어진 수열이 단봉임을 증명하는 것은 종종 매우 어렵다. 다른 방법으로, 정리 4.8의 계산적이지 않은 증명이 연습문제 19에 주어져 있다. 보다 강력한 서술이 연습문제 20에 증명되어 있다.

4.2 다항 정리

$(x+y)$ 대신 $(x+y+z)$나 $(u+x+y+z)$의 멱승을 계산하고 싶다면 어떻게 할까? 같은 방식인데 단지 결과만 더 복잡한 생각이 도움이 될 것이다.

예제 4.10

$$(x+y+z)^3 = x^3+y^3+z^3+3x^2y+3x^2z+3y^2x+3y^2z+3z^2x+3z^2y+6xyz \quad (4.8)$$

이다.

풀이 곱 $(x+y+z)(x+y+z)(x+y+z)$를 계산하고 싶다. 이를 위해 $3^3=27$가지 방법으로 세 개의 각각의 합에서 한 개 항씩 선택하여 곱한 후 이 27개의 곱을 합한다.

27개의 각 곱은 3차 항이다. 문제는 이제 단지 각 항의 계수이다. 일례로 (4.8)의 우변이 $3x^2y$와 $6xyz$를 포함하는 이유는 무엇인가?

우선 곱 중의 하나가 어떻게 x^2y일 수 있는지 알아보자. 이는 선택하는 세 항 중 두 항이 x이고 나머지 한 항이 y인 경우이다. y를 세 개의 괄호 중 하나에서 선택하고, 두 개의 x를 나머지 괄호에서 선택하므로 세 가지 방법으로 가능하다. 그러므로 $(x+y+z)^3$에서 x^2y의 계수는 확실히 3이다. 명백히, 같은 논의가 어느 변수의 제곱을 포함하는 차수가 3인 모든 항에 적용된다.

모든 곱 27개 중 x^3을 얻는 방법은 정확히 한 가지 있다. 사실상, 이는 정확히 모든 괄호에서 x를 선택하는 경우이다. 따라서 $(x+y+z)^3$에서 x^3의 계수는 1이고 y^3이나 z^3의 계수도 같다.

마지막으로, xyz는 어떠한가? 그러한 항을 얻기 위하여, 세 개의 괄호로부터 x를 한 개 선택하여야 하는데 이는 세 가지 방법으로 가능하다. 그런 후 나머지 두 개의 괄호로부터 y를 선택하여야 하는데 이는 두 가지 방법으로 가능하다. 마지막으로, 남은 괄호로부터 z를 선택하여야 한다. 그러므로 xyz항을 선택하는 방법은 여섯 가지이고, 증명은 완성된다.

정리 3.21에서와 마찬가지로, 예 4.10의 일반화된 정리를 서술하기 전에 보다 고도의 추상화가 필요하다. 무엇보다 먼저, 단지 세 개가 아니라 임의의 수의 변수에 대하여 성립하는 정리를 원한다. 그러므로 변수를 x, y, z라 부르는 대신 x_1, x_2, $\cdots$, x_k라 부를 것이다. 다음 정의는 이항 계수라는 개념을 일반화한다.

정의 4.11

음이 아닌 정수 n, a_1, a_2, $\cdots$, a_k에 대하여 $n=\sum_{i=1}^{k} a_i$이다. 이때

$$\binom{n}{a_1,\ a_2,\ \cdots,\ a_k} = \frac{n!}{a_1!\,a_2!\cdots\ a_k!} \quad (4.9)$$

이라 정의하고 $\binom{n}{a_1,\ a_2,\ \cdots,\ a_k}$를 다항 계수(multinomial coefficient)라 한다.

독자는 $k=2$이면, 이 정의가 이항 계수로 귀결됨을 증명하여야 한다.
이제 원하던 일반화된 정리를 서술하고 증명할 때가 되었다.

정리 4.12 다항 정리(Multinominal theorem)

모든 양의 정수 n, k에 대하여,

$$(x_1+x_2+\cdots+x_k)^n = \sum_{a_1,\ a_s,\ \cdots,\ a_k} \binom{n}{a_1,\ a_s,\ \cdots,\ a_k} x_1^{a_1} x_2^{a_2} \cdots x_k^{a_k} \tag{4.10}$$

이다. 단 합은 $n=\sum_{i=1}^{k} a_i$인 음이 아닌 k개의 모든 정수 $a_1,\ a_2,\ \cdots,\ a_k$에 대하여 취한다.

증명 $x_1^{a_1}x_2^{a_2}\cdots x_k^{a_k}$를 $\binom{n}{a_1,\ a_2,\ \cdots,\ a_k}$가지 방법으로 $(x_1+x_2+\cdots+x_k)\cdots(x_1+x_2+\cdots+x_k)$의 각 괄호에서 한 개씩 얻은 k개 변수의 곱으로 얻을 수 있다는 것을 증명하여야 한다. 그러한 항을 얻기 위하여 모든 $i\in[k]$에 대하여 정확히 a_i개의 괄호로부터 x_i를 선택하여야 한다.

이제 모든 $i\in[k]$에 대하여 x_i를 a_i개 선택하여, 이 n개 문자를 선형으로 순서화한다. 정리 3.5는 이것이 $\binom{n}{a_1,\ a_2,\ \cdots,\ a_k}$가지 방법으로 가능하다는 것을 보여준다. 한편 각 선형 순서 p는 명백히 괄호로부터 자연스럽게 변수를 선택하는 방법을 정의한다. 사실, p의 j번째 변수가 x_i라면, j번째 괄호로부터 x_i를 선택한다. 이러한 방법으로 $\binom{n}{a_1,\ a_2,\ \cdots,\ a_k}$개의 선형 순서로부터 $x_1^{a_1}x_2^{a_2}\cdots x_k^{a_k}$와 같은 정확히 $\binom{n}{a_1,\ a_2,\ \cdots,\ a_k}$개의 항을 얻을 것이다.

이 과정은 명백히 모든 $i\in[k]$에 대하여 a_i개가 x_i와 같은 n개의 변수의 선형 순서로부터 $x_1^{a_1}x_2^{a_2}\cdots x_k^{a_k}$와 같은 $(x_1+x_2+\cdots+x_k)^n$의 항으로의 전사함수를 구축한다. 따라서 $(x_1+x_2+\cdots+x_k)^n$에서 $x_1^{a_1}x_2^{a_2}\cdots x_k^{a_k}$의 계수는 정확히 $\binom{n}{a_1,\ a_2,\ \cdots,\ a_k}$이고 정리는 증명된다.

다음 정리에서와 같이 다항 계수와 이항 계수 사이에는 밀접한 관계가 있다.

정리 4.13

음이 아닌 모든 정수 n과 $n = \sum_{i=1}^{k} a_i$인 $a_1, a_2, \cdots, a_k$에 대하여

$$\binom{n}{a_1, a_2, \cdots, a_k} = \binom{n}{a_1} \cdots \binom{n - a_1 - \cdots - a_1}{a_{i+1}} \cdots \binom{n - a_1 - \cdots - a_{k-1}}{a_k} \tag{4.11}$$

이다.

$n - a_1 - a_2 - \cdots - a_{k-1} = a_k$이므로, (4.11)의 우변의 마지막 이항 계수는 $\binom{a_k}{a_k} = 1$임을 주목하라.

증명 좌변은 모든 $i \in [k]$에 대하여 a_i개의 x_i로 구성된 다중 집합의 모든 선형 순서를 계수한다. 우변이 같은 대상을 계수한다는 것을 보여 준다. x_1의 a_1개의 위치를 먼저 선택하자. 이는 $\binom{n}{a_1}$가지 방법으로 가능하다. 이제 x_2의 a_2개의 위치를 선택하자. a_1개의 위치는 이미 선점되었으므로, 이는 $\binom{n - a_1}{a_2}$가지 방법으로 가능하다. 그 후 x_3의 a_3개의 위치를 선택하자. $a_1 + a_2$개의 위치는 이미 선점되었으므로, 이는 $\binom{n - a_1 - a_2}{a_3}$가지 방법으로 가능하다. 이 과정을 반복하며 모든 기호의 위치를 선택하면, 이러한 가능한 결과의 총 개수는 사실상 (4.11)의 우변의 값이다.

4.3 승수가 양의 정수가 아닐 때

m이 양의 정수가 아닐 때 $(1+x)^m$에 관하여 무엇을 말할 수 있는가? 즉, $(1+x)^{-\frac{2}{3}}$와 같은 수식을 어떻게 전개할 수 있는가? 이 질문에 좋고 간명한 답을 얻기 위하여, 모든 실수 m에 대하여 이항 계수 $\binom{m}{k}$를 정의한다.

정의 4.14

m이 실수이고 k가 음이 아닌 정수라 한다. 그러면 $\binom{m}{0}=1$이고, $k>0$이면

$$\binom{m}{k}=\frac{m(m-1)\cdots(m-k+1)}{k!}$$

이다.

이 정의는 명백히 양의 정수의 이항 계수의 정의를 확장한다. $x=0$ 근방에서 $(1+x)^m$의 테일러 급수를 고찰해 보자. $(1+x)^m$의 n 번째 미분 계수는 $(m)_n(1+x)^{m-n}$이고, 이 수식의 값은 $x=0$일 때 $\frac{(m)_n}{n!}=\binom{m}{n}$이다. 그러므로 다음 정리를 얻는다.

정리 4.15

m이 임의의 실수라 한다. 그러면

$$(1+x)^m=\sum_{n\geq 0}\binom{m}{n}x^n$$

이다.

따라서 m이 양의 정수가 아니면 $(1+x)^m$은 무한급수이다. m이 양의 정수일 때, $n>m$이면 $\binom{m}{n}=0$이므로 $(1+x)^m$은 $m+1$개 원소의 합이다.

예제 4.16

$\sqrt{1-4x}$의 멱급수를 구하라.

풀이 정리 4.11에 의하여

$$\sqrt{1-4x}=(1-4x)^{\frac{1}{2}}=\sum_{n\geq 0}\binom{\frac{1}{2}}{n}(-4x)^n \tag{4.12}$$

이다. 이 수식을 간단히 하기 위하여, $\binom{\frac{1}{2}}{n}$의 보다 간단한 형태를 구해야 한다.

$$\binom{\frac{1}{2}}{n}=\frac{\frac{1}{2}\times\frac{-1}{2}\times\frac{-3}{2}\times\cdots\times\frac{-2n+3}{2}}{n!}=(-1)^{n-1}\frac{(2n-3)!!}{2^n n!}$$

이다. $(2n-3)!!$은 1부터 $2n-3$까지의 홀수의 곱을 나타내고 $2n-3$ 준팩토리얼(semifactorial)이라 한다.

이를 (4.12)의 공식에 대입하면,

$$\sqrt{1-4x}=-\sum_{n\geq 0}\frac{2^n(2n-3)!!}{n!}x^n$$

을 얻는다. $\frac{2^n(2n-3)!!}{n!}$의 분자, 분모에 $n!$을 곱하면

$$\frac{2^n(2n-3)!!}{n!}=2\frac{(2n-2)!}{n!(n-1)!}$$

이므로

$$\sqrt{1-4x}=-2\sum_{n\geq 0}\frac{\binom{2n-2}{n-1}}{n}x^n$$

이다.

Notes

연습문제 19, 20은 조합론의 두 가지 흥미로운 분야에 관한 것이다. 그 중 하나는 단봉과 로그 오목성이고 다른 하나는 격자 경로의 조합론이다. 관심 있는 독자는 [7]의 8장을 이 논의의 도입 교재로 참고할 수 있다. [36]도 도입 단계의 좋은 교재인데, 여기에서는 격자 경로를 매우 접근할 수 있는 방법으로 이용하여 단봉 결과를 증명한다. 이후 단계로 단봉과 로그 오목성 결과에 관하여 [13]과 격자 경로의 계수에 관하여 [25]를 각각 추천한다.

연습문제 Exercises

1. (a) 5×5 그리드의 각 사각형에 실수를 기입하여, 전체 수의 합이 음수이고, 임의의 2×2 그리드의 수의 합이 양수가 되도록 할 수 있는가?

(b) 6×6 그리드에서의 결과는 어떠한가?

2. (+)

(a) 볼록 팔각형 정원의 내부의 다양한 위치에 열 세 그루의 나무를 심는다. 이때 나무나 정원의 모서리 중 일부를 잇는, 서로 만나지 않는 경로를 구축하여 정원을 삼각형으로 분할하려고 한다. 몇 개의 삼각형을 얻게 되는가?

(b) 모서리에 있지 않은 다섯 그루의 나무를 정원의 경계에 더하면 어떤 결과를 얻는가?

3. $n\ge 2$인 모든 양의 정수에 대하여

$$2^{n-2}n(n-1)=\sum_{k=2}^{n}k(k-1)\binom{n}{k}$$

임을 증명하라. 이 등식을 어떻게 일반화하는가?

4. k, m, n이 $k+m\le n$을 만족하는 양의 정수라 한다.

$$\binom{n}{m}\binom{n-m}{k}=\binom{n}{k}\binom{n-k}{m}$$

임을 증명하라.

5. $0\le k\le n-1$과 같은 정수에 대하여

$$\sum_{j=0}^{k}\binom{n}{j}=\sum_{j=0}^{k}\binom{n-1-j}{k-j}2^j$$

임을 증명하라.

6. n개의 돌무더기를 각각이 적어도 한 개의 돌을 포함하는 두 개의 작은 무더기로 나눈다. 두 무더기의 돌의 수의 곱을 p_1으로 표기한다. 두 무더기에서 임의의 돌을 꺼낸다. 이제 남은 두 무더기의 돌의 수의 곱을 p_2로 표기한다. 이 과정을 각 무더기에 한 개의 돌이 남을 때까지 계속한다. 이는 명백히 $n-1$개 단계일 것이다. 어떻게 하면 $p_1+p_2+\cdots+p_{n-1}$이 최대가 되는가? 어떻게 하면 최소가 되는가?

7. 모든 양의 정수 n에는 적어도 $4k-1$ 형태의 제수만큼 $4k+1$ 형태의 제수가 있음을 증명하라.

8. 모든 양의 정수 n에 대하여 $\binom{2n}{n}< 4^n$임을 증명하라.

9. $[n]$의 부분집합 중 몇 개가 그들의 여집합보다 많은 원소를 갖는가?

10. $(x_1+x_2+\cdots+x_k)^k$의 어느 항의 계수가 가장 큰가? 그 계수는 무엇인가?

11. $n<k$라 한다. $(x_1+x_2+\cdots+x_k)^n$의 최대 계수는 무엇인가?

12. $r>1$에 대하여 $n=rk$라 한다. $(x_1+x_2+\cdots+x_k)^n$의 최대 계수는 무엇인가?

13. 음이 아닌 정수 k에 대하여, m이 $k<2^m$인 양의 정수라 한다. $n=2^m-1$이라 할 때 $\binom{n}{k}$가 홀수임을 증명하라.

14. 양의 정수 k, m이 $k<2^m$을 만족한다. $n=2^m$이라 할 때 $\binom{n}{k}$가 짝수임을 증명하라.

15. $p\geq 3$인 소수이고 m, $k(k<p^m)$이 양의 정수이다. $\binom{p^m}{k}$가 p의 배수임을 증명하라.

16. p가 소수이고 $x>1$이 양의 정수이다. 그림 4.2와 같이 p개의 살이 있는 바퀴(wheel)를 고려하라.

(a) x가지 색의 페인트가 있다. 적어도 두 가지 색을 이용하여 바퀴를 칠하는 방법은 몇 가지인가?

(b) 회전하여 같은 모양이 되는 두 바퀴를 같다고 간주하면, 몇 가지 방법이 있는가?

(c) 이는 정수론의 어느 정리를 증명하는가?

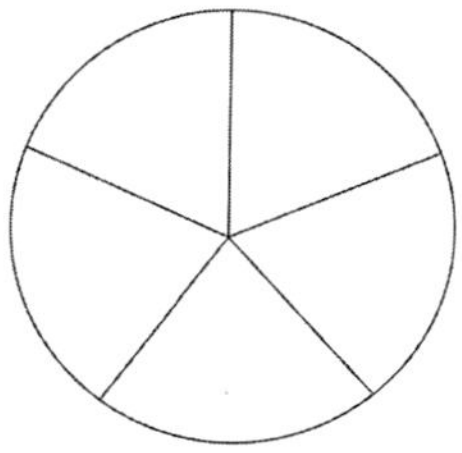

그림 4.2 다섯 개의 살이 있는 바퀴

17. $\sum_{a_1+a_2+a_3=n}\binom{n}{a_1,\ a_2,\ a_3}=3^n$ 임을 증명하라.

18. $\sum_{a_1+a_2+a_3=n}\binom{n}{a_1,\ a_2,\ a_3}(-1)^{a_2}=1$ 임을 증명하라.

19. (+) 정수 격자에서 각 단계가 (0, 1) 또는 (1, 0)인 경로를 북동면 격자 경로(northeastern lattice path)라 한다. k, n이 $k<\frac{n}{2}$를 만족하는 양의 정수라 한다. (0, 0)에서 $(k, n-k)$까지의 북동면 격자 경로의 집합으로부터 (0, 0)에서 $(k+1, n-k-1)$까지의 북동면 격자 경로의 집합으로의 단사함수를 정의하라.($f(x)=f(y)$이면 $x=y$인, 즉 서로 다른 원소의 함수 값이 서로 다른 함수 f를 단사함수라 한다는 것을 기억하라.) 이것이 $\binom{n}{0}, \binom{n}{1}, \cdots, \binom{n}{n}$이 단봉임을 증명하는 이유를 설명하라.

20. k, n이 $k\le n-1$인 양의 정수이면

$$\binom{n}{k-1}\binom{n}{k+1}\le\binom{n}{k}\binom{n}{k}$$

임을 증명하라. 양의 실수의 수열 $a_0, a_1, a_2, \cdots, a_n$ 이 모든 $1\le i\le n-1$에 대하여 $a_{i-1}a_{i+1}\le a_i^2$이면 로그 오목(log-concave)이라 함을 주목하라. 이 문제는 수열 $\binom{n}{0}, \binom{n}{1}, \cdots, \binom{n}{n}$이 로그 오목임을 증명하는 것이다.

21. (+) 위의 연습문제의 북동면 격자 경로를 이용한 계산적이지 않은 증명을 해라.

22. 양의 실수의 수열 $a_0, a_1, a_2, \cdots, a_n$ 이 로그 오목이면 단봉임을 증명하라.

23. (+) C_n이 대각선 $x=y$보다 위의 점을 지나지 않는 $(0, 0)$에서 (n, n)까지의 북동면 격자 경로의 개수라 한다. $C_n = \binom{2n}{n} - \binom{2n}{n-1} = \dfrac{\binom{2n}{n}}{n+1}$ 임을 증명하라.

24. (+) $a \geq b$가 양의 정수라 한다. 주대각선 위의 점을 지나지 않는, $(0, 0)$에서 (a, b)까지의 북동면 격자 경로의 개수가 $\binom{a+b}{b} - \binom{a+b}{b-1}$ 임을 증명하라.

25. $\sum_{i=n}^{\infty} nx^{n-1}$ 의 닫힌 형식을 구하라.

26. $\dfrac{1}{\sqrt{1-4x}} = \sum_{n \geq 0} \binom{2n}{n} x^n$ 임을 증명하라.

27. $f(x) = \sqrt{\dfrac{1+x}{1-x}}$ 의 멱급수를 구하라.

부가 연습문제 Supplementary Exercises

28. (−) 모든 양의 정수 $n > 1$에 대하여, 부등식 $2^n < \binom{2n}{n}$ 이 성립함을 증명하라.

29. (−) 모든 양의 정수 n에 대하여, $\binom{2n}{n}$ 이 짝수임을 증명하라.

30. (−) 모든 양의 정수 $n > k$에 대하여, 부등식 $k^n < \binom{kn}{n}$ 이 성립함을 증명하라.

31. (−) 10×6 행렬의 각 행의 원소의 합은 36이다. 행렬의 각 열의 합이 r이면, r은 얼마인가?

32. (−) $(0, 0)$에서 (n, k)까지의 몇 개의 북동면 격자 경로가 있는가?

33. 조합론적 논의에 의하여, 모든 양의 정수 n에 대하여 $\binom{3n}{n,\ n,\ n}$이 6으로 나누어짐을 증명하라.

34. 어느 프로그램 개발자가 다음과 같은 6개의 실수 $a_1, a_2, \cdots, a_6$을 구했다고 주장한다. 임의의 네 개의 이웃한 a_i의 합이 양수이고 임의의 세 개의 이웃한 a_i의 합이 음수이다. 그의 주장이 틀렸음을 증명하라.

35. 어느 학교에 105명의 학생과 일곱 과목이 있다. 각 학생이 세 과목을 선택하고, 각 과목의 학생 수가 같다면, 이 수는 얼마인가?

36. 점 $(5, 5)$를 지나지 않지만 $(3, 3)$을 지나는 $(0, 0)$에서 $(10, 10)$까지의 북동면 격자 경로의 개수를 구하라.

37. (+) $(0, 0)$에서 (n, n)까지의, 시점과 종점을 제외하고는 대각선 위의 점을 지나지 않는 북동면 격자 경로의 개수를 구하라.

38. 모든 양의 정수 n에 대하여 $\binom{2n}{n} = \sum_{k=0}^{n} \binom{n}{k}^2$임을 증명하라.

39. 모든 양의 정수 n에 대하여 $n\binom{2n-1}{n-1} = \sum_{k=1}^{n} k\binom{n}{k}^2$임을 증명하라.

40. 모든 양의 정수 n에 대하여 $3^n = \sum_{k=0}^{n} 2^k \binom{n}{k}$임을 증명하라.

41. 모든 양의 정수 $k \leq n$에 대하여 $\sum_{i=0}^{n} \binom{n}{i}(-1)^i = \binom{n-1}{k}(-1)^k$임을 증명하라.

42. 다음 등식의 양변을 적분하라.

$$(1+x)^n = \sum_{k=0}^{n}\binom{n}{k}x^k$$

등식이 성립하려면 우변에 어느 적분 상수 C를 선택하겠는가?

43. 모든 양의 정수 $n>1$에 대하여 $\sum_{k=0}^{n}\frac{1}{k+1}\binom{n}{k}(-1)^{k+1} = \frac{-1}{n+1}$임을 증명하라.

44. 주어진 실수 t에 대하여 $\sum_{k=0}^{n}\frac{1}{k+1}\binom{n}{k}t^{k+1}$의 닫힌 형식을 구하라.

45. 모든 양의 정수 n에 대하여 $\sum_{\substack{k=0 \\ k \text{ 짝수}}}^{n}\binom{n}{k}2^k = \frac{3^n+(-1)^n}{2}$임을 증명하라.

46. 모든 양의 정수 n에 대하여 $\sum_{\substack{k=1 \\ k \text{ 홀수}}}^{n}\binom{n}{k}5^k = \frac{6^n-(-4)^n}{2}$임을 증명하라.

47. (+) 음이 아닌 정수 k에 대하여 $n=4k$라 한다. 다음 등식을 증명하라.

$$\sum_{i=0}^{2k}\binom{n}{2i}(-1)^i = \binom{n}{0}-\binom{n}{2}+\binom{n}{4}-\cdots = 2^{2k}(-1)^k$$

48. (++)

(a) $n=3k$라 한다.

$$\lim_{n\to\infty}\frac{\sum_{i=0}^{k}\binom{n}{3i}}{2^n}=\frac{1}{3}$$

임을 증명하라. 즉, 파스칼 삼각형의 n 번째 행의 3의 배수 번째 원소의 합은 대략 그 행의 모든 원소의 합의 $\frac{1}{3}$이다.

(b) (a)의 결과를 일반화하라.

49. $\sqrt[3]{1-2x}$ 의 멱급수에서 x^n의 계수는 무엇인가?

50. 수식 $(x_1+x_2+x_3+x_4)^6$의 전개에서 최대 계수는 무엇인가?

51. 수식 $(x_1+x_2+\cdots+x_k)^n$을 고려한다.

(a) 수식의 멱급수 전개에서 계수로 한 번만 나타나는 수가 있다고 가정하자. k와 n의 관계는 무엇인가?

(b) 수식의 멱급수 전개에서 계수로 한 번만 나타나는 수가 두 개 이상 있는가?

52. (+) $(\sqrt{3}+\sqrt{2})^{2002}$에서 소수점 바로 뒤의 수는 무엇인가?

53. (+) $(\sqrt{11}+\sqrt{10})^{2002}$에서 소수점 바로 앞과 뒤의 수는 무엇인가?

54. $[n]$의 부분집합을 가능한 한 많이 선택하는데, 그 중 어느 두 집합도 한 집합이 다른 집합의 부분집합이 되지 않도록 한다.

(a) 항상 $\dfrac{2^n}{n}$개 이상의 부분집합을 선택할 수 있음을 증명하라.

(b) (a)의 결과를 개선시킬 수 있는가?

55. (+) 어느 국제 무역 회사에 70명의 직원이 있다. 임의의 두 직원 A, B에 대하여 A는 구사할 수 있고 B는 구사할 수 없는 언어가 있고, 그와 반대인 언어가 있다. 이 회사의 직원들이 구사할 수 있는 언어는 최소 몇 개인가?

56. 교점이 없는 북동면 격자 경로의 쌍 (p, q)의 수를 구하라. 단 p는 $(0, 0)$에서 $(k, n-k)$까지이고 q는 $(-1, 1)$에서 $(k-1, n-k+1)$까지이다.

57. $2n+1$개의 수를 원주에 썼다. 이 중 n개는 1이고, $n+1$개는 -1이다. 이 $2n+1$개의 수 중 다음 성질을 만족하는 것이 정확히 한 개 있음을 증명하라. 이 수를 a_1이라 하고, 다음 수를 시계 방향으로 $a_2, a_3, \cdots, a_{2n+1}$이라 하면, 모든 $k\in[2n]$에 대하여 $\sum_{i=1}^{k} a_i$는 음수가 아니다.

58. 바로 전의 연습문제와 연습문제 23의 관계를 설명하라.

59. $p > 2$가 소수라 한다. 어느 n에 대하여, $0 < k < n$인 각 이항 계수 $\binom{n}{k}$가 p로 나누어지는가?

60. 연습문제 20은 주어진 n에 대하여 $\binom{n}{0}, \binom{n}{1}, \cdots, \binom{n}{k}$가 로그 오목임을 증명했다. 이제 주어진 k에 대하여, 무한 수열 $\binom{k}{k}, \binom{k+1}{k}, \binom{k+2}{k}, \cdots$가 로그 오목임을 증명하라. 즉, 모든 $n \ge k$에 대하여,

$$\binom{n}{k}\binom{n+2}{k} \le \binom{n+1}{k}^2$$

임을 증명하라. 연습문제 20의 증명과 유사한 조합론적 증명을 구하라.

CHAPTER 5장

나누어 정복. 분할

지난 장에 중단했던 기본적인 계수하기 문제로 돌아갈 시간이다. 3장에서 서로 다르거나 같은, 중복이 허용되거나 그렇지 않은, 원소의 순서가 적절하거나 그렇지 않은 대상의 리스트에 주로 관심을 가졌다. 이 장에서는 분배 문제(distribution problems)를 고려함으로써 좀 더 깊은 내용을 다룰 것이다. n개의 대상(공)을 k개의 상자에 넣으며 몇 가지 방법이 있는지 질문한다.

5.1 합성

스무 개의 동일한 공을 갑, 을, 병, 정 등 네 명의 아이들에게 분배해야 한다고 가정하자. 공은 동일하므로, 중요한 것은 각 아이가 몇 개의 공을 갖는가이다. 따라서 이 공을 분배하는 방법의 수를 알기 위해서, 단순히 20을 네 개의 음이 아닌 정수의 합으로 나타내는 방법의 수를 알아야 한다. 명백히, 정수의 순서는 중요하다. 즉, $1+6+8+5$과 $6+1+5+8$은 다른 분배 방법에 해당한다. 사실상, 처음 경우에는 갑은 한 개의 공을 갖고, 두 번째 경우에는 갑은 여섯 개의 공을 갖는다.

정의 5.1

모든 i에 대하여 $a_i \geq 0$이고, $a_1+a_2+\cdots+a_k=n$인 배열 $(a_1, a_2, \cdots, a_k)$는 n의 약합성(weak composition)이라 한다. 모든 i에 대하여 $a_i > 0$이면, 배열 $(a_1, a_2, \cdots, a_k)$는 n의 합성(composition)이라 한다.

정리 5.2

모든 양의 정수 n, k에 대하여, n을 k 부분으로 나누는 약합성의 개수는

$$\binom{n+k-1}{k-1} = \binom{n+k-1}{n}$$

이다.

증명 이 문제는 n개의 동일한 공을 k개의 서로 다른 상자에 넣는 문제와 동일하다. k개의 상자를 일렬로 나열하고, 공을 어떤 방법으로 넣어서 정렬한다. 그러면 n개의 공과, k개의 상자를 구분하는 $k-1$개의 벽으로 구성된 긴 열이 있다. 단지 n개의 공과 $k-1$개의 벽의 순서를 아는 것이 각 상자의 공의 개수를 아는 것과 같다는 점을 주목하라. 따라서 우리의 작업은 n개의 공과 $k-1$개의 벽으로 구성된 다중집합의 치환의 개수를 구하는 것으로 귀결된다. 정리 3.21에 의하여 이 수는 $\dfrac{(n+k-1)!}{n!(k-1)!}$ 이다.

어느 조부모께서 각 아이에게 적어도 한 개의 공을 분배하자고 주장하면 어떻게 되는가? 문제가 더 어려워지지는 않는다. 먼저 각 아이에게 한 개의 공을 주고 나머지 16개의 공을 네 아이에게 $\binom{16+4-1}{4-1} = \binom{19}{3}$가지 방법으로 줄 수 있다. 다음 서술은 n개의 공을 k명의 아이에게 주는 이 논의의 일반화이다.

따름정리 5.3

모든 양의 정수 n, k에 대하여, n의 k 부분으로의 합성의 개수는 $\binom{n-1}{k-1}$이다.

모든 합성, 즉 부분의 개수에 제약 없는 n의 합성의 개수는 얼마인가? 명백히 이 질문은 약합성이 아니라 합성에 대해서만 의미가 있다. 사실상 0이 부분의 크기로 허용되면 임의의 수의 0이 합성의 뒤에 첨부되는 것이 허용되고, 그리하여 n이 무한 가지 약합성을 가진다. 그러나 합성에 관하여는 이 질문에 확연하게 간결한 답이 있다.

따름정리 5.4

모든 양의 정수 n에 대하여, n의 합성의 개수는 2^{n-1}이다.

증명 임의의 n의 합성에는 1개 이상 n개 이하의 부분이 있다. 따라서 n의 합성의 총 개수는

$$\sum_{k=1}^{n}\binom{n-1}{k-1}=2^{n-1}$$

이다. 사실상, 좌변은 $[n-1]$의 부분 집합의 개수인데 그들의 크기 k에 따라 센 후 합한다.

독자는 즉시 그러한 깔끔한 닫힌 형식 2^{n-1}에는 또 다른 설명, 왜 2의 멱승인가에 대한 설명이 있을 것이라고 기대할 것이다. 그러한 증명은 사실상 존재하고 아래에 제공된다.

증명 (따름정리 5.4). 서술을 n에 관한 귀납법으로 증명한다. $n=1$일 때, 정수 1은 한 개의 합성을 가진다.

서술이 모든 n에 대하여 성립한다고 가정하고 n의 2^{n-1}개의 합성을 선택한다. 그러한 각 합성 C에 대하여 $n+1$의 두 가지 다른 합성을 정의한다. 먼저 C의 첫 번째 원소에 1을 더한다. 이러한 방법으로 첫 번째 원소가 2 이상인 $n+1$의 합성을 구한다. 두 번째로, C를 택하고 맨 앞에 부가적으로 1을 쓴다. 이러한 방법으로 첫 번째 원소가 1인 $n+1$의 합성을 구한다. n의 서로 다른 합성은 $n+1$의 서로 다른 합성을 유도한다.

$n+1$은 정확히 이 두 가지 중 한 가지 방법으로 나눌 수 있다. 그러므로 증명해야 했던 대로 $n+1$의 합성의 수는 n의 합성의 수의 두 배이다.

5.2 집합의 분할

공들은 서로 다르고 상자들은 같다고 가정하자. 공들을 1부터 n으로 명명하자. 다시 말하여 집합 $[n]$을 k개의 공집합이 아닌 부분집합들로 분할한다.

정의 5.5

집합 $[n]$의 분할(partition)은 공집합이 아닌 블록의 모음인데 $[n]$의 각 원소가 정확히 이 중 한 개의 블록에 속한다.
집합 $[n]$을 k개의 공집합이 아닌 블록들로 분할하는 방법의 수를 $S(n, k)$라 표기한다. $S(n, k)$를 제 2종 스털링 수(Stirling number of the second kind)라 부른다.

정의 5.5로부터 $n<k$이면 $S(n, k)=0$이다. 관습적으로 $S(0, 0)=1$이라 약속한다. 다음 장에서 이러한 약속의 이점을 알게 될 것이다. 그때까지는 0개의 대상을 0개의 상자에 넣는 방법은, 아무 일도 하지 않는 한 가지라는 것을 아는 것으로 위로 받도록 한다.

예제 5.6

모든 $n \geq 1$에 대하여, $S(n,\ 1) = S(n,\ n) = 1$이다. 모든 $n \geq 2$에 대하여, $[n]$을 $n-1$ 부분으로 분할하면 한 부분은 두 개의 원소를 갖고 다른 $n-2$개 부분은 한 개의 원소를 가지므로 $S(n,\ n-1) = \binom{n}{2}$이다.

예제 5.7

$[4]$를 각 부분에 원소가 있는 두 부분으로 분할하면 $\{1,\ 2,\ 3\}\{4\};\{1,\ 2,\ 4\}\{3\};$ $\{1,\ 3,\ 4\}\{2\};\{2,\ 3,\ 4\}\{1\};\{1,\ 2\}\{3,\ 4\};\{1,\ 3\}\{2,\ 4\};\{1,\ 4\}\{2,\ 3\}$ 일곱 가지 분할을 얻는다. 따라서 $S(4,\ 2) = 7$이다.

몇 가지 질문이 떠오른다. 제 1종 스털링 수는 어떻게 되었는가? 이는 6장에서 논의할 것이다. 독자는 해야 할 첫 번째 일은 $S(n,\ k)$의 공식을 제공하는 것이라 생각하고 실제로 왜 아직 하지 않았는지 궁금해 할지도 모른다. 그러나 $S(n,\ k)$의 닫힌 공식은 없다. 한 개의 덧셈 기호를 포함하는 $S(n,\ k)$의 공식이 있는데, 이를 얻는데 체의 공식이 필요하므로 7장에서 증명할 것이다.

그럼에도 불구하고, 집합의 분할에 관한 좋은 등식을 지금 증명할 것이다. 공식은 재귀적이다.

정리 5.8

모든 양의 정수 $k \leq n$에 대하여,

$$S(n,\ k) = S(n-1,\ k-1) + kS(n-1,\ k) \tag{5.1}$$

이다.

증명 전과 마찬가지로, 특정한 한 원소, 즉 최대 원소 n을 고찰한 후 조합론적 증명을 얻을 수 있다. 이 원소가 한 개의 블록을 이룬다면, 나머지 $n-1$개 원소는 $S(n-1,\ k-1)$가지 방법으로 분할될 것이다. 이 분할의 수는 우변의 첫 번째 수이다. 한편, 이 원소가 한 개의 블록을 이루지 않는다면, 나머지 $n-1$개 원소는 $S(n-1,\ k)$가지 방법으로 k개 블록의 분할을 이룬다. 그러면 n을 이 k개 블록 중 한 블록에 포함시키므로 위의 수에 k를 곱한다. 이 분할의 수는 우변의 두 번째 수이다.

만약 n개의 서로 다른 공을 k개의 서로 다른 상자에 넣는다면, 방법의 수는 명백히 $k!S(n, k)$이다. 사실상, $S(n, k)$가지 방법으로 $[n]$을 구분할 수 없는 k개 부분으로 분할한 후, 부분들에 $1, 2, \cdots, k$의 라벨을 $k!$가지 방법으로 붙인다.

따름정리 5.9

$f : [n] \to [k]$인 전사함수의 수는 $k!S(n, k)$이다.

증명 그러한 각 함수는 $[n]$의 분할을 정의한다. 각 블록은 같은 원소 $i \in [k]$로 대응되는 원소들로 이루어진 부분집합이다. 따라서 정확히 k개의 라벨이 블록들에 있으며, 바로 위의 문단으로부터 정리는 증명된다.

이것의 흥미로운 결과로 다음의 예상치 않은 따름정리가 있다. 매우 간결한 표현인 x^n이 사실상 스털링 수와 관련된 $n+1$개 항의 합이라는 것은 놀랍다.

따름정리 5.10

모든 실수 x와 음이 아닌 모든 정수 n에 대하여

$$x^n = \sum_{k=0}^{n} S(n, k)(x)_k \tag{5.2}$$

이다.

증명 양변은 차수 n인 x의 다항식이다. 그러므로 그들이 n개 보다 많은 값에서 일치한다는 것을 보여주면 증명된다. 그보다 더 강한 서술, 즉 양변이 모든 양의 정수에서 일치한다는 것을 보여줄 것이다.

x를 양의 정수라 하면, 좌변은 $[n]$에서 $[x]$로의 모든 함수의 개수이다. 우변이 치역의 크기에 따라 계수한 같은 값이라는 것을 주장한다. 사실상, 그러한 함수의 치역의 크기가 k라면, 치역 I를 선택하는 방법의 수는 $\binom{x}{k}$가지이고, 따름정리 5.9에 의하여 이러한 함수를 선택하는 방법의 수는 $k!S(n, k)$이다. $(x)_k = k!\binom{x}{k}$이므로 주장은 증명되었다.

분할의 계수하기를 확장하는 다른 방법은 모든 분할을 부분의 수에 제한 없이 계수하는 것이다.

정의 5.11

각 부분이 한 개 이상의 원소를 갖는 $[n]$의 모든 분할의 수를 n 번째 벨 수(Bell number)라 하고 $B(n)$으로 나타낸다.

따라서 $B(n) = \sum_{i=0}^{n} S(n, i)$이다. 벨 수는 좋은 재귀적 관계를 만족한다.

정리 5.12

음이 아닌 모든 정수 n에 대하여

$$B(n+1) = \sum_{i=0}^{n} \binom{n}{i} B(i) \tag{5.3}$$

이다.

증명 우변이 $[n+1]$의 모든 분할을 계수한다는 것을 보여주어야 한다. $n+1$이 크기 $n-i+1$인 블록에 있다고 가정하자. 그러면 $n+1$과 다른 블록에 있는 원소가 i개 있다. 그러므로 이들을 선택하는 방법은 $\binom{n}{i}$가지이고, 분할하는 방법은 $B(i)$가지이다. 가능한 모든 i에 대하여 합하면 정리는 증명된다.

5.3 자연수의 분할

공들이 같고 상자들도 같다고 가정한다. 따라서 공들을 상자들에 분배할 때, 중요한 것은 그들의 개수 뿐이다. 다시 말하여 양의 정수 n을, 더하는 수의 순서와 관계없이 양의 정수의 합으로 나타내는 방법의 수에 관심 있다. 즉 $4 = 3 + 1$과 $4 = 1 + 3$은 같은 방법으로 간주된다. n을 구성하는 양의 정수들의 순서는 고려하지 않으므로, 감소하는 순서라고 간주하여도 된다.

정의 5.13

$a_1, a_2, \cdots, a_k$가 $a_1 \geq a_2 \geq \cdots \geq a_k \geq 1$이고 $a_1 + a_2 + \cdots + a_k = n$일 때 $(a_1, a_2, \cdots, a_k)$를 n의 분할(partition)이라 한다. n의 분할의 수를 $p(n)$으로 나타낸다. n의 분할 중 부분의 수가 k인 것의 개수를 $p_k(n)$으로 나타낸다.

"분할"이라는 용어를 정의 5.5에서는 $[n]$을 나누는 방법이라는 의미로 썼었는데 여기에서는 새로운 의미로 썼음에 주목한다. 정의 5.13에서의 새로운 의미는 이전의 것과 무관하다. 이러한 같은 용어에 대한 이중적 의미는 대개의 경우 문맥에 따라 어느 것이 적절한지 명백히 알 수 있으므로 혼란을 가져오지는 않는다. 기호 또한 그러한데, $[n]$의 분할 또는 n의 분할이라 한다. 혼란을 가져올 염려가 있으면 $[n]$의 분할이라는 의미일 때는 '집합 분할(set-partition)'이라고 하는 것이 관례이다. 불어에는 서로 다른 용어(집합의 분할은 'partition', 정수 n의 분할은 'partage')가 있음에 주목한다.

예제 5.14

5의 분할은 다음 일곱 가지 $\{5\}; \{4, 1\}; \{3, 2\}; \{3, 1, 1\}; \{2, 2, 1\}; \{2, 1, 1, 1\}; \{1, 1, 1, 1, 1\}$이다. 따라서 $p(5) = 7$이다.

$p(n)$의 정확한 공식을 구하는 것은 $S(n, k)$의 정확한 공식을 구하는 것보다 어렵다. $p(n-1)$ 아니 $p(i)$(모든 $i < n$)를 안다고 해도 이들로부터 $p(n)$을 직접적으로 구할 수는 없다. (그럼에도 불구하고 현학적인 재귀적 관계는 존재하는데 노트 부분에서 언급할 것이다.) $p(n)$의 근사값을 다음 점근식으로부터 구할 수 있다.

$$p(n) \sim \frac{1}{4\sqrt{3}} exp(\pi \sqrt{\frac{2n}{3}}) \tag{5.4}$$

$p(n)$은 다항식보다 빨리 증가하고 지수함수 $g(n) = c^n (c > 1)$보다 느리게 증가한다.

그럼에도 불구하고 생성함수를 배우면 $p(n)$에 관한 흥미 있고 유용한 결과를 발견할 수 있게 된다. 그 때까지는 매우 흥미롭고 즐길 만한 등식에 관하여 논의할 것이다. 그들을 증명하는 주요 기술은 아래에 있는 분할의 도표이다.

분할 $p = (x_1, x_2, \cdots, x_k)$의 페레즈 도표(Ferrers shape)는 각 변이 수직이거나 수평인 n개의 단위 정사각형 상자를 하나의 수직선에서 모든 행이 시작하고 i 번째 행에 x_i개의 상자가 있도록 배열한 것이다. 미국 수학자 노만 페레즈(Norman M. Ferrers)의 이름을 따라 명명했다. 분할 $p = (4, 2, 1)$의 페레즈 도표는 그림 5.1과 같다. 명백히, n의 분할과 크기 n인 페레즈 도표 사이에 일대일 대응이 존재한다.

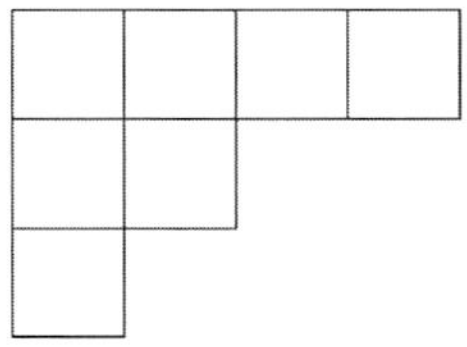

그림 5.1 분할 $p=(4, 2, 1)$의 페레즈 도표

분할 p의 페레즈 도표를 대각선에 관하여 대칭이동하면 다른 페레즈 도표를 얻는데 이는 p의 켤레 분할을 나타낸다. 예로 $(4, 2, 1)$의 켤레 분할은 $(3, 2, 1, 1)$이다. 특히 p의 켤레 분할의 페레즈 도표의 i 번째 행의 길이는 p의 페레즈 도표의 i 번째 열의 길이이다.

정의 5.15

n의 분할 중 자신의 켤레와 같은 것을 자기켤레(self-conjugate)라 한다.

예제 5.16

$(4, 3, 2, 1)$, $(5, 1, 1, 1, 1)$, $(4, 2, 1, 1)$은 자기켤레 분할이다.

이제 페레즈 도표를 이용하여 여러 가지 분할에 관한 식을 증명한다.

예제 5.14는 자연수 5가 두 개 이하의 부분으로 분할되는 경우가 5, $(4, 1)$, $(3, 2)$ 등 세 가지이며, 각 부분의 크기가 2 이하로 분할되는 경우가 $(2, 2, 1)$, $(2, 1, 1, 1)$, $(1, 1, 1, 1, 1)$ 등 세 가지임을 보여 준다. 이는 우연이 아니다.

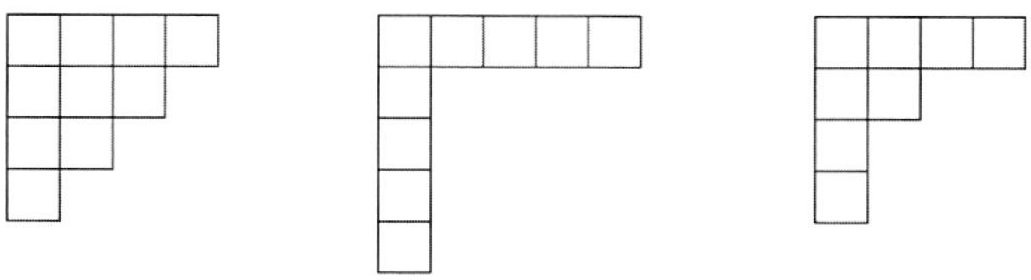

그림 5.2 자기켤레 분할

정리 5.17

n을 k 부분 이하로 분할하는 방법의 수는 n을 각 부분의 크기가 k 이하가 되도록 분할하는 방법의 수와 같다.

증명 첫 번째 수는 크기 n인 페레즈 도표 중 k개 행 이하인 것의 수이고 두 번째 수는 k개 열 이하인 것의 수이다. 마지막으로, 이 두 도표는 켤레를 택하면 같다.

정리 5.18

n을 각 부분의 크기가 서로 다른 홀수 부분으로 분할하는 방법의 수는 n의 자기 켤레 분할의 수와 같다.

증명 n의 자기켤레 분할의 집합에서 크기가 서로 다른 홀수 부분으로의 n의 분할의 집합으로의 일대일 대응 f를 다음과 같이 정의한다. 임의의 n의 자기켤레 분할 $\pi = (\pi_1, \pi_2, \cdots, \pi_t)$를 택하고 그것의 페레즈 도표에서 첫 행과 첫 열의 상자들을 모두 제거한다. π가 자기켤레 분할이므로 이는 $2\pi_1 - 1$개 상자를 제거함을 의미한다. $f(\pi)_1 = 2\pi_1 - 1$이라 한다. 즉 π의 이미지의 첫 번째 부분의 크기를 $2\pi_1 - 1$이라 한다. 이제 같은 방법으로 진행한다, 즉 남은 페레즈 도표에서 첫 행과 첫 열의 상자를 제거한다. 이는 $2\pi_2 - 3$개 상자를 제거하는 것을 의미하고 따라서 $f(\pi)_2 = 2\pi_2 - 3$이다. 이 작업을 페레즈 도표 전체가 제거될 때까지 계속한다. 결과로 얻은 분할은 $f(\pi) = (2\pi_1 - 1, 2\pi_2 - 3, \cdots, 2\pi_i - (2i-1), \cdots)$이다. 이 분할은 n의 홀수 부분으로의 분할이고 $\pi_1 \geq \pi_2 \geq \cdots \geq \pi_t$임을 감안하면 각 부분의 크기가 서로 다르다. 정해진 상자 b에 대하여, b와 b의 아래의 모든 상자와 b의 오른쪽의 모든 상자를 후크(hook)라 부른다. 이 용어를 이용하여, 알고리듬의 각 단계에서, 페레즈 도표의 당시 첫 행, 첫 열에 있는 상자의 후크를 지운다고 말할 수 있다.

f가 일대일대응임을 보이려면 임의의 크기가 서로 다른 홀수 부분으로의 n의 분할 α에 대하여 $f(\pi) = \alpha$인 n의 자기켤레 분할 π가 정확히 한 개 있다는 것을 보이면 된다. 사실상 $\alpha = (2a_1 - 1, 2a_2 - 3, \cdots, 2a_u - (2u-1))$이라 한다. 그러면 f의 정의에 따라 $f(\pi) = \alpha$이면, π의 첫째 행과 첫째 열은 각각 a_1개 상자를 갖고 π의 둘째 행과 열은 각각 $a_2 - 1$개의 추가적인 상자를 갖는다는 등이다. 따라서 함수 값이 α인 유일한 페레즈 도표를 구축할 수 있고, 정리를 증명하였다.

예제 5.19

$\pi = (6, 6, 4, 3, 2, 2)$일 때 $f(\pi) = (11, 9, 3)$이다. 그림 5.3은 $f(\pi)$를 얻는 방법을 보여준다. i 번째 단계에서 π의 페레즈 도표에서 라벨이 i인 모든 상자들로 구성된 후크를 제거하여, $f(\pi)$의 페레즈 도표의 i 번째 행을 형성한다.

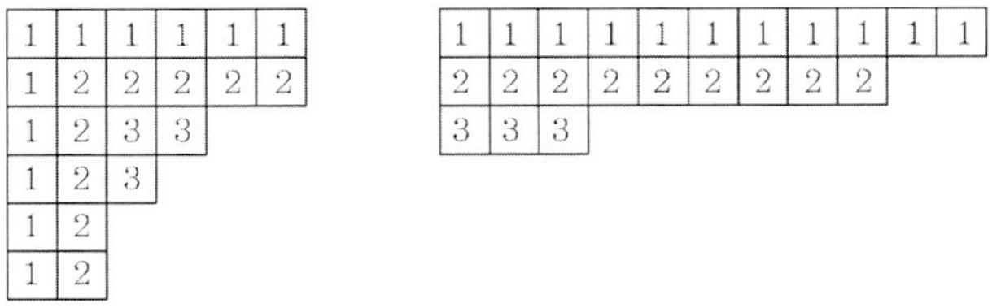

그림 5.3 자기켤레 분할과 그 이미지

정리 5.20

각 부분의 크기가 2 이상인 n의 분할의 개수를 $q(n)$이라 한다. 그러면 모든 $n \geq 2$에 대하여, $q(n) = p(n) - p(n-1)$이다

증명 $n-1$의 모든 분할의 집합에서 적어도 한 부분의 크기가 1인 n의 모든 분할의 집합으로의 일대일대응을 찾는다. 이 대응은 매우 간단한데, $n-1$의 각 분할에 크기가 1인 행을 더한다. 이 대응으로 얻을 수 없는 n의 분할은 단지 $q(n)$개이다. 따라서 정리는 증명되었다.

$p_k(n)$의 공식을 여기에서 제공하지 않을 것이다.(이러한 공식은 어쨌거나 번거롭다.) 8장에서 이 수에 대한 좋은 표현을 얻을 것이다.

n의 분할 수와 집합 $[n]$의 분할 사이의 관계를 찾도록 한다. $\{1, 2, 3\}, \{4\}$와 $\{1, 2, 4\}, \{3\}$ 사이에는 공통점이 있다. 둘 다 크기가 3과 1인 부분이 있다. 이를 다음과 같이 일반화한다. $\Pi = (\pi_1, \pi_2, \cdots, \pi_k)$를 $[n]$의 분할이라 하자. 이때 π_i는 π의 블록이다. 각 블록의 크기 $|\pi_1|, |\pi_2|, \cdots, |\pi_k|$를 내림차순으로 정리하여 $a_1 \geq a_2 \geq \cdots \geq a_k$를 얻는데 $a = (a_1, a_2, \cdots, a_k)$는 n의 분할이다. a를 집합 분할 π의 형(type)이라 한다.

예제 5.21

$\{1, 5, 6\}, \{2, 7\}, \{3, 9\}, \{4, 8\}, \{10\}$은 $\{3, 2, 2, 2, 1\}$-형이다.

정리 5.22

$a = (a_1, a_2, \cdots, a_k)$는 n의 분할이고 m_i는 a_i의 중복도라 하자. 그러면 집합 $[n]$의 분할 중 a형인 것의 개수는

$$P_a = \frac{\binom{n}{a_1, a_2, \cdots, a_k}}{\Pi_{i \geq 1} m_i!}$$ 이다.

증명 모든 $i \in [k]$에 대하여 i 번째 색 공이 a_i개 있다고 하자. 공들을 $\binom{n}{a_1,\ a_2,\ \cdots,\ a_k}$ 가지 방법으로 일렬로 나열한다. 이 순서에서 i 번째와 j 번째 자리에 같은 색 공이 있으면 i와 j가 같은 블록에 있도록 $[n]$을 분할한다. 이는 a형인 집합 분할이다.

그러나 이러한 집합 분할의 개수는 $\binom{n}{a_1,\ a_2,\ \cdots,\ a_k}$일 필요는 없다. 일례로 $a_1 = a_2$이면, 어떤 자리의 부분집합 A, B에 대하여, A에서 a_1개의 첫 번째 색 공을 갖고 B에서 a_1개의 두 번째 색 공을 갖는 분할은 B에서 첫 번째 색 공을 갖고 A에서 두 번째 색 공을 갖는 분할과 같다. 일반적으로, a의 부분으로서의 i의 중복도가 m_i이면, m_i개의 i 번째 색의 공들의 순열은 $m_i!$가지이다. 따라서 a형의 모든 집합 분할은 $\Pi_{i \geq 1} m_i!$가지 선형 순서로 얻을 수 있고 정리는 증명된다.

다음 표에서 이 장의 결과를 정리한다. 단 빈 상자는 허용되지 않는다.

빈 상자가 허용된다면, 상자의 개수를 정해야 한다. 그렇지 않으면, 임의의 수의 빈 상자를 더할 수 있고, 이러한 문제에 무한 가지 해를 얻을 것이다. 따라서 이 경우에 여덟 가지 계수하기 문제 대신, 네 가지만 다루면 된다. 결과는 이 장에서 증명하였거나, 자명하다. 표 5.2로 요약한다.

표 5.1 빈 상자가 허용되지 않을 경우

	매개변수	공식
전사함수	n개의 서로 다른 공 k개의 서로 다른 상자	$S(n,\ k)k!$
	n개의 서로 다른 공 서로 다른 상자	$\sum_{i=1}^{n} S(n,\ i)i!$
합성	n개의 같은 공 k개의 서로 다른 상자	$\binom{n-1}{k-1}$
	n개의 같은 공 서로 다른 상자	2^{n-1}
집합 분할	n개의 서로 다른 공 k개의 같은 상자	$S(n,\ k)$
	n개의 서로 다른 공 같은 상자	$B(n)$
자연수 분할	n개의 같은 공 k개의 같은 상자	$p_k(n)$
	n개의 같은 공 같은 상자	$p(n)$

표 5.2 빈 상자가 허용될 경우

	매개변수	공식
함수	n개의 서로 다른 공 k개의 서로 다른 상자	k^n
약합성	n개의 같은 공 k개의 서로 다른 상자	$\binom{n+k-1}{k-1}$
집합 분할	n개의 서로 다른 공 k개의 같은 상자	$\sum_{i=1}^{k} S(n, i)$
정수 분할	n개의 같은 공 k개의 같은 상자	$\sum_{i=1}^{k} p_i(n)$

Notes

이 장에서 논의된 다양한 계수하기 문제 중 가장 활발히 연구되는 주제는 정수 n의 분할의 계수하기이다. 이 문제는 조합론 학자뿐만 아니라 정수론 학자에게 흥미롭다고 판명되었다. 관심 있는 독자들은 정수 분할의 보다 심화된 정보를 얻으려면 [4]를 보아야 한다. 특히 훌륭한 고전적인 결과는 맥마혼(MacMahon)의 다음 재귀적 관계이다. 오각 수(pentagonal number)는 정수 k에 대하여 $\frac{k(3k-1)}{2}$인 형태의 수이다. 오각 수는 결코 음수가 아니고, 처음 수들은 0, 1, 2, 5, 7, 12이다. 그러면 모든 양의 정수 n에 대하여

$$p(n) = p(n-1) + p(n-2) - p(n-5) - p(n-7) + \cdots \tag{5.5}$$

인데 우변의 i 번째 항은 부호가 $(-1)^{\lfloor \frac{i}{2} \rfloor}$이고 절대값이 $p(n-k_i)$이다. 여기에서 k_i는 i 번째로 큰 오각 수이다.

예로 $n=8$에 대하여 위의 공식에 의해

$$p(8) = p(7) + p(6) - p(3) - p(1) = 15 + 11 - 3 - 1 = 22$$

이다. 오각 수에는 공식 (5.5) 이외의 다른 응용이 있다. 흥미 있는 독자는 순열 계수하기에의 응용을 위해 [8]을 참고하라. 오일러의 유명한 오각 수 정리는, n의 서로 다른 홀수 블록으로의 분할 수와 n의 서로 다른 짝수 블록으로의 분할의 수는 n이 오각 수가 아니면 같고, 오각 수이면 하나 차이라는 내용이다. 이 정리의 정확한 서술과 상세한 증명은 학부 교재인 [7]에 있다.

연습문제 Exercises

1. $S(n, 3)$의 공식을 구하라.

2. $n \geq 3$이면 $B(n) < n!$임을 증명하라.

3. $n \geq 2$이면, $n! < S(2n, n) < (2n)!$임을 증명하라.

4. (a) $h(n)$을 개수(0 포함)에 상관없이, 공격하지 않는 루크를 층계 형태의 페레즈 도표 $(n-1, n-2, \cdots, 1)$에 배치하는 경우의 수라 한다. $h(n) = B(n)$임을 증명하라.
   (b) 이 페레즈 도표에서 공격하지 않는 루크 k개를 배치하는 방법의 수를 구하라.

5. m, n이 $m \geq n$인 정수라 한다. 제 2종 스털링 수가 재귀 공식
   $S(m, n) = \sum_{i=1}^{m} S(m-i, n-i) n^{i-1}$을 만족함을 증명하라.

6. n의 정확히 k개 부분으로의 분할의 개수는 최대 부분의 수가 k인 n의 분할의 수임을 증명하라.

7. n의 k개 이하의 부분으로의 분할의 개수는 $n+k$의 정확히 k개 부분으로의 분할의 수임을 증명하라.

8. 분할 p의 더피 정사각형(Durfee square)은 p의 페레즈 도표의 왼쪽 최고층 부분을 채우는 최대 정사각형이다. $p = (5, 3, 2, 2)$의 더피 정사각형은 그림에서와 같이 변의 길이가 2이다.

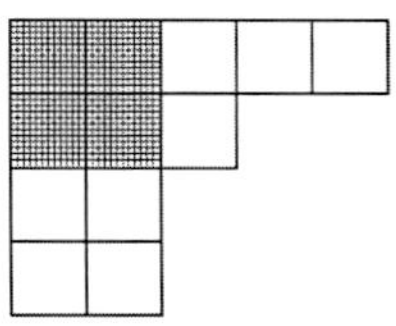

그림 5.4 분할 $p = (5, 3, 2, 2)$의 더피 정사각형

p의 분할을 알 때 p의 페레즈 도표를 그리지 않고 더피 정사각형의 변의 길이를 알아낼 수 있는 방법은 무엇인가?

9. 양의 정수 k와 음이 아닌 정수 q가 $q < k$를 만족한다고 한다. $p_{k,q}(r) = p_k(rk+q)$라 정의한다. $p_{k,q}(r)$가 r의 다항 함수임을 증명하라.

10. m이 양의 정수라 한다. $S(n, n-m)$이 n의 다항 함수임을 증명하라. 이 다항 함수의 차수는 무엇인가?

11. 모든 양의 정수 $n \geq 2$에 대하여, $p(n)-p(n-1)$이 가장 큰 두 부분이 같은 n의 분할임을 증명하라.

12. $n \geq 4$라 한다. 처음 두 부분의 수의 차가 다음과 같은 n의 분할 수를 구하라.

(a) 적어도 3 이상

(b) 정확히 3

13. 가장 큰 세 부분의 수가 같은 n의 분할 수 $p(n)$의 공식을 구하라. ($n \geq 4$라고 가정할 수 있다.)

14. 모든 양의 정수 n에 대하여, $p(1)+p(2)+\cdots+p(n) < p(2n)$임을 증명하라.

15. 3장 연습문제 16의 네 친구 A, B, C, D는 그들의 마지막 순서가 이틀 동안 같을 때까지, 매일 멀리 뛰기 경기를 한다. 며칠이나 해야 하는가? (각 뛰기는 센티미터 단위로 재고, 두 사람, 세 사람, 네 사람이 비기는 등 모든 종류의 비기는 것이 가능하다.)

16. 모든 양의 정수 n에 대하여,

$$\sum_{k=1}^{n} k!S(n, k) = (-1)^n$$

임을 증명하라. 수학 공식에 의존하지 말고 이 등식의 의미를 설명하라.

부가 연습문제

Supplementary Exercises

17. (–) 정수 15의 합성 중 첫 부분이 1인 것의 개수를 구하라.

18. (–) [10]의 분할 중 원소 1이 단일 블록을 형성하는 것의 개수를 구하라.

19. (–) [8]의 분할 중 서로 다른 크기의 두 블록으로의 분할의 수를 구하라.

20. (–) 최대 부분이 유일한 5의 합성의 개수는 몇 개인가?

21. (–) $p(n)$이 홀수 부분이 없는 정수 $2n$의 분할의 수임을 증명하라.

22. 어느 학생이 일주일에 열 두 시간의 수업을 들어야 한다. 과외 활동 때문에, 월요일에 세 시간 이상, 화요일에 두 시간 이상, 금요일에 한 시간 이상의 수업을 들어야 한다.
(a) 몇 가지 방법이 가능한가?
(b) 목요일에 들을 수 있는 시간이 한 시간이라면, 몇 가지 방법이 가능한가?

23. 10의 짝수 부분으로의 합성의 개수는?

24. 25의 다섯 개의 짝수 부분으로의 약합성의 개수는?

25. 어느 학생이 일주일에 여덟 시간의 수업을 들어야 한다. 목요일보다 금요일에 적은 수업을 듣고 싶다. 몇 가지 방법이 가능한가?

26. $n \geq 2$일 때 $S(n, 2)$의 닫힌 형식을 구하라.

27. 모든 n에 대하여 $S(n, n-2)$의 닫힌 형식을 구하라.

28. 모든 n에 대하여 $S(n, n-3)$의 닫힌 형식을 구하라.

29. $p_k(n)$이 n을 k 부분으로 나누는 분할의 수라 한다.

(a) 모든 양의 정수 k, n에 대하여, $p_k(n) \le (n-k+1)^{k-1}$임을 증명하라.

(b) $p_k(n)$이 n의 다항 함수인가?

30. $p(n)$은 n의 모든 다항함수보다 빨리 증가함을 증명하라. 즉, f가 n의 다항함수이면, 모든 $n > N$에 대하여 $f(n) < p(n)$인 정수 N이 있음을 증명하라. 공식 (5.4)를 사용하지 말라.

31. 모든 양의 정수 n에 대하여 부등식 $p(n)^2 < p(n^2+2n)$을 증명하라.

32. $F(n)$이 단일 블록이 없는 $[n]$의 분할의 수라 한다. $B(n) = F(n) + F(n+1)$임을 증명하라. 전단사함수를 이용한 증명이 선호된다.

33. $i \le n-1$인 $F(i)$를 이용하는 $F(n)$의 재귀적 공식을 구하라.

34. $B_k(n)$이 i, j가 같은 블록에 있으면 $|i-j| > k$인 $[n]$의 분할 수라 한다. 모든 $n \ge k$에 대하여 $B_k(n) = B(n-k)$임을 증명하라.

35. a_n이 n의 1보다 큰 부분으로의 합성의 개수라 한다. a_n을 a_{n-1}과 a_{n-2}로 표현하라.

36. b_n이 n의 2보다 큰 부분으로의 합성의 개수라 한다. 위의 연습문제에서의 a_n에 대해서와 같이 b_n의 재귀적 관계를 구하라.

CHAPTER 6장

그다지 악순환이 아닌 순환. 순열의 순환

앞의 세 장에서 계수하기 문제를 알아보았다. 그 중의 하나인 순열의 계수하기는 수학에 편재한다는 점에서 두드러진다. 이유는 순열을 종종 $[n]$의 원소 등 서로 다른 대상의 선형 순서로 뿐만 아니라, $[n]$에서 $[n]$으로의 함수로 볼 수 있기 때문이다. 특히 순열 $p = p_1 p_2 \cdots p_n$은 $p(i) = p_i$인 $[n]$에서 $[n]$으로의 함수로 볼 수 있다.

예제 6.1

순열 312는 $f(1) = 3$, $f(2) = 1$, $f(3) = 2$인 함수 $f : [3] \rightarrow [3]$으로 볼 수 있다.

이러한 접근의 이점은 $[n]$의 두 순열의 곱을, 함수의 합성함수로 정의할 수 있다는 데 있다.

예제 6.2

$f = 312$이고 $g = 213$이라 하자. 그러면 $(f \cdot g)(1) = g(f(1)) = g(3) = 3$, $(f \cdot g)(2) = g(f(2)) = g(1) = 2$, $(f \cdot g)(3) = g(f(3)) = g(2) = 1$이다. 따라서 $fg = 321$이다.

예제 6.3

위의 예의 f, g에 대하여, $(g \cdot f)(1) = f(g(1)) = f(2) = 1$, $(g \cdot f)(2) = f(g(2)) = f(1) = 3$, $(g \cdot f)(3) = f(g(3)) = f(3) = 2$이다. 따라서 $gf = 132$이다.

위의 두 예에서 보듯이, 순열의 곱은 교환법칙이 성립하는 연산이 아니다. 즉, 일반적으로 $fg \neq gf$이다. 독자는 행렬의 곱과 같은 이러한 연산의 예를 전에 보았을 것이다. 연습문제 12는 순열의 곱이 이러한 특별한 경우인 이유를 설명한다.

많은 저자들은 두 개의 순열의 곱에 약간 다른 기호를 사용하는데, gf는 f를 먼저 적용한 후 g를 적용한다는 것을 의미한다. 이 책에서는 순열의 곱은 순열의 계수하기만큼 중요하지 않을 것이고, 비록 독자가 전에 그러한 기호를 사용하였다 해도 혼동될 염려는 없을 것이다.

순열의 곱에 관한 연산은 치환 군(permutaion group) 이론의 주제이다. 이 책은 조합론을 산책하는 것으로, 흥미로운 주제인 치환 군으로 이탈하지는 않을 것이다. 그러나 이 장의 연습문제 중 일부가 순열의 곱과 관계된다.

6.1 순열의 순환

순열 321564를 고려한다. 이 순열은 함수 $g:[6] \to [6]$으로 볼 수 있다. g를 자세히 보자. 첫째 $g(2)=2$, 즉 2는 순열 g의 부동점이다. 둘째 $g(1)=3$이고 $g(3)=1$이다. 이는 $g^2(1)=1$이고 $g^2(3)=3$, 또한 $g^3(1)=3$이고 $g^3(3)=1$인 등을 의미한다. 다시 말하여, g를 반복적으로 적용하면, 1과 3은 다른 원소와 무관하게 서로 치환된다. 나아가 1과 3에 g^2은 항등함수 $12\cdots n$의 효과가 있고 g는 그렇지 않다. 이 현상을 1, 3이 g의 2−순환(cycle)을 이룬다고 설명한다. 유사하게, $g(4)=5$, $g(5)=6$, $g(6)=4$이다. g를 반복하면, $g^2(4)=6$, $g^2(5)=4$, $g^2(6)=5$이다. 마지막으로, $g^3(4)=4$, $g^3(5)=5$, $g^3(6)=6$이다. 역시, g가 4, 5, 6을 서로 치환하여 g^3이 항등함수의 효과가 있고 g, g^2은 그렇지 않다. 이 현상을 4, 5, 6이 g의 3−순환을 이룬다고 설명한다.

공식적으로 순환을 정의하기 전에, 다음 보조정리가 필요하다.

보조정리 6.4

$p:[n] \to [n]$이 순열이고, $x \in [n]$이라 한다. 그러면 $p^i(x)=x$인 양의 정수 $1 \leq i \leq n$이 존재한다.

증명 $p(x)$, $p^2(x)$, $\cdots$, $p^n(x)$를 고려한다. 그 중 x와 같은 것이 없다면, 비둘기집 원리에 의하여 어떤 $j<k$에 대하여 $p^j(x)=p^k(x)$이다. 등식의 양변에 p^{-1}을 적용하여 $p^{j-1}(x)=p^{k-1}(x)$를 얻는다. 이 작업을 $j-1$번 더 반복하여, $x=p^{k-j}(x)$를 얻는다.

순열의 순환을 공식적으로 정의할 때가 되었다.

정의 6.5

$p:[n] \to [n]$을 순열이라 한다. $x \in [n]$이고, i는 $p^i(x) = x$인 최소의 양의 정수라 한다. 이때 $x, p(x), p^2(x), \cdots, p^{i-1}(x)$가 p의 $i-$순환($i-$cycle)을 형성한다고 한다.

따름정리 6.6

모든 순열은 원소를 공유하지 않는 순환으로 분해할 수 있다.

증명 보조정리 6.4로부터 모든 원소가 어느 순환의 원소임을 안다. 순환의 정의에 의하여, 서로 다른 순환에는 공통 원소가 없다.

예제 6.7

321564의 순환은 (31), (2), (564)이다.

g의 순환 분해 (31)(2)(564)로부터, g를 다음과 같이 구축하는 것은 쉽다. i의 이미지 $g(i)$는 순환에서 i 바로 뒤의 원소이거나, i가 순환의 마지막 원소일 때는 순환의 첫 번째 원소이다.

f의 순환 분해가 유일하다는 것은 자명하지만 같은 순환 분해는 여러 가지 다른 형태로 쓸 수 있다. 통상 같은 순환의 원소는 괄호로 묶는다. 괄호 안의 원소의 순서는 $f(i) = j$이면 j가 i 바로 다음에 나온다. 더욱이 마지막 원소 b와 첫 번째 원소 a에 대하여 $f(b) = a$이다. 그런데 이는 같은 순열의 여러 가지 표기를 금지하지 못한다. 예로 (241)(35)와 (53)(412)는 같은 순열을 나타낸다. 이 순열에서 $f(2) = 4$, $f(4) = 1$, $f(1) = 2$, $f(3) = 5$, $f(5) = 3$이다.

방금 서술한 현상에 의한 혼란의 위험을 피하고자 한다. 따라서 순열을 표준 순환형(canonical cycle form)으로 표기할 것이다. 즉, 각 순환의 최대 원소를 처음에 쓰고, 순환들을 첫째 원소의 오름차순으로 쓸 것이다. 따라서 위의 예에서의 순열 f의 표준 순환형은 (412)(53)이다.

순열 $f:[n] \to [n]$을 표준 순환형 대신 단순히 $f(1)f(2)\cdots f(n)$으로 표기함으로써 리스트나 선형 순서로 나타낼 수 있다. 이를 때로 순열의 일렬 표기(one-line notation)라 한다.

예제 6.8

(412)(53)은 일렬 표기 24513으로 나타낼 수 있다.

다음 절에서 순열을 두 가지로 표기함으로써 유용하게 사용할 수 있다. 그림 6.1은 같은 순열을 두 가지로 생각하는 방법을 설명한다.

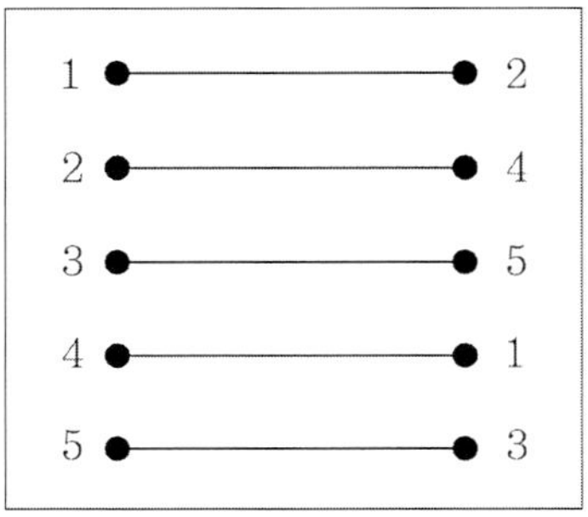

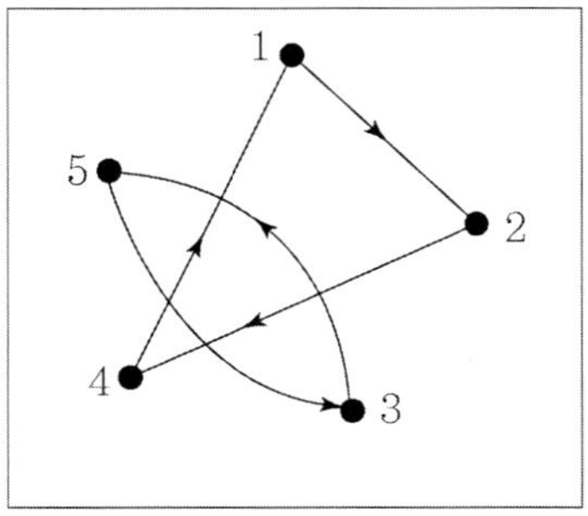

그림 6.1 24513과 (412)(53) 두 가지로 본 순열

순열의 순환 분해는 그 순열에 대한 많은 정보를 포함한다. 따라서 순열을 순환 분해에 따라 세는 것이 중요하다.

이 절 마지막까지, 모든 순열은 $[n]$에서의 순열이고 간단히 n-순열이라 한다. 모든 n-순열의 집합을 그룹 이론에서 대칭 군(symmetric group)이라 하므로, S_n이라 표기한다.

정리 6.9

음이 아닌 정수 $a_1, a_2, \cdots, a_n$에 대하여 $\sum_{i=1}^{n} ia_i = n$이라 한다. 그러면 길이 $i \in [n]$인 순환 a_i개를 포함하는 n-순열의 개수는

$$\frac{n!}{a_1!a_2!\cdots a_n!1^{a_1}2^{a_2}\cdots n^{a_n}} \tag{6.1}$$

이다.

증명 $[n]$의 모든 원소를 어떤 순서에 따라 한 행에 쓴 다음 왼쪽에서 오른쪽으로 진행하면서 요구되는 순환 길이에 따라 괄호를 넣는다. 처음 a_1개 괄호는 a_1개의 1-순환을, 다음 a_2개 괄호는 a_2개의 2-순환을 형성하는 등등이다. 이러한 방법

으로 왼쪽에서 오른쪽으로 진행하며 순환 길이가 감소하지 않는 순열을 얻는다.

$[n]$의 원소를 나열하는 $n!$가지 방법이 있고 각 방법에 대하여 위와 같이 괄호를 넣는 방법은 한 가지이다. 그러나 괄호를 모두 넣은 후 같은 순열를 나타내도록 n개의 정수를 표기하는 방법은 여러 가지이다. 몇 가지인지 알아보아야 한다.

길이 i인 순환의 원소는 같은 순환을 나타내도록 i가지 순서로 쓸 수 있다. 따라서 길이 i인 순환이 a_i개 있음을 고려하면 각 순열은 적어도 $\Pi_{i=0}^{n} i^{a_i}$가지 방법으로 얻을 수 있다. 더욱이, $[n]$의 원소를 두 가지 방법으로 표기하는데, 모든 i에 대하여 길이 i인 같은 순환들이 다른 순서로 있으면, 두 방법은 같은 순환을 나타낸다. a_i개의 순환들의 순열은 $a_i!$가지 방법이고, 순환들의 순열은 순환 내의 원소의 순서와 무관하므로, 각 순열은 $\Pi_{i=0}^{n} i^{a_i} a_i!$가지 방법으로 나타낼 수 있고, 정리는 증명된다.

$n-$순열 p가 $i=1, 2, \cdots, n$에 대하여 길이 i인 a_i개의 순환을 가지면, $(a_1, a_2, \cdots, a_n)$을 p의 형(type) 또는 순환 형(cycle type)이라 한다. 따라서 (6.1)은 주어진 형의 순열의 수를 구하는 공식을 제공한다.

예제 6.10

한 개의 순환을 가진 $n-$순열, 즉 $(0, 0, \cdots, 0, 1)$형의 $n-$순열의 수는 $(n-1)!$이다.

예 6.10의 조합론적 의미는 다음과 같다. n명이 원탁에 앉는 방법은 $(n-1)!$가지이다.(두 가지 앉는 방법은 모든 사람의 왼쪽에 앉는 사람이 두 방법에서 같으면, 같은 방법이라고 간주한다.)

이제 오래 전에 약속한 대로 제 1종 스털링 수를 정의할 수 있다.

정의 6.11

k개의 순환을 가진 $n-$순열의 수는 (n, k)-부호 없는 제 1종 스털링 수(signless Stirling number of the first kind)라 하고 $c(n, k)$로 표기한다. $s(n, k) = (-1)^{n-k} c(n, k)$를 (n, k)-제 1종 스털링 수(Stirling number of the first kind)라 한다.

$s(n, k)$의 정의에 $(-1)^{n-k}$를 포함하는 이유를 간단히 설명한다. 공집합이 아닌 모든

순열은 순환을 포함하므로 $n>0$이면 $c(n,\ 0)=0$이다. 또한, 제 2종 스털링 수와 마찬가지로 $c(0,\ 0)=1$이고, $n<k$일 때 $c(n,\ k)=0$이다.

$S(n,\ k)$와 마찬가지로, $c(n,\ k)$도 간단한 재귀적 관계를 만족한다.

정리 6.12

$n,\ k$가 $n \ge k$인 음이 아닌 정수일 때

$$c(n,\ k)=c(n-1,\ k-1)+(n-1)c(n-1,\ k) \qquad (6.2)$$

이다.

증명 우변도 좌변과 마찬가지로 k개의 순환으로 이루어진 $n-$순열의 수라는 것을 증명할 것이다. 그러한 순열에서, 원소 n에 대한 두 가지 가능성이 있다.

(1) 원소 n이 한 개의 순환을 형성하면 나머지 $n-1$개 원소는 $k-1$개의 순환을 형성해야 한다. 이는 $c(n-1,\ k-1)$가지 방법으로 가능하다. (6.2)의 우변의 첫 번째 항이 이를 나타낸다.

(2) 원소 n이 한 개의 순환을 형성하지 않으면, 나머지 $n-1$개 원소가 k개의 순환을 형성하고 n은 이 중 한 순환의 원소이다. k개의 순환은 $c(n-1,\ k)$가지 방법으로 형성된다. n은 이 중 한 순환에, 임의의 원소 뒤에 포함될 수 있으므로 방법의 수가 $n-1$배로 증가한다. (6.2)의 우변의 두 번째 항이 이를 나타낸다.

독자는 n을 각 순환에서, 맨 앞이 아니라 각 원소의 뒤에 넣는 것이 모든 순열을 고려하는 이유를 설명하려고 노력함으로써 이해도를 측정하여야 한다.

독자는 제 1종 스털링 수와 제 2종 스털링 수가 이름이 유사하므로 밀접히 연관되어 있는지 궁금해 할 지도 모른다. 다음 보조정리는 그러한 관계를 정립하는 중요한 도구이다.

보조정리 6.13

양의 정수 n에 대하여,

$$\sum_{k=0}^{n} c(n,\ k)x^k = x(x+1)\cdots(x+n-1) \qquad (6.3)$$

이다.

증명 우변의 x^k의 계수 또한 부호 없는 제 1종 스털링 수와 같이 (6.2)의 점화식을 만족함을 증명한다.

$G_n(x)=x(x+1)\cdots(x+n-1)=\Sigma_{k=0}^{n}a_{n,k}x^k$라 한다. 그러면

$$\begin{aligned} G_n &= (x+n-1)G_{n-1}=(x+n-1)\sum_{k=0}^{n-1}a_{n-1,k}x^k \\ &= \sum_{k=1}^{n}a_{n-1,k-1}x^k+(n-1)\sum_{k=0}^{n-1}a_{n-1,k}x^k \end{aligned}$$

이다.

이제 8장에서 셀 수 없이 많이 응용될 기술을 사용한다. 방금

$$\sum_{k=0}^{n}a_{n,k}x^k=\sum_{k=1}^{n}a_{n-1,k-1}x^k+(n-1)\sum_{k=0}^{n-1}a_{n-1,k}x^k$$

즉 두 개의 다항식이 같음을 증명했다. 따라서 두 다항식에서 해당하는 항의 계수가 같다. 즉 $n\geq k$인 모든 양의 정수 n, k에 대하여

$$a_{n,k}=a_{n-1,k-1}+(n-1)a_{n-1,k}$$

이다. 그러므로 $a_{n,k}$와 $c(n,k)$는 같은 재귀적 관계를 만족한다. 초항들이 일치하므로, 즉 $c(0,0)=a_{0,0}=1$이고 $n>0$일 때 $c(n,0)=a_{n,0}=0$이므로, $c(n,k)=a_{n,k}$이다.

식 (6.3)에서 x를 $-x$로 바꾸고 양 변에 $(-1)^n$을 곱하여 다음 등식을 얻는다.

$$\sum_{k=0}^{n}s(n,k)x^k=(x)_n \tag{6.4}$$

독자들은 이제 $s(n,k)$의 정의에 $(-1)^{n-k}$가 포함되어 있는 이유를 알 것이다. 이 등식을 다음 등식 (5.2)

$$x^n=\sum_{k=0}^{n}S(n,k)(x)_k$$

와 비교하면 제 1종 스털링 수는 제 2종 스털링 수의 역함수 역할을 한다. 이 관찰을 보다 정확하게 공식으로 나타내려면 선형 대수의 개념이 필요한데, 독자가 기본 선형 대수 과목을 이수했다고 가정할 것이다.

계수가 실수인 모든 다항식의 집합은 실수에서의 벡터 공간 V이다. V의 가장 명백한 기저는 $B=\{1, x, x^2, x^3\cdots\}$이나, 이것이 유일하게 흥미로운 기저는 아니다. $B'=\{1,(x)_1,(x)_2,(x)_3\cdots\}$ 또한 V의 기저임을 쉽게 보일 수 있다.

이제 S(또는 s)를 (n, k)자리가 $S(n, k)$(또는 $s(n, k)$)인 무한 행렬이라 한다. 그러면 (6.4)로부터 s가 B에서 B'으로의 추이행렬임을 알고 (5.2)로부터 S가 B'에서 B로의 추이행렬임을 안다. 이로써 언급한 대로 두 가지 스털링 수에 밀접한 관계가 있다고 증명된다.

정리 6.14

행렬 S와 s가 서로 역행렬이다. 즉 $Ss = sS = I$이다.

6.2 제한된 순환 구조의 순열

다음 보조정리에 의하여 표준 순환형이 매우 강력한 도구가 된다.

보조정리 6.15 추이 보조정리(Transition Lemma)

$p : [n] \to [n]$이 표준 순환형으로 쓴 순열이라 한다. 또한 $g(p)$가 p로부터 괄호를 없애고 원소들을 일렬 표기로 읽은 순환이라 한다. 그러면 g는 $[n]$에서의 순열의 집합 S_n에서의 전단사함수이다.

예제 6.16

p가 우리의 예인 $p = (412)(53)$일 때, $g(p) = g((412)(53)) = 41253$이다.

증명 일렬 표기로 쓴 각 순열 $q = q_1 q_2 \cdots q_n$에 대하여, $q = g(p)$인 정확히 하나의 순열 $p \in S_n$이 있다는 것을 보이면 충분하다. 즉, 표준 순환형의 치환을 얻도록 $q = q_1 q_2 \cdots q_n$에 괄호를 넣는 유일한 방법이 있다는 것을 보여야 한다.

이를 위하여, q_1은 확실히 새로운 순환에서 시작하므로, 처음 왼쪽 괄호를 문자열의 맨 앞에 넣어야 한다. 이 첫 번째 순환은 어디에서 끝나는가? 표준 순환형으로 쓴 순열을 찾고 있으므로, q_1은 자신이 속한 순환의 최대 원소이다. 그러므로 i가 $q_1 < q_i$인 최소 지수라면, 첫 번째 순환은 q_i의 전에 끝나야 한다. 한편 순환들은 자신의 첫 번째 원소에 대한 오름차순이어야 하는데, $j < i$이면, $q_j < q_1$이므로 두 번째 순환은 q_j로 시작할 수 없다. 이는 두 번째 순환이 q_i로 시작되어야 한다는 것을 의미하므로, 첫 번째 오른쪽 괄호와 두 번째 왼쪽 괄호를 q_{i-1}과 q_i 사이에 넣어야 한다.

그런 후 모든 순환을 찾는 이 결정 알고리듬을 계속할 수 있다. 유사한 논의에 의하여, q_k에서 새로운 순환을 시작해야 하는 필요충분조건은 q_k가 그 전의 모든 순환의 맨 앞의 원소보다 큰 것, 특히 q_k가 그보다 왼쪽의 모든 원소보다 큰 것이다. 이 원소들은 q에 의하여 유일하게 결정되므로, q의 원상 $g^{-1}(q)$는 유일하게 존재한다.

예제 6.17

g에 대한 4356172의 원상은 (43)(5)(61)(72)이다.

자신보다 왼쪽의 모든 원소보다 큰 q의 원소를 좌우극대(left-to-right maxima)라 한다. q에 t개의 좌우극대가 있으면, $g^{-1}(q)=p$에는 t개의 순환이 있다. q의 가장 왼쪽의 좌우극대는 q_1이고, q의 가장 오른쪽의 좌우극대는 n이다. 다음은 보조정리 6.15의 놀라운 응용이다.

성질 6.18

i, j가 $[n]$의 두 원소라 한다. 그러면 모든 n-순열의 정확히 절반의 순열에서 i, j는 같은 순환에 있다.

증명 n과 i를 교환하고, $n-1$과 j를 교환함으로써 원소에 새로운 라벨을 붙일 수 있으므로, 원소 n과 $n-1$이 n-순열의 정확히 절반의 순열에서 같은 순환에 있다는 것을 보이면 된다. $q=q_1q_2\cdots q_n$이 n-순열이고, 보조정리 6.3에 주어진 전단사 함수 g에 대하여, $g(p)=q$라 한다. 언급한 것처럼, q의 원소 n은 항상 가장 오른쪽의 좌우극대이다. 그러므로 p의 마지막 순환은 n으로 시작하고, 그 순환의 원소들은 q에서 n의 오른쪽에 있는 원소들과 같다.

따라서 p에서 n과 $n-1$이 같은 순환에 들어있는 필요충분조건은 q에서 $n-1$이 n의 오른쪽에 있는 것이다. 이것이 n-순열의 정확히 절반의 순열에서 일어나므로, 성질은 증명된다.

다음 놀라운 결과는 주어진 i가 k-순환의 일부일 확률이 k에 독립적임을 보여준다. 사실상, 그 값은 $1/n$이다.

보조정리 6.19

$i\in[n]$이라 한다. 그러면 모든 $k\in[n]$에 대하여, i를 포함하는 순환이 길이가 k인 n-순열이 정확히 $(n-1)!$개 있다.

증명 $i=n$일 때에 증명하면 충분한데, 일반화된 서술은 라벨을 다시 붙임으로써 가능하다. n-순열 $q=q_1q_2\cdots q_n$과 보조정리 6.15의 전단사함수 g에 대하여 $g(p)=q$이고, $q_j=n$이라 한다. 그러면 n에서 마지막 순환이 시작되므로, p에서 n을 포함하는 순환 C의 길이는 $n-j+1$이다. C의 길이가 k인 것을 원하므로, $j=n+1-k$이다. 그럼에도 불구하고, 확실히 n을 주어진 자리에 포함하는 길이 n인 순열이 $(n-1)!$개 있다.

정리 6.9는 주어진 형의 순열의 수를 계산하는 방법을 알려 준다. 때로 순열의 형을 정확히는 아니라도, 어느 정도는 안다. 여전히 많은 경우에 적합한 순열을 계수할 수 있다고 판명된다. 다음에 이러한 좋은 예를 본다. 연습문제에 다른 예들이 있다.

$ODD(m)$과 $EVEN(m)$이 각각 길이가 홀수인 모든 m-순열의 집합과 길이가 짝수인 모든 m-순열의 집합이라 한다.

보조정리 6.20

모든 양의 정수 m에 대하여, $|ODD(2m)|=|EVEN(2m)|$이다.

증명 $ODD(2m)$으로부터 $EVEN(2m)$으로의 전사함수 Φ를 구축한다. $\pi\in ODD(2m)$이라 하자. 그러면 π가 홀수 순환 $2k$개로 구성되어 있다. 이들을 표준적인 순으로 $C_1, C_2, \cdots, C_{2k}$로 표기한다. $1\le i\le k$인 모든 i에 대하여 C_{2i-1}의 마지막 원소를 꺼내서 C_{2i}의 마지막에 넣어서, π의 원상 $\Phi(\pi)$를 얻는다.

예제 6.21

$p=(4)(513)(726)(8)$이라면, $\Phi(p)=(5134)(72)(86)$이다.

C_{2i-1}이 한 개의 원소로 구성되어 있다면, $\Phi(p)$에서 사라진다. 또한 $\Phi(p)$에서 표준적인 형태가 유지된다는 것에 주목한다.

Φ가 $ODD(2m)$에서 $EVEN(2m)$으로의 전단사함수라 주장한다. $\sigma\in EVEN(2m)$이 순환 $c_1, c_2, \cdots, c_h$로 구성되어 있다고 한다. Φ가 전단사함수임을 증명하려면, $\Phi(\pi)=\sigma$인 유일한 순열 $\pi\in ODD(2m)$을 얻을 수 있음을 보이면 충분하다.

π를 얻는 동안, 한 개 원소의 순환 중 바로 다음의 순환에 흡수될 수 있는 것도 있으므로, 원상이 h개 보다 많은 순환을 가질 수도 있음을 명심해야 한다. c_h의 마지막 값이 c_{h-1}의 처음 값보다 크다면, 이 값으로 된 단일 원소 순환을 만들어 c_h의 앞에 둔다. 이

과정을 c_{h-2}와 c_{h-1}을 이용하여 반복한다. 아니라면, 이 원소를 c_h로부터 c_{h-1}의 마지막으로 옮기고, c_{h-3}과 c_{h-2}를 이용하여 이 과정을 반복한다. 어느 한 순간에 단 한 개의 순환이 남으면, 이 순환의 마지막 값으로 된 단일 원소 순환을 구축한다. 이렇게 얻은 순열 π가 $\Phi(\pi)=\sigma$를 만족한다는 것은 쉽게 알 수 있다. Φ의 구조가 단순하여 이 구축 과정에서 다른 어떤 일도 생길 수 없었음을 안다.

예제 6.22

Φ에서의 $(41)(62)(75)(83)$의 원상은 $(412)(6)(753)(8)$이다.

예제 6.23

Φ에서의 $(21)(53)(64)(87)$의 원상은 $(1)(2)(534)(6)(7)(8)$이다.

이제 $|ODD(2m)| = |EVEN(2m)|$임을 증명하였으므로, 이 수를 설명하는 공식이 있는지 물어볼 만하다. 다음 정리는 이 질문에 긍정적으로 대답하며, 놀라운 점이 있다. 이 순열의 수가 항상 완전 제곱수라는 것을 생각해 본 적이 있는가?

정리 6.24

모든 양의 정수 m에 대하여,

$$|ODD(2m)| = |EVEN(2m)| = 1^2 3^2 5^2 \cdots (2m-1)^2 \tag{6.5}$$

이다.

증명 보조정리 6.20에 의하여, 두 번째 등식을 증명하면 충분하다. p가 짝수 순환만 가지는 n-순열이라 한다. 원소 1이 단일 원소 순환 p를 갖지 않으므로 명백히, $p(1) \neq 1$이다. 따라서 $p(1)$의 선택 방법은 $2m-1$가지이다. 그러면 $p(1)$ 이외의 모든 원소를 선택할 수 있으므로 $p^2(1) = p(p(1))$을 선택하는 방법이 $2m-1$가지이다.

이제까지 $p(1)$과 $p(p(1))$을 선택했는데 이 두 원소는 2-순열을 형성하거나 ($p(p(1)) = 1$일 때), 그렇지 않을 것이다. 어느 경우에나, 다음 원소의 상을 선택하는데 $2m-3$가지 방법이 있다. 1과 $p(1)$이 2-순열을 형성하고, 임의의 i가 순환의 원소가 아니라면, $p(i)$의 선택 방법이 $2m-3$가지이다. 사실상 1, $p(1)$은 이미 선택하였고, i가 단일 원소로 된 순환이 아니므로 이들 세 원소를 제외한 모든 원소를 선택할 수 있다. 한편 1과 $p(1)$이 2-순열을 형성하지 않는다면, 순환에 있는 다음 원소 $p^3(1)$을 선택한다. $p(1)$과 $p^2(1)$은 이미 선택되었고, $p^3(1)$이 1이라면 $(1, p(1), p^2(1))$의 순환을 형성하므로, 원소 $p^3(1)$은 이들 중 어느 원소도 아니다. 그러므로 이 경우에도 다음 원소를 선택하는데 $2m-3$가지 방법이 있다.

이 논의를 계속하면, $(2i-1)$ 번째 원소를 선택하는데, 항상 $2m-2i+1$가지 선택 방법이 있고 $2i$ 번째 원소를 선택하는데, 항상 $2m-2i+1$가지 선택 방법이 있으며, (짝수 순환을 닫을 수 있으므로) 정리는 증명된다.

그러므로 n이 짝수일 때 $|ODD(n)|$의 공식이 있다. n이 홀수일 때 명백히 $|EVEN(n)|=0$이나 여전히 $|ODD(n)|$의 공식을 구해 볼 수 있다.

정리 6.25

모든 양의 정수 m에 대하여,

$$|ODD(2m+1)| = (2m+1)|ODD(2m)| = 1^2 3^2 5^2 \cdots (2m-1)^2 (2m+1) \tag{6.6}$$

이다.

증명 $ODD(2m)\times[2m+1]$에서 $ODD(2m+1)$로의 전단사함수 Ψ를 구축한다. 이 전단사함수에서, 격차 위치(gap position)라는 개념이 필요하다. 이 개념은 연습문제의 일부를 해결하는데도 유용할 것이다. m-순열에 $m+1$개의 격차 위치가 있는데, 각 순환의 각 원소 바로 뒤와 순열의 맨 앞, 즉 모든 원소의 앞이다.

예제 6.26

순열 $(42)(513)$은 $|(4|2|)(5|1|3|)$과 같이 막대로 표시된 여섯 개의 격차 위치가 있다.

$\pi\in ODD(2m)$이라 하고 양의 정수 k가 $k\le 2m+1$이라 한다. $\Psi(\pi, k)$를 다음과 같이 정의한다. 먼저 보조정리 6.20의 전단사함수 Φ에 대하여, $\Phi(\pi)$를 선택한다. 이제 $\Phi(\pi)$의 각 원소에 1을 더하여 $\{2, 3, \cdots, 2m+1\}$의 순열을 얻는다. 새로운 원소 1을 $\Phi(\pi)$의 k 번째 격차 위치에 넣는다. 이는 순환 중 하나를 홀수 순환으로 바꾼다. 표준 순환형이 유지된다는 점에 유의하라. 홀수 순환을 얻도록 나머지 순환에 Φ^{-1}을 적용시킨다. 이러한 방법으로, 홀수 순환만으로 구성된 $(2m+1)$-순열을 얻는데 이 순열이 $\Psi(\pi, k)$이다.

보조정리 6.27

위에 정의된 함수 Ψ는 $ODD(2m) \times [2m+1]$에서 $ODD(2m+1)$로의 전단사 함수이다.

증명 Ψ의 역함수를 구하기 위하여, $\pi' \in ODD(2m+1)$을 선택하여 π'에 1의 단일 원소 순환을 형성하고 나머지 순환에 Φ를 적용하여 짝수 순환을 얻는다. k를 1이 있는 격차 위치라 한다. 1을 홀수 순환으로부터 제거하고, 이렇게 얻은, 모든 짝수 순환을 포함하는 순열에 Φ^{-1}를 적용하여 $\Psi^{-1}(\pi')$을 얻는다. 모든 단계에서, 해당하는 Ψ의 단계의 역함수를 구했음을 주목하라.

이로써 정리는 증명된다.

Notes

6.2절의 결과의 상당 부분은 허브 윌프(Herb Wilf)가 [49]의 위협적인 질문을 한 다음에 얻었다. 여기에 제시된 대부분의 결과는 [11]에서 일반화되었다. 예로 p가 소수이면, 모든 n-순열에 대한 p승근을 가진 n-순열의 비율은 점진적으로 감소하여 0으로 수렴한다. 적합한 정의를 얻으려면 연습문제 21과 22를 보라.

연습문제 Exercises

1. $c(n, n-1) = S(n, n-1)$인가?

2. $c(n, n-2)$의 공식을 구하라.

3. $k = 1, 2, 3, 4, 5$에 대하여, $c(5, k)$의 값을 계산하라.

4. 임의의 k에 대하여 함수 $c(n, n-k)$가 n의 다항 함수임을 증명하라. 이 다항식의 차수는 얼마인가?

5. $r(n)$이 두 번 거듭하면 항등순열인 n-순열의 수라 한다. $n \geq 1$이라면 $r(n+1) = r(n) + nr(n-1)$임을 증명하라.

6. $t(n)$이 세 번 거듭하면 항등순열인 n-순열의 수라 한다. 이 수의 재귀적 공식을 구하라.

7. 평균적으로 길이 n인 순열은 $H_n = \sum_{i=1}^{n} \frac{1}{i}$개의 순환을 가졌음을 증명하라.

8. 몇 개의 n-순열에서 1, 2, 3이 같은 순환에 있는가?

9. 어느 알파인 스키 팀에 n명의 선수가 있다. 그들은 매일 특정한 활강로로 내려오는데 모든 사람의 기록이 서로 다르다. 하루에 평균 몇 번 그 날의 최고 기록이 갱신되는가?

10. 어느 항공기에 n개의 좌석이 있는데, 초과예약 없이 매진되었다. 마지막 승객이 도착했을 때 자신의 좌석에 누가 앉아 있는 것을 알았다. 그 승객에게 좌석표를 보여주자, 그 승객은 자신이 예약한 좌석으로 간다. 그 좌석이 비어 있으면, 거기에 앉으면서 상황은 종료되지만 그렇지 않을 경우 이러한 과정은 반복된다. 톰은 탑승한 마지막 승객이 아니다. 그가 이 과정에서 좌석을 옮기는 확률은 얼마인가?

11. n-순열 p에 대하여 순열 행렬(permutation matrix) A_p를 다음과 같이 정의한다. $p(i) = j$이면 $A_p(i, j) = 1$이고, 아니면 $A_p(i, j) = 0$이다. 여기에서 $A_p(i, j)$가 A_p의 i행과 j열의 원소를 표기한다. $|\det A| = 1$임을 증명하라.

12. n-순열 p, q에 대하여 $A_p A_q = A_{pq}$임을 증명하라.

13. n-순열 p의 역(inverse) q는 $pq = qp = 123 \cdots n$인 순열이다. $q = p^{-1}$이라 표기한다. 각 순열에 유일한 역이 있음을 증명하라.

14. 순열 f, f^{-1}은 같은 형임을 증명하라.

15. A_p^T의 조합론적 의미는 무엇인가?

16. 순열에서, 1-순환은 부동점(fixed point)이라 한다. 순열 행렬을 이용하여, pq과 qp는 항상 같은 수의 부동점을 갖는다는 것을 증명하라.

17. n-순열의 형 $(a_1, a_2, \cdots, a_n)$을 안다고 가정하자. $p^d = 123\cdots n$인 최소의 양의 정수 d를 결정하라.

18. 순열 p가 $p \neq 12\cdots n$이고 $p^2 = 12\cdots n$이면 자명하지 않은 대합(nontrivial involution)이라 한다. $n > 1$이면, S_n에서 자명하지 않은 대합의 수는 홀수임을 증명하라.

19. 위의 연습문제를 모든 소수 t에 관하여 일반화하라.

20. $n \geq 2$라 한다. 모든 n-순열 p의 정확히 절반에 대하여 $\det A_p = 1$임을 증명하라.

21. 순열 $p \in S_n$에 대하여, $q^2 = p$인 $q \in S_n$이 있으면 p의 제곱근(square root)이 있다고 한다. p가 제곱근을 가지는 필요충분조건을 p의 순환의 길이를 이용하여 서술하라.

22. 순열 $p \in S_n$에 대하여, $q^k = p$인 $q \in S_n$이 있으면 p의 k승근이 있다고 한다. 다음 서술은 사실인가?
"어느 순열이 k승근을 가지는 필요충분조건은 그것이 $(a_1, a_2, \cdots, a_n)$형이고 k로 나누어지는 i에 대하여, a_i가 k로 나누어지는 것이다."

23. (+) 전단사함수 $\tau : ODD(2m+1) \times [2m+1] \rightarrow ODD(2m+2)$를 구축하라.

24. (++) $SQ(n)$이 적어도 한 개의 제곱근을 가지는 n-순열이라 한다. 모든 양의 정수 n에 대하여 $|SQ(2n)|(2n+1) = |SQ(2n+1)|$임을 증명하라. $p(m)$이 임의로 선택한 m-순열이 제곱근을 갖는 확률이라 할 때 이는 $p(2n) = p(2n+1)$임을 의미한다는 점에 주목하라.

25. 양의 정수 k, m, r에 대하여 $kr = m$이다. 모든 순환의 길이가 k로 나누어지는 n-순열의 수는

$$1\times 2\cdots(k-1)(k+1)^2(k+2)\cdots(2k-1)(2k+1)^2(2k+2)\cdots(m-1)$$
$$=\frac{m!}{k^r r!}(k+1)(2k+1)((r-1)k+1)$$

임을 증명하라.

부가 연습문제 Supplementary Exercises

26. (−) n-순열 중 원소 1, 2가 같은 3-순환에 있는 것의 개수를 구하라.

27. (−) 6의 순열 중 제곱이 항등 순열인 것의 개수를 구하라.

28. (−) 20의 순열 중, 가장 긴 순환의 길이가 11인 것의 개수를 구하라.

29. (−) n-순열 중 $n-1$개의 좌극대를 가진 것의 수를 구하라.

30. (−) 열 명의 아이들이 카드 게임을 한다. 세 그룹으로 나누어, 한 그룹에는 네 명, 나머지 두 그룹에는 각각 세 명이 있다. 각 그룹은 원탁에 앉는다. 두 가지 앉는 방법은 모든 사람의 왼쪽에 두 방법에서 같은 사람이 앉으면, 같은 방법으로 간주한다.

(a) 세 원탁이 동일하다면, 몇 가지 방법이 있는가?

(b) 세 원탁이 서로 다르다면, 몇 가지 방법이 있는가?

31. $(2n)$-순열 중 가장 긴 순환의 길이가 n인 것의 개수를 구하라.

32. 순열 $p=p_1p_2\cdots p_n$의 역치(inversion)는 $i<j$일 때 $p_i>p_j$인 원소의 쌍 (p_i, p_j)이다. 주어진 순열이 짝수(홀수)개의 역치를 가지면 그 순열을 짝수(홀수) 순열이라 한다. 한 개의 순환 $(a_1, a_2, \cdots, a_k)$로 구성된 순열은 k가 홀수이면 짝수 순열이고 k가 짝수이면 홀수 순열임을 증명하라.

33. 짝수인 n-순열의 수가 $\frac{n!}{2}$이라는 조합론적 증명을 구하라.

34. 순열 p의 홀짝과 $\det A_p$의 홀짝의 관계는 무엇인가?

35. n-순열 p의 형을 안다고 가정하자. p의 홀짝을 어떻게 결정하는가?

36. 순열 p의 길이 n과 순환의 수 k를 안다고 가정하자. 이로부터 p의 홀짝을 알 수 있는가?

37. 공식 (6.3)을 적당히 대체하여 부가 연습문제 33의 결과를 증명하라.

38. 몇 개의 $p \in S_6$에 대하여 $p^3 = 1$인가?

39. 몇 개의 짝수 $p \in S_6$에 대하여 $p^2 = 1$인가?

40. n이 3으로 나누어진다면 $c(n, n/3) \geq \frac{n!}{3^{n/3}(n/3)!}$ 임을 증명하라.

41. 양의 정수 n, r, k가 $n = rk$를 만족한다면

$$(r-1)!^k \leq \frac{c(n, k)}{S(n, k)} \leq (n-k)!$$

임을 증명하라.

42. (a) 다항식 $(1+x)(1+2x)\cdots(1+(n-1)x)$에서 모든 $k \in n$에 대하여 x^{n-k}의 계수가 $c(n, k)$임을 증명하라.

(b) $s(n, k)$에 대하여 해당하는 사실을 서술하고 증명하라.

43. $a(n, k)$가 원소 1, 2를 같은 순환에 포함하는 길이 n, 순환의 수 k인 순열이라 한다. $n \geq 2$에 대하여

$$\sum_{k=1}^{n} a(n,\ k)x^k = x(x+2)(x+3)\cdots(x+n-1)$$

임을 증명하라.

44. (+) $b_r(n,\ k)$가 $[r]$의 모든 원소를 같은 순환에 포함하는 길이 n, 순환의 수 k인 순열이라 한다. $n \geq r$에 대하여

$$\sum_{k=1}^{n} b_r(n,\ k)x^k = (r-1)!\frac{x(x+1)\cdots(x+n-1)}{(x+1)(x+2)\cdots(x+r-1)}$$

임을 증명하라.

45. $a(n,\ k)$가 부가 연습문제 43에서와 같다고 한다. $t(n,\ k) = c(n,\ k) - a(n,\ k)$가 원소 1, 2를 같은 순환에 포함하지 않는 길이 n, 순환의 수 k인 순열이라 한다. 모든 $k \leq n-1$에 대하여 $a(n,\ k) = t(n,\ k+1)$임을 증명하라.

46. n명의 여행객이 식당에 도착하여 모든 원탁에 둘러 앉는다. 각 원탁에서 r가지 음료 중 하나를 주문한다. 이러한 방법의 수는

$$r(r+1)\cdots(n+r-1)$$

임을 증명하라. 두 가지 앉는 방법에서, 각자의 왼쪽에 있는 사람이 같으면 두 방법은 같다고 간주한다.

47. $[n-1]$의 각 원소를 서로 다른 카드에 적고, 임의로 이 중 몇 개를 골라 적혀 있는 숫자의 곱을 구한다. 이를 $n-1$개의 카드의 2^{n-1}가지의 가능한 모든 부분집합에 대하여 시행한다. (카드를 고르지 않을 경우 곱을 1이라 한다.) 마지막으로, 얻은 2^{n-1}개의 곱을 더한다. 이렇게 얻은 합은 얼마인가?

48. 위의 연습문제에서 2^{n-1}가지의 가능한 모든 부분집합 대신, $n-1$개 카드의 k개 원소로 된 모든 부분집합을 고려한다. 이렇게 얻은 $\binom{n-1}{k}$개의 곱의 합은 얼마인가?

49. 네제곱이 항등 순열인 n-순열의 수 $u(n)$의 재귀적인 공식을 구하라.

50. 어느 도서관에 n권의 책이 있다. 독자들은 "거의" 주의 깊다. 즉, 책을 읽은 후 서가에 꽂지만, 제 자리에서 한 자리 떨어진 곳에 꽂는다. 충분한 시간이 지난 후에, 서가의 책의 모든 순열이 가능함을 증명하라.

51. n-순열 p, q가 같은 형인 필요충분조건은 $q = gpg^{-1}$인 n-순열 g가 있는 것임을 증명하라.

52. 순열의 역치는 부가 연습문제 32에 정의되어 있다. $I(n, k)$를 k개의 역치를 가진 n-순열의 수라 한다. $I(n, k) = I\left(n, \binom{n}{2} - k\right)$임을 증명하라.

53. $I(n, k)$가 위의 연습문제에서와 같이 정의되어 있다고 한다. 다음 등식을 증명하라.

$$\sum_{k=0}^{\binom{n}{2}} I(n, k)x^k = (1+x)(1+x+x^2)\cdots(1+x+\cdots+x^{n-1})$$

54. 위의 연습문제의 결과로부터 짝수 n-순열의 수가 홀수 n-순열의 수와 같음을 증명하라.(짝수 순열, 홀수 순열의 정의는 부가 연습문제 32에 있다.)

55. $I(n, 3)$의 명확한 공식을 구하라.

CHAPTER 7 장

과도하게 계수하지 않는다. 체

7.1 교집합의 원소 계수하기

어느 고등학교에서 14명이 축구를 하고 17명이 야구를 한다. 몇 명이 이 중 적어도 한 가지 종목을 하겠는가?

위의 질문은 아주 간단할 지도 모른다. 그러나 사실상 주어진 정보로는 이에 답할 수 없다. 단순히 두 수를 더 한다면 두 가지 종목을 모두 하는 학생을 두 번 센다. 이를 교정하기 위하여, 그들의 수를 한 번 빼서 정확히 한 번 세도록 해야 하는데, 이는 그들의 수를 알아야 가능하다.

예제 7.1

어느 고등학교에서 14명이 축구를 하고 17명이 야구를 한다. 네 명이 두 종목을 모두 한다. 몇 명이 적어도 한 가지 종목을 하겠는가?

풀이 위의 논의에 의하여, 적어도 한 가지 종목을 하는 학생은 $14+17-4=27$명이다.

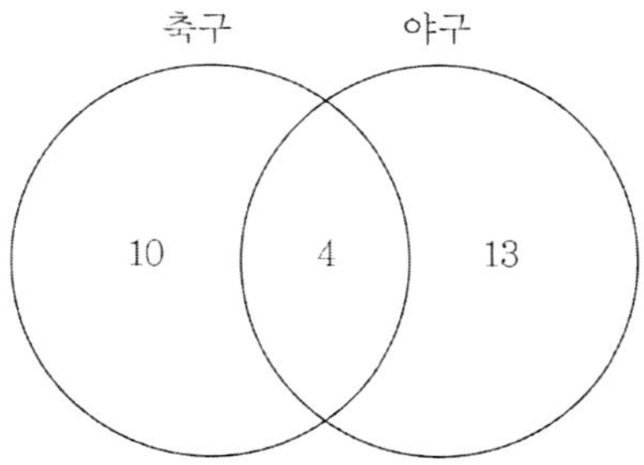

그림 7.1 교집합이 있는 두 집합

그림 7.1은 위의 상황을 설명한다.

학생들이 세 가지 다른 종목을 하면, 상황은 더 복잡해지지만 여전히 다룰 수 있다. 다음 예에서 본다.

예제 7.2

어느 고등학교에서 14명이 축구를 하고 17명이 야구를 하고 18명이 하키를 한다. 네 명이 축구와 야구를 하고, 세 명이 축구와 하키를 하고, 다섯 명이 야구와 하키를 한다. 단 한 명이 세 종목을 한다. 몇 명이 적어도 한 가지 종목을 하겠는가?

풀이 전과 같이 답하기 시작할 수 있다. 축구, 야구, 하키를 하는 학생의 수를 더하여 $14+17+18$을 얻으면 두 가지 종목을 모두 하는 학생을 두 번 세므로 과하게 세는 것이다. 그러므로 이 실수를 교정하여야 하고 이 학생들을 단 한 번 세도록 이들의 수를 한 번 빼야 한다. 이렇게 하여 $14+17+18-4-3-5$를 얻는데 이 수는 해가 아니다. 모든 종목을 하는 학생 한 명을 각 게임에서 한 번씩 센 후, 각 쌍에서 한 번씩 세 번 빼서, 현재 한 번도 세지 않았다. 따라서 최종 답에 1을 더하여 이 실수를 교정하여야 한다. 그러므로 $14+17+18-4-3-5+1=38$명이 적어도 한 가지 종목을 한다.

이번에도 상황을 도표로 나타낸다. 도표는 그림 7.2에 있다.

독자는 종목의 수가 증가할수록 같은 질문의 답이 더 지루해질 것을 알 수 있을 것이다. 그러므로 이러한 상황을 다루는데 일반화된 정리가 반드시 유용할 것이다.

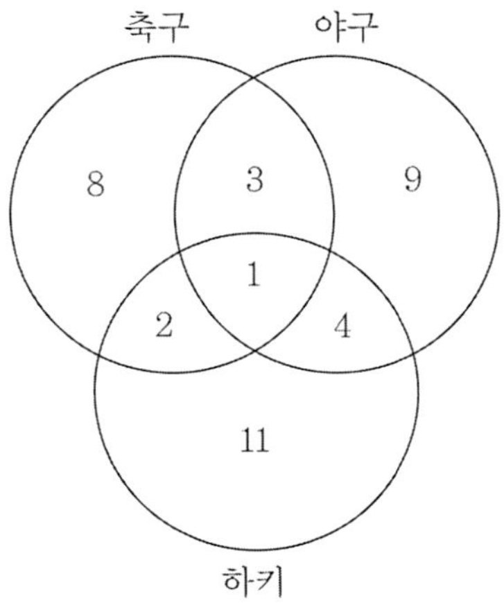

그림 7.2 교집합이 있는 세 집합

정리 7.3 체 공식(Sieve Formula)

유한 집합 $A_1, A_2, \cdots, A_n$에 대하여

$$|A_1 \cup A_2 \cup \cdots \cup A_n| = \sum_{j=1}^{n} (-1)^{j-1} \sum_{i_1, < i_2 < \cdots < i_j} |A_{i_1} \cap A_{i_2} \cap \cdots \cap A_{i_j}| \tag{7.1}$$

이다. 여기에서 $(i_1, i_2, \cdots, i_j)$는 $[n]$의 모든 j개의 원소를 망라한다.

정리 7.3은 '나쁜' 원소를 가려냄으로써 '좋은' 원소를 계수하므로, 체의 공식이라 한다. 이 계수하기 아이디어의 공식적인 이름은 포함배제의 원리(Inclusion-Exclusion Principle)이다.

이 핵심 정리를 증명하기 전에, 우변의 복잡해 보이는 표현은 사실상 개념적으로 간단한 합, 즉 모든 j겹 교집합(j개 집합의 교집합)의 크기의 교대합이라는 것을 강조하고 싶다. 교대 부호는 과도하게 세는 것을 수정하기 위해 필요하다. 정리 앞에서 논의된 두 예는 $n=2$이거나 $n=3$인 특정한 경우이다. 우변의 합은 첫 번째 예에서 $|A_1| + |A_2| - |A_1 \cap A_2|$이고 두 번째 예에서

$$|A_1| + |A_2| + |A_3| - |A_1 \cap A_2| - |A_1 \cap A_3| - |A_2 \cap A_3| + |A_1 \cap A_2 \cap A_3|$$

이다.

증명 (정리 7.3). $A_1 \cup A_2 \cup \cdots \cup A_n$에 있지 않은 원소는 (7.1)의 우변의 어느 항에서도 계수되지 않았다. 따라서 $A_1 \cup A_2 \cup \cdots \cup A_n$의 각 원소가 우변에서 정확히 한 번 계수된다는 것만 보이면 된다. 이를 위하여 임의의 원소 $x \in A_1 \cup A_2 \cup \cdots \cup A_n$을 택한다. $S \subseteq [n]$을 $x \in A_i$인 필요충분조건이 $i \in S$인 지수들의 집합으로 표기하고 $s = |S|$라 한다. $s \geq 1$임을 주목하라. $x \in A_i$이면 $i \in S$이므로 $\{i_1, i_2, \cdots, i_t\} \not\subseteq S$이라면 t겹 교집합 $A_{i_1} \cap A_{i_2} \cap \cdots \cap A_{i_t}$는 x를 포함할 수 없다. 따라서 우변에서 x를 계수하는 횟수를 결정할 때 단지 A_i에 관련된 지수가 S에 있는 교집합을 고려하면 된다. 역으로 이러한 각 교집합은 x를 포함한다. 그러므로 우변은 이러한 각 부분집합마다 x를 교대 부호를 가지고 한 번씩 세고 모두 합하여

$$s - \binom{s}{2} + \binom{s}{3} - \cdots + (-1)^{s-1}\binom{s}{s} = 1 \tag{7.2}$$

센다. (7.2)의 좌변이 사실상 1임을 보기 위하여 양변에서 1을 뺀 후, -1을 곱하여

$$1-s+\binom{s}{2}-\binom{s}{3}-\cdots+(-1)^s\binom{s}{s}=0=(1-1)^s$$

를 얻는데, 이는 이항정리에 의하여 성립한다.(그리고 정리 16.21에서 더 설명할 것이다.)

7.2 체 공식의 응용

체 공식의 고전적인 응용을 설명하자, 먼저 교란 문제를 본다.

예제 7.4

어느 파티에 n명의 손님들이 참석한다. 손님들은 도착할 때 모자를 같은 보관소에 보관한다. 파티가 끝난 후 정전이 되어서 손님들은 보관소에서 모자를 임의로 골라 가진다. 밖에 나왔을 때, 재미있게도 손님 중 누구도 자신의 모자를 갖지 않은 것을 알았다. 몇 가지 방법으로 이것이 가능한가?

더욱 수학적으로 공식화하여, $[n]$의 몇 가지 순열에 부동점이 없는가? 즉, 어떤 i에 대해서도 원소 i가 i 번째 자리에 있지 않은가? 이러한 순열을 교란(derangement)이라 한다. 사실상 첫 번째 손님의 모자를 1, 두 번째 손님의 모자를 2, 등이라 하면, n명이 n개의 모자를 갖는 각 방법은 $[n]$의 순열에 해당한다. 첫 번째 손님이 7을 가지면 순열의 첫 번째 원소는 7이고, 두 번째 손님이 3을 가지면 순열의 두 번째 원소는 3이다. 두 가지 공식화가 사실상 동등하다는 것을 보여주었으므로, 순열의 언어로 풀이를 제시한다.

풀이 (예 7.4). 원소 1, 원소 2, 또는 원소 i가 부동점이 아닌 순열을 계수하는 것은 쉽지만, 우리는 부동점이 없는 순열을 원한다. 그들의 수는 명백히 모든 순열의 수에서 적어도 한 개의 부동점을 갖는 순열의 수를 뺀 것이다. 이는 이 절의 도입 부분에서 논의한 두 개의 예와 유사하게 들린다.

A_i를 i가 i 번째 자리에 있는, 즉 i가 부동점인 모든 $[n]$의 순열의 집합이라 한다. (7.1)의 우변의 교집합의 크기를 계산할 수 있으면 정리 7.3에 의해 답을 얻을 것이다.

A_1의 크기는 무엇인가? 집합 A_1은 첫 번째 원소가 1인 순열의 집합이다. 원소 $2, 3, \cdots, n$이 서로 자유롭게 치환되므로 $(n-1)!$가지 방법이 있다. 따라서

$|A_1| = (n-1)!$이다. 유사한 논의에 의하여 모든 $i \in [n]$에 대하여 $|A_i| = (n-1)!$이다. 그러므로 우변의 첫 번째 항의 기여는 $(n-1)!n = n!$이다.

이제 (7.1)의 우변의 다음 항, 즉 $|A_i \cap A_j|$형의 교집합을 고려한다. 집합 $A_i \cap A_j$의 원소에 의해 i, j가 고정되고 나머지 $n-2$개의 원소는 자유롭게 치환되므로 $(n-2)!$가지 방법이 있다. i, j를 선택하는 방법이 $\binom{n}{2}$가지이므로, 우변의 두 번째 항의 값은

$$-\binom{n}{2}(n-2)! = -\frac{n!}{2!(n-2)!}(n-2)! = -\frac{n!}{2!}$$

이다.

일반적으로, 유사한 논의에 의해 i 번째 항의 값은

$$(-1)^{i-1}\binom{n}{i}(n-i)! = (-1)^{i-1}\frac{n!}{i!(n-i)!}(n-i)! = (-1)^{i-1}\frac{n!}{i!}$$

이다.

사실상, i개의 원소가 부동점이면 나머지 $n-i$개의 원소는 $(n-i)!$가지 방법으로 치환될 수 있다. 한편, i-집합을 선택하는 데 $\binom{n}{i}$가지 방법이 있다.

그러므로 정리 7.3에 의해

$$|A_1 \cup A_2 \cup \cdots \cup A_n| = \sum_{j=1}^{n}(-1)^{j-1}\sum_{i_1, i_2, \cdots i_j}|A_{i_1} \cap A_{i_2} \cap \cdots \cap A_{i_j}|$$

$$= n! - \frac{n!}{2!} + \frac{n!}{3!} - \cdots + (-1)^{n-1}\frac{n!}{n!} = \sum_{i=1}^{n}(-1)^{i-1}\frac{n!}{i!}$$

이다.

이리하여 적어도 한 점이 부동점인 $[n]$의 순열의 수를 계수했다. 결과적으로, 부동점이 없는 $[n]$의 순열의 수, 즉 교란의 수 D_n은 $n!$에서 이 수를 뺀 수이다. 다시 말하여

$$D(n) = \sum_{i=0}^{n}(-1)^i\frac{n!}{i!} \tag{7.3}$$

이다. 이로써 증명은 완성된다.

명백히 (7.3)의 우변은 n에 상당히 의존한다. 여전히 독자는 임의의 수열이 부동점을 갖지 않을 확률의 값을 대략 알고자 한다. 원하는 결과의 수를 모든 순열의 수로 나누어,

즉 $[n]$의 모든 교란의 수를 $[n]$의 모든 수열의 수로 나누어, 그러한 직관을 얻을 수 있다. 그 값은

$$\begin{aligned}\frac{D(n)}{n!} &= \sum_{i=0}^{n}(-1)^i\frac{1}{i!}\\ &= \sum_{i=0}^{n}\frac{(-1)^i}{i!^i}\end{aligned}$$

이다.

n이 무한대로 발산하면, $D(n)/n!$은 e^{-1}로 수렴하여, n이 커질 때 모든 순열의 대략 $1/3$보다 큰 $1/e$이 교란이다. 따라서 모든 사람이 자신의 모자를 갖지 못할 확률이 제법 크다.

모든 양의 정수 n에 대하여, $D(n)$이 $n!/e$에 가장 가까운 정수임을 증명하도록 독자에게 권한다.

5.2절에서 제 2종 스털링 수의 공식을 얻을 것이라고 약속했는데 이를 이행할 때가 되었다.

정리 7.5

모든 양의 정수 n, k에 대하여, 등식

$$S(n,k) = \frac{1}{k!}\sum_{i=0}^{k}(-1)^i\binom{k}{i}(k-i)^n = \sum_{i=0}^{k}(-1)^i\frac{1}{i!(k-i)!}(k-i)^n$$

이 성립한다.

증명 $S(n,k)$의 공식을 구하는 대신, $k!S(n,k)$의 공식을 구할 것이다. 따름정리 5.9로부터 이 수가 $[n]$에서 $[k]$로의 전사함수의 수임을 안다.

정의역의 임의의 원소는 k개의 원소 중 하나의 값을 가지므로, $[n]$에서 $[k]$로의 함수의 수는 k^n이라는 것이 자명하다. 그러나 모든 함수가 전사함수는 아니고 공변역의 몇 개의 값을 놓친다. $[k]$의 원소 중 어느 것도 놓치지 않는 함수를 계수해야 한다. 이 문제는 이전의 문제와 약간 비슷하다. (어느 부분도 어떤 성질을 갖지 않은 대상의 수에 관심이 있었다.) 따라서 같은 접근이 유효할 것으로 기대한다.

$i \in [k]$에 대하여 A_i가 $[n]$에서 $[k]$로의 함수 중, i가 치역에 있지 않은 모든 함수의 집합이라 한다. 그러한 함수는 $[n]$의 임의의 원소를 $k-1$개의 원소로 보낼 수 있으므로, $|A_i| = (k-1)^n$이다. 유사하게, 모든 $j \le k$에 대하여

$$|A_{i_1} \cap A_{i_2} \cap \cdots \cap A_{i_j}| = (k-j)^n$$

이다. 그러므로 체 공식에 의하여

$$|A_1 \cup A_2 \cup \cdots \cup A_n| = \sum_{j=1}^{n}(-1)^{j-1} \sum_{i_1, i_2, \cdots i_j} |A_{i_1} \cap A_{i_2} \cap \cdots \cap A_{i_j}|$$

$$= \sum_{i=1}^{k}(-1)^{i-1}\binom{k}{i}(k-i)^n$$

이다.

이는 $[n]$에서 $[k]$로의, 치역이 $[k]$가 아닌 함수의 개수이다. 따라서 치역이 $[k]$인 함수, 즉 전사함수의 개수는 $[n]$에서 $[k]$로의 모든 함수의 개수에서 이 수를 뺀 것이고 주장은 증명된다.

다음 정리는 단지 체 공식의 한 가지 버전이다. 16장에서도 체를 계속 공식화할 것이므로, 따로 서술한다.

정리 7.6

함수 f, g의 정의역이 $[n]$의 부분집합이고, 치역이 실수의 집합이다. f와 g의 관계가 다음과 같다고 가정한다.

$$g(S) = \sum_{T \subseteq S} f(T)$$

그러면

$$f(S) = \sum_{T \subseteq S} g(T)(-1)^{|S-T|} \tag{7.4}$$

이다.

증명 (7.4)의 우변에서 $g(T)$를 f의 값으로 표현하면, 모든 $U \subseteq S$에 대하여, $f(U)$의 값은 $U \subseteq T \subseteq S$를 만족하는 각 T에 대하여 한 번씩 나타날 것이다. 그러한 $f(U)$의 출현을 $(-1)^{|S-T|}$의 부호를 붙여 계수한다. T는 T에 있지 않은 S의 원소에 의해 결정되며 U를 포함하므로, $|S-T| = i$인 그러한 부분집합 T의 개수는 $\binom{|S-U|}{i}$이다.

그러므로 $f(U)$는 (7.4)의 우변에 정확히 $\sum_{i=0}^{|S-U|}(-1)^i\binom{|S-U|}{i} = (1-1)^{|S-U|}$ 번 나타난다. $|S-U| = 0$일 때, 즉 $S = U$일 때가 아니면 이 수는 항상 0이다.

따라서 우변에서 없어지지 않는 유일한 항은 $f(S)$이고, 증명은 완성된다.

Notes

리차드 스탠리의 계수적 조합론(Enumerative Combinatorics) 제 1권[41]의 2장에 체의 공식의 응용에 대한 높은 수준의 리뷰가 있다.

연습문제 Exercises

1. 어느 대학원 학급에 두 개의 운동 팀이 있다. 이 학급의 임의의 두 학생을 포함하는 팀이 적어도 하나 있다. 이 학급의 모든 학생을 포함하는 팀이 있음을 증명하라.

2. 어느 대학원 학급에 세 개의 운동 팀이 있다. 이 학급의 임의의 두 학생을 포함하는 팀이 적어도 하나 있다. 이 학급의 2/3 이상의 학생을 포함하는 팀이 있음을 증명하라.

3. 몇 개의 $k \leq 210$이 210과 서로 소인가?

4. m이 양의 정수라 하라. $[m]$의 원소 중 m과 서로 소인 정수의 개수를 $\phi(m)$이라 표기한다. p, q, r가 서로 다른 소수일 때 $\phi(pqr)$를 계산하라.

5. $p_1 \cdots p_k$가 서로 다른 소수일 때 $\phi(p_1 \cdots p_k)$의 공식을 구하라.

6. 모든 양의 정수 m, n에 대하여 $\phi(mn) = \phi(n)\phi(m)$인가?

7. 소수 p에 대하여, $\phi(p^k)$의 공식을 구하라.

8. n의 소인수분해가 알려졌을 때 $\phi(n)$의 공식을 구하라.

9. $p = p_1, p_2, \cdots, p_n$이 n-순열이라 한다. $p_i > p_{i+1}$이면 i를 p의 강하(descent)라 한다. p의 강하 집합은 모든 강하의 집합이다. 몇 개의 8-순열이 $\{1, 4, 6\}$의 부분집합인 강하 집합 T를 가지는가?

10. 몇 개의 8-순열의 강하 집합이 $\{1, 4, 6\}$인가?

11. 몇 개의 8-순열의 강하 집합이 $\{1, 2, 4, 5, 7\}$인가?

12. (정리 7.6의 결례) h, r가 정의역이 $[n]$의 부분집합이고 치역이 실수의 집합인 함수이다. h, r가

$$r(S) = \sum_{T \geq S} h(T)$$

인 관계가 있다고 가정한다.

$$h(S) = \sum_{T \geq S} r(T)(-1)^{|T-S|}$$

임을 증명하라.

13. $n \geq 3$이고 $p = p_1 p_2 \cdots p_n$이 n-순열이다. $p_i > i$이면 i를 p의 잉여(excedance)이라 한다. 잉여의 집합이 $n-2$이나 $n-1$을 포함하는 n-순열의 수를 구하라.

14. (+) $f(n, k)$가 $[n]$의 부분집합을 선택하고, k개의 부동점을 갖는 대합을 선택하는 방법의 수라 한다. (공집합은 한 개의 대합을 갖고 그 대합에는 부동점이 없다.) $g(n) = \sum_{k=0}^{n} f(n, k)(-1)^k$라 한다. $g(n)$이 부동점이 없는 $[n]$의 대합의 개수임을 증명하라.

부가 연습문제 Supplementary Exercises

15. (−) $[n]$의 분할 중 단일 블록 $\{1\}$이나 $\{n\}$을 포함하는 것은 몇 개인가?

16. (−) n-순열 중 1-순환 (1)이나 (2)나 (3)을 포함하는 것은 몇 개인가?

17. (−) 정수 n의 합성 중 첫째 원소와 마지막 원소가 1이 아닌 것은 몇 개인가?

18. (−) n-순열 중 2-순환 (12)나 (34)를 포함하는 것은 몇 개인가?

19. n-순열 $p = p_1 p_2 \cdots p_n$ 중 p_1이나 p_n이 짝수인 것은 몇 개인가?

20. $D(0) = 1$이고 $D(1) = 0$이라 한다. 모든 $n \geq 1$에 대하여 $D(n+1) = n(D(n) + D(n-1))$에 대한 조합론적 증명을 구하라. 본문에서 증명한 $D(n)$의 공식을 이용하지 말라.

21. n-순열 중 1-순환을 정확히 한 개 포함하는 것은 몇 개인가?

22. $d(n, k)$가 길이 n이고 k개의 순환으로 구성된 교란의 수라 한다. 부호 없는 제 1종 스털링 수를 이용하여 $d(n, k)$의 공식을 구하라.

23. $F_k(n)$이 $[n]$의 각 블록이 두 개 이상의 원소로 구성된 k개 블록으로의 분할 수라 한다. $F_k(n)$을 제 2종 스털링 수를 이용하여 표현하라.

24. 세 자리 양의 정수 중 6이나 7로 나누어지는 것의 개수를 구하라.

25. 두 자리 양의 정수 중 2, 3과 서로 소인 것의 개수를 구하라.

26. $\{1, 1, 2, 2, 3, 4, 5\}$의 원소를 두 개의 같은 원소가 이웃하지 않도록 배열하는 방법의 수는 얼마인가?

27. 1000 이하의 양의 정수 중 완전제곱수나 세제곱수가 아닌 것은 몇 개인가?

28. 다음과 같은 양의 정수들의 네 개의 무한 부분집합의 예를 구하라. 이 중 임의의 세 부분집합의 교집합은 무한 집합이고 네 부분집합의 교집합은 공집합이다.

29. 정확히 한 개의 강하를 갖는 n-순열의 개수를 구하라.

30. (+) 정확히 두 개의 강하를 갖는 n-순열의 개수를 구하라.

31. 2×2 행렬 중 각 원소가 $\{0, 1, \cdots, k\}$의 원소이고 0으로 이루어진 행이나 열이 없는 것의 개수를 구하라.

32. $F(n)$이 단일 블록을 포함하지 않는 $[n]$의 분할 수라 한다. 벨 수 $B(n)$을 이용하여 $F(n)$의 공식을 구하라.

33. (+) $\lim_{n\to\infty}\frac{F(n)}{B(n)}=0$임을 증명하라.

34. 2×2 행렬 중 각 원소가 $\{0, 1, \cdots, k\}$의 원소이고 0으로 이루어진 행이나 열이 없는 것의 수를 구하라.

35. (+) 5장의 연습문제 16의 결과의 조합론적 증명을 구하라. 등식 (5.2)를 이용하지 말라.

36. $\sum_{i=0}^{n}\binom{n}{i}D(i)$의 (합의 기호를 포함하지 않는) 닫힌 공식을 구하라.

CHAPTER 8장

한 개의 함수는 많은 수만큼 가치가 있다. 생성 함수

허브 윌프가 말한 것처럼, 어느 수열의 생성 함수는 수열의 모든 원소를 거는 빨래줄이다. 이 단일한 빨래줄은 수열의 모든 원소와 그에 대한 정보를 포함한다. 무한히 많은 수에 의해 주어진 데이터를 한 개의 함수로 종합하겠다는 이 위대한 아이디어는 계수 조합론에서 가장 강력한 도구라 주장해 볼 수 있는 생성 함수의 기술로 이끈다.

8.1 일반 생성 함수

8.1.1 재귀적 공식과 생성 함수

어느 거대한 호수의 개구리의 수가 해마다 네 배가 된다. 매년 첫 날 100마리의 개구리를 호수에서 잡아서 다른 호수로 보낸다. 원래 호수에 50마리가 있었다면, 20년 후에는 몇 마리가 있겠는가? 30년 후, 100년 후 또는 n년 후에는 어떠한가?

여기에서 어려움은 어떤 종류의 답을 구하는 데 있지 않다. 재귀적 답을 구하는 것은 매우 쉽다. 사실상, a_i가 i 년 말의 개구리의 수를 나타내서 $a_0 = 50$, $a_1 = 4 \times 50 - 100 = 100$, $a_2 = 4 \times 100 - 100 = 300$ 등이라면 $n \geq 0$에 대하여 $a_{n+1} = 4a_n - 100$임이 명백하다. 컴퓨터 시대에, 메모리가 수용할 수 있는 한 모든 n에 대하여 a_n을 구할 수 있으므로 이러한 답은 매우 유용하다. 그럼에도 불구하고 이 방법에는 방대한 낭비가 있다. 87년 후의 개구리의 수에만 관심이 있다고 가정한다. $a_{n+1} = 4a_n - 100$이라는 공식을 이용하여, a_{87}를 구하려면 a_1, a_2, $\cdots$, a_{86}을 구해야 할 것이다. 따라서 관심이 없는 86개의 값을 구해야 한다.

이러한 시간과 정력의 낭비를 피하기 위해, a_n의 구체적인 공식을 구하는 것이 최상의 방법이다. 즉 a_{n-1} 또는 수열의 다른 어느 항도 포함하지 않는, 즉 n에만 의존해서 직접적으로 계산할 수 있는 a_n의 공식을 유도하고자 한다.

다음 등식

$$a_{n+1} = 4a_n - 100 \tag{8.1}$$

과 초항 $a_0 = 50$만으로 결정한다. 이는 얼핏 보기에는 귀중하지 않은 것 같다. 그러나 (8.1)은 음이 아닌 모든 n에 관하여 성립한다. 따라서 우리는 사실상 무한히 많은 변수의 무한히 많은 등식을 가진 것이다. 이 무한히 많은 등식에 있는 정보를 한 개의 등식으로 모으기 위하여, 생성 함수라는 기술을 소개할 것이다.

정의 8.1

$\{f_n\}_{n \geq 0}$이 실수열이라 한다. 그러면 형식적인 멱급수 $F(x) = \Sigma_{n \geq 0} f_n x^n$을 수열 $\{f_n\}_{n \geq 0}$의 일반 생성 함수(ordinary generating function)라 한다.

이 절에서는 일반 생성 함수만 논의하므로 간단히 생성 함수라 한다. 다음에 (8.1)을 조작하여 수열 $\{a_n\}$의 생성 함수를 얻는다. 이를 위하여 (8.1)의 양변에 x^{n+1}을 곱하고 모든 $n \geq 0$에 대하여 합한다. 이는 독자에게 새로운 연산이고 이 장의 나머지 부분에 매우 중요하므로 다시 한 번 반복한다. (8.1)의 음이 아닌 정수 n에 대한 버전의 양변에 x^{n+1}을 곱하고 이렇게 얻은 무한히 많은 등식을 합하여 다음 등식을 얻는다.

$$\sum_{n \geq 0} a_{n+1} x^{n+1} = \sum_{n \geq 0} 4a_n x^{n+1} - \sum_{n \geq 0} 100x^{n+1} \tag{8.2}$$

좌변은 거의 수열 $\{a_n\}_{n \geq 0}$의 생성 함수 $G(x)$에 가깝다. 사실상, $n+1$을 n으로 대체하면 a_0만 빠진다. 따라서 (8.2)의 좌변은 $G(x) - a_0$이다. 기초 미적분학에 의하여 우변의 첫째 항은 명백히 $4xG(x)$이고, 둘째 항은 $\dfrac{100x}{1-x}$이다. 그러므로 (8.2)는

$$G(x) - a_0 = 4xG(x) - \frac{100x}{1-x} \tag{8.3}$$

와 같다.

$a_{n+1} = 4a_n - 100$의 무한히 많은 등식에서 얻은 정보를 한 개의 등식으로 압축하는 처음 과제를 달성했다.

독자는 이에 대하여 “대단하다, 등식의 수는 한 개이지만, 이 등식은 무한히 많은 항이

있는 함수 $G(x)$를 포함하는 것이 사실이나… 아무튼 이상한 일이다. 그런데 큰 진전은 어디에 있는가?"라고 생각할 지 모른다. 이 시점에 그러한 생각에 대하여 독자를 비난할 수 없다. 그러한 생각은 아주 자연스럽다. 그러나 결정적으로 $G(x)$가 단지 함수가 아니라 (형식적인) 멱급수이므로, 등식 (8.3)은 매우 유용하다. 독자는 아마 미적분학에서(형식적인) 멱급수를 본 적이 있겠지만, 형식적인이라는 말은 중요하다. 정의에 의하여, 멱급수는 b_n이 실수인 $\Sigma_{n \geq 0} b_n x^n$ 형태의 수식이다. 따라서 멱급수는 자신의 계수로 정의되고, 어떤 함수의 테일러 급수(Tayler series)와 반드시 같지는 않다. 예로, 멱급수 $\Sigma_{n \geq 0} n! x^n$은 어느 $x \neq 0$에 대하여도 수렴하지 않으므로, 어떤 함수의 테일러 급수와도 같지 않다.

(8.3)을 재정돈하여

$$G(x) = \frac{a_0}{1-4x} - \frac{100x}{(1-x)(1-4x)} \tag{8.4}$$

를 얻는다.

$a_0 = 50$이므로 우변은 모르는 변수를 포함하지 않는다, 즉 x의 멱급수이다. 그러므로 수열 $\{a_n\}$의 생성 함수인 $G(x)$의 구체적인 공식을 얻었다.

마지막으로, a_n 자신의 구체적인 공식을 구하고자 한다. (8.4)가 멱급수의 등식이고, 두 개의 멱급수가 같은 필요충분조건은 모든 n에 대하여 양변에서 x^n의 계수가 같은 것임에 주목한다. (8.4)의 좌변인 $G(x)$에서 x^n의 계수는 정의에 의하여 a_n이다. 따라서 (8.4)의 우변에서 x^n의 계수도 a_n이다. 한편 이 계수는 우변의 두 항의 x^n의 계수의 합으로 계산할 수 있다. 첫 번째 항은 보다 쉽다. 사실상,

$$\frac{a_0}{1-4x} = 50 \sum_{n \geq 0} (4x)^n = 50 \sum_{n \geq 0} 4^n x^n$$

이고, 우변의 첫 번째 항에서 x^n의 계수는 50×4^n이다.

두 번째 항은 약간 더 복잡한데 다음과 같다.

$$\frac{100x}{(1-x)(1-4x)} = 100x \left(\sum_{n \geq 0} x^n \right) \left(\sum_{n \geq 0} 4^n x^n \right)$$

따라서 이 항에서 x^0의 계수, 즉 상수 a_0은 0이고 $n \geq 1$일 때 $(\Sigma_{n \geq 0} x^n)(\Sigma_{x \geq 0} 4^n x^n)$에서 x^{n-1}의 계수를 구해야 한다. 곱에서 a_n의 계수를 구하는 일은 생성 함수를 사용할 때 매우 자주 해야 하는 일이다. 두 가지 방법이 있는데, 하나는 지금, 다른 하나는 이 풀이를 완성한 후에 보일 것이다.

지금 보이는 방법은 부분 적분인데 독자는 이를 미적분학이나 미분 방정식 과목에서 보았을 것이다.

다음 등식

$$\frac{A}{1-x}+\frac{B}{1-4x}=\frac{100x}{(1-x)(1-4x)}$$

를 만족하는 상수 A, B를 구하자. 양변에 $(1-x)(1-4x)$를 곱하여

$$A(1-4x)+B(1-x)=100x,$$
$$(-B-4A)x+A+B=100x$$

를 얻는다. 양변의 다항식은 계수들이 같으면 같다. 즉, $-B-4A=100$이고 $A+B=0$이다. 연립 방정식을 풀면 $A=\frac{100}{3}$, $B=-\frac{100}{3}$을 얻는다. 그러므로

$$\begin{aligned}\frac{100x}{(1-x)(1-4x)}&=\frac{100}{3}\frac{1}{1-4x}-\frac{100}{3}\frac{1}{1-x}\\&=\frac{100}{3}\Big(\sum_{n\ge 0}4^n x^n-\sum_{n\ge 0}x^n\Big)\\&=\sum_{n\ge 0}(4^n-1)x^n\frac{100}{3}\end{aligned}$$

이다.

이제 (8.3)의 우변의 두 항 모두를 계산했고, 여기에서(따라서 (8.3)의 좌변에서도) x^n의 계수는

$$a_n=50\times 4^n-100\frac{4^n-1}{3} \tag{8.5}$$

이다.

우리의 작업을 완성했고, a_n의 구체적인 공식을 구했다. (8.5)가 맞는 공식임을 확인하기는 쉽다. $n=0$을 대입하여 $a_0=50$을 얻는다. 더욱이

$$\begin{aligned}4a_n-100=4\Big(50\times 4^n-100\frac{4^n-1}{3}\Big)-100&=50\times 4^{n+1}-100\frac{4^{n+1}-4}{3}-100\\&=50\times 4^{n+1}-100\frac{4^{n+1}-1}{3}\end{aligned}$$

이므로 구체적인 공식 (8.5)에 의해 주어진 수열이 재귀적 관계 (8.1)을 만족한다.

재귀적 공식을 구체적인 것으로 바꾸기 위해 방금 배운 기술을 요약하자.

(1) 수열 $\{a_n\}_{n \geq 0}$의 일반 생성 함수 $G(x)$를 정의한다.

(2) 재귀적 공식을 $G(x)$의 등식으로 전환한다. 이는 대개 재귀적 공식의 양변에 x^n이나 x^{n+1} 또는 x^{n+k}를 곱하고 음이 아닌 모든 정수 n에 대하여 합하여 얻는다.

(3) $G(x)$의 해를 구한다.

(4) $G(x)$에서 x^n의 계수를 구한다. 이 계수가 a_n이므로 이는 a_n의 구체적 공식을 제공할 것이다.

한마디

---

(1) 수식 $\dfrac{100x}{(1-x)(1-4x)} = 100x\left(\sum_{n \geq 0} x^n\right)\left(\sum_{n \geq 0} 4^n x^n\right)$을 다루는 다른 방법을 제시한다. 곱 $\left(\sum_{n \geq 0} x^n\right)\left(\sum_{n \geq 0} 4^n x^n\right)$에서 x의 차수가 $n-1$인 항을 구하는 방법이 많이 있다.(100x를 곱할 때, 이 계수가 x^n의 계수로 판명되므로, 이 계수에 관심이 있다.) 처음 합에서 1을 택하고 두 번째 합에서 $4^{n-1}x^{n-1}$을 택하여 곱한다. 혹은 처음 합에서 x를 택하고 두 번째 합에서 $4^{n-2}x^{n-2}$를 택하여 곱한다. 일반적으로 $0 \leq i \leq n-1$인 모든 i에 대하여 처음 합에서 x^i를 택하고 두 번째 합에서 $4^{n-1-i}x^{n-1-i}$를 택하여 곱한다. 두 개의 합에서 x의 계수는 모두 음이 아니므로, 곱에서 x^{n-1}을 얻을 수 있는 다른 방법은 없다. 따라서 $\left(\sum_{n \geq 0} x^n\right)\left(\sum_{n \geq 0} 4^n x^n\right)$에서 x^{n-1}의 계수는

$$4^{n-1} + 4^{n-2} + \cdots\ 4 + 1 = \frac{4^n - 1}{4-1} = \frac{4^n - 1}{3}$$

이다. 그러므로 $\dfrac{100x}{(1-x)(1-4x)}$에서 x^n의 계수는 $100\dfrac{4^n-1}{3}$이고, 이는 이전의 계산과 같다.

(2) $\dfrac{100x}{(1-x)(1-4x)}$의 부분 분수 분해를 계산할 수 있는 몇 가지 프로그램이 있다. 예로 메이플에서 다음의 간단한 명령어로 원하는 분해를 얻는다.

```
convert(100*x/((1-x)*(1-4*x), parfrac, x));
```

이 새로운 기술을 또 다른 예를 통하여 익히자.

예제 8.2

1000달러를 매년 말 5퍼센트의 이자를 지급하는 계좌에 예금했다. 매년 초 500달러를 이 계좌에 예금했다. n년 후에 이 계좌의 예금은 얼마인가?

풀이 역시 재귀적 공식을 찾는 것은 매우 쉽다. n년 후의 계좌 잔액을 a_n이라 한다. 그러면 $a_0 = 1000$이고 $a_{n+1} = 1.05a_n + 500$이다. 전략의 단계를 차례로 수행하자.

(1) $G(x) = \Sigma_{n \geq 0} a_n x^n$을 수열 $\{a_n\}_{n \geq 0}$의 생성함수라 한다.

(2) 재귀적 관계의 양변에 x^{n+1}을 곱하고 음이 아닌 모든 정수 n에 대하여 합하여,

$$\sum_{n \geq 0} a_{n+1} x^{n+1} = \sum_{n \geq 0} 1.05 a_n x^{n+1} + \sum_{n \geq 0} 500 x^{n+1} \tag{8.6}$$

을 얻는다. 여기에서 좌변은 $G(x) - a_0$이고 우변의 첫째 항은 $1.05xG(x)$, 둘째 항은 $\dfrac{500x}{1-x}$이다. 따라서 (8.6)은

$$G(x) - a_0 = 1.05xG(x) - \frac{500x}{1-x}$$

와 동등하다.

(3) 그러므로

$$G(x) = \frac{1000}{1-1.05x} + \frac{500x}{(1-x)(1-1.05x)} \tag{8.7}$$

이다.

(4) a_n을 구하기 위하여, 우변에서 x^n의 계수를 구하는 것이 충분한데, 이는 명백히 첫째 항에서 x^n의 계수와 둘째 항에서 x^n의 계수의 합이다.

$$\frac{1000}{1-1.05x} = 1000 \sum_{n \geq 0} 1.05^n x^n$$

임을 주목하면 첫째 항에서 x^n의 계수는 1000×1.05^n이다. 둘째 항은

$$\frac{500x}{(1-x)(1-1.05x)} = 500x\left(\sum_{n \geq 0} x^n\right)\left(\sum_{n \geq 0} 1.05^n x^n\right) \tag{8.8}$$

임을 주목하라. 이 수식에서 x^n의 계수를 구하기 위해, 이전 예의 다음에 있는 한마디에서 사용한 방법을 사용할 것이다. 독자가 여기에서 부분 분수의 방법을 이용할 수 있다는 확신이 없다면, 직접 시도하여 결과를 비교해 보라고 권한다.

(8.8)에서 x^n의 계수를 구하려면, $(\Sigma_{n \geq 0} x^n)(\Sigma_{x \geq 0} 1.05^n x^n)$에서 x^{n-1}의 계

수를 구하면 충분하다. 이 곱에서, 차수가 $n-1$인 항은 정확히 $0 \le i \le n-1$인 모든 i에 대하여 첫째 항에서 x^i와 둘째 항에서 $1.05^{n-1-i}x^{n-1-i}$를 택하여 곱한 것이다. 그러므로 (8.7)의 우변의 두 번째 항에서의 x^n의 계수는

$$500\sum_{i=0}^{n-1}1.05^i = 500\frac{1.05^n - 1}{1.05 - 1} = 10000(1.05^n - 1)$$

이다. 그리하여 (8.7)의 우변에서 x^n의 계수 따라서 좌변에서 x^n의 계수는

$$a_n = 1000 \times 1.05^n + 10000(1.05^n - 1) = 1.05^n \times 11000 - 10000$$

이다.

다음 예는 더 많은 항을 가지는 재귀적 관계를 구체적인 공식으로 바꾸는 데 생성 함수의 기술을 사용할 수 있는 방법을 보여줄 것이다.

예제 8.3

$n \ge 0$에 대하여 $a_{n+2} = 3a_{n+1} - 2a_n$이고 $a_0 = 0$, $a_1 = 1$이다. a_n의 구체적인 공식을 구하라.

풀이 $G(x) = \Sigma_{n=0} a_n x^n$이라 한다. 재귀적 관계의 양변에 x^{n+2}를 곱한 후, 모든 자연수 n에 대하여 합하여, 다음 등식

$$\sum_{n \ge 0} a_{n+2}x^{n+2} = 3\sum_{n \ge 0} a_{n+1}x^{n+2} - 2\sum_{n \ge 0} a_n x^{n+2}$$

와 그와 동등한 등식

$$G(x) - x = 3x\,G(x) - 2x^2\,G(x)$$

를 얻는다.

다음의 $G(x)$를 수식으로 표현하면

$$G(x) = \frac{x}{1 - 3x + 2x^2}$$

이다. 우변의 분모는 이차 다항식이다. $1 - 3x + 2x^2 = (x-1)(2x-1)$임을 주목한다. 그러므로 다음 등식

$$G(x) = \frac{x}{1 - 3x + 2x^2} = \frac{A}{x-1} + \frac{B}{2x-1} \tag{8.9}$$

를 만족하는 실수 A, B를 구할 것이다.

(8.9)를 재정리하면

$$x=(2A+B)x-(A+B)$$

를 얻는다.

두 다항식이 같은 필요충분조건은 계수가 같은 것이다. 따라서 $2A+B=1$, $A+B=0$이고 $A=1$, $B=-1$이다. 그러므로 (8.9)는

$$G(x)=\frac{x}{1-3x+2x^2}=\frac{-1}{1-x}+\frac{1}{1-2x} \tag{8.10}$$

이다. 우변의 두 항은 이제 매우 전개하기 쉽다. 따라서

$$G(x)=-\sum_{n\geq 0}x^n+\sum_{n\geq 0}2^nx^n=\sum_{n\geq 0}(2^n-1)x^n$$

이며 $a_n=2^n-1$이다.

8.1.2 생성 함수의 곱

위의 절은 생성 함수를 이용하여 재귀적 관계를 구체적인 공식으로 바꾸는 방법을 보여주었다. 그럼에도 불구하고, 그들은 단지 한 개의 생성함수를 포함했다. 몇 개의 생성 함수의 곱을 조합론적으로 이용하는 방법을 배울 때가 되었다.

보조정리 8.4

두 수열 $\{a_n\}_{n\geq 0}$, $\{b_n\}_{n\geq 0}$에 대하여 $A(x)=\Sigma_{n\geq 0}a_nx^n$, $B(x)=\Sigma_{n\geq 0}b_nx^n$이 이들의 생성 함수라 한다. $c_n=\sum_{i=0}^{n}a_ib_{n-i}$이고 $C(x)=\Sigma_{n\geq 0}c_nx^n$이라 정의한다. 그러면

$$A(x)B(x)=C(x)$$

이다. 즉, $A(x)B(x)$에서 x^n의 계수는 $c_n=\sum_{i=0}^{n}a_ib_{n-i}$이다.

증명 무한 합 $A(x)=a_0+a_1x+a_2x^2+\cdots$과 $B(x)=b_0+b_1x+b_2x^2+\cdots$을 곱할 때, 첫째 합의 각 항과 둘째 합의 각 항을 곱한 것을 합한다. 따라서 통상의 곱은 $a_ix^i\times b_jx^j$이다. 이 곱에서 x의 차수가 n일 필요충분조건은 $j=n-i$이고, 주장은 증명된다.

보조정리 8.4의 조합론적 결과는 다음 정리이다.

정리 8.5 곱의 공식(The product formular)

a_n, b_n이 각각 n-집합에 어떤 구조를 구축하는 방법의 개수라 한다. c_n이 $[n]$을 구간 $S=\{1, 2, \cdots, i\}$와 $T=\{i+1, i+2, \cdots, n\}$으로 분할하고 ($S$, T는 공집합도 허용된다.) S에 첫 번째 종류의 구조, T에 두 번째 종류의 구조를 각각 구축하는 방법의 수라 한다. $A(x)$, $B(x)$, $C(x)$를 각각 $\{a_n\}$, $\{b_n\}$, $\{c_n\}$의 생성 함수라 한다. 그러면

$$A(x)B(x) = C(x)$$

이다.

증명 S에 첫 번째 구조를 구축하는 방법이 a_i가지이고 T에 두 번째 구조를 구축하는 방법이 b_{n-i}가지이다. 이는 $0 \le i \le n$인 모든 i에 관하여 참이다. 그러므로 $c_n = \sum_{i=0}^{n} a_i b_{n-i}$이고 주장은 보조정리 8.4에 의하여 증명된다.

예제 8.6

어느 기술대학의 한 학기는 n일이다. 학기 초에 공과 대학 학장이 다음과 같이 학기를 설계한다. 학기를 두 부분으로 나누어 처음 $k(1 \le k \le n-2)$일은 이론 수업이고 다음 $n-k$일은 실습이다. 그런 후 첫째 부분에서 하루, 둘째 부분에서 이틀의 휴일을 고른다. 몇 가지 방법으로 이 학기를 설계할 수 있는가?

풀이 f_n을 설계하는 방법의 수라 하면 $f_n = \sum_{k=1}^{n-2} k\binom{n-k}{2}$이다. 그러나 이 표현을 보면, 닫힌 형식 즉 합의 기호를 포함하지 않는 형식이 있는지 알거나, 있다면 무엇인지 아는 것은 쉽지 않다.

그 학기의 두 부분에서 휴일을 찾는 문제를 둘로 분리하자. 첫 번째 부분에서는 k가지이고 두 번째 부분에서는 $\binom{m}{2}$가지이다. 이때 $m=n-k$이다.

이 두 수열의 생성 함수는 $A(x) = \Sigma_{k \ge 1} kx^k$와 $B(x) = \Sigma_{m \ge 2}\binom{m}{2}x^m$이다. 미적분학으로부터 $\Sigma_{i \ge 0} x^i = \frac{1}{1-x}$임을 상기하라. 미분을 취하면(또다른 논의는 4장의 연습문제 25를 참조하라.)

$$A(x) = \frac{x}{(1-x)^2},$$
$$B(x) = \frac{x^2}{(1-x)^3}$$

이다.

이제 $F(x)$를 $\{f_n\}$의 생성 함수라 한다. 그러면

$$F(x) = A(x)B(x) = \frac{x^3}{(1-x)^5} = x^3 \sum_{n \geq 0} \binom{n+4}{4} x^n = \sum_{n \geq 3} \binom{n+1}{4} x^n$$

이다. 이는 $f_n = \binom{n+1}{4}$임을 보여 준다.

풀이는 $(1-x)^{-5} = \sum_{n \geq 0} \binom{n+4}{4} x^n$을 이용했다. 독자가 이 사실의 두 가지 증명을 구하도록 권장한다.

예제 8.7

이제 휴일 대신, 학기의 두 부분에 자습일을 갖기로 한다. 몇 가지 방법으로 이 학기를 설계할 수 있는가?

풀이 g_n을 설계하는 방법의 수라 한다. 여기에서도 이 문제를 두 부분으로 구분하자. $C(x)$를 첫 번째 부분에서 자습일을 선택하는 방법의 수의 생성 함수라 한다. k-집합이 2^k개의 부분집합을 가지므로 $C(x) = \Sigma_{k \geq 0} 2^k x^k = \frac{1}{1-2x}$이다. 명백히, 두 번째 부분은 같은 작업이므로 같은 생성 함수를 가진다. 따라서

$$F(x) = C(x)C(x) = \frac{1}{(1-2x)^2}$$

을 얻는다. 이는 $F(x) = \frac{1}{2}C'(x)$임을 보여 준다. 그러므로

$$F(x) = \frac{1}{2} \sum_{n \geq 1} n 2^n x^{n-1} = \sum_{n \geq 0} (n+1) 2^n x^n$$

이고 $g_n = (n+1)2^n$이다.

정리 8.5는 두 개의 생성 함수로부터 임의의 개수의 생성 함수로 쉽게 일반화된다. 다음 예는 이 일반화된 곱의 공식의 응용이다.

예제 8.8

어느 학기가 n일인데 이를 세 부분으로 나누어, 첫 번째 부분에서 임의의 수의 휴일, 두 번째 부분에서 임의의 홀수의 휴일, 세 번째 부분에서 임의의 짝수의 휴일을 선택하는 방법의 수를 구하라.

풀이 g_n을 이 방법의 수라 한다. $A(x)$, $B(x)$, $C(x)$를 세 가지 작업의 생성 함수라 한다. n일에서 휴일을 선택하는 방법의 수는 2^n가지이므로 $A(x)=\sum_{n\geq 0}2^n x^n \frac{1}{1-2x}$이다. 3장 연습문제 2에서 본 것처럼 $[n]$의 홀수 크기의 부분 집합의 수는 $n\geq 0$이면 2^{n-1}이고 $n=0$이면 0이다. 따라서 $B(x)=\sum_{n\geq 1}2^{n-1}x^n=\frac{x}{1-2x}$이다. 마지막으로, $[n]$의 짝수 크기의 부분 집합의 수는 $n\geq 1$이면 2^{n-1}이고 $n=0$이면 1임을 증명하도록 독자에게 요구한다. 그러므로 $C(x)=1+\frac{x}{1-2x}=\frac{1-x}{1-2x}$이다.

이제 $G(x)$가 $\{g_n\}$의 생성 함수라 한다. 그러면 $G(x)=A(x)B(x)C(x)$이므로

$$G(x)=A(x)B(x)C(x)=\frac{1}{1-2x}\frac{x}{1-2x}\frac{1-x}{1-2x}=\frac{x(1-x)}{(1-2x)^3}$$

이다.

부분 분수 분해에 의하여

$$G(x)=-\frac{1}{4}\frac{1}{1-2x}+\frac{1}{4}\frac{1}{(1-2x)^3}$$

이다. 마지막으로, 이항 정리를 이용하여

$$(1-2x)^{-3}=\sum_{n\geq 0}\binom{-3}{n}(-2x)^n=\sum_{n\geq 0}\binom{n+2}{2}2^n x^n$$

을 얻는다. 그러므로

$$G(x)=-\frac{1}{4}\left(\sum_{n\geq 0}2^n x^n\right)+\frac{1}{4}\left(\sum_{n\geq 0}\binom{n+2}{2}2^n x^n\right)$$

이고, $n\geq 0$이면 $g_n=\frac{\left(\binom{n+2}{2}2^n-2^n\right)}{4}=2^{n-3}n(n+3)$이다.

예제 8.9

$p_{\leq k}(n)$이 정수 n을 크기가 k 이하인 부분으로 분할하는 개수라 하면

$$\sum_{n\geq 0}^{\infty} p_{\leq k}(n)x^n = \prod_{i=1}^{k}\frac{1}{1-x^i} \tag{8.11}$$
$$= (1+x+x^2+x^3+\cdots)(1+x^2+x^4+x^6+\cdots)\cdots\ (1+x^k+x^{2k}+x^{3k}+\cdots)$$

이다.

풀이 우변에서 x^n의 계수를 결정하자. 우변은 서로 다른 괄호에 있는 k개 항의 곱의 합이다. i 번째 괄호의 항은 x^{ij_i} 형태이고 k개의 항의 차수의 합은 n이다. 즉, $1j_1+2j_2+\cdots+kj_k=n$이다. 이 등식에서 $1j_1$ 대신 $1+1+\cdots+1(j_1$개의 $1)$이라 표기하고 이전 등식에서 일반적으로 ij_i 대신 $i+i+\cdots+i(j_1$개의 $i)$라 표기하면, 각 부분의 크기가 k 이하인 n의 분할을 얻는다.

이 과정에서, 우변에서의 곱이 x^n일 때마다, 각 부분의 크기가 k 이하인 n의 분할을 얻는다. 역으로, 각 부분의 크기가 k 이하인 n의 분할은 우변의 곱과 연관되고, 서술은 증명된다.

5장에서 $p_{\leq k}(n)$이 n의 k개 이하의 부분으로의 분할의 수라는 것을 증명했다. 따라서 $\prod_{i=1}^{k}\frac{1}{1-x^i}$은 이러한 분할들의 생성 함수이다.

위의 생성 함수가 특별히 $p_{\leq k}(n)$의 좋은 닫힌 공식을 제공하지 않는다면 이러한 논의가 무슨 소용이 있는지 의문일 수 있다. 한 가지 빠른 대답은 어떤 프로그램도 (8.11)의 100개 이상의 항을 전개할 수 있으므로, (8.11)은 숫자로 된 많은 데이터를 쉽게 제공한다.

훨씬 심도 있는 대답은, 수열의 생성 함수는 경우에 따라서는 정확한 공식보다 더 많은 정보를 포함한다는 것이고, 그러한 예를 곧 볼 것이다.

예제 8.10

$p(n)$이 정수 n의 분할 수라 하면,

$$\sum_{n\geq 0}^{\infty} p(n)x^n = \prod_{k=1}^{\infty}\frac{1}{1-x^k} \tag{8.12}$$
$$= (1+x+x^2+x^3+\cdots)(1+x^2+x^4+x^6+\cdots)(1+x^3+x^6+x^9+\cdots)\cdots$$

이다.

풀이 이전 예의 증명과 같지만, 여기에서는 부분의 크기에 제한이 없으므로 우변에 무한 개의 괄호가 있다는 점이 다르다.

독자는 무한 개의 합의 곱인 이러한 생성함수가 매우 유용하지는 않다고 생각할 지도 모른다. 사실상 컴퓨터가 무한 공식을 다루는 것은 어려울 것이다. 그러나 다음 예는 그러한 생각을 반박한다. 그것은 생성 함수를 이용하여 다루는 것이 훨씬 쉽다는 것을 보여주는 놀라운 문제의 예이다.

예제 8.11

n의 홀수 부분으로의 분할 수 $p_{odd}(n)$은 n의 서로 다른 부분으로의 분할 수 $p_d(n)$이다.

풀이 중요한 아이디어는 두 수열의 생성 함수가 같다는 것을 보이면 충분하다는 것이다. 명백히

$$F(x) = \sum_{n \geq 0} p_{odd}(n) x^n = \Pi_{i \geq 1,\, i\, odd} \frac{1}{1-x^i}$$

이고

$$G(x) = \sum_{n \geq 0} p_d(n) x^n = \Pi_{i \geq 1}(1+x^i) = \Pi_{i \geq 1} \frac{1-x^{2i}}{1-x^i}$$

이다. 약분한 이후에 $G(x)$의 분모가 $(1-x^i)$를 포함할 필요충분조건은 i가 홀수인 것이고, 따라서 이는 $F(x)$의 분모와 같다. 두 함수의 분자가 모두 1이므로, 증명은 완성된다.

8.1.2.1 카탈란 수

어느 학생이 새 집으로 이사하는데, 도착하면서 빈 단지를 부엌의 선반에 두었다. 그로부터 매일 1달러짜리 동전을 단지에 넣거나 단지로부터 꺼낸다. $2n$일 후에 단지가 비었다. 몇 가지 방법으로 이것이 가능한가?

쉽게 정의된 이 문제로부터 매우 유명하고 예외적으로 잘 연구된 양의 정수의 수열을 얻는다. c_n이 위의 문단에서 설명한 사건의 수이고 $c_0 = 1$이라 한다. 공식적으로 말하여, c_n이 모든 j에 대하여 $b_j = \pm 1$이고 $\sum_{j=1}^{2n} b_j = 0$이며, 중요하게 모든 $k \in [2n]$에 대하여 $\sum_{j=1}^{k} b_j \geq 0$인 수열 $b_1, b_2, \cdots, b_{2n}$의 개수라 한다. 사실상, 단지에는 결코 음의 수의 동전

이 있지 않다. 이러한 수열을 길이 $2n$인 좋은 수열이라 하자.

$C(x) = \sum_{n \geq 0} c_n x^n$이 c_n의 일반 생성 함수라 한다. 이 예의 아름다움은 사실상 $C(x)$의 함수 방정식을 얻는데 곱의 공식을 이용할 수 있다는 데 있다. 비록 시작할 때에 명백하지는 않지만, 좋은 수열은 자연스럽게 두 구조의 순서쌍으로 분해할 수 있다. 따라서 곱의 공식이 여기에 적합하다. 더 흥미로운 사실은 이들 구조가 $C(x)$와 $xC(x)$를 각각 생성 함수로 갖는다는 것이다.

이 분해를 얻기 위하여 $n > 0$에 대하여 단지가 $2n$일 후에 비면, 단지가 비는 첫 날(시작일이 아닌)이 있어야 한다. 어떤 $i \in [n]$에 대하여 그러한 첫 날은 $2i$일이라고 가정하자. (독자에게 단지가 짝수 일에만 빌 수 있다는 것을 증명하도록 요구한다.) 그러면 명백히 $2i$일부터 $2n$일까지 일어난 일은 길이 $2(n-i)$인 좋은 수열과 같다.

그러나 처음 $2i$일 동안 일어나는 일을 묘사하는데 약간 더 주의해야 한다. 단순히 길이 $2i$인 좋은 수열이 아니라 $0 < k < i$이라면 $\sum_{j=1}^{k} b_j$가 양수인 길이 $2i$인 좋은 수열을 갖는다. 그러한 수열을 매우 좋은 수열이라 한다. 사실상, 이 조건은 $2i$일이 단지가 빈 첫 날이라는 조건과 같다. 길이 $2i$인 매우 좋은 수열 $B = (b_1, b_2, \cdots, b_{2i})$와 길이 $2(i-1)$인 좋은 수열 $B' = (b_2, b_3 \cdots, b_{2i-1})$ 사이에 전단사함수가 있음을 주목하라. 사실상 매우 좋은 수열은 1로 시작하고 -1로 끝나는데 이 두 수를 빼면 길이가 둘 짧은 좋은 수열을 얻는다. 이때 처음 합은 1만큼 작아지므로 여전히 음수가 아니다.

다시 말하여 $n \geq 1$이면, 길이 $2i$인 매우 좋은 수열의 수는 c_{i-1}이다. 합이 양수인 초기 부분이 없으므로 이 수는 $i = 0$이면 0이다. 따라서 매우 좋은 수열의 생성 함수는 $\sum_{n \geq 1} c_{n-1} x^n = xC(x)$이다.

이제 곱의 공식을 사용할 준비가 되었다. 위의 논의는 길이 $2n > 0$인 좋은 수열은 자연스럽고 유일하게 어떤 $i \in [n]$에 대하여 길이 $2i$인 매우 좋은 수열과 길이 $2(n-i)$인 좋은 수열로 분해된다는 것을 보여준다. 그러므로 곱의 공식에 의하여

$$C(x) - 1 = xC(x)C(x)$$

이다.

$n = 0$에 대하여 위의 분해가 존재하지 않으므로, 좌변이 $C(x)$가 아니라 $C(x) - 1$이라는 것을 주목하라.

마지막 등식은 $C(x)$의 이차 방정식

$$xC(x)^2 - C(x) + 1 = 0 \tag{8.13}$$

으로 정리할 수 있다. 이를 잘 알려진 이차 방정식의 해법으로 풀 수 있지만 제거해야 할 마지막 장애물이 있다. (8.13)은 두 개의 해 $\frac{1+\sqrt{1-4x}}{2x}$와 $\frac{1-\sqrt{1-4x}}{2x}$를 갖는데 이 중 어느 것을 고를지 어떻게 아는가? 이 질문에 대답하려면 $C(x)$의 상수가 1임에 주의한다. $x=0$을 대입하면, 두 번째 해가 맞으므로

$$C(x)=\frac{1-\sqrt{1-4x}}{2x}$$

이다.

예 4.16에서 $\sqrt{1-4x}=1-2x-2\sum_{n\geq 2}\frac{\binom{2n-2}{n-1}}{n}x^n$이라고 계산했음을 기억하라. 이를 (8.14)와 비교하여

$$C(x)=\sum_{n\geq 0}\frac{\binom{2n}{n}}{n+1}x^n$$

을 얻고 따라서 $c_n=\frac{\binom{2n}{n}}{n+1}$이다.

c_n은 프랑스 수학자 유진 카탈란Eugene Catalan의 이름을 따라 카탈란 수(Catalan number)라 한다. 이는 적어도 150가지 이상의 조합론적 대상을 세는데 이 장의 노트 부분에서 이 대상에 대한 종합적인 참고 문헌을 언급할 것이다. 이미 4장의 연습문제 23, 57에서 이 중 일부를 보았는데 이 장의 연습문제나 14장, 16장에서 더 볼 것이다. $n=0$일 때부터 시작하여 카탈란 수 c_n의 수열의 초기 항들은 0, 1, 2, 5, 14, 42이다.

8.1.3 생성 함수의 합성

두 개의 생성 함수의 합성을 어떻게 정의할 수 있는가? 간단히 $F(x)=1/(1-x)=$ $F(x)=1/(1-x)=1+x+x^2+x^3+\cdots$ 이고 $G(x)$는 임의의 생성 함수라 한다. 합성 함수에 대한 우리의 지식에 의하면 $F(G(x))$는 $1/(1-G(x))=1+G(x)+$ $1/(1-G(x))=1+G(x)+G(x)^2+G(x)^3+\cdots$으로 정의되어야 한다. 여기에서 문제가 발생할 소지가 있다. 무한히 많은 멱급수의 합은 유한 개의 n을 제외하고는 x^n의 계수가 0일 경우에만 정의될 수 있다. 우리의 경우에 이는 정확히 $G(x)$의 상수항이 0일

경우이다. 사실상, 이 경우에 모든 n에 대하여 $G(x)^n$은 x^n으로 나누어지므로, x^{n-1}을 포함하는 항은 $n-1$개 이하이고 $F(G(x))$가 정의된다. F가 $1/(1-x)$이 아닌 형식적인 멱급수라도 같은 논의가 성립한다. 이는 다음 정의의 기본이다.

정의 8.12

$F(x)=\Sigma_{n\geq 0}f_nx^n$이 형식적인 멱급수이고 G가 상수항이 0인 형식적인 멱급수이다. 이때

$$F(G(x))=\sum_{n\geq 0}f_n(G(x))^n=f_0+f_1G(x)+f_2G(x)^2+\cdots$$

이라 정의한다.

다음 정리는 생성 함수의 합성의 주요한 응용이다.

정리 8.13

a_n이 n-집합에 어떤 구조를 구축하는 방법의 수이고 $a_0=0$이라 한다. h_n이 집합 $[n]$을 교집합이 없는, 공집합이 아닌 구간으로 분할하고 각 구간에 정해진 구조를 구축하는 방법의 수이고 $h_0=1$이라 한다. $A(x)=\Sigma_{n\geq 0}a_nx^n$이고 $H(x)=\Sigma_{n\geq 0}h_nx^n$이라 표기하면

$$H(x)=\frac{1}{1-A(x)}$$

이다.

정리 8.5에서와 달리, 여기에서는 공집합인 구간을 허용하지 않는다. 이유는 만약 허용하면, 원하는 만큼의 공집합을 넣을 수 있으므로 $[n]$을 분할할 수 있는 방법이 무한히 많기 때문이다. 정리 8.5에서는 구간의 수를 정하므로 이러한 문제가 생기지 않았다.

증명 (정리 8.13) 정리 8.5으로부터 $A(x)^k$가 $[n]$을 정확히 k개의 구간으로 분할하고 각 구간에 정해진 같은 구조를 구축하는 방법의 수의 생성 함수이다. 이를 모든 k에 대하여 합하여 $\Sigma_{k\geq 1}A(x)^k$를 얻는다. $a_0=0$이므로 $A(x)^k$의 상수항은 모두 0이다. 한편 $H(x)$의 상수항은 1이다. 따라서

$$H(x) = 1 + \sum_{k \geq 1} A(x)^k = \sum_{k \geq 0} A(x)^k = \frac{1}{1 - A(x)}$$

이다.

예제 8.14

어느 대대에서 n명의 모든 병사가 일렬로 선다. 담당 장교가 이 열의 몇 부분을 끊어서 소부대들로 분할하고 각 소부대에서 한 명씩 지휘자를 선택한다. h_n을 이 방법의 수라 할 때 h_n의 닫힌 형식을 구하라.

풀이 a_k가 k명으로 구성된 부대에서 지휘자를 고르는 방법의 수라 한다. 그러면 $a_k = k$이고 예 8.6에서 계산한 대로 $A(x) = \Sigma_{n \geq 1} kx^k = \dfrac{x}{(1-x)^2}$이다. 이제 정리 8.13을 적용하면, $\{h_n\}_{n \geq 0}$의 생성 함수

$$H(x) = \frac{1}{1 - A(x)} = \frac{1}{1 - \dfrac{x}{(1-x)^2}} = 1 + \frac{x}{1 - 3x + x^2}$$

를 얻는다.

분수 $1/(1-3x+x^2)$의 평가는 이전의 예에서보다 다소 복잡하다. 부분 분수 분해법을 이용할 것이다. $x^2 - 3x + 1$의 해는 $\alpha = (3+\sqrt{5})/2$, $\beta = (3-\sqrt{5})/2$이므로 $1/(1-3x+x^2)$을

$$\frac{1}{1-3x+x^2} = \frac{1}{(x-\alpha)(x-\beta)} = \frac{A}{x-\alpha} - \frac{B}{x-\beta}$$

형태로 얻고자 한다. 정리하면

$$1 = (A-B)x - A\beta + B\alpha$$

이므로, $A = B$, $B(\alpha - \beta) = B\sqrt{5} = 1$이다. 즉 $A = B = 1/\sqrt{5}$이다. 이로부터

$$\frac{1}{1-3x+x^2} = \frac{1}{\sqrt{5}}\left(\frac{1}{x-\alpha} - \frac{1}{x-\beta}\right)$$

을 얻는다. $\alpha\beta = 1$임에 주목한다. 괄호 안의 첫 번째(혹은 두 번째) 항의 분자와 분모에 α(혹은 β)를 곱한 후 정리하여

$$\frac{1}{1-3x+x^2} = \frac{1}{\sqrt{5}}\left(\frac{\alpha}{1-\alpha x} - \frac{\beta}{1-\beta x}\right)$$

를 얻는다. 그러므로 $\dfrac{1}{1-3x+x^2}$에서 x^n의 계수는 $\dfrac{1}{\sqrt{5}}(\alpha^{n+1} - \beta^{n+1})$이다. 따라서

$$H(x)\text{에서 } x^n\text{의 계수는 } n=0\text{이면 } 1\text{이고 } n>0\text{이면 } h_n=\frac{1}{\sqrt{5}}(\alpha^n-\beta^n)\text{이다.}$$

정수에서 정의된 이 문제의 답이 $\alpha=(3+\sqrt{5})/2$, $\beta=(3-\sqrt{5})/2$의 멱승을 포함한다고 짐작하였는가? h_1부터 시작하여 h_n의 초기 항들이 1, 3, 8, 21, 55이다. 이들이 아마 연습문제 중 일부에 유용할 것이다.

정리 8.13에서는 먼저 $[n]$을 공집합이 아닌 구간으로 분할하고, 각 구간에서 같은 구조를 구축한다. 그러나 구간들의 집합에 구조를 구축하지는 않는다. 이를 우리의 예로 해석하면, 담당 장교는 당번인 부대를 선택하거나 새로운 열을 형성하도록 요구하지 않았다. 다음 정리는 정리 8.13을 이러한 방향으로 일반화한다.

정리 8.15 합성 함수의 공식

a_n과 b_n이 n-집합에서 각각 어떤 구조를 구축하는 방법의 수이고 $a_0=0$ $b_0=1$이라 한다. g_n은 임의의 수의 구간으로 분할하고 각 구간에서 첫 번째 구조를 구축한 후 구간들의 집합에서 두 번째 구조를 구축하는 방법의 수이다. $g_0=1$이라 한다. $A(x)$, $B(x)$, $G(x)$를 각각 $\{a_n\}$, $\{b_n\}$, $\{g_n\}$의 생성 함수라 하면

$$G(x)=B(A(x))$$

이다.

증명 $[n]$을 k개의 구간으로 나눈다고 가정한다. 그러면 이 구간들의 k-집합에서 두 번째 구조를 구축하는 방법의 수가 b_k이다. 곱의 공식에 의하면 각 구간에서 첫 번째 구조를 구축하는 방법의 수의 생성 함수는 $A(x)^k$이다. 따라서 이 경우에 $G(x)$에의 기여는 $b_kA(x)^k$이다. 모든 k에 대하여 합하면 증명하려던 대로 $G(x)=\Sigma_{k\geq 0}b_kA(x)^k$이다.

예제 8.16

어느 대대에서 n명의 모든 병사가 일렬로 선다. 담당 장교가 이 열을 몇 부분의 (공집합이 아닌) 소부대로 분할하고 이 중 야간 근무를 할 부대들을 선택한다. 몇 가지 방법으로 가능한가?

풀이 정리 8.15에서의 기호를 사용한다. 각 부대에 구조가 없으므로, 모든 $k\geq 1$에 대하여 $a_k=1$이다. 더욱이 단순히 모든 구간들로 이루어진 집합의 부분 집합을 선

택하므로 $b_m = 2^m$이다. 그러므로 $A(x) = x/(1-x)$이고 $B(x) = 1/(1-2x)$이다. 따라서

$$G(x) = B(A(x)) = \frac{1}{1 - \dfrac{2x}{1-x}} = \frac{1-x}{1-3x} = \frac{1}{1-3x} - \frac{x}{1-3x}$$

이고

$$G(x) = \sum_{n \geq 0} 3^n x^n - \sum_{n \geq 1} 3^{n-1} x^n = 1 + \sum_{n \geq 1} 2 \times 3^{n-1} x^n$$

이다. 결과적으로 $n \geq 1$이면 담당 장교는 $2 \times 3^{n-1}$가지 선택을 할 수 있다.

8.2 지수 생성 함수

8.2.1 재귀 관계와 지수 생성 함수

모든 재귀적 관계가 일반 생성 함수를 이용하여 닫힌 형식으로 표현되지는 않는다. 때로는 닫힌 형식이 존재하지 않을 수도 있고, 다른 종류의 생성 함수를 사용해야 할 수도 있다.

예제 8.17

$a_0 = 1$이고 $n \geq 0$에 대하여 $a_{n+1} = (n+1)(a_n - n + 1)$이다. a_n의 닫힌 형식을 구하라.

이 재귀적 관계를 일반 생성 함수를 이용하여 풀려고 하면 난관에 봉착한다. 이유는 이 수열이 너무 빠르게 증가하므로 이 수열의 일반 생성 함수는 닫힌 형식을 갖지 않기 때문이다. 대신 다음을 정의하자.

정의 8.18

$\{f_n\}_{n \geq 0}$이 실수열이다. 이때 형식적인 멱급수 $F(x) = \Sigma_{n \geq 0} f_n \dfrac{x^n}{n!}$을 $\{f_n\}_{n \geq 0}$의 지수 생성 함수(exponential generating function)라 한다.

'지수'라는 용어는 상수 함수 $f_n = 1$의 지수 생성 함수가 e^x라는 데 기인한다. 이 새로운 생성 함수를 당면한 예에 이용하자.

풀이 (예 8.17). $A(x)=\sum_{n=0}^{\infty} a_n \frac{x^n}{n!}$이 $\{a_n\}_{n\geq 0}$의 지수 생성 함수라 한다. 이제부터 지난 절에서와 매우 유사한 방법으로 진행한다. 재귀적 공식의 양변에 $x^{n+1}/(n+1)!$을 곱한 것을 $n\geq 0$에 관하여 합하여

$$\sum_{n=0}^{\infty} a_{n+1}\frac{x^{n+1}}{(n+1)!}=\sum_{n=0}^{\infty} a_n \frac{x^{n+1}}{n!}-\sum_{n=0}^{\infty}(n-1)\frac{x^{n+1}}{n!} \tag{8.15}$$

을 얻는다.

좌변은 $A(x)-1$이고 우변의 첫째 항은 $xA(x)$이다. 이로부터

$$A(x)-1=xA(x)-x^2e^x+xe^x$$

이고

$$A(x)=\frac{1}{1-x}+xe^x=\sum_{n\geq 0}x^n+\sum_{n\geq 0}\frac{x^{n+1}}{n!}$$

이다.

$x^n/n!$의 계수는, $\Sigma_{n\geq 0}x^n$에서 $n!$이고 $\Sigma_{n\geq 0}\frac{x^{n+1}}{n!}$에서 n이다. 사실상, 두 번째 항에서 $x^n/(n-1)!$의 계수이다. 따라서 $A(n)$에서 $x^n/n!$의 계수는 $a_n=n!+n$이다.

예제 8.19

$f_0=0$이고 $n\geq 0$에 대하여 $f_{n+1}=2(n+1)f_n+(n+1)!$이다. f_n의 구체적 공식을 구하라.

풀이 $F(x)=\Sigma_{n\geq 0}f_n\frac{x^n}{n!}$을 수열 f_n의 지수 생성 함수라 한다. 재귀적 공식의 양변에 $x^{n+1}/(n+1)!$을 곱하고 $n\geq 0$에 대하여 합하여

$$\sum_{n\geq 0}f_{n+1}\frac{x^{n+1}}{(n+1)!}=2x\sum_{n\geq 0}f_n\frac{x^n}{n!}+\sum_{n\geq 0}x^{n+1} \tag{8.16}$$

을 얻는다.

$f_0=0$이므로, (8.16)의 좌변은 $F(x)$이고, 우변의 첫째 항은 $2xF(x)$, 둘째 항은 $x/(1-x)$이다. 따라서

$$F(x) = 2xF(x) + \frac{x}{1-x}$$

이고

$$F(x) = \frac{x}{(1-x)(1-2x)}$$

이다.

그러므로

$$F(x) = \sum_{n \geq 0} (2^n - 1)x^n$$

이고 $F(x)$에서 $x^n/n!$의 계수는 $f_n = (2^n - 1)n!$이다.

8.2.2 지수 생성 함수의 곱

일반 생성 함수에서와 같이 두 지수 생성 함수의 곱에는 매우 자연스러운 조합론적 의미가 있다.

정리 8.20

두 수열 $\{a_i\}$와 $\{b_k\}$의 지수 생성 함수를 $A(x) = \Sigma_{i \geq 0} a_i \frac{x^i}{i!}$와 $B(x) = \Sigma_{k \geq 0} b_k \frac{x^k}{k!}$라 한다. 또한 $c_n = \sum_{i=0}^{n} \binom{n}{i} a_i b_{n-i}$라 정의하고 $C(x)$를 $\{c_n\}$의 지수 생성 함수라 정의한다. 그러면

$$A(x)B(x) = C(x)$$

이다. 다시 말하여, $A(x)B(x)$에서 $x^n/n!$의 계수는 $c_n = \sum_{i=0}^{n} \binom{n}{i} a_i b_{n-i}$이다.

증명 보조정리 8.4에서와 마찬가지로 $A(x)$와 $B(x)$를 곱하는 것은 $A(x)$의 각 항을 $B(x)$의 각 항에 곱하는 것이다. 이 곱의 일반항은

$$\frac{x^i}{i!}\frac{x^j}{j!} = \frac{x^{i+j}}{i!j!}\frac{(i+j)!}{(i+j)!} = \frac{x^{i+j}}{(i+j)!}\binom{i+j}{i}$$

의 형태이다. 그러한 곱의 차수가 n인 필요충분조건은 $i+j=n$인 것이고, 정리는 증명된다.

정리 8.21 지수 생성 함수의 곱의 공식(Product formula for exponential generating functions)

a_n과 b_n이 n-집합에 각각 어떤 구조를 구축하는 방법의 수이다. 또한 c_n이 $[n]$을 S와 T로 분할하고($S \cup T = [n]$) S에 첫 번째 구조, T에 두 번째 구조를 구축하는 방법의 수이다. $A(x)$, $B(x)$, $C(x)$를 각각 수열 $\{a_n\}$, $\{b_n\}$, $\{c_n\}$의 지수 생성 함수라 하면

$$A(x)B(x) = C(x)$$

이다.

정리 8.5와 8.21은 매우 유사한 것 같지만, 서로 다른 상황에 적용된다. 정리 8.5는 $[n]$을 두 부분으로 분할하여 한 부분이 $[i]$일 때, 즉 $[n]$을 두 개의 구간으로 나눌 때 적용된다. 정리 8.21은 $[n]$을 제약 없는 두 부분으로 나눌 때 적용된다. 즉, 첫 번째 정리는 우리의 대상(달력의 날짜, 일렬로 쓴 사람 등)이 선형 순서이고, 선형 순서를 중간에서 잘라서 두 개의 부분 집합으로 나눌 때 적용된다. 두 번째 정리는 두 개의 부분 집합을 자유로이 선택할 때, 즉, 그들이 정렬된 일렬에서 이웃한 대상들의 집합일 필요가 없을 때 적용된다.

증명 (정리 8.21). S에 i개의 원소가 있으면 S의 원소를 선택하는 방법의 수는 $\binom{n}{i}$이다. 그러면 S에 첫 번째 구조를 구축하는 방법이 a_i가지이고 T에 두 번째 구조를 구축하는 방법이 b_{n-i}가지인데 이는 $0 \le i \le n$인 모든 i에 대하여 사실이다. 그러므로 $c_n = \sum_{i=0}^{n} \binom{n}{i} a_i b_{n-i}$이고 보조정리 8.20에 의해 주장은 참이다.

예제 8.22

어느 미식 축구 코치에게 오늘 연습에서 운동할 n명의 선수가 있다. 그는 먼저 선수들을 두 그룹으로 분할하고, 각 그룹의 선수들을 일렬로 세운다. 그 후 첫 번째 그룹의 선수들이 주황색, 하얀색 또는 파랑색 셔츠를, 다른 그룹의 선수들이 빨강색 셔츠를 입도록 한다. 몇 가지 방법이 가능한가?

풀이 코치가 첫 번째 그룹의 선수 k명을 선택한다. a_k는 이 k명이 셔츠를 입고 일렬로 서는 방법의 수라 한다. 그러면 $a_k = k!3^k$이고 $\{a_k\}$의 지수 생성 함수는

$$A(x) = \sum_{k \ge 0} k!3^k \frac{x^k}{k!} = \frac{1}{1-3x}$$

이다. 유사하게, 두 번째 그룹에 m명이 있다고 가정하자. b_m은 이 m명이 셔츠를 입고 일렬로 서는 방법의 수라 한다. 그러면 $b_m = m!$이고 $\{b_m\}$의 지수 생성 함수는

$$B(x) = \sum_{m \geq 0} m! \frac{x^m}{m!} = \frac{1}{1-x}$$

이다. c_n이 선수들이 코치의 지시를 따르는 방법의 수라 하고 $C(x)$가 $\{c_n\}$의 지수 생성 함수라 한다. 그러면 $\frac{1}{1-3x} = \Sigma_{k=0} 3^k x^k$, $\frac{1}{1-x} = \Sigma_{m=0} x^m$이므로 곱의 공식에 의하여

$$C(x) = A(x)B(x) = \frac{1}{1-3x}\frac{1}{1-x}$$

이고 $C(x)$에서 $x^n/n!$의 계수는 $c_n = n!(3^{n+1}-1)/2$이다.

지수 생성 함수의 특별히 유용한 성질은 미분 함수를 묘사하기가 매우 쉽다는 것이다. $\left(\frac{x^{n+1}}{(n+1)!}\right)' = \frac{x^n}{n!}$이므로,

$$\left(\sum_{n \geq 0} a_n \frac{x^n}{n!}\right)' = \sum_{n \geq 0} a_{n+1} \frac{x^n}{n!}$$

이다. 다음 예는 이를 잘 활용한다. 이 예에서 이용하는 벨 수와 그 재귀적 관계는 5장에서 증명하였다.

예제 8.23

$B(x)$가 벨 수 $B(n)$의 지수 생성 함수이다. $B(x) = e^{e^x - 1}$임을 증명하라.

풀이 $n \geq 0$이면 $B(n+1) = \sum_{i=0}^{n} B(i)\binom{n}{i}$이고 $B(0) = 1$임을 안다. 양변에 $x^n/n!$을 곱하고 $n \geq 0$에 대하여 합하여

$$\sum_{n \geq 0} B(n+1)\frac{x^n}{n!} = \sum_{n \geq 0} \sum_{i=0}^{n} B(i)\binom{n}{i}\frac{x^n}{n!}$$

을 얻는다. 이제 좌변은 $B'(x)$이고 우변은 보조정리 8.20에 의하여 $B(x)e^x$라는 것을 주목하라. 그러므로

$$B'(x) = B(x)e^x$$

즉

$$\frac{B'(x)}{B(x)} = e^x$$

이고 적분하면

$$\ln B(x) = e^x + c$$

이다. $x = 0$일 때 좌변은 $\ln 1 = 0$이므로 $c = -1$이다. 따라서 $\ln B(x) = e^x - 1$이고 주장했던 대로 $B(x) = e^{e^x - 1}$이다.

8.2.3 지수 생성 함수의 합성

지수 생성 함수의 합성은 일반 생성 함수와 같은 상황에서 같은 방법으로 정의될 수 있다. 이 절에서 정리 8.13과 8.15에 대응하는 버전이 성립함을 알 것이다.

정리 8.24 지수 공식(The exponential formula)

a_n이 n-집합에 어떤 구조를 구축하는 방법의 수이고 $a_0 = 0$이라 한다. h_n이 $[n]$을 임의의 수의 공집합이 아닌 집합으로 분할하고 각 집합에 어떤 구조를 구축하는 방법의 수이고 $h_0 = 1$이라 한다. 이들의 지수 생성 함수를 각각 $A(x)$, $H(x)$라 한다. 그러면

$$H(x) = e^{A(x)}$$

이다.

증명 집합의 분할에서 블록의 순서는 무의미하므로, 정리 8.21에 의하여 $A(x)^k/k!$이 $[n]$을 공집합이 아닌 k개의 블록으로 분할하고 각 집합에 어떤 구조를 구축하는 방법의 수의 지수 생성 함수이다. 모든 k에 대하여 합하면 $\Sigma_{k \geq 1} A(x)^k/k!$ 이다. $a_0 = 0$이므로 어느 멱급수 $A(x)^k/k!$도 상수항을 갖지 않는다. 한편, $H(x)$의 상수항은 정의에 의하여 1이다. 그러므로

$$H(x) = 1 + \sum_{k \geq 1} \frac{A(x)^k}{k!} = \sum_{k \geq 0} \frac{A(x)^k}{k!} = e^{A(x)}$$

이다.

예제 8.25

n명을 그룹으로 나누어 각 그룹이 한 개의 원탁에 앉는 방법은 몇 가지인가?

풀이 k명이 원탁에 앉는 방법의 수는 $(k-1)!$이므로 정리 8.24에 의하여 $a_k = (k-1)!$이고 $A(x) = \sum_{k \geq 1} (k-1)! \frac{x^k}{k!} = \sum_{k \geq 1} \frac{x^k}{k} = \ln(\frac{1}{1-x})$이다. 그러므로 지수 공식에 의하여

$$H(x) = e^{\ln\left(\frac{1}{1-x}\right)} = \frac{1}{1-x} = \sum_{n \geq 0} x^n = \sum_{n \geq 0} n! \frac{x^n}{n!}$$

이다.

이는 n명에 대한 위의 방법이 $h_n = n!$가지임을 증명한다. 독자는 이의 즉각적인 조합론적 증명을 구해보아야 한다.

다음은 곱의 공식과 지수 공식을 함께 적용한 예이다.

예제 8.26

$[n]$을 크기 3, 4, 9인 블록으로 분할하는 방법의 수 $\{f_n\}$의 지수 생성 함수 $F(x)$를 구하라.

풀이 a_n, b_n, c_n을 각각 $[n]$을 크기 3, 4, 9인 블록으로 분할하는 방법의 수라 하고 $A(x)$ $B(x)$, $C(x)$를 각각 이들의 지수 생성 함수라 한다. 이 지수 생성 함수를 지수 공식을 이용하여 결정할 것이다. 이를 위하여 다음의 매우 단순한 수열을 고려한다. t_n이 n-집합이 크기 3인 단일 블록을 형성하는 방법의 수라 한다. 명백히 $t_3 = 1$이고, $n \neq 3$이면 $t_n = 0$이다. 따라서 이 함수의 지수 생성 함수는 $T(x) = x^3/3!$이다. 그러면 지수 공식에 의하여

$$A(x) = \exp(T(x)) = e^{x^3/3!}$$

이다. 유사한 논의에 의하여 $B(x) = e^{x^4/4!}$, $C(x) = e^{x^9/9!}$이다.

이제 n을 세 개의 공집합을 허용하는 부분 집합으로 분해하고 첫 번째 부분집합을 크기 3인 블록으로, 두 번째 부분집합을 크기 4인 블록으로, 세 번째 부분집합을 크기 9인 블록으로 분할한다. 그러면 곱의 공식에 의하여

$$F(x) = A(x)B(x)C(x) = e^{\frac{x^3}{3!} + \frac{x^4}{4!} + \frac{x^9}{9!}}$$

이다.

정리 8.27 지수 생성 함수의 합성 공식

a_n과 b_n이 n-집합에 각각 어떤 구조를 구축하는 방법의 수이고 $a_0 = 0$, $b_0 = 1$이라 한다. g_n이 $[n]$을 임의의 수의 공집합이 아닌 부분집합으로 분할하고 각 부분집합에 첫 번째 구조를 구축한 후 이 부분집합들의 집합에 두 번째 구조를 구축하는 방법의 수라 한다. $\{a_n\}$, $\{b_n\}$, $\{g_n\}$의 생성 함수를 각각 $A(x)$, $B(x)$, $G(x)$라 표기한다. 그러면

$$G(x) = B(A(x))$$

이다.

증명 $[n]$을 k개의 부분집합으로 분할한다고 가정하자. 그러면 이 부분집합들로 이루어진 k-집합에 두 번째 구조를 구축하는 방법의 수가 b_k이다. 따라서 정리 8.21에 의하여 $b_k A(x)^k/k!$가 원하는 수의 지수 생성 함수이다. $a_0 = 0$이므로 모든 멱급수 $b_k A(x)^k/k!$의 상수항이 0이다. 한편, 정의에 의하여 $G(x)$의 상수항은 1이다. 따라서

$$G(x) = 1 + \sum_{k \geq 1} b_k \frac{A(x)^k}{k!} = \sum_{k \geq 0} b_k \frac{A(x)^k}{k!} = B(A(x))$$

이다.

예제 8.28

n개의 서로 다른 카드가 있다. 이들을 공집합이 아닌 부분집합으로 분할하여 각 부분집합이 짝수 개의 카드를 포함하도록 한다. 그런 후 각 그룹 내에서 정렬하고, 마지막으로 이들 그룹들을 일렬로 정렬한다. 이러한 방법의 수 g_n의 구체적 공식을 구하라.

풀이 정리 8.27의 기호를 이용하여 $n \geq 2$이고 짝수이면 $a_n = n!$이고, n이 홀수이거나 $n = 0$이면 $a_n = 0$임을 안다. 더욱이 모든 $n \geq 0$에 대하여 $b_n = n!$이다. 그러므로

$$A(x) = \sum_{n \geq 0} a_n \frac{x^n}{n!} = \sum_{\substack{n \geq 2 \\ n \text{ 짝수}}} x^n = \frac{x^2}{1-x^2},$$

$$B(x) = \sum_{n \geq 0} b_n \frac{x^n}{n!} = \sum_{n \geq 0} x^n = \frac{1}{1-x}$$

이다. 따라서 합성 함수의 공식(compositional formula)에 의하여

$$G(x) = B(A(x)) = \frac{1}{1 - \frac{x^2}{1-x^2}} = \frac{1-x^2}{1-2x^2}$$

$$= 1 + \frac{x^2}{1-2x^2} = 1 + x^2 \sum_{m \geq 0} (2x^2)^m = 1 + \sum_{m \geq 0} 2^m x^{2m+2}$$

이다. 그러므로 $G(x)$에서 $x^n/n!$의 계수 g_n은 n이 홀수이면 0이고, $n = 2m$이면 $2^{m-1}(2m)!$이다. 결과적으로, 모든 짝수 n에 대하여 $g_n = 2^{\frac{n}{2}-1} n!$이다.

Notes

생성 함수 이론은 확실히 내용이 풍부하여 이를 주제로 한 책이 몇 권 있다. 이 분야의 고전은 허브 윌프의 생성 함수론(Generating functionology)[49]이다. 보다 깊은 지수 생성 함수의 분석으로 리차드 스탠리의 계수 조합론(Enumerative Combinatorics) 제 2권 [42]를 추천한다. 이 책의 6장에 카탈란 수로 계수되는 광범위한 대상의 리스트가 있다.

연습문제 Exercises

1. $a_0 = 0$이고, $k \geq 0$이 대하여 $a_{k+1} = a_k + 2^k$이다. a_k의 공식을 구하라.

2. 수열 $\{a_n\}_{n \geq 0}$, $\{b_n\}_{n \geq 0}$에 대하여 $b_n = \Sigma_{i=0}^{n} a_i$이다. 두 수열의 일반 생성 함수의 관계를 구하라.

3. 두 수열 $\{a_n\}_{n \geq 0}$, $\{b_n\}_{n \geq 0}$의 지수 생성 함수를 각각 $A(x)$, $B(x)$라 한다. $B(x) = A(x)/(1-x)$이다. 두 수열의 관계를 구하라.

4. 어느 아이가 층계를 오르려 한다. 걸음마다 한 계단 또는 두 계단을 오른다. $f(n)$은 n 번째 계단에 도달하는 방법의 수이다. $f(n)$의 구체적 공식을 구하라.

5. h_n이 예 8.14에서 정의된 함수라 한다. $n \geq 1$에 대하여 $h_{n+2} = 3h_{n+1} - h_n$임을 증명하라.

6. h_n과 $f(n)$이 각각 예 8.14와 연습문제 4에서 정의된 함수라 하면 모든 $n \geq 1$에 대하여 $f(2n-1) = h_n$이다.
   (a) 이를 방법에 구애받지 말고 증명하라.
   (b) (+) 생성 함수나 재귀적 공식을 이용하지 말고 전단사함수 방법을 이용한 직접 증명법으로 증명하라.

7. a_n이 n달러를 10달러, 5달러, 1달러짜리로 지불하는 방법의 수라 한다. 일반 생성 함수 $A(x) = \Sigma_{n \geq 0} a_n x^n$을 구하라.

8. $a_n = n^2$의 생성 함수의 단순한 닫힌 형식을 구하라.

9. $f(n)$이 어느 두 원소의 거리도 3 이상인 $[n]$의 부분집합의 개수라 한다. $f(n)$의 생성 함수를 구하라.

10. $p_k(n)$이 n을 k개의 부분으로 분할하는 수이다. $p_k(n)$의 생성 함수를 구하라.

11. $[C]$ 가장 선호하는 프로그램을 이용하여 $n \leq 20$에 대하여 $p_4(n)$을 구하라.

12. 예 8.6의 결과의 조합론적 증명을 구하라.

13. 예 8.7의 결과의 조합론적 증명을 구하라.

14. (+) 예 8.16의 결과의 조합론적 증명을 구하라.

15. a_n이 모든 $i \in [n]$에 대하여 $f(i) \leq i$인 $[n]$에서 $[n]$으로의 단조 함수 f의 개수라 한다. a_n의 닫힌 공식을 구하라.

16. (+) M_n이 각 단계가 $(1, 0)$, $(1, 1)$, $(1, -1)$이고 직선 $y=0$ 아래의 점을 지나지 않는, $(0, 0)$에서 $(n, 0)$으로의 격자 경로의 수라 한다. $\Sigma_{n\ge 0}M_nx^n$의 일반 생성 함수를 구하라. 이때 M_n을 모츠킨 수(Motzkin number)라 한다.

17. (+) f_n이 각 단계가 $(1, 0)$, $(1, 1)$, $(0, 1)$이고 결코 직선 $x=y$보다 위의 점을 지나지 않는, $(0, 0)$에서 (n, n)으로의 격자 경로의 수라 한다. $F(x)=\Sigma_{n\ge 0}f_nx^n$의 일반 생성 함수를 구하라. 이때 f_n을 슈뢰더 수(Schröder number)라 한다.

18. (a) $[C]$ 가장 선호하는 프로그램을 이용하여 $n\le 10$에 대하여 연습문제 16의 모츠킨 수를 구하라.

(b) $[C]$ 가장 선호하는 프로그램을 이용하여 $n\le 10$에 대하여 연습문제 17의 슈뢰더 수를 구하라.

19. (+) $r(n)$이 제곱이 항등 순열인 n-순열의 수라 한다. 6장의 연습문제 5에서 $n\ge 0$이면

$$r(n+2) = r(n+1) + (n+1)r(n) \tag{8.17}$$

이고 $r(0)=r(1)=1$임을 증명하였다. 이 재귀적 관계를 이용하여 $r(n)$의 구체적 공식을 구하라.

20. 길이 $a_1, a_2, \cdots, a_k$인 순환으로 이루어진 n-순열의 개수의 지수 생성 함수 $F(x)$를 구하라.

21. $H_{2,3}(n)$이 모든 순환의 길이가 2, 3인 n-순열의 개수라 한다. 위 연습문제의 결과를 이용하여 $H_{2,3}(n)$의 재귀적 관계를 구하라.

22. $b(n)$이 각 부분이 홀수인 n의 합성이라 한다. $\sum_{n\ge 0}b(n)x^n$의 닫힌 공식을 구하라. $b(n)$을 연습문제 4에서 정의된 수 $f(n)$을 이용하여 정의하라.

부가 연습문제

Supplementary Exercises

23. (−) $a_0 = 1$이고 모든 $n \geq 0$에 대하여 $a_{n+1} = 3a_n + 2^n$이다. a_n의 구체적 공식을 구하라.

24. (−) $a_0 = 1$, $a_1 = 4$이고 모든 $n \geq 0$에 대하여 $a_{n+2} = 8a_{n+1} - 16a_n$이다. a_n의 구체적 공식을 구하라.

25. (−) 어느 종류의 곤충이 매년 말 전년의 두 배보다 1000이 많다. 원래 50마리를 풀었다면 n년 말에는 몇 마리인가?

26. (−) 순열은 두 부분으로 나누어 앞의 임의의 수가 뒤의 임의의 수보다 작도록 할 수 있다면 분해 가능이라 하고 그렇지 않으면 분해 불가능(indecomposable)이라 한다. 예로 3142는 분해 불가능하지만 2143은 그렇지 않다.
$f(n)$은 길이 n인 분해 불가능한 순열의 개수이고 $f(0) = 0$이라 한다. 생성 함수 $F(x) = \sum_{n \geq 0} f(n)x^n$을 구하라.

주의 모든 순열의 수의 생성 함수 $G(x) = \sum_{n \geq 0} n!x^n$을 이용하여 답해도 된다.

27. (−) $a_0 = 0$이고 모든 $n \geq 0$에 대하여 $a_{n+1} = (n+1)a_n + 2(n+1)!$이다. a_n의 구체적 공식을 구하라.

28. $a_0 = a_1 = 1$이고 모든 $n \geq 2$에 대하여 $a_n = na_{n-1} + n(n-1)a_{n-2}$이다. a_n의 구체적 공식을 구하라. 얻은 답을 연습문제 4의 결과와 비교하라.

29. $a_0 = 0$이고 모든 $n \geq 0$에 대하여 $a_{n+1} = (n+1)a_n + n!$이다. a_n의 구체적 공식을 구하라. 이 답을 조합론적 계수 문제의 답으로 본 장이 이전 어느 장인가? 이들의 연관 관계를 설명하라.

30. 순열에 관한 지수 공식(The exponential formula, permutation version) $C=\{c_1, c_2, \cdots\}$가 양의 정수의 집합이다. $g_C(n)$이 각 순환의 길이가 C에 속하는 n-순열의 수이고 $g_{\varnothing}(n)=0$이라 할 때 다음을 증명하라.

$$G_c(x)=\sum_n g_c(n)\frac{x^n}{n!}=\exp\left(\sum_{i\geq 1}\frac{x^{c_i}}{c_i}\right)$$

31. (a) 위의 연습문제가 어떻게 예 8.25의 일반화인지 설명하라.

(b) 위의 연습문제의 결과를 이용하여 제곱이 항등 순열인 n-순열의 개수의 지수 생성 함수를 구하라.

(c) 위의 연습문제의 결과를 이용하여 정리 6.5에서 주어진 두 공식의 생성 함수를 이용한 증명을 구하라.

32. 생성 함수 $G(x)=\sum_{n\geq 0}c(n,k)\frac{x^n}{n!}$의 (합의 기호가 없는) 닫힌 공식을 구하라.

33. 생성 함수 $G(x)=\sum_{n\geq 0}S(n,k)\frac{x^n}{n!}$의 (합의 기호가 없는) 닫힌 공식을 구하라.

34. $h_0=1$이고 h_n이 n의 각 부분의 크기가 2, 3인 합성의 개수라 한다. $H(x)=\sum_{n\geq 0}h_n x^n$의 닫힌 공식을 구하라.

35. H_n이 $1\times n$ 사각형을 빨강색이나 파랑색의 1×1 타일과 녹색, 노랑색, 흰색의 1×2 타일로 덮는 방법의 수라 한다. $H(x)=\sum_{n\geq 0}h_n x^n$의 닫힌 공식을 구하라.

36. h_n이 두 개 이상의 A가 이웃하지 않는 A, B로 구성된 길이 n인 수열의 수라 한다. $H(x)=\sum_{n\geq 0}h_n x^n$의 닫힌 공식을 구하라.

37. (+) $p_{odd}(n)$이 n의 홀수 부분으로의 분할의 개수, $p_{even}(n)$이 n의 짝수 부분으로의 분할의 개수라 한다. $|p_{even}(n)-p_{odd}(n)|$이 n의 크기가 서로 다른 홀수 부분으로의 분할의 개수임을 증명하라.

38. g_n이 n-순열을 선택하고 그 순열의 순환을 선택하는 방법의 수라 한다. 함수의 합성 공식을 이용하여 지수 생성 함수 $G(x) = \sum_{n \geq 0} g_n \frac{x^n}{n!}$ 을 구하고 g_n의 구체적 공식을 유도하라. 이 공식이 이전의 어느 공식을 확인하는가?

39. t_n이 n권의 책을 각 책장에 적어도 한 권이 있도록, 두 책장에 배열하는 방법의 수이다. t_n의 구체적 공식을 구하라.

40. 예 7.4에서 정의한 교란의 수의 지수 생성 함수 $D(x)$의 공식을 구하라. $D(x)$를 얻는 몇 가지 방법을 구하라.

41. $D(n)$이 길이 n인 교란의 수라 한다. 모든 $n \geq 1$에 대하여 $D_n - nD_{n-1} = (-1)^n$임을 증명하라. $D(0) = 1$, $D(1) = 0$임을 기억하라.

42. $D_e(n)(D_0(n))$이 길이가 짝수(홀수)인 n은 교란의 수라 한다. $D_e(n) - D_0(n) = (-1)^{n-1}(n-1)$임을 증명하라.

43. 어느 그룹의 사람들을 세 그룹 A, B, C로 나누고 각 그룹의 사람들을 일렬로 서도록 한다. 이때 A의 사람 수는 홀수, B의 사람 수는 짝수가 되게 한다. 몇 가지 방법이 가능한가?

44. n명으로 구성된 그룹의 사람들 중 홀수 명을 위원으로 선택한 후 이 중 짝수(0 포함) 명을 소위원회의 위원으로 선택한다. 몇 가지 방법으로 가능한가?

45. n장의 카드를 짝수 개의 공집합이 아닌 부분집합으로 나눈 후 각 부분집합에서 일렬로 나열한다. 몇 가지 방법으로 가능한가?

46. 위의 연습문제의 직접적인 조합론적 증명을 구하라.

47. $f(n)$을 연습문제 4에서와 같이 정의한다. 모든 양의 정수 n에 대하여

$$f(n)=\sum_{k=0}^{[n/2]}\binom{n-k}{k}$$

임을 증명하라. 연습문제 4에서 증명한 닫힌 형식을 사용하지 말라.

48. (+) 예 8.11의 결과를 일반화하라.

49. (a) $a_1, a_2, \cdots, a_k$가 음이 아닌 정수이고 $a(n)$이 i 번째 부분이 a_i보다 큰, n의 k 부분으로의 분할 수이다. 일반 생성 함수 $A(x)=\sum_{n\geq 0}a(n)x^n$을 구하라.

(b) $b(n)$이 i 번째 부분이 a_i 이하이고 마지막 부분에 상수가 없는, n의 $k+1$ 부분으로의 분할 수이다. 일반 생성 함수 $B(x)=\sum_{n\geq 0}b(n)x^n$을 구하라.

50. (+) 순열 $p=p_1p_2\cdots p_n$은 $p_i<p_{i+1}$이면 i 번째 자리에서 상승(ascent)한다고 한다. 첫 상승이 짝수 번째 자리에서 일어나는 n-순열의 수를 구하라. 이 문제에서는 p가 항상 n 번째 자리에서 상승한다고 한다.(이는 p_n 뒤에 무한히 큰 마지막 기호가 있다고 간주함으로써 정당화된다.) n-순열의 어느 다른 클라스가 이들과 같은 수의 원소를 갖는가?

A Work Through Combinatorics

Part 3

그래프 이론

제 9 장　점과 선분. 그래프 이론의 기원

제10장　연결되어 있음. 트리(tree)

제11장　좋은 짝짓기. 색채론과 짝짓기

제12장　교차 없음. 평면적 그래프에서의 오일러 정리

CHAPTER 9장

점과 선분. 그래프 이론의 기원

18세기, 쾨니스버그(현 러시아의 칼리닌그라드) 시는 프레겔 강의 두 지류가 만나는 섬들로 이루어져 있었다. 그림 9.1과 같이 일곱 개의 다리로 섬들이 연결되어 있었다. 이후 수 세기의 수학이 이 단순한 사실에 대단히 고무되었다. 1736년, 시대를 포월하여 가장 많은 결과를 낸 수학자인 레온하트 오일러(Leonhard Euler)가 다음 문제에 관심을 가졌다. 이 도시의 한 지점에서 출발하여 모든 다리를 정확히 한 번 건너면서 같은 지점으로 돌아올 수 있는가?

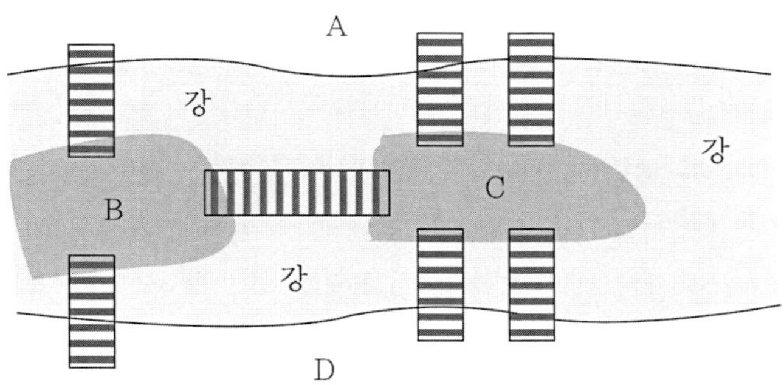

그림 9.1 쾨니스버그의 지도

9.1 그래프 개념. 오일러 트레일

오일러는 섬이나 강의 모양이 이 문제의 답에 영향을 미치지 않는다는 것을 알았다. 여기에서 필요한 정보는 단지 연결성, 즉 임의의 두 섬 사이의 다리의 수라는 것에 착안하여, 쾨니스버그의 지도 대신 그림 9.2의 간단한 다이어그램을 이용하였다.

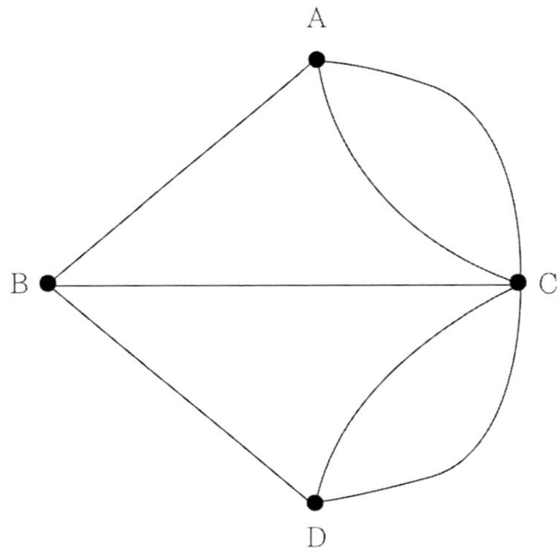

그림 9.2 쾨니스버그 다리의 그래프

점은 섬, 선분은 섬들 사이의 다리를 나타낸다. 명백히 오일러가 찾는 자취가 존재한다는 것은 그림 9.2의 다이어그램을 한 점에서 시작하여 연필을 떼지 않고, 모든 선분을 정확히 한 번 지나 시작한 점으로 돌아오도록 그릴 수 있다는 것과 같다.

점들(vertices)과 각각이 두 점을 연결하는 선분들(edges)로 이루어진 다이어그램을 그래프(graph)라 한다. 이 책에서는 유한 개의 점들과 유한 개의 선분들로 이루어진 그래프만을 다룬다. 점 A에 연결된 선분의 수를 A의 차수(degree)라 한다.

이 간단한 모델은 믿을 수 없을 만큼 유용하다고 판명되었다. 그래프 이론에는 이 간단한 모델로 해결될 수 있는 다양한 성격의 많은 문제들이 있어서 조합론의 광범위한 부분을 차지하고 있다.(예 1.7의 문제를 해결할 때 사실상 그래프를 놀랍도록 강력한 방법으로 이용했던 것을 상기하라.) 조합론 산책에서 이러한 문제들의 다양성을 강조하고 싶다. 먼저 기본 용어를 소개한다.

그래프에서 주어진 두 점을 연결하는 다중 선분(multiple edge)이나 같은 두 점을 연결하는 고리(loop)가 있을 수도 있다. 다중 선분이나 고리가 없는 그래프를 단순 그래프(simple graph)라 한다.

서로 다른 선분의 열 $e_1 e_2 \cdots\ e_k$를 따라갈 수 있다면, 다시 말하여 e_i의 종점이 e_{i+1}의 시점이라면 이 선분의 열을 트레일(trail)이라 한다. 이러한 필요충분조건은 연필을 떼지 않고 $e_1 e_2 \cdots\ e_k$를 따라 그릴 수 있는 것임에 주목하라. 워크(walk)는 같은 선분을 허용한다는 점만 제외하면 트레일과 같다.

더욱이 시점과 종점이 같다면, $e_1 e_2 \cdots e_k$를 닫힌 트레일(closed trail)라 한다. 트레일이 G의 모든 선분을 지나면 오일러 트레일(Eulerian trail)이라 한다. 트레일이 같은 점을 두 번 이상 지나지 않으면 경로(path)라 한다.

두 개 이상의 그래프를 옆에 배치한 것도 그래프가 되는데 이를 두 그래프의 합그래프(union)라 한다. 이 그래프는 원래의 그래프들처럼 좋은 성질을 가진 그래프는 아니라고 생각하는 것이 당연하다. 예로 한 점에서 다른 점으로의 경로가 없는 두 점이 있다. 이는 매우 중요한 차이인데, 이를 이용하여 다음 정의를 생각할 수 있다.

정의 9.1

G의 임의의 두 점 x, y에 대하여 x에서 y로의 경로가 존재하면, G는 연결 그래프(connected graph)라 한다.

G가 연결 그래프가 아니라면, k개의 연결 그래프의 합그래프라 할 수 있다. k가 이러한 최소의 수일 때 G가 k개의 연결 요소(connected components)를 갖는다고 한다. x, y가 같은 연결 요소에 있는 필요충분조건은 x, y 사이에 경로가 존재하는 것이다. 다시 말하여, 연결 요소는 극대의(maximal) 연결된 부분그래프이다. 즉 연결 요소를 포함하면서 그보다 큰 G의 어떤 부분그래프도 연결 그래프가 아니다.

이제 오일러 정리를 소개한다.

정리 9.2 오일러 정리(Euler's Theorem)

연결 그래프 G가 닫힌 오일러 트레일(closed Eulerian trail)을 포함할 필요충분조건은 모든 점의 차수가 짝수인 것이다.

증명 먼저 모든 점의 차수가 짝수라는 조건이 필요하다는 것을 증명한다. 닫힌 오일러 트레일 W에서, 각 점을 몇 번 방문한다. 시점이 아닌 점 A를 a번 방문했다고 가정하자. 이는 A에 정확히 a번 들어가고 A에서 정확히 a번 나왔다는 것을 의미한다. W가 트레일이라 가정하였으므로, 이때 서로 다른 $2a$개의 선분을 이용하였다. 한편 W는 G의 모든 선분을 포함하므로 A에는 다른 접하는 선분이 없고 A의 차수는 $2a$이다. 이는 시점 S가 아닌 점의 차수는 짝수임을 보여 준다. 마지막으로 S가 W의 시점일 뿐 아니라 종점이므로, S를 시작과 끝 사이에 정확히 t번 방문한다면 $1+2t+1=2(t+1)$개의 선분을 사용한다. 그러므로 S의 차수는 $2(t+1)$이고, 주장은 증명된다.

이제 조건이 충분하다는 것을 보인다. G의 모든 점의 차수가 짝수이고 G가 닫힌 오일러 트레일을 갖는다고 가정한다. 임의의 점 S에서 선분 e_1을 따라 점 A_1으로 간 후 A_1에서 다른 선분 e_2를 따라간다. 이렇게 계속하여 각 단계에서 새로운 선분을 이용하여 닫힌 트레일 C_1을 얻는다. G가 유한하므로 이러한 닫힌 트레일은 반드시 존재한다. 첫 번째 닫힌 트레일은 이미 방문한 점을 다시 방문할 때 형성된다. 각 점의 차수가 짝수이므로 시점이 아닌 어떤 점으로 들어오면 반드시 그 점에서 나갈 수 있고 닫힌 트레일을 갖기 전에는 멈추지 않는다. C_1이 G의 모든 선분을 포함한다면 정리는 증명된다. 아니라면 C_1의 점 중, C_1에 속하지 않는 선분에 접하는 V를 택한다.

민감한 독자는 이러한 V가 반드시 존재하는지 의문일 수 있다. 아니라고 가정하자. C_1이 G보다 적은 선분을 가지고 C_1은 자신에 속한 점에 접하는 모든 선분을 가지므로 C_1에 속하지 않는 점 A가 있어야 한다. 그러나 G가 연결 그래프이므로 A에서 C_1의 임의의 점으로의 경로가 존재한다. A로부터 C_1의 한 점까지 경로를 따라 진행한다. C_1에 처음으로 도달할 때 C_1의 점 V에 도착하는데 이 점에 접하는 모든 선분이 C_1에 있지는 않다. 사실상, 방금 본 경로에 있는 V에 접하는 선분은 그렇지 않다. 이는 모순에 의해 이러한 점 V가 항상 존재한다는 것을 증명한다. 그림 9.3에서 이 상황을 설명한다.

G에서 C_1의 모든 선분을 제거한다. 이 그래프는 짝수 차수만을 갖는다. V를 시점으로 하는 닫힌 트레일 C_2를 얻는다. 그러면 C_1과 C_2의 합은 C_1을 따라 진행하다가 V에서 C_2를 따라 진행한 후 다시 V에서 C_1의 나머지 부분을 따라 진행하는 닫힌 트레일이다. 이 새로운 트레일 $C_1 \cup C_2$가 G의 모든 선분을 포함한다면 정리는 증명되었다. 아니라면 G에서 $C_1 \cup C_2$의 모든 선분을 제거한 그래프에서 새로운 닫힌 트레일 C_3을 찾는다.

G의 선분의 수가 유한하므로 이러한 방법으로 진행하면 유한 번 후에 끝난다. 따라서 어떤 k에 대하여 $C_1 \cup C_2 \cup \cdots \cup C_k$는 G의 모든 선분을 포함하는 닫힌 트레일이다.

이 증명에 의하면 그림 9.2에 홀수 차수를 갖는 점이 있으므로 쾨니스버그의 모든 다리를 한 번씩 지나며 출발 지점으로 돌아올 수는 없다.

트레일의 성질에서 시점과 종점이 다르다는 조건을 없애면 어떻게 되는가? 이 질문의 대답은 정리 9.2의 직접적인 결과이다.

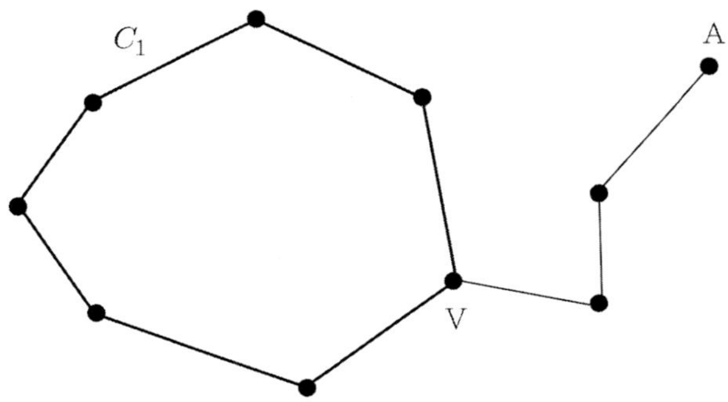

그림 9.3 순환 C_1은 V에 접한 모든 선분을 포함하지는 않는다

따름정리 9.3

G를 연결 그래프라 하자. G가 시점 S와 종점 T가 다른 오일러 트레일을 포함하는 필요충분조건은 S와 T의 차수가 홀수이고 나머지 점의 차수는 짝수인 것이다.

증명 S와 T를 연결하는 새로운 선분을 G에 더하여 얻은 새로운 그래프를 H라 한다. 그러면 H가 닫힌 오일러 트레일을 갖는 필요충분조건은 G가 S에서 T로의 오일러 트레일을 갖는 것이고, 정리 9.2로부터 따름정리가 성립한다.

차수의 짝홀은 그래프의 중요한 성질임을 보았다. 다음 정리에서 짝홀에 대한 기본적인 사실을 본다.

정리 9.4

고리를 포함하지 않는 그래프에서 차수가 홀수인 점은 짝수 개이다.

증명 $d_1, d_2, \cdots, d_n$을 점들의 차수라 하고 e를 그래프의 선분의 수라 하자. $d_1 + d_2 + \cdots + d_n = 2e$라 주장한다.

사실상 각 선분은 정확히 두 점, 즉, 선분의 양 끝점(endpoint)의 차수에 1씩 기여한다. 총 e개의 선분이 있으므로 차수의 합은 $2e$로 짝수이므로 $d_1 + d_2 + \cdots + d_n$에는 짝수 개의 홀수항이 있다.

9.2 해밀톤 순환

그래프의 순환(cycle)은 시점을 제외한 같은 점을 두 번 이상 지나지 않는 닫힌 트레일이다. 따라서 순환에서 점의 수와 선분의 수는 같다. 그래프의 모든 점을 포함하는 순환을 해밀톤 순환(Hamiltonian cycle)이라 하고 그래프의 모든 점을 포함하는 경로를 해밀톤 경로(Hamiltonian path)라 한다.

실생활에서 다음 경우를 생각해 보자. 모임에서 원탁에 앉는데 모든 사람이 자신의 양옆에 앉은 사람을 알도록 하는 착석 방법이 있는가?

사람을 점으로 나타내고 아는 사람들을 선분으로 연결하는 그래프를 정의할 수 있다. 이 그래프에서 해밀톤 순환이 존재하다면 이것이 구하는 착석 방법이다.

이 그래프에서 해밀톤 순환이 존재하는지는 물론 그래프에 따라 다르다. 예로 어떤 사람이 아무도 모르거나, 일부 사람들이 자신들끼리만 안다면 해밀톤 순환은 존재하지 않는다. 만일 모든 사람이 서로 안다면 해밀톤 순환은 존재한다.

이러한 경우들은 매우 특별한 경우이고 일반적인 경우는 어떠한가? 다시 말하여 단순 그래프 G가 주어졌을 때 해밀톤 순환이 존재하는지 빨리 결정할 수 있는 방법이 있는가?

이 질문에 대한 답은 '아니다'이다. 해밀톤 순환이 존재할 경우에는 단순히 예를 보여주면 되므로 쉽다. 그러나 존재하지 않을 경우에는 그 사실을 증명하는 빠른 방법이 알려져 있지 않다. 빠른 방법이란 n명의 손님에 대하여 다항식 $f(n)$ 단계로 구성된 알고리듬을 말한다. 물론 $(n-1)!$가지 가능한 모든 방법을 검토할 수 있으나 이는 너무 느리다. $g(n) = (n-1)!$은 n의 다항식이 아니다.

이 문제는 그 자체만으로도 흥미로울 뿐 아니라 컴퓨터 이론 중 흥미로운 이론인 복잡도 이론(Complexity Theory)의 매우 중요한 문제들의 방대한 리스트와 연관되어 있다. 이 이론은 20장의 주제이다.(따라서 이 책을 끝까지 읽을 가치가 충분히 있다!) 단순 그래프가 해밀톤 순환을 갖는가 하는 문제는 얼핏 보기에는 서로 매우 다른 5000개의 문제들과 동등하다는 것을 증명할 수 있다. '동등'하다는 의미는 해밀톤 순환의 문제에 다항식의 알고리듬이 존재하는 필요충분조건이 다른 5000가지 문제에도 이러한 알고리듬이 존재하는 것이다. 이러한 동등한 모든 문제들의 집합을 NP-완전(NP-complete) 문제라 한다. 대부분의 연구자들은 이러한 문제들에 다항식 알고리듬이 존재하지 않는다고 믿고 있다. 다항식 알고리듬을 발견하도록 노력해 볼 수 있지만 너무 열심히 하지는 말라.

그럼에도 불구하고 해밀톤 순환의 존재에 대한 자명하지 않은 정리들이 있다.

정리 9.5

$n \geq 3$이고 G가 n개의 점을 가진 단순 그래프인데 각 점의 차수가 $n/2$ 이상이라 하자. 그러면 G는 해밀톤 순환을 갖는다.

증명 G가 해밀톤 순환을 갖지 않는다고 가정하자. G에, 해밀톤 순환을 갖지 않는 한에서 선분을 더하여 G'을 얻는다. G'은 각 점의 차수가 $n/2$ 이상이고 어떤 선분을 더하여도 해밀톤 순환을 갖는다.

x, y를 인접하지 않는 G'의 점들이라 하자. 이제 선분 xy를 G'에 더하면 해밀톤 순환을 갖게 된다. 따라서 G'은 x를 시점, y를 종점으로 하는 해밀톤 경로 P, $(x=)z_1 z_2 z_3 \cdots z_{n-1} z_n (=y)$를 갖는다.

x나 y와 접하는 점의 수를 합하면 n 이상이다. 따라서 비둘기집 원리에 의하면 $2 \le i \le n-1$인 어떤 i에 대하여 선분 xz_i와 $z_{i-1}y$가 존재한다. (그렇지 않다면 y의 이웃(인접한 점)의 집합과 xy 경로에서 x의 이웃의 바로 앞의 점의 집합은 서로 소인데, 두 집합이 너무 크므로 모순이다.) 그러므로 그림 9.4에서 보는 것처럼 $xz_2 \cdots z_{i-1}yz_{n-1} \cdots z_i$는 G'의 해밀톤 순환이고, 이는 가정에 모순이다.

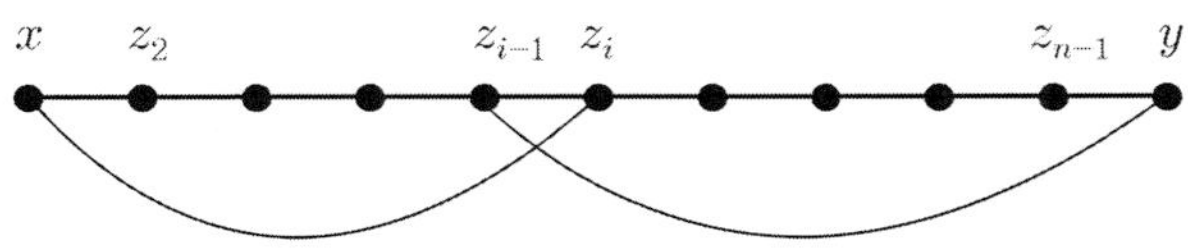

그림 9.4 G'의 해밀톤 순환 $xz_2 \cdots z_{i-1}yz_{n-1} \cdots z_i$

점의 차수가 충분히 클 때 단순 그래프가 해밀톤 순환을 갖는다는 결과들이 있다. 그 중 일부는 연습문제에서 다루도록 한다.

9.3 방향 그래프

앞 절에서 그래프의 선분에는 방향이 없었고 양방향으로 지나는 것이 가능했다. 실생활에서 반드시 그렇지는 않은데, 일례로 대도시를 운전할 때 일방통행로가 있다. 그림 9.5의 그래프처럼 모든 선분에 방향이 주어진 그래프를 방향 그래프(directed graph)라 한다.

당연히 방향 그래프가 닫힌 오일러 트레일을 갖는 조건을 알고 싶다. 물론 방향 그래프에서 트레일의 각 선분은 맞는 방향을 가져야 한다. 즉 트레일은 각 선분의 머리(head)에서 꼬리(tail)를 따라 진행하여야 한다. 경로와 닫힌 트레일도 유사하게 정의된다.

명백히 이러한 경우에 모든 점이 짝수 개의 선분에 접하는 것만으로는 충분하지 않다. 일례로 어떤 선분도 시작하지 않는 점이 있다면 오일러 트레일은 존재하지 않는다.

이 질문에 답하기 전에 몇 가지 용어를 정의한다. 방향 그래프 G는 모든 점 a, b에 대하여 a에서 b로의 방향 경로가 존재하면 강연결 그래프(strongly connected graph)라 한다. 방향 그래프에서 점 V의 입차수(indegree(V))는 그 점이 꼬리인 선분의 수이다. 방향 그래프의 점의 출차수(outdegree(V))는 그 점이 머리인 선분의 수이다. 방향 그래프는 모든 점에 대하여 입차수와 출차수가 같으면 균형 있다(balanced)고 한다.

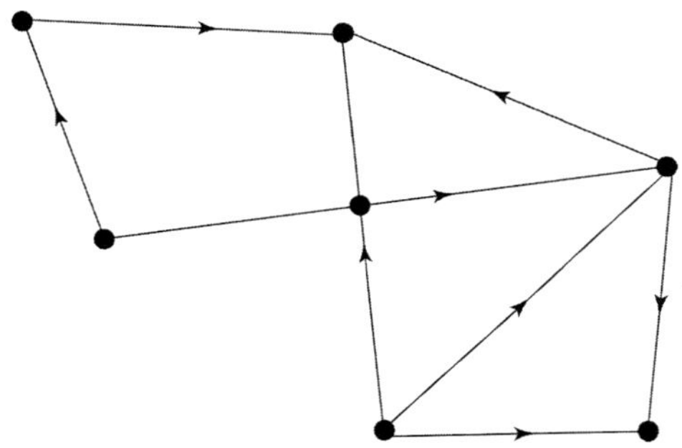

그림 9.5 방향 그래프

정리 9.6

방향 그래프 G의 닫힌 오일러 트레일이 존재할 필요충분조건은 G가 균형 있고 강연결인 것이다.

증명 먼저 이 조건이 필요하다는 것을 증명한다. 닫힌 오일러 트레일로서, W는 각 점에서 나가는 만큼 그 점에 들어와야 한다. 따라서 G는 균형 있다. 마찬가지로, W는 한 점에서 다른 점으로의 트레일을 포함한다. 따라서 G는 강연결이다. 정리 9.2의 증명에서 선분을 방향 선분으로 바꾸어 생각하면 이 조건은 충분조건이다.

단순 그래프는 서로 다른 두 점이 모두 인접하면 완전 그래프(complete graph)라 한다. 따라서 n개의 점을 가진 완전 그래프는 $\binom{n}{2}$개의 선분을 갖는다. 완전 그래프의 각 선분에 방향을 준 그래프를 토너먼트(tournament)라 한다. 이 이름에 대한 설명은 다음과 같다. n명의 선수가 라운드 로빈 테니스 토너먼트에 참가한다. 각 선수를 점으로 나타내고 선수 i가 선수 j를 이길 때 선분 ij로 나타내는 그래프는 토너먼트가 된다. 2장의 연습문제 2와 3에서 토너먼트를 보았다.

해밀톤 경로와 순환은 방향 그래프에서도 명백한 방법으로 정의된다. 완전 그래프가 해밀톤 경로를 갖는 것은 (무방향) 그래프에서는 자명하지만 방향 그래프에서는 그렇지 않다. 이는 n개 점에서 완전 그래프는 한 개이지만 토너먼트는 $2^{\binom{n}{2}}$개임을 고려하면 놀라운 사실은 아니다. 그럼에도 불구하고 그들은 모두 해밀톤 경로를 포함한다. 이것이

다음 정리의 내용이다.

정리 9.7

모든 토너먼트는 해밀톤 경로를 갖는다.

증명 토너먼트 T의 점의 수 n에 대한 귀납법으로 증명한다. $n \leq 2$일 때는 자명하다. $n-1$개 점을 가진 임의의 토너먼트에 대하여 사실이라고 가정한다. T가 n개 점을 갖는 토너먼트라 하자. 임의의 한 점 V를 뺀 $n-1$개 점을 갖는 토너먼트를 T'이라 하자. 귀납적 가정에 의해 T'은 해밀톤 경로 $h = h_1 h_2 \cdots h_{n-1}$을 갖는다. 이제 V를 삽입하는 일만 남았다. 어떤 i에 대하여 $h_i V$ 와 $V h_{i+1}$이 T의 선분이면 V를 h_i와 h_{i+1} 사이에 넣으면 된다.

그러한 i가 없다면 $0 \leq k \leq n-1$인 어떤 k에 대하여 $j \leq k$인 모든 j에 대하여 $V h_j$가 T의 선분이고 $j > k$인 모든 j에 대하여 $h_j V$가 T의 선분이다. 따라서 $V h_1$이나 $h_{n-1} V$가 선분이고 V를 맨 앞이나 맨 뒤에 둘 수 있다.

토너먼트의 해밀톤 순환에 대하여 알아보자. 명백히 모든 토너먼트가 해밀톤 순환을 갖지는 않는다. 일례로, 입차수나 출차수가 0인 점을 갖는 토너먼트는 해밀톤 순환을 갖지 않는다. 해밀톤 순환을 갖는 토너먼트를 묘사하기가 매우 쉽다고 판명되었다.

정리 9.8

토너먼트 T가 해밀톤 순환을 갖는 필요충분조건은 T가 강연결인 것이다.

증명 T가 해밀톤 순환을 갖는다면 이 순환이 임의의 두 점 사이의 방향 경로를 제공하므로, T는 강연결이다.

T가 강연결이고 $E(T)$가 T의 선분의 집합이라 하자. 먼저 T가 순환을 포함함을 보인다. 만일 그렇지 않다면 $xy \in E(T)$이고 $yz \in E(T)$라면 $xz \in E(T)$이다. 즉, T는 추이적 토너먼트(transitive tournament)이다. 추이적 토너먼트에서 점들을 다음과 같이 나열할 수 있다. $ij \in E(T)$일 때 j가 i보다 뒤에 오도록 한다. 이때 마지막 점에서 앞의 점으로 가는 경로가 없으므로 T는 강연결이라는 데 모순이다.

이제 $C = y_1 y_2 \cdots y_k$를 T의 최대 길이의 순환이라 하자. C가 해밀톤 순환이 아니라고 가정한다. T는 강하게 연결되어 있으므로 C에서, C에 포함되지 않는 점 x로의 선분이 있는데 일반성을 잃지 않고 $y_1 x$가 있다고 하자. 만약 xy_2가 선분이면 $y_1xy_2y_3\cdots y_k$가 C보다 길이가 긴 순환이므로 모순이다. 따라서 y_2x가 선분이다. 같은 논리로 y_3x, y_4x, $\cdots$, y_kx가 선분이다.

$Z=\{z|y_1z\in E(T)\}$라 하자. 그러면 위의 문단에서 y_ix에 적용하였던 것과 같은 논리로 모든 $i\in[k]$에 대하여 $y_iz\in E(T)$이다. $z\in Z$이고 $t\not\in Z$인 선분 zt를 고려하자. T가 강연결이므로 이러한 선분이 존재한다. 그러면 $t\not\in C$이고, 따라서 $t\not\in Z$임을 고려하면 $ty_1\in E(T)$이다. 그러므로 $xzty_1y_2y_3\cdots y_k$는 C보다 길이가 긴 순환인데 이는 모순이다. 그림 9.6에 묘사되어 있다. 이로써 정리는 증명된다.

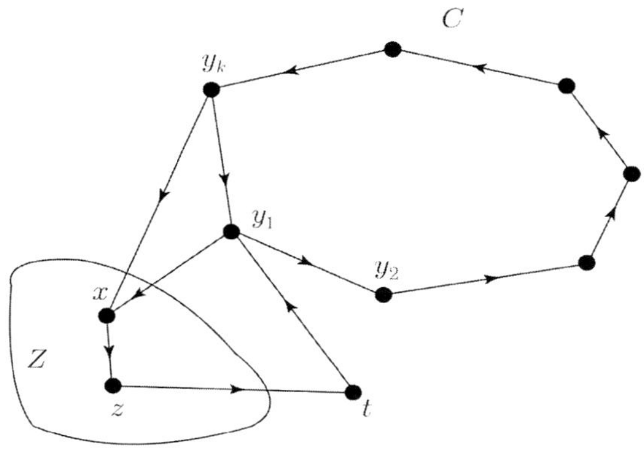

그림 9.6 C보다 길이가 긴 순환

9.4 동형

두 그래프는 언제 같은가? 이 질문에는 몇 가지 다른 방법으로 대답할 수 있다. 당분간 그 중 두 가지 방법만 논의한다.

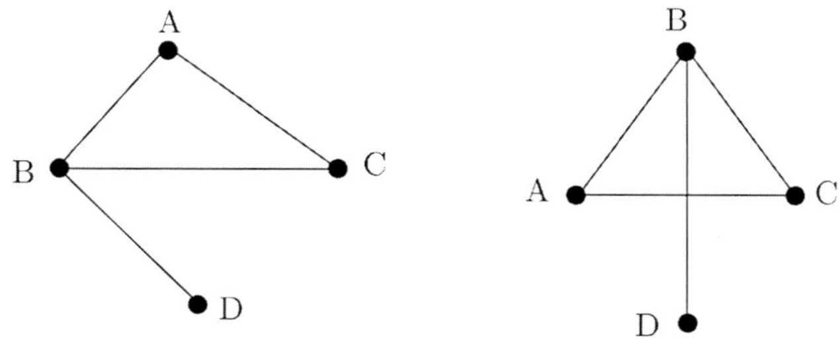

그림 9.7 라벨 있는 같은 두 그래프

그림 9.7의 두 그래프는 임의의 두 점 X, Y 사이의 선분의 수가 같으므로, 같다고 한다.

두 그래프를 같은 모양으로 그리지 않은 것은 문제가 되지 않는다. 중요한 것은 정확히 같은 두 점 사이에 선분이 있다는 것이다.

이제 그림 9.8을 보자. 두 그래프는 같지 않다. 첫 번째 그래프는 선분 AB를 포함하지만 두 번째 그래프는 그렇지 않다.

그러나 두 그래프가 무관한 것 같지는 않다는 인상을 받는다. 예로써, 점의 라벨을 생략하면 그림 9.9의 두 그래프를 얻는데 그들은 같다.

이 사실을 그림 9.8의 두 그래프가 라벨 없는 그래프로서 같다, 혹은 동형이다(isomorphic)라고 표현한다. 이 정의를 좀 더 정확하게 하자.

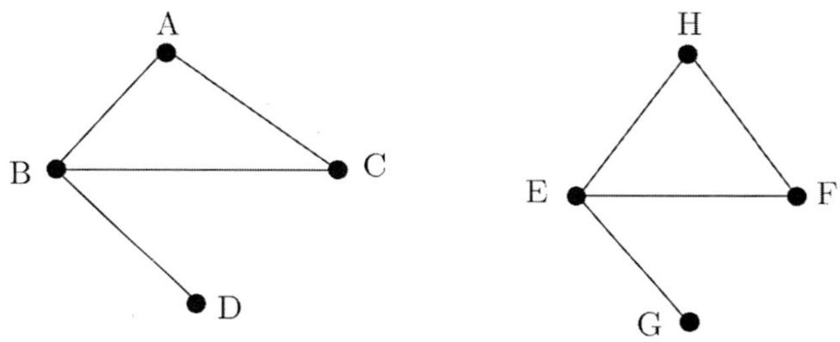

그림 9.8 라벨 있는 동형인 두 그래프

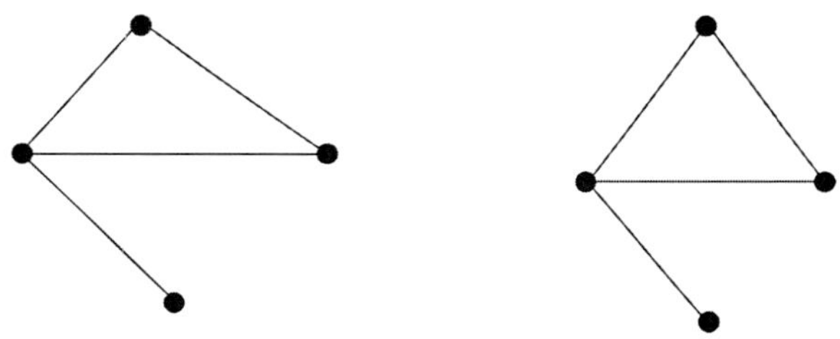

그림 9.9 라벨 없는 같은 두 그래프

정의 9.9

G의 점의 집합에서 H의 점의 집합으로의 전단사함수 f가 있어서 G의 임의의 두 점 X와 Y 사이의 선분의 수가 H의 두 점 $f(X)$와 $f(Y)$사이의 선분의 수와 같을 때 그래프 G와 H는 동형이라 한다. 이때 f를 동형사상(isomorphism)이라 한다.

예제 9.10

G와 H를 그림 9.8의 그래프라 하자. $f(A) = H$, $f(B) = E$, $f(C) = F$, $f(D) = G$로 정해진 함수 f는 동형사상이고 두 그래프는 동형이다.

동형사상은 연결된 두 점을 연결된 두 점으로 보낸다. 특히, 모든 동형사상 f에 대하여 A의 차수가 d이면, $f(A)$의 차수는 d이다. 따라서 두 그래프가 동형이면 그들의 차수의 집합은 같다. 연습문제 21은 이 조건이 두 그래프가 동형이 되는 충분조건은 아님을 보여준다. 차수의 집합이 같으면서 동형이 아닌 그래프가 존재한다.

두 그래프가 동형이라는 것을 보여주려면, 둘 사이의 동형사상을 제시하면 된다. 두 그래프가 동형이 아니라는 것을 증명하는 것은 보다 어려운 문제이다. 운 좋게도 두 그래프의 점의 수, 차수의 집합, 순환의 수, 길이 k인 경로의 수 등 중 다른 것이 있으면 두 그래프가 동형이 아닌 것은 확실하다. 사실상 동형사상은 이 모든 변수를 보존한다.(생각해 보라.)

그러나 두 그래프가 동형인지 여부를 확인하는 일반적인 방법은 없다. n이 각 그래프의 점의 수일 때 G에서 H로의 $n!$가지 전단사함수를 모두 확인하지 않는다면 말이다. 이 문제가 해밀톤 순환의 존재 문제를 논할 때 언급했던 NP-완전(NP-complete) 문제인지는 알려져 있지 않다.

요약하건대 두 그래프가 언제 동형인가에 대한 두 가지 서로 다른 답을 보았다. 점들에 라벨이 있는 경우와 점들에 라벨이 없는 경우가 있었다. 어느 경우에나 그래프를 그린 방식은 문제가 되지 않았다. 12장과 14장에서 그래프를 그린 방식이 문제가 되는 경우를 볼 것이다.

Notes

그래프 이론은 이 책 9-12장의 주제이다. 이 주제에 관한 전권에 걸친 책을 원한다면 당연히 더글라스 웨스트(Douglas West)의 그래프 이론 소개(Introduction to Graph Theory)[47]에서 시작하라.

뒤의 몇 장, 기본적으로 이 책의 그래프 이론 부분 뒤의 모든 장에서도 그래프로 돌아올 것이다. 이는 그래프가 조합론에 얼마나 편재한지 보여줄 것이다.

연습문제 18은 그래프적 분할의 정의를 포함한다. $g(n)$을 짝수 n에 대한 그래프적 분할의 개수라 한다. 폴 에르디쉬(Paul Erdös)는 $\lim_{n\to\infty}\frac{g(n)}{p(n)}=0$이라고 추측했다. 이 추측은 이십 년간 미해결이었다가 보리스 피틀(Boris Pittel)이 확률론의 현학적 기교를 이용하여 최근에야 증명하였다[33].

연습문제 Exercises

1. G가 고리를 포함하지 않는 그래프이다. G가 순환을 포함하지 않도록 각 선분에 방향을 줄 수 있음을 보여라.(실생활에서 도시의 길을 일방 통행으로 하여 어디에서 출발하더라도 같은 곳에 돌아오지 못하도록 할 수 있음을 보여라.)

2. 그래프가 닫힌 오일러 트레일을 가지면 선분의 수가 짝수인가?

3. G가 10개의 점과 28개의 선분을 가진다면 G는 길이 4인 순환을 가지는가?

4. G가 9개의 점을 갖는 단순 그래프이고 G의 점들의 차수의 합이 27 이상이다. G가 차수 4 이상의 점을 갖는가?

5. G가 그래프이다. H의 점들이 G의 점들의 일부이고 H의 점 x, y에 대하여 xy가 H의 선분일 필요충분조건이 xy가 G의 선분인 것일 때 H를 G의 유도된 부분그래프(induced subgraph)라 한다.

   10개의 점과 38개의 선분을 갖는 단순 그래프 G가 K_4를 유도된 부분그래프로 가짐을 보여라.

   논평 부분그래프는 유도된 부분그래프와 다르다. G가 그래프일 때 J의 점들이 G의 점들의 일부이고 J의 점 x, y에 대하여 xy가 J의 선분일 필요조건이 xy가 G의 선분인 것일 때 J를 G의 부분그래프(subgraph)라 한다. 다시 말하여 G의 선분 xy는 J의 선분일 필요가 없다.

6. G를 각 점의 차수가 4인 단순 그래프라 하자. G의 각 선분을 빨강색이나 파랑색으로 칠하여 각 점이 두 개의 빨강색 선분과 파랑색 선분에 접하도록 할 수 있음을 보여라.

7. $[n]$을 점의 집합으로 하는 단순 그래프의 수를 구하라.

8. G의 자기동형사상(automorphism)은 G에서 G로의 동형사상이다. 다음 라벨 있는 그래프의 자기동형사상은 몇 개인가?

(a) n개 점의 완전 그래프 K_n

(b) n개 점의 순환 C_n

(c) n개 점의 경로 P_n

(d) n개 점의 별그래프 S_n (차수 $n-1$인 점 한 개와 차수 1인 점 $n-1$개)

9. 8개의 라벨 있는 점에서의 그래프의 수는 6600개가 넘음을 보여라.

10. 지구상에 홀수 명의 자매가 있는 사람의 수는 짝수인가?

11. (a) 단순 그래프가 닫힌 오일러 트레일을 가지면 해밀톤 순환을 갖는가?

(b) (a)의 역은 성립하는가?

12. 단순 그래프의 모든 점이 같은 차수를 가지면 이 그래프는 정규 그래프(regular graph)라고 부른다. G가 22개 선분을 갖는 연결 그래프이다. G는 몇 개의 점을 갖는가?

13. 위의 문제는 정규 그래프의 모든 점이 같은 수의 이웃을 가짐을 보인다. 이 그래프의 모든 점이 같은 수의 두 번째 이웃을 갖는가? (XY가 선분이 아니고 X에서 Y로의 길이 2인 선분이 있으면 점 X는 점 Y의 두 번째 이웃이라 한다.)

14. 그림 9.10의 그래프는 피터슨(Petersen) 그래프라 한다. 이 그래프가 해밀톤 순환을 갖는가?

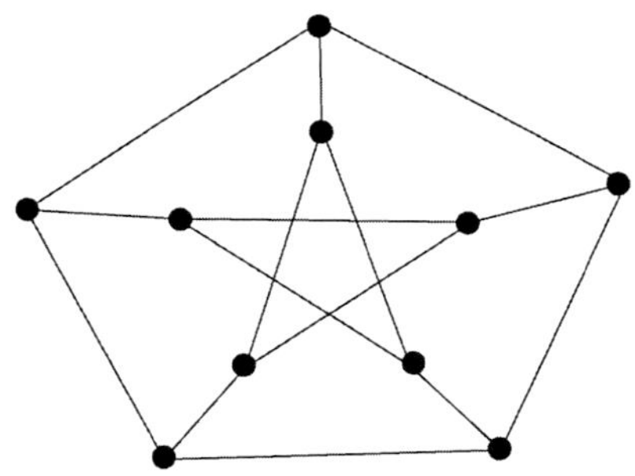

그림 9.10 피터슨 그래프

15. 그림 9.10과 같이 피터슨 그래프에서 선분을 제거한 후 남은 그래프가 닫힌 오일러 트레일을 갖도록 하는 방법은 몇 가지인가?

16. 그래프의 순서 차수열(ordered degree sequence)은 차수를 내림차순으로 정리한 리스트이다. G가 e개 선분을 가지면 양수의 차수는 $2n$의 분할 $\Pi(G)$를 구성한다. G가 단순 그래프일 때 $\Pi(G)$는 자기결레가 아님을 증명하라.

17. 순서 차수열이 4, 4, 4, 2, 1, 1인 그래프가 존재하는가?

18. p가 $2n$의 분할이다. 순서 차수열 p를 갖는 단순 그래프(n개의 선분을 갖는)가 있으면 p를 그래프적(graphical)이라 한다. $p=(4,\ 4,\ 3,\ 2,\ 1)$은 그래프적이 아님을 보여라.

19. (+) 그림 9.11은 몇 개의 자기동형사상을 갖는가?

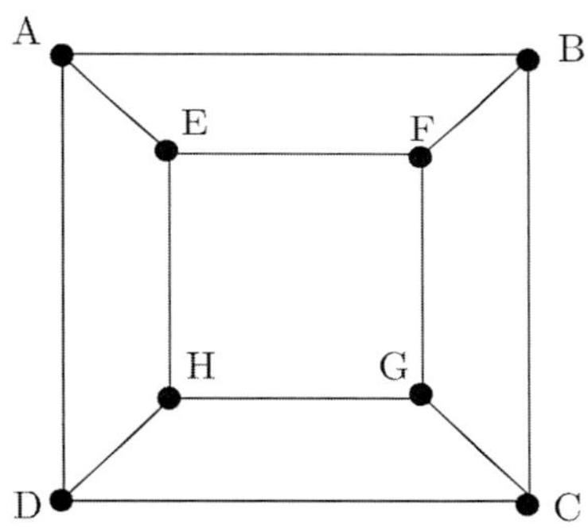

그림 9.11 자기동형사상의 수를 구할 그래프

20. (+) 그림 9.12는 몇 개의 자기동형사상을 갖는가?

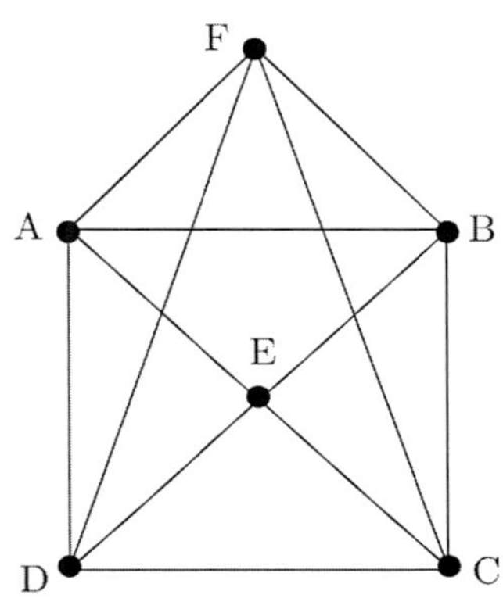

그림 9.12 자기동형사상의 수를 구할 그래프

21. 같은 차수열을 갖는 두 그래프가 반드시 서로 동형은 아님을 보여라.

22. $c(n)$을 $[n]$에서의 연결 그래프의 수라 하고 $C(x)$를 $\{c(n)\}$의 지수 생성 함수라 한다. $C(x)$를 구하라. 닫힌 형식은 아니고 $c(n)$을 계산할 수 있는 함수 방정식을 구하라.

부가 연습문제

Supplementary Exercises

23. (−)(a) $[n]$에서의 단순 방향 그래프는 몇 개인가?

(b) $[n]$에서의 토너먼트는 몇 개인가?

24. (−) 토너먼트는 i에서 j로의 선분과 j에서 k로의 선분이 있을 때 항상 i에서 k로의 선분이 있다면 추이적이라 한다. $[n]$에서의 추이적 토너먼트는 몇 개인가?

25. (−) 토너먼트가 추이적인 필요충분조건은 해밀톤 경로를 갖는 것임을 증명하라.

26. (−) 순환이 없는 유한 개의 점에서의 방향 그래프에는 출차수가 0인 점이 있는가?

27. (−) 모든 $n \geq 1$에 대하여 $[n]$에서의 서로 동형이 아닌 $\binom{n}{2}+1$개의 그래프의 집합 S가 있음을 증명하라.

28. 단순 그래프 G에 점 A에서 B로의 트레일이나 워크가 있으면, A에서 B로의 경로가 있음을 증명하라.

29. (+) 어느 고등학교에 90명의 졸업생이 있는데 각 졸업생에게는 10명의 친구가 있다. 각 졸업생이 세 명을 초대하여 테이블에 앉는데, 네 명 각각이 나머지 세 명 중 두 명 이상을 알도록 할 수 있다는 것을 증명하라.

30. 단순 그래프에서, 같은 차수인 두 점이 있음을 증명하라.

31. 어느 강좌에 여러 명이 있는데, 일부는 서로 안다. 같은 수의 사람을 아는 두 사람이 있으면, 이 둘이 다 모르는 사람이 있는가? 이 강좌에 정확히 한 명만 아는 사람이 있음을 증명하라.

32. 이 세상에는 평생 악수를 홀수 번 해 본 사람이 짝수 명이 있음을 증명하라.

33. 열 명의 선수가 어느 체스 토너먼트에 참가한다. 열 한 번의 경기가 이미 진행되었다. 세 경기 이상을 한 선수가 있음을 증명하라.

34. 네 점에서의 동형이 아닌 단순 그래프를 모두 구하라.

35. $n>1$에 대하여 n개 점에서의 단순 그래프 G 중 항등함수가 아닌 자기동형사상이 없고 n이 이러한 최소의 수인 G를 구하라. G가 단순 그래프라는 조건이 생략되면 답은 어떻게 바뀌는가?

36. G가 k개의 r-순환의 합그래프라 한다. G의 자기동형사상은 몇 개인가?

37. (+) 해밀톤 순환을 갖지 않는 n개 점에서의 단순 그래프 G의 최대 선분의 수는 얼마인가?

38. 어느 n에 대하여 K_n이 해밀톤 순환의 합그래프로 분해되는가?

주의 다음 몇 가지 연습문제에서, 다양한 그래프가 몇 개의 해밀톤 순환을 갖는지 물어볼 것이다. 이들 그래프에는 라벨이 있고 두 개의 해밀톤 순환은 선분들이 다르면 다르다고 간주한다.

39. K_n의 해밀톤 순환은 몇 개인가?

40. $K_{m,n}$은 점집합이 m-집합 A와 n-집합 B이고, A의 모든 점과 B의 모든 점을 연결하는 mn개의 선분을 갖는 단순 그래프이다. $K_{m,n}$의 해밀톤 순환의 수를 구하라. $m=n$인 특별한 경우에, 답이 다른 경우와 다를 것이다. $K_{m,n}$을 완전 이분 그래프(complete bipartite graph)라 한다.

41. 그래프 이론의 관점에서 n-차원 하이퍼큐브(n-dimentional hypercube) Q_n의 점은 모든 $i \in [n]$에 대하여 $x_i = 0$ 또는 $x_i = 1$인 2^n개의 점 $(x_1, x_2, \cdots, x_n) \in R^n$이며 두 점은 정확히 $n-1$개 좌표가 같으면 인접한다. 모든 $n \geq 2$에 대하여 Q_n이 해밀톤 순환을 가짐을 증명하라.

42. $n \geq 2$이면 Q_n이 $\frac{n!}{2}$개 이상의 해밀톤 순환을 가짐을 증명하라.

43. Q_3의 해밀톤 순환의 수를 구하라.

44. 일곱 개의 점에서의 단순 그래프 중 연결 그래프가 아니고, 각 점의 차수가 3 이상인 것이 있는가?

45. 단순 그래프 G의 각 점의 차수가 k이다. G에 길이 $k+1$ 이상인 순환이 있음을 증명하라.

46. G가 n개 점에서의 단순 그래프이고 임의의 두 점 X, Y에 대하여 $d_x + d_z \geq n$이면, G에는 해밀톤 순환이 있음을 증명하라.(여기에서 d_z는 z의 차수를 표기한다.)

47. 위의 연습문제에서 조건이 $d_x + d_z \geq n-1$로 대치되면 서술이 성립하지 않음을 증명하라.

48. G가 각 점의 차수가 2 이상인 $[n]$에서의 단순 그래프라 한다.

(a) G가 서로 소인 순환의 합그래프임을 증명하라.

(b) $g(n)$이 위의 그래프의 수이고 $g(0)=1$이라 한다.

$$\sum_{n \geq 0} g(n)\frac{x^n}{n!} = \frac{e^{-\frac{x}{2}-\frac{x^2}{4}}}{\sqrt{1-x}}$$

임을 증명하라.

(c) 순열이 사실상 $[n]$에서의 서로 소인 순환의 합일 때, (b)에서 계산한 생성 함수가 n-순열의 수의 지수 생성 함수 $\sum_{n \geq 0} n!\frac{x^n}{n!} = \frac{1}{1-x}$과 다른 이유를 설명하라.

49. $h(n)$이 각 점의 차수가 2 이하인 $[n]$에서의 단순 그래프 G의 수라 한다. 지수 생성 함수 $\sum_{n \geq 0} h(n) \frac{x^n}{n!}$을 구하라.

50. $z(n)$이 각 연결 요소의 점의 수가 3 이하인 $[n]$에서의 단순 그래프 G의 수라 한다. 지수 생성 함수 $\sum_{n \geq 0} z(n) \frac{x^n}{n!}$을 구하라.

CHAPTER 10장

연결되어 있음. 트리

전화, 항공, 기차 등의 예에서 나타나는 것 같이 그래프가 연결되어 있는지는 중요한 성질이다. 적은 수의 선분으로 연결된 네트워크를 구축하는 것은 바람직하나, 직관적으로 너무 많은 선분을 줄일 수는 없다고 느낄 수 있다. 예로, 그래프가 세 개 이상의 점을 가지고 있다면, 한 개의 선분으로는 불가능하다. 이 장에서는 극소의 연결 그래프인(minimally connected graph) 트리에 관하여 연구한다.

10.1 극소의 연결 그래프

정리 10.1

G가 n개의 점을 가진 단순 연결 그래프라 하자. 다음 두 조건은 동일하다.

(1) G가 극소 연결 그래프이다. 즉 G에서 어느 선분을 빼도 연결된 그래프가 아니다.

(2) G는 순환을 포함하지 않는다.

이 정리를 증명하기 전에 극단적으로 중요한 이 그래프에 이름을 붙인다.

정의 10.2

위의 조건을 만족하는 단순 연결 그래프 G를 트리(tree)라 한다

증명 (정리 10.1).

(1) $\Rightarrow$ (2) G가 (1)을 만족하나 순환 C를 포함한다고 가정하자. C의 선분 ab를 뺀 그

래프 G'이 연결 그래프임을 보인다. x, y를 G의 임의의 두 점이라 하자. G가 연결 그래프이므로 x에서 y로의 경로 p를 포함한다.

p가 ab를 포함하지 않는다면 G'은 x와 y를 연결한다. p가 ab를 포함한다면 ab 대신 a에서 b로의 다른 경로를 따라 x와 y를 연결한다. 9장 연습문제 28에서 본 것처럼 G'에 x에서 y로의 워크가 있으므로, 경로가 있다. 따라서 G'은 연결 그래프이고 이는 모순이다.

(2)⇒(1) (1)의 부정이 (2)의 부정을 의미함을 증명한다. G가 극소의 연결 그래프가 아니라고 가정한다. 따라서 G의 어느 선분 AB에 대하여 $G' = G-\{AB\}$가 연결되어 있다. 그렇다면 B에서 A로의 경로 P가 G'에 있다. 그러나 $AB \cup P$는 A에서 시작하여 A로 끝나므로 G의 순환이다.

따름정리 10.3

연결 그래프 H가 트리일 필요충분조건은 모든 점의 쌍 (x, y)에 대하여 x에서 y로의 경로가 정확히 한 개 있는 것이다.

증명 각 점의 쌍 (x, y)에 대하여 x에서 y로의 경로가 정확히 한 개 있다면 H는 극소의 연결 그래프이다. 사실상, $H-rs$가 연결 그래프라면 H에는 선분 rs와 $H-rs$에 있는 경로 등 r에서 s로의 경로가 두 개 이상 있다.

역으로 H가 트리이지만 x와 y를 연결하는 두 개의 경로 P, Q를 포함한다고 하자. P와 Q의 대칭적 차이(symmetric difference), 즉 P와 Q 중 하나에만 포함되는 선분들은 순환의 합그래프임을 별다른 기교 없이 알 수 있다. (이유를 설명하라.) 이는 트리에는 있을 수 없다.

그러므로 트리는 순환을 포함하지 않는 연결 그래프이다. n개 점에서의 트리를 얻는 쉬운 방법은 그 점들을 모두 포함하는 순환에서 한 선분을 빼는 것이다. 이것은 $n-1$개의 선분을 가진 트리이다. 잠시 매우 다른 구조의 트리를 그려 보니 그림 10.1의 트리를 포함한다. 이제 n개 점을 가진 트리는 $n-1$개 선분을 가진다는 생각이 든다. 다음 정리는 그보다 더 강한 사실을 보여준다.

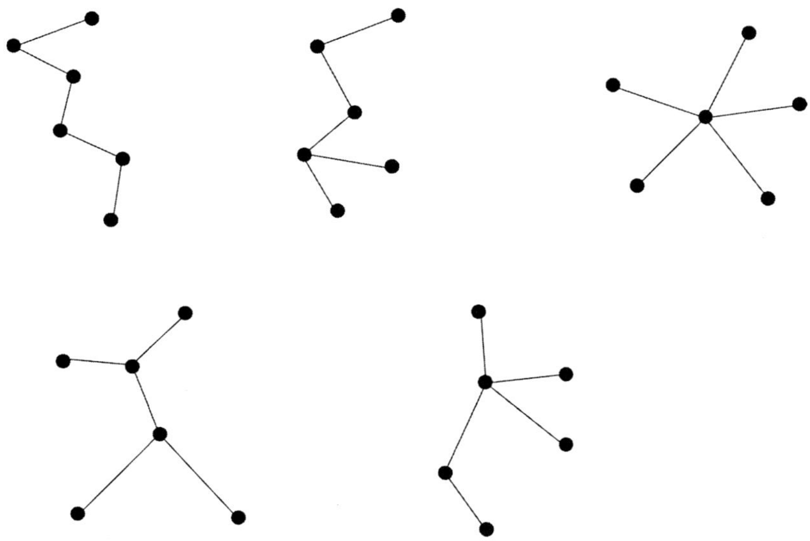

그림 10.1 6개 점을 가진 트리

정리 10.4

n개 점을 가진 트리는 $n-1$개 선분을 가진다. 역으로 n개 점과 $n-1$개 선분을 가진 연결 그래프는 트리이다.

정리 10.4의 증명을 위하여, 다음 보조정리가 필요하다. 트리에서 차수가 1인 점을 잎(leaf)이라 한다.

보조정리 10.5

T가 $n \geq 2$개 점을 가진 트리라 하자. 그러면 T는 잎을 두 개 이상 가진다.

증명 T에서 최대 길이의 경로 p를 선택한다. p의 양 끝점은 잎이어야 한다. 그 중 적어도 한 점 a가 잎이 아니라면, p는 a에 인접하는 선분에 의해 확장되고 이는 p가 최대 경로라는데 모순이다.

이제 정리 10.4를 증명할 준비가 되었다.

증명 (정리 10.4). n에 관한 귀납법을 이용한다. $n=1$이라면, 1개 점을 가진 트리는 선분이 없으므로 자명하다. n개 점을 가진 트리에 대하여 정리가 성립한다고 가정하

자. T를 $n+1$개 점을 가진 트리라 하자. T에서 잎 l과 인접한 선분 e를 뺀 트리를 T'이라 한다.(T'은 순환이 없는 연결 그래프이다.) T'은 n개 점을 가졌으므로 귀납적 가정에 의해 $n-1$개 선분을 갖는다. $T=T'\cup e$이므로 n개 선분을 가지고 정리는 증명된다.

자연에서와 같이 트리의 집합은 숲(forest)이라 한다. 따라서 숲은 모든 (연결) 요소가 트리인 그래프이다. 이로써 이 책의 표지를 설명하기를 희망한다. 다음 정리들 중 일부는 표지에 있는 숲을 산책하는 사람의 넋 잃은 표정을 설명한다.

성질 10.6

F가 n개 점과 k개 요소를 갖는 숲이라 하자. 그러면 F는 $n-k$개 선분을 가진다.

증명 정리 10.4에 의하여 각 요소마다 점의 수가 선분의 수보다 하나 많으므로 증명된다.

n개 점을 가진 트리의 수는 몇 개인가? 9.3절을 읽은 후 이 질문을 해석하는 적어도 두 가지 방법을 안다. 한 가지 방법은 점을 구분하지 않아서, 그림 10.2의 그래프를 같은 그래프로 보는 것이고(18장에서 이 질문으로 돌아온다.) 다른 방법은 점을 구별하는 것이다. 이 경우에 $[n]$에서의 모든 트리의 수를 셀 수 있고 그림 10.2의 두 그래프는 다른 그래프로 간주된다.

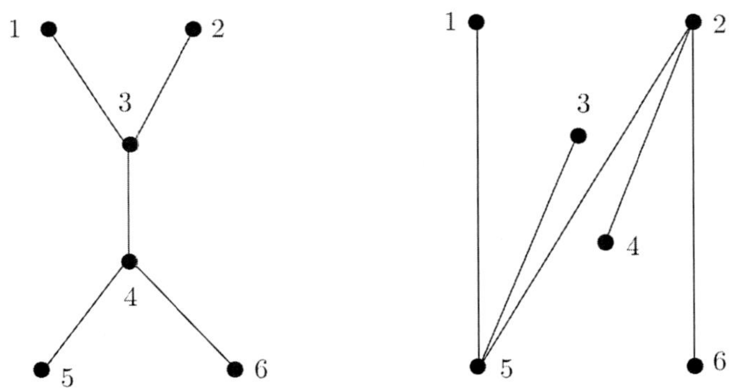

그림 10.2 동형 그래프

처음 몇 개의 n에 대하여 세어 보면, $[1]$에서의 트리는 한 개, $[2]$에서의 트리는 한 개, $[3]$에서의 트리는 세 개, $[4]$에서의 트리는 16개이다. 이보다 큰 $[n]$에서의 트리를 세는 일은 번거로울 지도 모른다. 이 적은 데이터에 따르면 $[n]$에서의 트리가 n^{n-2}개가 맞지만 독자는 이 데이터는 너무 적고 $[n]$에서의 트리와 같이 다양한 대상의 수에 대하여 그러한 좋은 공식이 존재하는지 매우 의심스러울 지도 모른다. 대개의 경우, 독자의 그러한 논의는 맞다. 두려운 "작은 수(small numbers)의 법칙"은 수열의 몇 개의 수, 그것도 작은 수들만 안다면, 그들에만 적용되고 일반적으로는 옳지 않은 좋은 공식이 항상 있다는 것이다. 그러나 이 경우는 예외이다.

정리 10.7 케일리 공식(Cayley's formula)

양의 정수 n에 대하여, $[n]$에서의 트리의 수는 $A_n = n^{n-2}$이다.

이 아름다운 결과는 그 가치만큼 충분히 주목받았고 적어도 16가지 증명이 알려져 있다. 그 중 많은 증명은 선행 지식을 요한다. 교재들에 수록된 것으로는 가장 짧은 앙드레 주아얄(André Joyal)의 증명을 제시한다. 몇몇 다른 증명은 연습문제에 있다.

이 증명을 읽는 동안 바로 뒤의 예를 살펴보도록 권한다.

증명 (정리 10.7). $[n]$에서의 A_n개의 트리를 고려한다. 각 트리에서 n^2가지 가능한 모든 방법으로 두 개의 점(같아도 무방)을 골라 시점(Start)과 종점(End)이라 한다. 이렇게 얻은 n^2A_n개의 대상을 이중근 트리(doubly rooted tree)라 한다.

$[n]$에서 $[n]$으로의 함수의 집합에서 $[n]$에서의 이중근 트리의 집합으로의 전단사 함수를 제시함으로써, $[n]$에서의 이중근 트리의 수가 n^n임을 보인다. 이는 정리의 증명이 된다.

f를 $[n]$에서 $[n]$으로의 함수라 하자. $C \subseteq [n]$을 f를 적용하여 얻는 순환에 속하는 x, 즉 어떤 i에 대하여 $f^i(x) = x$인 x의 집합이라 한다. $C = \{c_1 < c_2 < \cdots < c_k\}$이고 $d_i = f(c_i)$라 한다. $d_1, d_2, \cdots, d_k$를 순서대로 k개 점으로 이루어진 경로의 각 점에 쓴다. 즉, C의 원소를 C의 순환의 곱인 치환에서의 순서대로 쓴다. 이때 d_1을 시점, d_k를 종점이라 한다.

마지막으로, $j \in [n]$이고 $j \not\in C$인 j를 $f(j)$에 선분으로 연결한다. 이러한 방법으로 항상 트리를 얻는다. 사실, 시점-종점열이 모든 점에 연결되어 있으므로 연결 그래프를 얻고, f에 의해 생성된 순환의 점은 모두 C에 포함되는데 C는 하나의 경로에 해당하므로 순환이 없는 그래프를 얻는다. 이 트리는 시점, 종점의 이중근 트리이다.

이 함수가 전단사임을 보인다. $[n]$의 이중근 트리를 고른다. 이 트리의 시점-종점열에 있지 않은 j에 대하여, $f(j)$는 j에서 시점-종점열의 유일한 경로에 있는

j에 인접한 첫 번째 점으로 한다. 시점-종점 열에 있는 점에 대하여는, 이들 중 i 번째로 작은 점의 f 값을 시점에서부터 i 번째 점으로 한다.

따라서 각 이중근 트리에 정확히 한 개의 함수 $f:[n]\to[n]$이 대응되고 정리는 성립한다.

예제 10.8

$n=8$이고 $f:[8]\to[8]$인 함수이며 $f(1)=3$, $f(2)=4$, $f(3)=1$, $f(4)=5$, $f(5)=5$, $f(6)=7$, $f(7)=8$, $f(8)=6$이라 한다. f는 그림 10.3에 있다.

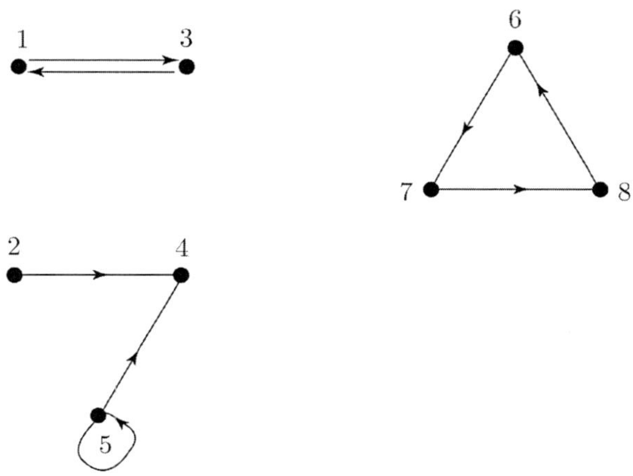

그림 10.3 f의 작용

f의 순환은 (13), (5), (678)이다. 따라서 $C=\{1,3,5,6,7,8\}$이고 $d_1=3$, $d_2=1$, $d_3=5$, $d_4=7$, $d_5=8$, $d_6=6$이다. 그러므로 시점-종점 열은 3, 1, 5, 7, 8, 6을 순서대로 포함한다. $f(2)=4$, $f(4)=5$이므로 점 2를 점 4에, 점 4를 점 5에 연결한다. 이렇게 하여 얻은 이중근 트리는 그림 10.4에 있다.

이중근 트리와 비슷한 개념으로, 근 트리(rooted tree)를, 근이라는 한 점이 있는 트리라고 정의할 수 있다. 따라서 $[n]$에서의 근 트리의 개수는 n^{n-1}이다. 근 숲(rooted forest)은 각 요소가 근 트리인 그래프이다.

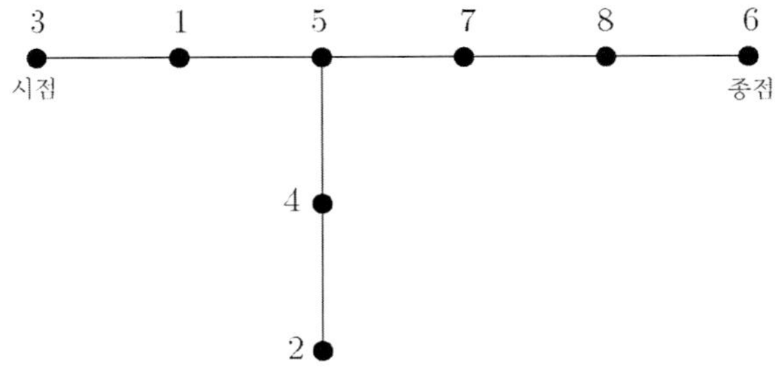

그림 10.4 f의 이중근 트리

정리 10.9

양의 정수 n에 대하여, $[n]$에서의 근 숲의 개수는 $(n+1)^{n-1}$이다.

증명 $[n]$에서의 근 숲에서, 각 근을 새로운 점 $n+1$에 선분으로 연결한다. 이렇게 하여 근 숲은 $[n+1]$에서의 무근 트리(unrooted tree)가 된다. 이 사상은 전단사이다. $[n+1]$에서의 트리에서 $n+1$의 모든 이웃을 근이라 하고, $n+1$에 인접한 모든 선분을 지워서 $[n]$에서의 원래의 근 숲을 얻는다.

따라서 $[n]$에서의 근 숲의 집합은 $[n+1]$에서의 트리의 집합과 일대일 대응이며, 크기가 같다. 정리 10.7에 의하여 이들 각각은 $(n+1)^{n-1}$개 원소를 가진다.

트리나 숲과 일대일 대응인 다른 구조들이 있다. 연습문제 6, 7에 예가 있다.

10.2 최소 가중 신장 트리, 크러스칼의 탐욕 알고리듬

트리의 응용으로 돌아가자. 연결 그래프 G에 대하여 T가 G와 같은 점을 가지고 T의 각 선분이 G의 선분일 때 T를 G의 신장 트리(spanning tree)라 한다.

자명하게, 연결 그래프 G는 신장 트리를 갖는다. 특히 G가 트리라면, 자신이 신장 트리이다. G가 트리가 아니라면, G는 극소의 연결 그래프가 아니고 G에서 선분을 하나 뺀 연결 그래프 G'을 얻는다. G'이 트리가 아니라면 같은 작업을 반복한다. 극소의 연결 그래프를 얻으면 이 작업을 멈추는데 이때 얻은 그래프가 트리이다.

일반적으로, 연결 그래프는 신장 트리를 여러 개 가질 수 있다. 정리 10.7은 K_n이 n^{n-2}개의 신장 트리를 가짐을 보여 준다. 어떤 경우에는 연결 그래프의 신장 트리의 수를 구하는 것이 매우 어렵다.

신장 트리에는 그래프, 특히 가중 그래프에서 실생활의 응용 문제가 많이 있다. 다음은 고전적인 예이다.

현재에는 어느 두 도시 사이에도 기차 노선이 없는 20개 도시에 노선을 구축하려고 한다.

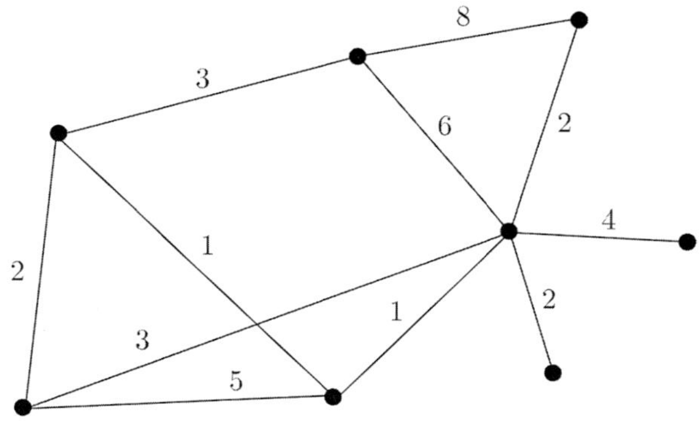

그림 10.5 가중 그래프

적당한 자료를 철저히 조사하여 $\binom{20}{2} = 190$개 쌍의 도시에 직접 연결선을 짓는데 드는 정확한 비용을 안다. 모든 도시는 다른 모든 도시에서 도달할 수 있어야 하지만 필요 이상의 선을 구축하지는 않으려 한다. 최소 비용의 노선을 구하는 방법은 무엇인가?

이 문제를 그래프 이론으로 설명하면 다음과 같다.

예제 10.10

G가 연결된 단순 그래프이고 $w: E(G) \rightarrow R^+$가 함수이다. $\Sigma_{e \in T} w(e)$가 최소인 G의 신장 트리 T를 구하라.

함수 w는 G의 가중 함수, $w(e)$는 e의 가중치, $\Sigma_{e \in T} w(e)$는 T의 가중치라 부른다. 그림 10.5와 같이 가중치를 선분 위에 표시하는 것이 관례이다. G의 선분이 적다면, 모든 신장 트리를 조사하여 최소 가중 트리를 찾을 것이다. 그래프가 조금만 더 크다면 이러한 방법은 너무 오래 걸릴 것이다. 사실상, 기차 노선의 예에서 $n = 20$이고 $G = K_n$일 때 $20^{18} > 2.5 \times 10^{23}$개의 신장 트리의 가중치를 계산해야 한다. 컴퓨터가 매초 10억 개의 신장 트리를 다룰 수 있다 해도 2.5×10^{14}초, 즉 91년 이상 걸릴 것이다!

따라서 최소 가중 그래프를 구하는 일반적인 방법을 탐구하는 의심할 나위 없이 충분한 동기가 있다. 어떤 방법으로 그러한 트리 T를 구축하기 시작하겠는가? 탐욕 알고리듬을 시도할 수 있다. 최소 가중치의 선분을 하나 선택하여 T에 더한다. 두 번째로 T에 있지 않은 선분 중 최소 가중치의 선분을 하나 선택하여 T에 더한다. 세 번째 이후부터는 좀 더 주의해야 한다. 새로운 선분을 더할 때 순환을 생성하지 않음을 확인해야 한다.

일반적으로 이 탐욕 알고리듬(Greedy Algorithm)의 i 번째 단계에서 다음 성질을 가진 선분 e_i를 구한다.

(i) e_i는 T에 있지 않다.

(ii) e_i를 T에 더해도, 얻은 그래프가 순환을 포함하지 않는다.

(iii) e_i는 (i), (ii)를 만족하는 선분 중 최소 가중치이다.

이 선분 e_i를 찾아서 T에 더한다. n개의 점과 $n-1$개 미만의 선분을 가진 그래프는 연결되어 있지 않으므로, 이 단계를 T가 $n-1$개 선분을 가질 때까지 계속할 수 있다. G는 연결되어 있으므로 T가 $n-2$개 미만의 선분을 가지면 서로 다른 연결 요소의 점들 사이의 선분을 찾아 T에 더할 수 있다.

주의 깊은 독자는 i 단계 후 얻은 그래프 T가 반드시 연결되어 있지는 않음을 알 수 있을 것이다. 단지 T는 순환이 없으므로 숲이라는 것만 안다. 그러나 $n-1$ 단계 후에는 T는 $n-1$개 선분을 가진 숲, 즉 트리가 된다.

탐욕 알고리듬으로 최소 가중 신장 트리(minimum cost spanning tree)를 얻는가? 이 질문의 답은 명확하지 않다. 유한 개의 정수에서 최대 합을 갖는 3개 원소의 집합을 구하는 문제와 같이, 탐욕 알고리듬이 좋은 답을 제공하는 문제들이 있다. 그러나 시작할 때의 탐욕 단계가 나중의 선택에 좋지 않은 영향을 주므로 탐욕 알고리듬이 맞는 답을 제공하지 않는 문제들도 있다. 일례로 그림 10.6의 그래프에서 점을 공유하지 않는 최소 가중의 두 선분을 구하는 문제가 있다.

여기에서 최소 가중치는 명백히 4인데, 탐욕 알고리듬은 총 가중치가 11인 두 선분을 산출한다. 최소 가중 짝짓기 문제(minimum-weight matching problem)라 부르는 이 문제는 또 다른 매우 중요한 문제이고 다음 장에서 곧 논의할 것이다.

그러나 당면한 문제, 즉 최소 가중 신장 트리를 구하는 문제는 탐욕 알고리듬으로 해결된다. 이를 증명하기 위하여 숲에 관한 다음의 흥미로운 정리가 필요하다.

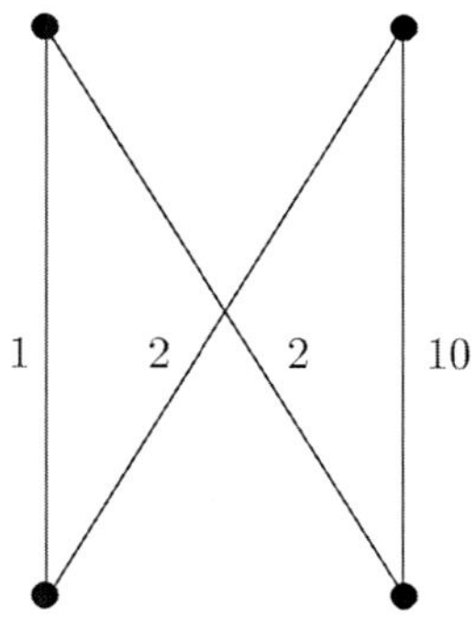

그림 10.6 $2+2<1+10$

보조정리 10.11

F와 F'이 같은 점집합 V를 갖는 숲이고 F가 F'보다 적은 선분을 갖는다고 하자. 그러면 F'에는 F에 더하여 $F \cup e$가 숲이 되는 선분 e가 있다.

증명 그러한 선분 $e \in F'$이 없다고 하자. 즉 F'의 어느 선분을 F에 더해도 F의 순환이 형성될 것이다. 그렇다면 F'의 모든 선분은 F의 같은 요소 사이의 두 점을 연결할 것이다. 따라서 F'의 요소의 수는 F의 요소의 수 이상이다. 이는 모순이다. n개 점과 k개 요소를 갖는 숲은 $n-k$개의 선분을 가지므로, F'이 F보다 많은 선분을 가진다면 적은 요소를 가지기 때문이다.

이 절의 주 결과를 증명할 때가 되었다.

정리 10.12

탐욕 알고리듬으로 항상 최소 가중 신장 트리를 찾을 수 있다.

증명 간접 증명법으로 증명한다. 탐욕 알고리듬으로 얻은 트리 T보다 G의 신장 트리 H의 가중치가 작다고 하자. H의 선분 $h_1, h_2, \cdots, h_{n-1}$이 $w(h_1) \le w(h_2) \le \cdots \le w(h_{n-1})$을 만족하고 T의 선분 $t_1, t_2, \cdots, t_{n-1}$이 $w(t_1) \le w(t_2) \le \cdots \le w(t_{n-1})$을 만족한다고 하자.

H가 T보다 나은 첫 번째 단계를 i라 하자. 즉 i는 $\sum_{j=1}^{i} w(h_j) < \sum_{j=1}^{i} w(t_j)$인 가장 작은 정수이다. 마지막에 H가 T보다 나으므로, 언제인가부터는 H가 T보다 낫고 그러한 지수 i는 존재한다. 또한 $w(t_1)$이 G의 최소 가중 선분이므로 $i>1$이

다.

i는 H가 나은 최초의 지수이므로 $w(h_i) < w(t_i)$이다. 사실상 다음 두 부등식이 성립하려면 그럴 수밖에 없다.

$$\sum_{j=1}^{i} w(h_j) < \sum_{j=1}^{i} w(t_j),$$
$$\sum_{j=1}^{i-1} w(h_j) \geq \sum_{j=1}^{i-1} w(t_j)$$

여기에서 모순을 끌어낸다. 즉, $w(h_i) < w(t_i)$라면 탐욕 알고리듬은 i 번째 단계에서 t_i를 선택할 수 없음을 보인다. T_{i-1}을 탐욕 알고리듬의 $i-1$ 번째까지의 단계에서 만든 숲, 즉 선분 t_1, t_2, $\cdots$, t_{i-1}로 이루어진 그래프라 하고 H_i를 선분 h_1, h_2, $\cdots$, h_i로 이루어진 숲이라 하자. 보조정리 10.11을 T_{i-1}과 H_i에 적용하면, T_{i-1}에 더하여 순환을 이루지 않는 $h_j(j \leq i)$가 존재함을 안다. 그러나 정의에 의하여 $w(h_j) \leq w(h_i) < w(t_i)$이고, t_i는 순환을 형성하지 않으면서 T_{i-1}에 더할 수 있는 최소 가중 선분이 아니므로 i 번째 단계에서 탐욕 알고리듬은 t_i를 T_{i-1}에 더할 수 없다.

이로써 모순을 이용하여, 어떤 신장 트리 H도 탐욕 알고리듬으로 얻은 트리 T보다 적은 가중치를 갖지 않는다는 것을 증명한다.

최소 신장 트리 문제를 탐욕 알고리듬으로 해결하는 몇 가지 방법이 있다는 점을 지적하고자 한다. 예로 모든 단계에서의 연결 그래프를 얻는 방법이 있다. 이 절에서 소개한 알고리듬은 미국인 수학자 조셉 크러스칼(Joseph Kruskal)의 이름을 따라 크러스칼 알고리듬(Kruskal's algorithm)이라 한다.

10.3 그래프와 행렬

10.3.1 그래프의 인접 행렬

행렬을 그래프에 연관시키는 몇 가지 방법이 있다. 이들 행렬은 종종 그래프를 계수하는 데 유용하다. 그러한 행렬 중 가장 널리 사용되는 것은 아마도 그래프의 인접 행렬일 것이다.

정의 10.13

G를 라벨이 있는 n개 점에서의 무방향 그래프라 하고 $n\times n$ 행렬 $A=A_G$를 $A_{i,j}$가 점 i와 j 사이의 선분의 수인 행렬로 정의한다. A를 G의 인접 행렬(adjacnecy matrix)이라 한다.

예제 10.14

G가 그림 10.7의 그래프라면 $A_G=\begin{pmatrix}0&1&1&1\\1&0&0&1\\1&0&0&0\\1&1&0&0\end{pmatrix}$ 이다.

G에 방향이 있으면, 인접 행렬 A를 각 원소 $A_{i,j}$가 i에서 j로의 선분의 수인 행렬이라고 정의한다. 따라서 무방향 그래프의 인접 행렬이 대칭적인 것과 달리, 방향 그래프의 인접 행렬은 대칭적이 아니다.

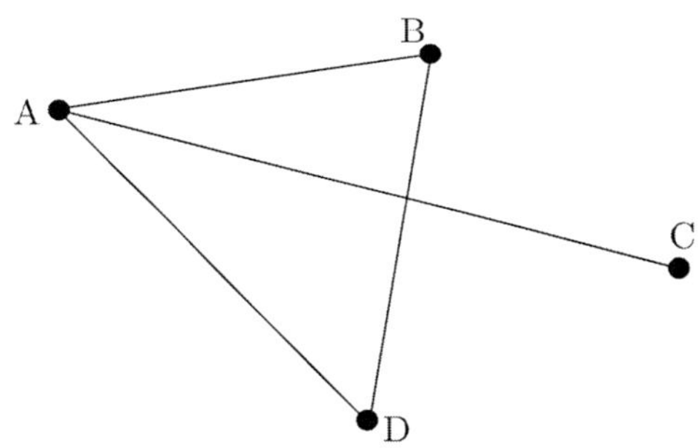

그림 10.7 인접 행렬이 A_G인 그래프

예제 10.15

H가 그림 10.8의 방향 그래프이면 $A_H=\begin{pmatrix}0&1&1&0\\0&0&0&1\\0&0&0&0\\1&0&0&0\end{pmatrix}$ 이다.

그래프의 인접 행렬은 그래프의 성질을 거의 포함한다. G보다 A_G를 이용하여 계수 문제를 푸는 것이 쉬운 경우가 있다. 이러한 방향의 기본 문제는 다음과 같다.

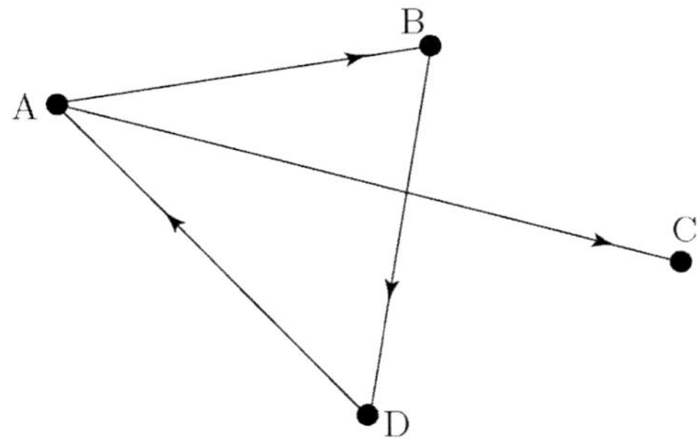

그림 10.8 인접 행렬이 A_H인 방향 그래프

정리 10.16

G가 라벨 있는 점에서의 그래프, A가 G의 인접 행렬, k가 양의 정수라 하자. 그러면 $A_{i,j}^{k}$는 i에서 j로의 길이 k인 워크의 수이다.

증명 k에 대한 귀납법에 의한다. $k=1$이면 길이 1인 워크는 선분이므로 정리는 성립한다. 정리가 k에 대하여 성립한다고 가정하고 $k+1$에 대하여 성립함을 증명한다. z가 G의 점이라 하자. $b_{i,z}$개의 i에서 z로의 길이 k인 경로가 있고, $a_{z,j}$개의 z에서 j로의 길이 1인 경로(선분)가 있다고 하면 $b_{i,z}\,a_{z,j}$개의 i에서 j로의, 바로 전의 점 z를 지나는 길이 $k+1$인 경로가 있다. 따라서 i에서 j로의 길이 $k+1$인 경로의 수는

$$c(i,j)=\sum_{z\in G} b_{i,z}\,a_{z,j}$$

이다. 귀납적 가정에 의해 $B_{i,j}=b_{i,j}$로 정의된 B는 $B=A^k$를 만족한다. G의 인접 행렬 A의 정의로부터 $A_{i,j}=a_{i,j}$이다.

따라서 행렬 곱의 정의에 의해 $c(i,j)=\sum_{z\in G} b_{i,z}\,a_{z,j}$는 사실상 $BA=A^{k+1}$의 (i,j) 원소(사실상 B의 i째 행과 A의 j째 열의 곱)이고 정리는 증명된다.

그래프의 인접 행렬은 그래프의 성질을 확인하는 빠른 방법을 제공한다. 여기에서 연결성 여부의 확인에 관하여 논의한다.

정리 10.17

G를 n개 점에서의 단순 그래프, A를 G의 인접 행렬이라 하자. 그러면 G가 연결 그래프일 필요충분조건은 $(I+A)^{n-1}$의 원소가 모두 양수인 것이다.

증명 9장의 연습문제 28로부터 G에 i에서 j로의 워크가 있다면, 경로도 있음을 안다. G의 경로의 길이는 $n-1$ 이하이다. 따라서 G가 연결 그래프인 필요충분조건은 서로 다른 모든 점 i와 j에 대하여, $A_{i,j}^{k} > 0$인 양의 정수 $k \le n-1$이 존재한다는 것이다.

$$(I+A)^{n-1} = \sum_{k=0}^{n-1} \binom{n-1}{k} A^k$$

이므로 정리는 성립한다.

10.4 그래프의 신장 트리의 개수

놀랍게도 그래프의 인접 행렬을 이용하여 신장 트리의 수를 계산할 수 있다. 이를 보기 위해 방향 그래프부터 살펴 볼 필요가 있다. G가 방향 그래프라 하자. 모든 선분의 방향을 없애서 얻은 그래프 G_1의 신장 트리가 H_1일 때 H_1에 방향을 다시 복원한 그래프 H를 G의 신장 트리라 한다. 신장 트리의 수를 세기 전에 다른 정의가 필요하다.

정리 10.18

G는 고리가 없는 방향 그래프이다. $\{v_1, v_2, \cdots, v_n\}$이 G의 점의 집합이고 $\{e_1, e_2, \cdots, e_m\}$이 G의 선분의 집합이면 G의 접 행렬(incidence matrix) A는 $n \times m$ 행렬로 다음과 같이 정의된다.

- v_i가 e_j의 머리이면 $a_{i,j} = 1$
- v_i가 e_j의 꼬리이면 $a_{i,j} = -1$
- 위의 경우가 아니면 $a_{i,j} = 0$

정리 10.19

G가 고리가 없는 방향 그래프이고 A가 G의 접 행렬이다. A의 임의의 행을 없애서 얻은 행렬을 A_0이라 하자. 그러면 G의 신장 트리의 수는 $A_0 A_0^T$이다.

이는 매우 놀라운 사실이다. 언뜻 보기에, $A_0A_0^T$의 행렬식이 그렇게 좋은 조합론적 의미를 갖는다는 것은 차치하고라도, 없애는 행에 무관하게 같다는 것조차 명백하지 않다.

증명 일반성을 잃지 않고, A의 마지막 행이 생략되었다고 가정하자. B를 $(n-1)\times(n-1)$ 크기인 A_0의 부분 행렬이라 하자. ($m< n-1$이라면, G는 연결될 수 없고, 신장 트리는 없다.) $|\det B| = 1$ 인 필요충분조건은 B의 열에 해당하는 부분그래프 G'이 신장 트리인 것이고, 그렇지 않을 때에는 $\det B = 0$이라고 주장한다. n에 관한 귀납법으로 증명한다.

(a) 먼저 G'에 차수 1인 점 $v_i (i \neq n)$이 존재한다고 가정한다. 그러면 B의 i 번째 행은 정확히 한 개의 0이 아닌 원소를 포함하는데 그 원소는 1이나 -1이다. $\det B$를 이 행을 기준으로 전개하며 귀납적 가정을 이용하면 주장은 성립한다. 사실상 G'이 G의 신장 트리일 필요충분조건은 $G' - v_i$가 $G - v_i$의 신장 트리인 것이다.

(b) 이제 G'이 차수 1인 점을 갖지 않는다고 가정하자.(지워진 마지막 행에 해당하는 점 v_n을 빼고) 그러면 G'은 신장 트리가 아니다. 더욱이 G'이 $n-1$개 선분을 가지며 신장 트리가 아니므로, 차수가 0인 G'의 점이 있다. 이 점이 v_n이 아니라면, B는 0인 행을 갖고 $\det B = 0$이다. 이 점이 v_n이라면, 각 선분이 머리와 꼬리를 가지므로 B의 각 열은 한 개의 1과 한 개의 -1을 가진다. 따라서 B의 모든 행의 합은 0이므로, B의 행은 선형 의존적이고 (linearly dependent)이고 $\det B = 0$이다.

따라서 사실상 열 B에 해당하는 부분그래프 G'이 신장 트리이면 $|\det B| = 1$이고 아니면 $\det B = 0$이라는 것을 증명했다.

이제 정리 10.19의 증명을 끝낼 수 있다. 비네-코시(Binet-Cauchy) 공식은, 대부분의 선형대수학 교재에 있는데,

$$\det A_0A_0^T = \Sigma(\det B)^2$$

이라는 내용이다. 여기에서 합은 A_0의 $(n-1)\times(n-1)$ 부분행렬 B를 모두 망라한다. 그러나 $(\det B)^2 = 1$인 필요충분조건은 B가 A의 신장 트리에 해당하는 것이고, 그 외의 경우에는 $(\det B)^2 = 0$이라는 것을 방금 보았다. 따라서 정리 10.19는 증명되었다.

이 시점에서 몇 가지를 언급할 수 있다. 첫째, "공정하지만, 주어진 그래프의 $\det A_0A_0^T$

를 계산하는 데 오래 걸리고, 심지어 $A_0A_0^T$를 계산하는데 오래 걸릴 수 있다."고 말할 수 있고 보다 일반적으로, "무방향 그래프에서는?"이라고 질문할 수 있다. 이러한 염려들은 다음 정리에서 한꺼번에 경감될 것이다.

정리 10.20 행렬-트리 정리(Matrix-Tree theorem)

U가 무방향 단순 그래프이고 $\{v_1, v_2, \cdots, v_n\}$이 U의 점집합이라 한다. $(n-1) \times (n-1)$ 행렬 L_0을 다음과 같이 정의한다. 모든 $1 \leq i, j \leq n-1$에 대하여

- $i = j$이면 $l_{i,j} = v_i$의 차수
- $i \neq j$이고 v_i와 v_j가 연결되어 있으면 $l_{i,j} = -1$
- 그 외의 경우에 $l_{i,j} = 0$

이다. 그러면 U는 정확히 $\det L_0$개의 신장 트리를 갖는다.

U가 n개의 점을 가질 때 L_0은 v_n에 속하는 행이나 열을 갖지 않으므로 $(n-1) \times (n-1)$ 행렬이라는 것을 주목하라. 이는 L_0이 v_n에 관한 정보를 갖지 않는다는 것을 의미하지는 않는다. 사실상, v_i가 v_n에 연결되어 있다면 v_i와 v_n 사이의 선분은 v_i의 차수와 $l_{i,i}$에 기여한다. 그러므로 L_0이 주어지면 U의 어느 점이 v_n과 인접한지 알 수 있다.

증명 (정리 10.20). U의 각 선분을 각 방향의 두 선분으로 바꾸어 방향 그래프 G를 얻는다.

A_0을 G의 접 행렬이라 한다. $A_0A_0^T = 2L_0$이라고 주장한다. $A_0A_0^T$의 (i, j) 원소는 A_0의 i 번째 행과 j 번째 행의 스칼라 곱이다. $i = j$이면 v_i에서 시작하거나 끝나는 각 선분으로 인하여 이 내적에 1이 더해진다. 따라서 $A_0A_0^T$의 (i, i) 원소는 G에서의 v_i의 차수, 즉 U에서의 v_i의 차수의 두 배이다.

$i \neq j$이면, v_i에서 v_j로의 선분이나 v_j에서 v_i로의 선분으로 이 내적에 -1이 더해진다. U가 단순 그래프임을 상기하면, G에 v_i에서 v_j로의 선분은 0개나 1개 있다. 따라서 $A_0A_0^T$의 (i, j) 원소는 v_iv_j가 U의 선분이면 2이고, 아니면 0이다. 이로써 $A_0A_0^T = 2L_0$임이 증명되었다.

이는 $2^{n-1}\det L_0 = \det(A_0A_0^T)$임을 의미한다. U의 각 신장 트리는 $n-1$개

선분에 방향을 줌으로써 G의 2^{n-1}개의 신장 트리가 된다. 따라서 정리 10.19로부터 증명된다.

$[n]$에서의 트리의 수를 구하는 고전적인 예에 새로운 지식을 이용하자.

예제 10.21

K_n의 신장 트리의 수는 n^{n-2}이다.

풀이 K_n에 연관된 행렬 L_0은 다음의 단순한 구조를 가질 것이다.

$$\begin{pmatrix} n-1 & -1 & \cdots & -1 \\ -1 & n-1 & \cdots & -1 \\ \cdots & & & \\ -1 & -1 & \cdots & n-1 \end{pmatrix}$$

행렬식을 계산하기 위하여, 모든 행을 첫 행에 더하여

$$\begin{pmatrix} 1 & 1 & \cdots & 1 \\ -1 & n-1 & \cdots & -1 \\ \cdots & & & \\ -1 & -1 & \cdots & n-1 \end{pmatrix}$$

을 얻는다. 이제 첫 행을 다른 모든 행에 더하여 다음 삼각 행렬을 얻는다.

$$\begin{pmatrix} 1 & 1 & \cdots & 1 \\ 0 & n & \cdots & 0 \\ \cdots & & & \\ 0 & 0 & \cdots & n \end{pmatrix}$$

따라서 주장한 대로 $\det L_0 = n^{n-2}$이다.

정리 10.20은 강력한 도구이다. 흥미로운 그래프의 신장 트리의 수를 계산하는데 이용하자.

예제 10.22

A가 m개 점의 집합이고 B가 n개 점의 집합이다. A의 각 점을 B의 각 점에 연결한 그래프를 $K_{m,n}$이라 한다. $K_{m,n}$의 신장 트리의 수를 구하라.

$K_{m,n}$을 완전 이분 그래프(complete bipartite graph)라 한다. 다음 장에서 이 그래프에 대하여 더 배울 것이다. 지금은 A의 두 점 사이나 B의 두 점 사이에 선분이 없다는 것에 주목하라.

풀이 (예 10.22). $K_{m,n}$에 연관된 행렬 L_0은 다음의 블록 구조를 갖는다.

$$\begin{pmatrix} n \cdots 0 & -1 \cdots -1 \\ \cdots & \\ 0 \quad n & -1 \cdots -1 \\ -1 \cdots -1 & m \cdots 0 \\ \cdots & \\ -1 \cdots -1 & 0 \quad m \end{pmatrix}$$

즉, 처음 m행이 비슷하고, 마지막 $n-1$행이 비슷하다. 열에 대하여도 마찬가지이다.

행렬식을 구하기 위하여, 정리 10.20의 증명에서와 같은 방법을 이용한다. 다시 말하여, 모든 행을 첫 행에 더하여 $(1, 1, \cdots, 0, \cdots, 0)$을 얻고 이 행을 마지막 $n-1$행에 더하여

$$\begin{pmatrix} 1 \ \cdots \ 1 & 0 \ \cdots \ 0 \\ \cdots & \\ 0 \quad\quad n & -1 \ \cdots -1 \\ 0 \ \cdots \ 0 & m \ \cdots \ 0 \\ \cdots & \\ 0 \ \cdots \ 0 & 0 \quad\quad m \end{pmatrix}$$

을 얻는다. 따라서 $\det L_0 = n^{m-1}m^{n-1}$이다.

대칭 관념은 v_n을 무시함으로써 약간 손상 받을지 모른다. 그래프에 서로 다른 차수를 가진 점이 많을 때에는 v_n을 어느 점으로 고를지 명백하지 않다. 물론, 정리 10.20은 모든 v_n에 대하여 성립하지만 $\det L_0$을 계산하는 것은 선택을 잘못하면 복잡해진다.

이 문제를 해결하는 한 가지 방법은 다음의 다른 행렬-트리 정리를 사용하는 것이다.

정리 10.23 행렬–트리 정리, 고유값 이용(Matrix–Tree theorem, eigenvalue version)

U를 정리 10.20의 그래프라 하고, L을 정리 10.20에서 L이 $n \times n$ 행렬이라는 점만 제외하고 L_0과 같은 방법으로 정의한다. L의 고유값을 $\lambda_1, \lambda_2, \cdots, \lambda_n$이라 표시하는데 $\lambda_n = 0$이라 한다. 그러면 U의 신장 트리의 수는

$$\frac{1}{n}\lambda_1 \lambda_2 \cdots \lambda_{n-1}$$

이다.

한마디

이제, "0이 L의 고유값인지 어떻게 아는가?"하고 물을 것이다. 답은 L의 행의 합은 0이고 따라서 행들은 선형 의존적이다. 그러므로 $\det L = 0$이고 0이 고유값이다. 행렬 L을 U의 라플라시안(Laplacian)이라 한다.

정리 10.23은 정리 10.20에 의해 더 이상의 조합론을 이용하지 않는 대수적 조작으로 증명되는데 여기에서 증명하지는 않는다.

정리 10.23을 이용하기 위하여, L의 고유값을 찾을 수 있어야 한다. 선형대수학에서 L이 4×4 보다 크면 이를 찾는 일반적인 방법이 없다는 것을 기억할 것이다. 그러나 좋은 그래프 즉 자기동형사상이 많은 그래프에 대하여는 영리한 방법으로 고유값을 구할 수 있고, 정리 10.23을 이용하여 U의 신장 트리의 수를 구할 수 있다. 연습문제에서 예를 본다.

지금은 특별한 경우를 논의하자. U가 정규 그래프이면, 즉 모든 점의 차수가 d이면, $dI - A = L$임을 안다. 여기에서 A는 U의 인접 행렬이다. $\alpha_1, \alpha_2, \cdots, \alpha_n$이 A의 고유값이면, $d-\alpha_1, d-\alpha_2, \cdots, d-\alpha_n$은 L의 고유값이다. 따라서 L의 고유값을 구하려면, A의 고유값을 구하면 충분하다.

예제 10.24

$U = K_n$이라 한다. 그러면 A의 고유값은 $n-1, -1, -1, \cdots, -1$이고, 따라서 L의 고유값은 $n, n, \cdots, n, 0$이며 이는 K_n이 n^{n-2}개 신장 트리를 가짐을 보인다.

풀이 $A + I = J$, 즉 각 원소가 1인 행렬임에 주목한다. 이 행렬은 랭크(rank)가 1이므로 $n-1$개 고유값이 0이다. J의 대각합(trace)은 n이고, 모든 행렬의 대각합은 고유값의 합이므로, 나머지 고유값은 n이다. $A = J - I$이므로, A의 고유값은 J의 고유값에서 1을 뺀 것이고, 정리는 증명된다.

Notes

그래프의 신장 트리의 수를 어떤 오일러 순환에 연계시키는 결과의 개괄 뿐 아니라, 행렬-트리의 보다 일반화된 논의는 리차드 스탠리의 계수 조합론(Enumerative Combinatorics) 제 2권 [42]에 있다. 케일리의 공식의 다른 증명은 라즐로 로바쉬(László Lovász)의 조합 문제와 연습문제(Combinatorial Problems and Exercises)

[27]에 있는데, 이 책은 그래프 이론의 어려운 연습문제의 종합적인 출처이다. 계수 조합론 소개(Introcuction to Enumerative Combinatorics) [7]의 5장은 그래픽 계수(graphical enumeration)의 도입 교재이다. 하라리-팔머(Harary-Palmer)의 그래픽 계수(Graphical Enumeration) [23]는 전권에 걸친 이 분야의 교재이다.

탐욕 알고리듬이 적용되는 구조는 관련 서적이 여럿 있을 만큼 조합론(그리고 다른 분야)에서 중요하여 매트로이드(matroid)라는 자신의 이름이 있다. 이 이름은 어떤 의미에서, 매트로이드가 행렬의 일반화이기 때문에 붙은 이름이다. 관심 있는 독자들은 [34]를 보라.

연습문제 Exercises

1. $n \geq 2$라 하고 $a_1 \geq a_2 \geq \cdots \geq a_n$을 $a_1 + a_2 + \cdots + a_n = 2n-2$인 양의 정수의 수열이라 한다. 차수가 $a_1, a_2, \cdots, a_n$인 n개 점의 트리 T가 존재함을 증명하라.

2. 완전 k진 트리(complete k-ary tree)는 각 점이 k개나 0개 자식을 가진 근 트리이다. T가 잎이 아닌 점을 m개 가진 이러한 트리라 한다. T가 몇 개의 잎을 가지는가?

3. $n \geq 3$에 대하여 n개 점에서 동형이 아닌 트리의 수 t_n은 $p(n-2)$ 이상임을 증명하라.

4. n이 충분히 크면, 위의 문제에서 보다 좋은 t_n의 하한이 존재함을 증명하고 그러한 하한을 찾아라.

5. $n \geq 3$일 때 T를 $[n]$에서의 트리라 한다. 가장 작은 라벨을 가진 T의 잎을 없애고 그것의 이웃(neighbor, 인접한 점)을 기록하라. 같은 절차를 두 개의 점과 한 개의 선분을 가질 때까지 계속하라. 이 절차로 길이 $n-2$인 $[n]$의 수열, T의 프뤼퍼(Prüfer sequence) 수열, 프뤼퍼 코드가 생긴다.

이 알고리듬은 $[n]$에서의 모든 트리의 집합에서 $[n]$에서의 길이 $n-2$인 수열로의 전단사함수를 정의함을 증명하라. 정리 10.7을 유도하라.

6. 함수 $f : [n] \to [n]$은 $[n]$에서의 작용에서 길이가 1보다 긴 순환이 없으면 무순환(acyclic)이라 한다. $[n]$에서의 무순환 함수의 개수가 $(n+1)^{n-1}$임을 보여라.

7. 어느 일방 통행 도로에 n개의 주차 자리 $1, 2, \cdots, n$이 있다. 차 $1, 2, \cdots, n$이 차례대로 도착한다. 차 i가 가장 선호하는 자리는 $f(i)$이다. 차가 도착하면, 가장 선호하는 자리로 간다. 그 자리가 비어 있으면 그곳을 택하고, 아니면 옆의 자리로 간다. 다시, 그 자리가 비어 있으면 그곳을 택하고, 아니면 옆의 자리로 간다. 어떤 차가 마지막 자리에서 떠나야 한다면 주차에 실패한 것이다. 이 절차의 마지막에, 모든 차가 주차 자리를 가지면, f를 $[n]$에서의 주차 함수(parking function)라 한다. $[n]$에서의 주차 함수의 개수는 $(n+1)^{n-1}$임을 보여라.

8. 같은 자리를 선호하는 연속된 원소가 없는 $[n]$에서의 주차 함수의 개수는? 즉 $f(i) \neq f(i+1)$인 $i \in [n]$이 없는 $[n]$에서의 주차 함수의 개수를 센다.

9. G가 $[n]$에서의 단순 그래프이면, G나 $\overline{G}$가 연속이다. 둘 다 연속인 예를 보여라. G의 여함수 $\overline{G}$는 G와 같은 점을 갖고 xy가 $\overline{G}$의 선분인 필요충분조건은 xy가 G의 선분이 아닌 것이다.

10. $[n]$에서의 단순 그래프 G가 연결되어 있지 않다면 가질 수 있는 선분의 최대 수는?

11. H를 n개의 점과 m개의 선분을 가진 그래프라 한다. H가 적어도 $m-n+1$개의 순환을 가짐을 증명하라.

12. F가 n개의 점을 가진 근 숲이라 하고, F를 모든 선분이 근에서 멀어지는 방향인 방향 그래프로 보아라. 다른 근 숲 F'에 대하여, F가 F'을 방향 그래프로서 포함할 때 F가 F'을 포함한다고 한다. 명백히 이 경우에 F는 F'보다 적은 요소를 갖는다. 모든 $i \in [k]$에 대하여 F_i가 i개의 요소를 가지는 $[n]$에서의 근 트리이고 F_i가 F_{i+1}을 포함할 때 $F_1, F_2, \cdots, F_k$를 정제 수열(refining sequence)이라 한다. F_k를 고정한다.

(a) F_k에서 끝나는 정제 수열의 수 $N^*(F_k)$를 구하라.

(b) F_k를 포함하는 근 숲의 수 $N(F_k)$를 구하라.

(c) 케일리 공식을 유도하라.

케일리 공식의 이 증명은 제임스 피트만(James Pitman)에 의한다.

13. k개 요소를 갖는 $[n]$에서의 근 트리의 수의 공식을 구하라.

14. G를 단순 그래프라 하고 A를 G의 인접 행렬이라 한다. 다음 서술이 참인지 거짓인지 판별하라.

(a) A가 실수 고유값만 갖는다.

(b) A의 고유값의 합은 0이다.

(c) A의 행렬식은 항상 양수이다.

15. G를 $n > 1$개 점에서 격리점(isolated vertex)을 갖지 않는 그래프라 하고 A를 G의 접 행렬이라 한다. 다음을 증명하라.

(a) 모든 i에 대하여, $(A^4)_{i,j} > 0$이다.

(b) $i < j$에 대하여 $(A^5)_{i,j}$와 $(A^6)_{i,j}$가 양수이면 G는 홀수 길이의 순환을 가진다.

(c) $i < j$를 정한다. 모든 $k \le n-1$에 대하여 $(A^k)_{i,j} = 0$이면, 모든 k에 대하여 $(A^k)_{i,j} = 0$이다.

16. G가 예 10.22의 단순 이분 그래프이고 A는 G의 인접 행렬이라 한다. 모든 양의 정수 m에 대하여, A^m의 어느 원소가 0인지 설명하라.

17. 완전 삼분 그래프(complete tripartite graph)는 다음과 같이 정의되는 단순 그래프이다. 점들이 A, B, C 세 부분으로 나눠고 서로 다른 부분의 점들 사이에만 선분이 있다. 이 그래프는 $K_{|A|,|B|,|C|}$라 표시한다. 완전 삼분 그래프 $K_{m,m,n}$의 신장 트리의 개수를 구하는 공식을 구하라.

18. (a) 두 개 점에서의 트리의 인접 행렬 A_1의 고유값을 구하라.

(b) 사각형(네 개 선분의 순환)의 인접 행렬 A_2의 고유값을 구하라.

(c) 큐브의 인접 행렬 A_3의 고유값을 구하라.

(d) n차원 큐브의 인접 행렬 A_n의 고유값을 구하라.(n차원 큐브는 $(n-1)$차원 큐브 두 개에서 대응하는 점을 선분으로 연결하여 얻는다.)

19. $[n]$에서의 크기 3 이하인 숲의 개수 f_n의 지수 생성 함수 $F(x)$의 수를 구하라.

20. $G(x)$를 $[n]$에서의 근 트리의 개수 g_n의 지수 생성 함수라 한다. $G(x) = xe^{G(x)}$임을 증명하라.

부가 연습문제 Supplementary Exercises

21. (−) $[n]$에서의 숲의 수가 벨 수 $B(n)$ 이상이라는 것을 보이는 간단한 조합론적 증명을 구하라.

22. (−) 그래프 G의 점 v는, G에서 v와 그에 접하는 선분을 모두 제거하여 얻은 그래프의 연결 요소의 수가 G의 연결 요소의 수보다 많으면 절단 점(cut vertex)이라 한다. 두 개 이상의 점에서의 그래프는 절단 점이 아닌 점을 두 개 이상 가짐을 보여라.

23. (−) 모든 점의 차수가 2 이하인 $[n]$에서의 라벨 있는 트리의 수는?

24. (−) $[5]$에서의 동형이 아닌 숲의 개수를 구하라.

25. (−) $[n]$에서의 동형이 아닌 라벨 있는 숲의 개수는 $p(n)$(n의 분할 수) 이상임을 증명하라.

26. 모든 트리 T에서 가장 긴 두 개의 경로가 교차함을 증명하라.

27. 모든 트리 T에서, 가장 긴 임의의 두 경로는 한 점에서 만남을 증명하라.

28. 유일 순환(unicycle)은 정확히 한 개의 순환을 포함하는 단순 그래프이다. u_n이 $[n]$에서의 유일 순환의 수라 한다. u_n의 공식을 구하라. 공식은 한 개의 합의 기호를 포함한다.

29. 그래프 G의 두 점 x, y 사이의 거리(distance) $d(x, y)$는 x, y 사이의 최단 경로의 선분의 수로 정의한다. 모든 점 $v \in G$에 대하여

$$td(v) = \sum_{w \in G} d(v, w)$$

라 정의한다. 즉, $td(v)$는 G의 모든 점으로부터 v까지의 거리를 나타낸다. G의 중심(center)을 $td(v)$가 최소인 v의 집합이라 정의한다. G가 트리이면, G의 중심에는 한 점이나 인접한 두 점이 있음을 증명하라.

30. $[n]$에서의 트리 중 2^{n-1}개 보다 많은 유도된 부분트리를 갖는 예를 보여라. 모든 $n \geq 1$에 대하여 적용되는 예를 구하라.

31. 적어도 한 개의 선분과 항등 함수가 아닌 자기동형사상을 갖는 최소의 트리를 구하라.

32. a가 $a < e$인 양의 실수이다. $n > N$이면, n개 점에서의 a^n개의 동형이 아닌 트리가 존재하는 양의 정수 N이 있음을 증명하라.

33. 일곱 개의 점에서의 동형이 아닌 트리의 개수를 구하라.

34. T가 101개의 점에서의 트리인데 최대 차수가 10이다. T가 길이 5인 경로를 포함하는가?

35. 트리는 차수 3 이상인 점보다 많은 잎을 가짐을 증명하라.

36. 차수열이 같은 동형이 아닌 두 트리를 찾으라.

37. n개 점에서의 트리의 자기동형사상의 개수의 최댓값을 구하라.

38. n이 충분히 크면, 다음 서술이 참임을 증명하라. n개 점을 가진 모든 그래프 G에서, G나 $\overline{G}$가 순환을 포함한다. 이것이 성립하기 위하여 n은 얼마나 커야 하는가?

39. G가 단순 연결 그래프이다. 다음 서술이 참인지 거짓인지 판별하라.

(a) e가 G의 선분이면, e를 포함하는 G의 신장 트리가 있다.

(b) e와 f가 G의 선분이면, e와 f를 포함하는 G의 신장 트리가 있다.

(c) e, f, g가 G의 선분이면, e, f, g를 포함하는 G의 신장 트리가 있다.

(d) F가 순환이 없는 G의 선분의 집합이면, F를 포함하는 G의 신장 트리가 있다.

40. G가 연결 그래프이고 T_1과 T_2가 G의 신장 트리이다. T_1이 바로 전의 트리에서 선분을 하나 더하여 얻는 중간 트리들의 열을 거쳐, T_2가 됨을 보여라.

41. (+) (선형 대수 지식 필요) T를 n개 점에서의 토너먼트라 한다. T의 인접 행렬은 랭크가 n이거나 $n-1$임을 증명하라. 두 경우의 예를 들라.

42. (++) 모든 무방향 트리 G에 대하여, $A(G)$의 서로 다른 고유값의 수는 G의 지름보다 크다는 것을 증명하라. 연습문제 29에서와 같이 x, y 사이의 거리를 $d(x, y)$라 할 때 G의 지름(diameter)은 다음과 같다.

$$\max_{x,\, y \in G} d(x,\, y)$$

43. A가 K_n으로부터 선분 한 개를 뺀 그래프라 한다. A의 신장 트리의 수의 공식을 구하라.

44. G가 각 점의 차수가 d인 정규 그래프라 한다. $L(G)$의 고유값을 $A(G)$의 고유값으로 표현하라.

45. 위의 연습문제의 결과를 이용하여 연습문제 18에서 서술한 각 그래프의 신장 트리의 수의 공식을 구하라.

CHAPTER 11장

좋은 짝짓기. 색채론과 짝짓기

11.1 소개

어느 휴대폰 회사가 세 가지 다른 주파수에서 서비스를 제공한다. 기존의 지역에서 새로운 지역으로 확장하여 열 개의 송전탑을 세우려 한다. 각 탑은 한 가지 주파수로만 송신하고, 같은 주파수로 송신하는 탑은 반드시 50 마일보다 떨어져야 한다. (탑의 정확한 위치를 아는 상태에서) 이것이 가능한지, 즉 적절한 주파수 할당이 가능한지 판단하자.

이 문제를 조합론의 언어로 어떻게 번역할 수 있는가? 독자는 아마도 이 문제의 그래프 이론적 표현을 발견할 수 있다고 추측할 것인데, 아니라면 이 장에서 제기되지 않았을 것이다. 주어진 탑을 나타내는 그래프 G의 점의 자연스러운 후보는 탑 자신이다. 두 점이 언제 선분으로 연결되어야 하는가? 이 문제를 해결하기 위하여 점들의 쌍을 거리가 50 마일 이하인 점들(같은 주파수에서 송신할 수 없는 탑들)의 쌍과 거리가 50 마일 초과인 점들(같은 주파수에서 송신할 수 있는 탑들)의 쌍의 단지 두 가지 종류로 구분한다. 그러므로 A와 B에 해당하는 탑의 간격이 50 마일 미만일 때 A와 B 사이에 선분이 있도록 정의하는 것이 타당하다.

탑의 거리에 관한 모든 정보를 그래프 G로 어떻게 표현하는지 알았으니 "좋다"고 할 수 있다. 그러나 이는 탑에 주파수가 적절하게 할당될 수 있는지 여부를 결정하는데 도움이 되는가? 결국, G는 서로 다른 주파수에 관한 어떤 정보, 그 개수마저도 포함하지 않는다.

이 염려는 타당하다. G에 더 많은 정보를 제공하기 위하여 점을 색칠한다. 점을 해당하는 탑에 주파수 1이 할당되면 빨강색으로, 주파수 2가 할당되면 파랑색으로, 주파수 3이 할당되면 녹색으로, 주파수 4가 할당되면 노랑색으로 칠할 것이다.

다음 성질은 그래프 G의 정의로부터 얻는 직접적인 결과이다.

성질 11.1

C를 열 개의 탑의 집합이라 하고 G를 위에 묘사한 대로 C에 정의된 그래프라 한다. C의 탑에 네 가지 주파수를 할당할 수 있는 필요충분조건은 인접한 두 점이 같은 색이 되지 않도록 G의 점을 네 가지 색으로 색칠할 수 있는 것이다.

다음 정의는 주어진 그래프의 점을, 인접한 점들이 같은 색을 갖지 않도록 색칠하는 것이 얼마나 어려운지 설명하는 간단한 방법을 제시한다.

정의 11.2

G의 크로마틱수(Chromatic number)는 $\psi(G)$로 표시하는데, G의 점을, 인접한 점들은 다른 색이 되도록 k가지 색으로 색칠하는 최소의 k이다.

그래프의 점을, 인접한 점들은 다른 색이 되도록 k가지 색으로 색칠할 수 있으면 그래프는 k-색칠가능하다고 한다.

예제 11.3

오각형의 크로마틱수는 3이다. 사실 두 가지 색은 충분하지 않고 세 가지 색은 그림 11.1과 같이 충분하다.

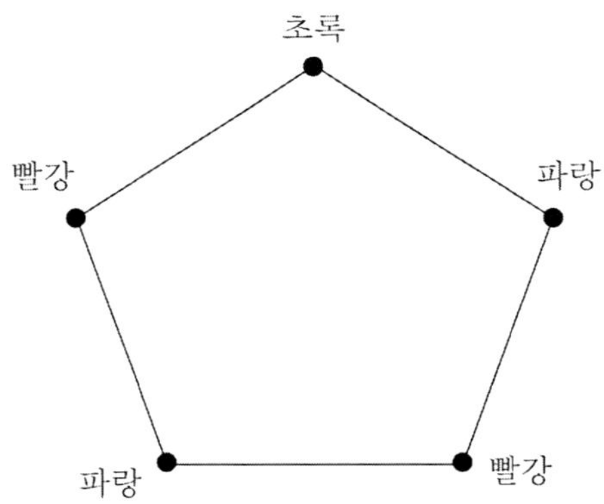

그림 11.1 오각형은 3-색칠 가능하다.

이 장의 나머지 부분에서 그래프는 연결되었다고 가정한다. 이 가정은 연결되지 않은 그래프의 서로 다른 요소의 색칠은 독립적이므로, 일반성을 잃지 않는다. 유사하게, 인접한 두 점에 선분을 더해도 그 두 점에 새로운 제약을 주지 않으므로(두 점은 어쨌든 같은 색으로 색칠할 수 없다), 그래프는 단순 그래프라고 가정할 수 있다.

11.2 이분 그래프

k-색칠가능한 특별한 경우 중 가장 중요한 경우는 $k=2$일 때이다. 이 경우는 조합론에서 편재하므로 자신의 이름이 있다.

정의 11.4

2-색칠가능한 그래프는 이분 그래프(bipartite graph)라 한다. 다시 말하여, 그래프 G의 점집합을 교집합이 없는 A와 B(색의 클라스들)로 나누어, 각 선분이 A의 점과 B의 점을 연결하도록 할 수 있으면 G를 이분 그래프라 한다.

이분 그래프의 예가 그림 11.2에 있다. 각 색의 클라스에 선분이 없음을 주목하라.

예로, 모든 트리는 임의의 점을 빨강색으로 칠하고, 그 점의 이웃을 파랑색으로 칠하고, 두 번째 이웃을 빨강색으로 칠하는 방법으로 계속할 수 있으므로, 이분 그래프이다. 이 알고리듬은 트리에 순환이 없으므로, 이미 칠한 점에 다시 돌아가지 않기 때문에 적용할 수 있다. 이분 그래프의 다른 예는 사각형, 육각형, 팔각형 등, 점의 색을 바꿔가며 칠할 수 있는 그래프이다.

이분 그래프가 아닌 쉬운 예는 삼각형이다. 한 점 A가 빨강색이면, A의 두 이웃 중 한 점은 파랑색이 될 수 있지만 다른 점은 칠할 색이 없다. 또한 명백히 삼각형을 포함하는 어떤 그래프도 이분 그래프가 될 수 없다.(삼각형조차 2-색칠가능하지 않기 때문이다.)

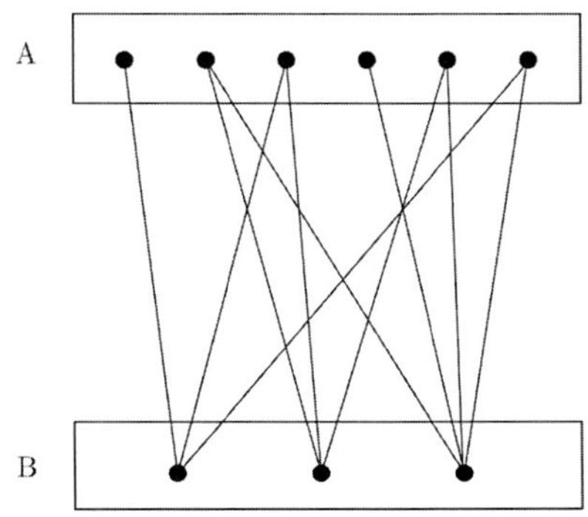

그림 11.2 이분 그래프

그래프가 삼각형을 포함하지 않는다면 이분 그래프인가? 그림 11.1에서 볼 수 있는 것처럼 오각형이 반례이므로 사실이 아니다. 여기에서 오각형에 대하여 불가사의한 것은 없으며, 독자는 홀수 길이의 순환이 2-색칠가능하지 않고, 따라서 홀수 길이의 순환을 포함하는 그래프가 2-색칠가능하지 않다는 것을 쉽게 알 수 있다.

다음 정리는 이 사실로써 이분 그래프를 완전히 규명할 수 있음을 보여준다.

정리 11.5

그래프 G가 이분 그래프일 필요충분조건은 홀수 순환을 포함하지 않는 것이다.

증명 언급했듯이, 필요조건임을 증명하기는 쉽다. G가 홀수 길이의 순환 $A_1\,A_2 \cdots\, A_{2m+1}$을 포함한다고 가정하자. 일반성을 잃지 않고 A_1이 빨강색이라고 가정한다. 그러면 A_2는 파랑색이고 따라서 A_3은 빨강색, A_4는 파랑색, 등이고 마지막에 A_{2m+1}은 빨강색이다. 그러나 A_1A_{2m+1}이 선분이므로 이는 허용되지 않는다.

충분조건임을 보인다. G가 홀수 순환을 포함하지 않는다고 하고 G의 점 V를 빨강색으로 칠한다. 임의의 다른 점 W의 색을 다음과 같이 정한다. V에서 W로의 최단 거리가 짝수이면 W를 빨강색으로 칠하고, 최단 거리가 홀수이면 W를 파랑색으로 칠한다. 이 색칠이 좋은 색칠임을, 즉 이 색칠에서 같은 색의 인접한 점이 없음을 보인다.

아니라면, P와 Q가 인접한 빨강색 점이라 가정하자. V에서 P로의 최단 경로를 p라 하고 V에서 Q로의 최단 경로를 q라 한다. 그러면 p와 q는 짝수 개의 선분을 갖고, V에서 p를 따라 P로 진행한 후, PQ를 지나고, Q에서 q를 따라 V로 진행하는 홀수 길이의 닫힌 워크 C를 얻는다. p와 q에 공통으로 있는 선분을 빼면, C는 선분이 겹치지 않는 순환의 합그래프가 된다. 이 순환들의 선분의 수의 합이 홀수이므로, 적어도 한 순환은 홀수 순환인데 이는 모순이다.

P와 Q가 파랑색이라 가정해도, 두 개 홀수의 합은 짝수이므로, 같은 방법으로 C는 홀수 개의 선분을 갖는다.

n개 점에서의 단순 이분 그래프 G의 선분의 수는 몇 개가 가능할까? 주의 깊은 독자는 이 질문의 답은 일종의 상한일 것이라는 직관을 가질 것이다. 사실 거의 선분이 없는 이분 그래프를 만드는 것은 어렵지 않다. 예로 숲은 순환을 갖지 않으므로 홀수 순환을 가질 수 없다. 따라서 모든 숲은 이분 그래프이다. 그러나 새로운 점을 더하지 않으면서 새로운 선분을 더해 간다면, 곧 홀수 순환을 가질 것이라고 생각할 수 있다. 사실상, 완전 그래프 K_n은 $n \geq 3$이라면 당연히 홀수 순환을 갖는다.

전환점은 어디인가? G가 홀수 순환을 포함하지 않으면서 가질 수 있는 선분의 최대 수는 몇 개인가? 숲은 $n-1$개 선분까지만 허용한다. 최종 답이 n의 선형 함수일까, 아니면 $n^{\alpha}(1 \leq \alpha < 2)$ 정도일까, 아니면 완전 그래프의 선분의 수인 $\binom{n}{2}$ 미만의 상수일까?

정리 11.6

G를 n개 점에서의 단순 이분 그래프라 한다. 그러면 G의 선분의 수는 n이 짝수이면 $n^2/4$ 이하이고 n이 홀수이면 $(n-1)^2/4$ 이하이다.

증명 G가 n개 점에서 단순 이분 그래프 중 선분의 수가 최대인 그래프라 하고 두 색의 클라스의 크기를 a와 b로 표기한다. 자명하게 G에서 한 가지 색의 클라스의 각 점은 다른 색의 클라스의 각 점과 인접한다. 사실 두 가지 색의 클라스의 점들 사이에 없는 선분이 있다면, 그 선분을 G에 더할 수 있고, 이는 가정에 모순이다. 따라서 G는 $ab=a(n-a)$개의 선분을 갖고, 정리는 초보적인 미적분학에 의하여 증명된다.(단순히 어느 $a \in [1, n]$에서 $f(a)= a(n-a)$가 최소인지 찾으면 된다.)

이 증명에서 사용한 이분 그래프, 한 가지 색의 클라스의 각 점이 다른 색의 클라스의 각 점과 인접한 그래프는 중요하므로 이름이 있는데 완전 이분 그래프(complete bipartitie graph)이다. 완전 이분 그래프는 두 색의 클라스의 크기가 각각 a, b라면 $K_{a,b}$라 표기한다.

따라서 이분 그래프는 트리보다 훨씬 많은 선분을 가질 수 있고 그에 따라, 훨씬 풍부한 구조를 갖는 것을 볼 것이다. 초보자를 위하여, 정리 11.6의 결과를 자세히 보자. H를 $2m$개의 점에서의 단순 그래프라 한다. H가 m^2개의 선분만을 가진다면, H는 이분 그래프이고 사실상 $K_{m,m}$일 수 있다. H가 m^2개보다 많은 선분을 가지면, 정리 11.6에 의하여 H는 이분 그래프가 아니다. 다시 말하여 H는 홀수 순환을 갖는다. 다음 보조정리는 더 엄밀한 결과를 보여준다.

보조정리 11.7

H가 $2m$개의 점($m \geq 2$)과 m^2+1개 이상의 선분을 갖는 단순 그래프이면 H는 삼각형을 포함한다.

증명 m에 관한 귀납법으로 증명한다. $m=2$라면, H는 5개 이상의 선분을 갖는 K_4의 부분그래프이다. 정리 11.6에 의해 H는 이분 그래프가 아니고 홀수 순환을 포함한다. H가 단지 네 개 점을 가지므로 그 홀수 순환은 삼각형이다.

2 이상이고 m보다 작은 모든 수에 대하여 성립한다고 가정하자. H를 정리에 서술된 그래프라 하고 F와 G를 인접한 점이라 한다. F와 G의 차수의 합이 $2m$보다 크다면, 공통 이웃 T를 갖고 FGT는 삼각형이다. 한편 F와 G의 차수의 합이 $2m$ 이하이면, H로부터 F와 G, 그리고 그에 인접한 모든 선분을 지우면 그래프의 선분의 수는 $2m-1$개 이하 감소한다.(선분 FG는 두 차수의 합에 두 번 포함된다.) 따라서 이 점과 선분을 지운 후 $2m-2$개 이하의 점과 $m^2+1-(2m-1)=m^2-2m+2=(m-1)^2+1$개 이상의 선분을 갖는 그래프를 얻는다. 이러한 그래프는 귀납적 가정에 의해 삼각형을 포함하고, 주장은 증명된다.

따라서 $2m$개 점에서, 이분 그래프에 허용된 수보다 하나 많은 선분을 가진 그래프는 단지 홀수 순환을 포함할 뿐 아니라 가장 짧은 홀수 순환인 삼각형을 포함함을 안다. 그럼에도 불구하고 정말 놀라운 사실은 다음이다.

정리 11.8

H를 $2m$개의 점($m \geq 2$)과 m^2+1개 이상의 선분을 갖는 단순 그래프라 한다. 그러면 H는 적어도 m개의 삼각형을 포함한다.

H가 m^2개의 선분을 가지면 홀수 순환을 갖지 않을 수도 있는데, 한 개의 선분을 더 가짐으로써 적어도 m개의 삼각형을 가진다! m개 점을 갖는 트리에는 비슷한 사실이 없다. m개 점과 $m-1$개 선분을 갖는 연결된 그래프는 트리이다. 선분을 하나 더함으로써 순환을 정확히 하나 갖는데, 그 길이는 트리에 따라 다양하다.

증명 선분이 더 있어도 삼각형을 없애지는 않으므로, H가 정확히 m^2+1개 선분을 가진다고 가정한다.

m에 관한 귀납법으로 증명한다. $m=2$라면, 그래프는 네 개의 점과 다섯 개의 선분을 가지므로 K_4에서 한 개의 선분을 뺀 그래프이고 두 개의 삼각형을 포함한다.

2 이상이고 m보다 작은 모든 수에 대하여 성립한다고 가정하자. H를 정리에 서술된 그래프라 한다. 보조정리 11.1은 H가 적어도 한 개의 삼각형 ABC를 포함한다는 것을 보여준다. 나머지 $m-1$개의 삼각형을 찾아야 한다.

ABC의 점과 다른 점을 연결하는 선분의 수에 따라 세 가지 경우로 구분한다. 이러한 선분의 수가 어떤 $x \geq 1$에 대하여 $2m-3+x$라면, ABC의 두 점과 다른 한 점으로 구성된 x개의 삼각형이 있다고 주장한다. 사실 다른 한 점이 ABC의 두 점에 연결되어 있다면, 삼각형을 형성하는데 $2m-3$개의 다른 점이 있으므로,

주장은 비둘기집 원리에 의해 증명된다.

증명의 윤곽은 다음과 같다. ABC의 점과 다른 점 사이에 선분이 많이 있다면, ABC의 두 점과 다른 한 점으로 이루어진 삼각형이 많이 있다. 그러한 선분이 적게 있다면 다른 점 사이에 선분이 많아서 귀납적 가정을 부분그래프(와 기타 점)에 적용시킬 수 있다.

(1) $x \geq m-1$이면, $m-1$개 삼각형을 찾았으므로 증명되었다.

(2) $1 \leq x < m-1$이면, ABC의 점과 다른 점 사이의 선분의 수는 $(2m-3)+(m-2)=3m-5$이하이다. ABC가 3개의 선분을 가지므로, $2m-3$개의 다른 점으로 생성되는 부분그래프 R의 선분의 수는 $m^2+1-(3m-5)-3=m^2-3m+3=(m-1)(m-2)+1$ 이상이다. R의 점 중 최소 차수의 점을 지우면 비둘기집 원리에 의하여 $2m-4$개의 점과 다음 개수의 선분을 갖는 그래프 R'을 얻는다.

$$(m-1)(m-2)\frac{2m-4}{2m-3}=(m-2)^2\frac{2m-2}{2m-3} > (m-2)^2$$

R'은 $(m-2)^2+1$개 이상의 선분을 가지므로 귀납적 가정에 의하여 $m-2$개 이상의 삼각형을 갖는다. 이전 문단에서 본 것처럼, ABC의 두 점과 다른 한 점으로 생성된 x개의 삼각형이 있다. 우리의 경우에 $x \geq 1$이므로, 필요한 $m-1$개의 삼각형을 발견했다.

(3) 마지막으로, ABC와 다른 점을 연결하는 선분의 수가 $2m-3$ 이하인 경우를 고려한다. 그러한 선분이 적어도 하나 있다고 가정할 수 있음을 주목한다. 아니라면 R가 m^2-2개의 선분을 가지므로 ABC의 어느 한 점을 R에 추가하여 $2m-2$개의 점과 $m^2-2 \geq (m-1)^2+1$개의 선분을 갖는 그래프를 생성하고, 귀납적 가정에 의하여 정리는 증명된다. 따라서 R의 선분의 수가 $m^2+1-(2m-3)-3=(m-1)^2$ 이상이다. 다른 점에 인접한 ABC의 한 점을 R에 더하여 $2m-2$개의 점과 $(m-1)^2+1$개의 선분을 갖는 그래프를 얻는데, 귀납적 가정에 의하여 그 그래프는 적어도 $m-1$개의 삼각형을 포함한다.

다시 말하여, $2m$개의 점을 가진 공그래프에서 시작하여, 임의의 선분을 계속 더하면, 그래프가 삼각형을 포함한다고 확신하자마자, m개의 삼각형을 포함한다고 확신한다.

11.3 이분 그래프의 짝짓기

이분 그래프는 실생활에 많이 존재한다. 예로, m개의 일자리와 n명의 지원자를 고려하라. $m+n$개의 점에서의 그래프 G를 다음과 같이 정의한다. 첫 m개 점은 일자리에 해당하고 다음 n개 점은 지원자에 해당한다. 지원자가 일자리에 맞는 자격을 갖추었을 때 해당하는 두 점을 선분으로 연결한다. 선분이 처음 m개 점과 다음 n개 점 사이에만 가능하므로 G는 당연히 이분 그래프이다. 그림 11.3은 그러한 그래프의 예이다.

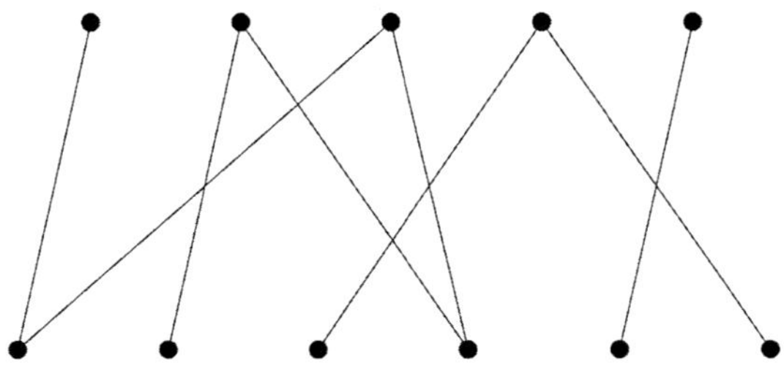

그림 11.3 모든 일자리에 자격 있는 지원자를 채우려는 그래프

각 일자리에 자격 있는 사람을 정확히 한 명 고용해야 한다. 이 문제를 그래프로 어떻게 설명하는가? 11.1절에서와 마찬가지로, 우리의 모델이 더 많은 정보를 갖도록 정제할 것이다. 일자리 A에 지원자 a를 고용하면 그래프 G의 선분 aA를 고딕체로 바꾸고 다음에 다른 일자리 B에 지원자 b를 고용하면 그래프 G의 선분 bB를 고딕체로 바꾸는 등이다. 이 고용 알고리듬이 진행되며 더 많은 선분이 고딕체로 바뀐다. 고딕체 선분의 집합의 중요한 성질은 고용 알고리듬의 어느 시점에서도 점을 공유하지 않는 선분(vertex-disjoint edges)으로 구성된다는 것이다. 사실상, 어떤 일자리에도 두 명 이상의 지원자를 고용하지 않고 어떤 지원자도 둘 이상의 일자리를 받아들이지 않는다.

고용 알고리듬이 끝나고, m개 일자리가 채워지면, m개의 고딕체의 선분이 있을 것이다. m개 미만의 자리가 차고, 나머지 자리에 자격 있는 사람이 없다면, 이는 더 이상 고딕체가 아닌 선분을 고딕체의 선분으로 바꾸어 모든 고딕체의 선분이 점을 공유하지 않도록 할 수 없음을 의미한다. 따라서 다음 성질은 즉각적으로 얻는 결과이다.

성질 11.9

S가 고용 문제 즉 m개의 일자리와 n명의 지원자와 각 지원자의 자격에 대한 적당한 정보라 한다. S의 m개 일자리를 채울 수 있는 필요충분조건은 위에 정의된 그래프 G에서 m개의, 점을 공유하지 않는 선분을 찾는 것이다.

그림 11.3의 그래프에 대하여 그림 11.4와 같이 모든 일자리를 채울 수 있다.

그래프의 선분의 집합에서, 선분이 점을 공유하는지는 중요한 질문이 될 수 있다. 이는 다음 정의를 보장한다.

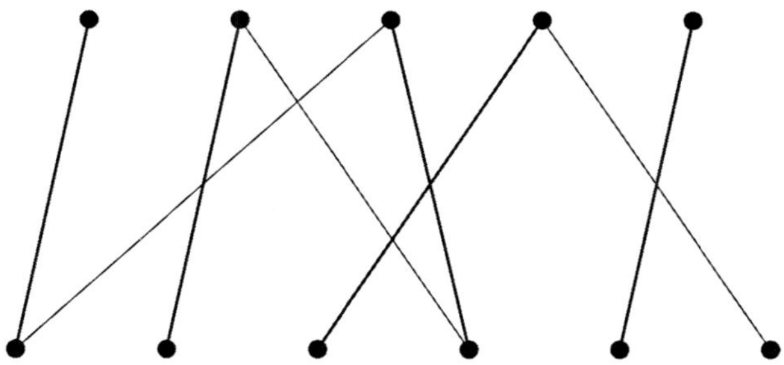

그림 11.4 점을 공유하지 않는 최대 선분의 집합

정의 11.10

S가 그래프 G의 선분의 집합이다. S의 어떤 두 선분도 점을 공유하지 않는다면 S를 G의 짝짓기(matching)라 한다. G의 모든 점을 S의 선분으로 덮을 수 있으면 (S의 선분에 인접하면) S를 완벽 짝짓기(perfect matching), 1-요소 분해(1-factorization)라 한다.

짝짓기는 어떤 문맥에서는 독립적인 선분의 집합(independent set of edges)이라 한다. 위의 정의는 G가 이분 그래프일 것을 요구하지 않음에 주의하라. 그러나 당분간, 우리의 논의를 현실에서 매우 유용한 그래프인 이분 그래프에 제한할 것이다.

정의 11.11

$G=(X, Y)$를 이분 그래프라 한다. S가 X의 모든 점을 덮는 G의 짝짓기이면 S를 X에서 Y로의 완벽 짝짓기라 한다.

짝짓기 S에 특별히 관심이 있는 것이 아니고 X에서 Y로의 완벽 짝짓기가 있다는 사실에만 관심 있다면, X에서 Y로의 짝짓기가 있다 또는 X가 Y에 짝지어 질 수 있다고 한다.

$G=(X, Y)$가 이분 그래프일 때 적어도 두 가지 질문이 있다. X에서 Y로의 완벽

짝짓기가 있는가? (이 전의 논의에서, 이는 모든 일자리가 채워질 수 있는가 하는 문제이다.) G의 최대 짝짓기를 어떻게 발견하는가?

첫째 X에서 Y로의 완벽 짝짓기가 있는지 판단하도록 하자. 우선 완벽 짝짓기가 있으면 그래프 G가 당연히 갖는 필요조건을 찾아보자. 그 중 한 가지는 우리가 원하는 짝짓기 S의 모든 선분이 X의 점과 Y의 점에 접해야 하므로, X에서 Y로의 단사함수를 정하면 $|X| \le |Y|$는 필요조건이다. 자명하게, 차수 1인 X의 두 점 a, b가 같은 점 $y \in Y$에 인접한다면, 문제가 생긴다. 사실 두 점 중 한 점은 e에 의하여 y로 짝지어질 수 있으나, 그렇게 되면 다른 점에서 출발하여 e와 만나지 않는 선분을 발견할 가능성은 없다. $\{a, b\}$에서 Y로의 완벽 짝짓기조차 없으므로, X에서 Y로의 완벽 짝짓기가 없다.

이러한 쉬운 필요조건을 일반화하는 것은 어렵지 않다. $T \subseteq X$에 대하여 T의 점의 이웃의 집합을 $N(T)$로 표기한다. 즉, $y \in Y$가 $N(T)$의 원소인 필요충분조건은 xy가 선분인 $x \in T$가 존재하는 것이다. 단지 T를 Y로 짝지으려면, 당연히 우리의 관심을 이분 그래프 $(T, N(T))$에 집중시킬 수 있으므로, 이웃 집합 $N(T)$는 짝짓기에 적절하다. 사실, $N(T)$는 T에서 Y로의 짝짓기에서 선분의 Y에 속하는 끝점으로 가능한 모든 점을 포함한다.

어떤 그래프에서의 이웃을 세는지 혼동될 염려가 있으면, $N_G(T)$라는 기호를 사용한다.

성 질 11.12

$G = (X, Y)$는 이분 그래프이다. X에서 Y로의 짝짓기가 있다면 모든 $T \subseteq X$에 대하여 $|T| \le N(T)$이다.

증명 $|T| > |N(T)|$인 $T \subseteq X$가 존재한다고 가정한다. 그러면 T는 $N(T)$로 짝지어질 수 없다. 이는 T가 Y로 짝지어질 수 없다는 것을 의미한다. 결국 어떤 X에서 Y로의 짝짓기도 T에서 Y로의 짝짓기를 포함해야 하므로 존재할 수 없다.

이 성질은 결국 너무 놀랍지는 않다. 이것은 기본적으로, 우리의 일자리에서 $k-1$명의 자격 있는 지원자만 있는 k개의 자리가 있다면, 모든 일자리를 채울 수 없음을 말하는데 이는 매우 명백하다. 훨씬 더 흥미있는 것은 성질 11.12의 역도 사실이라는 것이다. 이 놀라운 결과는 홀(P. Hall)의 정리로 알려져 있다.

정리 11.13 홀의 정리(P. Hall's theorem)

$G=(X, Y)$가 이분 그래프이다. 그러면 X에서 Y로의 짝짓기가 존재하는 필요충분조건은 모든 $T \subseteq X$에 대하여 $|T| \leq |N(T)|$인 것이다.

증명 필요조건임은 성질 11.12에서 증명하였으므로 충분조건임을 증명하면 된다. 1950년 핼모스(Halmos)와 포근(Vaughn)의 증명을 제시한다.

$|X|$에 관한 귀납법으로 증명하는데 기본 단계는 자명하다. $|X|$보다 작은 음이 아닌 모든 정수에 대하여 성립한다고 가정하고 $|X|$에 대하여 증명한다. 모든 $T \subseteq X$에 대하여 $|T| \leq |N_G(T)|$라 가정한다. 두 가지 경우로 구분한다.

(1) 먼저 모든 $T \subset X$에 대하여, $|T| < |N_G(T)|$라 가정한다. $x \in X$이고 x와 y가 인접한다고 한다. $G' = G-x-y$라 하고, A를 공집합이 아닌 $X-x$의 임의의 부분집합이라 한다. 가정에 의하여 $|A| < |N_{G'}(A)|$이고 따라서 $|N_{G'}(A)| \geq |N_G(A)|-1 \geq |A|$이다. 그러므로 귀납적 가정에 의하여 $X-x$는 G'의 $Y-y$로 짝지어진다. 선분 xy를 이 짝짓기에 더하여 X에서 Y로의 짝짓기를 얻는다.

(2) $|B| = |N_G(B)|$인 $B \subset X$가 존재한다고 가정한다. G를 두 부분그래프 G_1과 G_2로 나누어 개별적으로 귀납적 가정을 만족함을 보인다. G_1을 $B \cup N(B)$로 유도된 부분그래프라 하고, G_2를 G에서 $B \cup N(B)$에 속하는 모든 점을 빼서 얻은 그래프라 한다.

G_1이 귀납적 가정을 만족함을 보기 위하여, 임의의 $T \subseteq B$를 고른다. 그러면 $N_G(T) \subseteq N_G(B)$이고 따라서 $N_{G_1}(T) = N_G(T)$이므로(T의 모든 이웃이 G_1에 있으므로) $|N_{G_1}(T)| = |N_G(T)| \geq |T|$이다.

G_2가 귀납적 가정을 만족함을 보기 위하여, 임의의 $U \subseteq X-B$를 고른다. 그러면 $N_G(U \cup B) = N_{G_2}(U) \cup N_G(B)$이고, 이는 교집합이 없는 합그래프이므로 $|N_{G_2}(U)| = |N_G(U \cup B)| - |N_G(B)| \geq |U \cup B| - |B| = |U|$이다.

귀납적 가정을 G_1과 G_2에 적용하면, B가 $N_G(B)$에 단사 따라서 전사로 짝지어지고 $X-B$가 $Y-N_G(B)$에 짝지어짐을 안다. 그러므로 주장했던 대로 X가 Y에 짝지어진다.

이 정리에는 얼핏 보기에 관계없는 듯한 문제에 대한 흥미로운 응용이 많이 있다. 연습문제 9도 그 중 하나이다.

정리 11.13은 의심할 여지없이 유용하지만, 우리의 모든 질문에 답하지는 않는다. 그것은 그래프의 완벽 짝짓기가 존재한다면 어떻게 발견하는지, 혹은 모든 그래프의 최대 짝짓기를 어떻게 발견하는지 알려주지 않는다.

위의 문장은 우리의 용어에 중요한 주제를 제기한다. 이후로는 극대와 최대는 다른 의미를 갖는다. 그래프 G에서, 짝짓기 M은 새로운 선분을 더해서 연장시킬 수 없으면 극대(maximal)라 한다. 짝짓기 N은 G의 어떤 다른 짝짓기도 N보다 많은 수의 선분을 가질 수 없으면 최대(maximum)라 한다.

이 시점에서, 독자는 최대 짝짓기는 항상 극대 짝짓기이지만, 그 역은 아님을 보임으로써 이들의 미묘한 차이에 대한 이해도를 측정해야 한다. 그런 후에, 후자를 위해 그림 11.5의 예를 보아도 좋다.

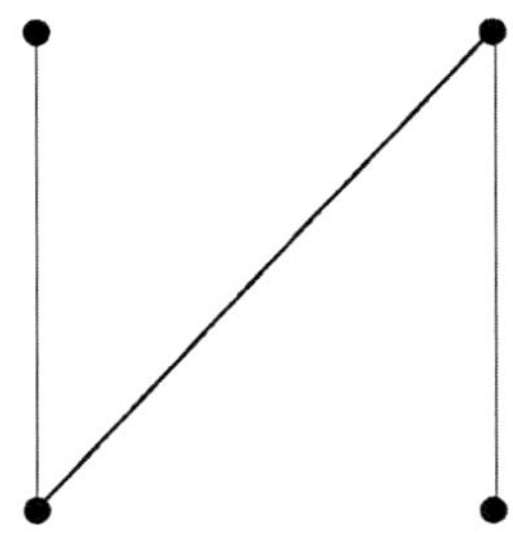

그림 11.5 극대이지만 최대가 아닌 짝짓기

G를 이분 그래프라 하고 M을 G에서의 짝짓기라 한다. 경로 $P = v_1 v_2 \cdots v_r$는 $v_i v_{i+1} \in M$인 필요충분조건이 $v_{i+1} v_{i+2} \not\in M$일 때, 즉 P의 모든 교대선분이 M에 속할 때 M-교대 경로(M-alternating path)라 한다. 더욱이 P의 양 끝점이 M의 선분에 접하지 않는다면, M은 명백히 최대가 아니다. 사실상, $P \cap M$의 선분 대신 $P - M$의 선분을 택하면 더 큰 짝짓기가 된다. 이 경우에 P를 M-확장 경로(M-augmenting path)라 한다. 그림 11.6을 예로 본다. 고딕체의 선분이 M의 선분이고 실선이 $P - M$의 선분이다.

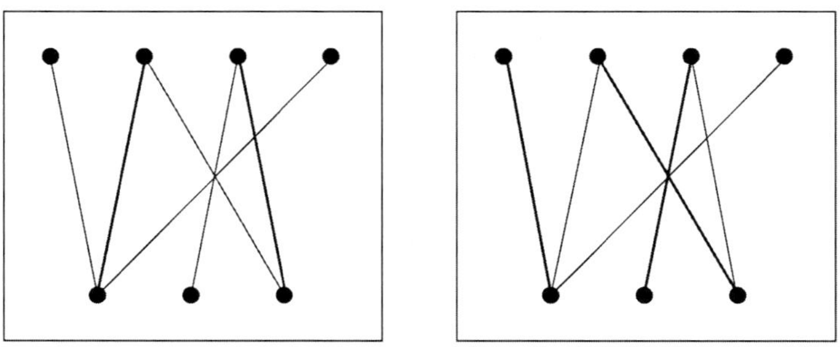

그림 11.6 경로의 연장을 이용한 짝짓기의 연장

G가 이분 그래프라는 사실을 이용하지 않았으므로 교대 경로과 확장 경로에 대한 논의는 모든 단순 그래프에 대하여 성립한다.

확장 경로가 존재하지 않음은 사실상 최대 짝짓기를 규정한다.

정리 11.14

G가 단순 그래프이고 M이 G의 짝짓기이다. 그러면 M이 최대일 필요충분조건은 G가 M-확장 경로를 갖지 않는 것이다.

증명 필요조건임은 그림 11.6 앞의 논의에서 보였다.

충분조건임을 보이기 위하여, G에 M-확장 경로가 존재하지 않는다고 가정하고 $M \neq M$이 G의 최대 짝짓기라 한다. 정확히 M이나 M' 중 하나에 속하는 선분의 집합 $M \oplus M'$을 고려하라. M, M' 모두 짝짓기이므로, $M \oplus M'$의 요소는 짝수 순환이나 교대 경로들이다. M'이 최대이고 M-확장 경로가 없으므로, 이러한 모든 교대 경로는 짝수 길이이다. 따라서 $|M| = |M'|$이고 정리는 증명되었다.

11.4 세 가지 이상의 색

정리 11.6에서 이분 그래프는 너무 많은 선분을 가질 수 없음을 보았다. n개 점에서의 최대의 선분을 갖는 이분 그래프를 원하면 두 색의 클라스의 점의 수가 같거나(n이 짝수이면) 1개 차이인 그래프를(n이 홀수이면) 선택하는 것을 보았다.

이 질문을 이분 그래프 대신 k-색칠가능한 그래프로 일반화하자. 여전히 선분의 수를 최대화하는 최선의 전략은 각 색의 클라스의 점의 수를 가능한 한 비슷하게 나누는 것인가? 다음의 유명한 튜란 정리(P. Turán's theorem)는 이것이 사실임을 보여준다.

튜란 정리를 위하여, $0 \le r \le k-1$에 대하여 $n = tk + r$라 하고 n개의 점을 k개의 부분집합으로 나누어 r개는 크기 $t+1$이고 나머지는 크기 t로 한다. 서로 다른 부분집합에 있는 임의의 두 점을 선분으로 연결한다. 이렇게 얻은 그래프 H를 완전 k-분 그래프(complete k-partite graph)라 한다. 이 그래프의 선분의 수는

$$T(n, k) = \frac{k-1}{2k} \cdot n^2 - \frac{r(k-r)}{2k} \tag{11.1}$$

이다(연습문제 1).

명백히, 첫째 부분집합의 점을 색 1, 둘째 부분집합의 점을 색 2 등으로 칠할 수 있으므로 H는 k-분 그래프이다. n개의 점에서 k-색칠가능한 단순 그래프는 H보다 많은 선분을 가질 수 없음을 보인다.

정리 11.15

G를 n개의 점에서 $T(n, k)$개 보다 많은 선분을 갖는 단순 그래프라 한다. 그러면 G는 K_{k+1}을 부분그래프로 포함한다. 특히 G는 k-색칠가능하지 않다.

증명 G가 n개 점에서 K_{k+1}을 포함하지 않는 그래프 중, 최대의 선분을 갖는 그래프라 한다. G가 $T(n, k)$개 이하의 선분을 가짐을 증명할 것이다.

정리 앞의 문단에서 정의된 t에 관한 귀납법으로 진행한다. $t=0$이면, 정리는 명백하다. $t-1$에 관하여 서술이 참이라고 가정한다. G에 선분을 하나 더하면 G는 K_{k+1}을 부분그래프로 포함한다. 따라서 G는 적어도 한 개의 K_k를 포함해야 한다. 이 그래프를 S라 한다.

G가 몇 개의 선분을 포함할 수 있는지 세어본다. G의 선분은

- S에 있거나
- S의 점과 $G-S$의 점 사이에 있거나
- $G-S$에 있다.

S에는 $\binom{k}{2}$개의 선분이 있다. $G-S$의 각 점은 S의 $k-1$개 이하의 점에 연결된다. 마지막으로 $G-S$에는 $n-k=(t-1)k+r$개 점이 있고 귀납적 가정에 의해 $G-S$에는 $T(n-k, k)$개 이하의 선분이 있다. 따라서 G의 선분의 수는

$$\binom{k}{2}+(n-k)(k-1)+T(n-k, k)=T(n, k) \tag{11.2}$$

이하이다. 이는 G가 $T(n, k)$보다 많은 선분을 가지면, K_{k+1}을 부분그래프로 포함해야 하고 따라서 k-색칠가능할 수 없음을 보인다.

여기에서 두 가지 기술을 숨겼음을 인정한다. 하나는 완전 k-분 그래프 H의 선분의 수 $T(n, k)$의 계산이다. 다른 하나는 식 (11.2)의 증명이다. 자세한 것은 연습문제 1과 2를 보라.

정리 11.15는 어떤 그래프가 k-분 그래프가 아니라는 것을 다소 강한 방법으로 증명하였다. 사실상, 너무 많은 선분을 갖는 그래프는 K_{k+1}을 포함하고, 따라서 k-분 그래프가 아니라는 것을 증명하였다. 명백히 그래프의 크로마틱 수가 $k+1$ 이상이기 위해 K_{k+1}을 포함하여야 하는 것은 아니라는 것을 안다. 예로, G가 길이 5 이상인 홀수 순환이면 K_3을 포함하지 않으면서 크로마틱 수가 3이다. 재미있는 사실은 어떤 의미에서 홀수 순환과 완전 그래프만 큰 크로마틱 수를 요구하는 그래프라는 것이다. 이것이 다음에 증명 없이 서술하는 브룩스(Brooks)의 정리이다.

정리 11.16

$d \geq 3$인 정수이다. G가 홀수 순환이나 완전 그래프가 아닌 그래프로, G의 각 점의 차수가 d 이하라 한다. 그러면 $\chi(G) \leq d$이다.

한편, 모든 n에 대하여 삼각형을 포함하지 않으면서 크로마틱 수가 n인 그래프가 있다.(연습문제 6 참고.) 즉, 그래프의 크로마틱 수가 크면, 차수가 높은 점이 있지만, 큰 완전 그래프를 부분그래프로 가질 수도, 갖지 않을 수도 있다.

11.5 이분 그래프가 아닌 그래프의 짝짓기

이분 그래프가 아닌 그래프의 짝짓기를 발견할 필요가 있는 실제 상황이 많이 있다. 예로 어느 큰 회사가 어떤 작업을 하기 위하여 두 명으로 이루어진 조들을 짜는데 같은 조의 두 명이 서로 알도록 한다. 또는 어느 축구 팀의 이번 주말 대진표를 정하는데 최근 이 년 동안 경기했던 두 팀은 다시 경기하지 않도록 한다.

이러한 예에서, 반드시 이분 그래프는 아닌 그래프에서, 인접하지 않는 선분들을 발견하려고 한다. 다행히 완벽 짝짓기가 존재하는 필요충분조건이 있다. G가 그래프이고 S가 G의 점의 집합의 부분집합이면, $G-S$는 G에서 S의 원소와 그에 접한 모든 선분을 제거해서 얻은 그래프이다. $c_o(G-S)$를 홀수 개의 점을 갖는 $G-S$의 요소의 수라 한다.

정리 11.17 튜트 정리(Tutte's theorem)

그래프 G의 완벽 짝짓기가 존재하는 필요충분조건은 G의 점집합의 모든 부분집합 S에 대하여, $c_o(G-S) \leq |S|$인 것이다.

이 정리에는 여러 증명이 있다. 가보 헤테이(Gábor Hetyei)경의 증명(1972)과 라즐로 로바쉬(László Lovász)의 증명(1975)을 제시한다. 충분조건임을 증명하는데 도구가 필요하다. 필요조건임은 자명하다. 사실, 이 조건을 만족하지 않는 S가 있다면, 완벽 짝짓기는 존재하지 않는다. M이 완벽 짝짓기라 하면 $G-S$의 각 홀수 요소에는 M에서 S의 점과 짝지어지는 적어도 한 점이 있어야 한다. 따라서 $c_o(G-S) \leq |S|$이고 가정에 모순된다.

G에는 완벽 짝짓기가 없지만 임의의 선분을 하나 더한 그래프에는 완벽 짝짓기가 있다면, G를 비분해 포화 그래프(saturated non-factorizable graph)라 한다. 정리에서 충분조건임을 증명하는데 다음 보조 정리가 필요하다.

보조정리 11.18

G가 비분해 포화 그래프이고 S가 G의 다른 모든 점에 접한 점(즉, 차수가 $|G|-1$인 점)의 집합이면 $G-S$의 모든 요소는 완전 그래프이다.

증명 ab와 bc를 $G-S$의 접한 선분이라 한다. a와 c가 인접하다는 것을 보이면 충분하다. 아니라 가정한다. 그러면 bd가 선분이 아닌 점 d가 있어야 한다. 사실 그렇지 않다면 b는 S에 있을 것이다.

G가 비분해 포화그래프이므로, $G \cup ac$는 완벽 짝짓기 F_1을 갖는다. G는 완벽 짝짓기를 갖지 않으므로, $ac \in F_1$이다. 마찬가지로 $G \cup bd$는 완벽 짝짓기 F_2를 갖고 $bd \in F_2$이다. 이분 그래프에서의 짝짓기에 관한 증명에서와 마찬가지로 $F_1 \oplus F_2$를 고려한다. 이는 교대 순환으로 이루어져 있다.(따라서 짝수 순환이다.) C_1을 ac를 포함하는 순환, C_2를 bd를 포함하는 순환이라 한다. 다음 두 경우를 고려한다.

(a) $C_1 \neq C_2$라 가정한다. 이 경우에 $F_3 = F_1 \oplus C_1$이라 한다. F_3이 G의 완벽 짝짓기임을 주장한다. $ac \in (F_1 \cap C_1)$이므로 $ac \not\in F_1 \oplus C_1$이다. 한편 F_3은 F_1과 같은 수의 선분을 갖는 짝짓기이므로 G의 완벽 짝짓기이다. 이는 G가 비분해 포화라는데 모순이다.

(b) $C_1 = C_2$라 가정한다. b에서 시작하여 d를 지나 a나 c(편의상 a)에 도달할 때까지 C_1을 따라 진행한다. 이를 b에서 a까지의 경로 P라 한다. $ab \in G$이고 $P \cup ab$는 F_2의 교대 경로(사실상 순환)임을 상기한다. $F_4 = F_2 \oplus (P \cup ab)$라 한다. F_4가 G의 완벽 짝짓기임을 주장한다. 사실상, F_4는 F_2와 같은 수의 선분을 가지나, $bd \in (F_2 \cap (P \cup ab))$이므로 bd를 포함하지 않는다. 이는 F_4가 G의 완벽 짝짓기임을 보여 주고, 모순이다.

따라서 ab, bc가 $G-S$의 선분이면 ac도 그러하고 $G-S$의 모든 요소는 완전 그래프이다.

다음 정리는 비분해 포화 그래프를 규정한다.

정리 11.19

G가 비분해 포화 그래프인 필요충분조건은 다음 중 하나의 구조를 갖는 것이다.

(a) G가 홀수 개의 점을 가지는 완전 그래프이다.

(b) G가 짝수 개의 점을 가지고 완전 그래프 S_0, G_1, G_2, $\cdots$, $G_k(k=|S_0|+2)$

의 합그래프인데 각 G_i는 홀수 개의 점을 가지며 G_i의 각 점은 S_0의 각 점에 인접한다.

증명 G가 홀수 개의 점을 가지면, 완벽 짝짓기를 갖지 않는다. 따라서 완전 그래프만 선분을 더할 수 없으므로 비분해 포화 그래프의 조건을 만족한다.

G가 짝수 개의 점을 가지면, S를 보조정리 11.18에서와 같이 정의한다. $S_0 = S$라 놓고 $G_1, G_2, \cdots, G_k$를 $G-S$의 요소라 한다. 보조정리 11.18은 모든 G_i와 S가 완전 그래프이고 정의에 의해 S의 각 점이 각 G_i의 각 점과 인접함을 보여 준다.

G가 완벽 짝짓기를 갖지 않음을 상기하라. 따라서 홀수 요소 G_i의 수는 $|S|$보다 많다. 사실, G는 짝수 개의 점을 가지므로 홀수 요소 G_i의 수는 $|S|+2$ 이상이다. 한편, G는 $|S|+2$개 이하의 홀수 요소를 갖는데 아니라면 그들 중 둘에 새로운 선분을 더할 수 있다. 그렇게 얻은 그래프 G_1은 $c_o(G_1-S)>|S|$를 만족하므로 완벽 짝짓기를 갖지 않고 이는 모순이다. 따라서 G는 정확히 $|S|+2$개의 홀수 요소를 갖는다. 마지막으로 G는 짝수 요소를 갖지 않는데 그렇지 않다면 그 요소와 다른 요소를 연결하는 새로운 선분을 추가하며 여전히 완벽 짝짓기를 갖지 않게 할 수 있다.

이제 튜트의 정리를 증명한다.

증명 (튜트의 정리). 충분조건임을 보이면 된다. G가 조건을 만족하면서 완벽 짝짓기를 갖지 않는다고 가정한다. 완벽 짝짓기를 갖는 그래프를 얻을 때까지 G에 선분을 더한다. G'을 이러한 방법으로 얻은 비분해 포화 그래프라 한다.

G가 홀수 개의 점을 갖는다면, $S=\varnothing$일 때 G는 조건을 만족하지 않는다. 따라서 G는 짝수 개의 점을 갖는다고 가정할 수 있다. S'을 G'의 다른 모든 점에 인접한 G'의 점의 집합이라 한다. 정리 11.19는 $G'-S'$의 구조를 설명한다. H'을 이 그래프의 점집합이라 한다. G'이 완전 그래프가 아니므로 H'은 공집합이 아니다.(완벽 짝짓기를 갖지 않는다.) 더우기 $k=|S'|+2$이고 완전 그래프 G_i에 대하여 $H' = G_1 \cup G_2 \cup \cdots \cup G_k$이다.

위의 문단은 $G'-S'$이 $|S'|$보다 많은 (사실 $|S'|+2$개) 요소를 가짐을 보인다. G에 더한 $G'-G$의 모든 선분을 제거한다. 그러면 일부 요소 G_i는 분해되는데 이러한 각 홀수 요소는 $G-S'$의 적어도 하나의 홀수 요소을 형성한다. 이는 $c_o(G-S')>|S'|$임을 보이고, 따라서 G는 조건을 위반한다. 이 모순으로 증명은 완성된다.

Notes

짝짓기에 대하여 더 알고 싶으면 라즐로 로바쉬(László Lovász)와 마이클 플러머(Michael D. Plummer)의 짝짓기 이론(Matching Theory) [28]을 포괄적인 교재로 참고하여야 한다.

k-색칠 가능에 관한 결과를 일반화하는 한 가지 방법은 다음 문제를 질문하는 것이다. G가 n개 점을 가진 그래프라 한다. n개 점을 가진 그래프 H가 G와 동형인 그래프를 포함하지 않는다면 가질 수 있는 최대의 선분의 수는 얼마인가? 이는 우리를 그래프 극한 이론으로 인도하는데 이 분야에 대하여 벨라 볼로바쉬(Béla Bollobás)의 그래프 극한 이론(Extremal Graph Theory) [6]에서 더 읽을 수 있다. 극한 조합론에 대한 도입 단계는 계수 조합론 소개(Introductory Enumerative Combinatorics) [7]의 6장을 참고할 수 있다.

연습문제 5에서 그래프의 크로마틱 다항식을 정의한다. 이 다항식은 그래프 G의 점을 적절하게(인접한 점의 색이 같지 않도록) n가지 색으로 칠하는 방법을 설명한다. 얼핏 보기와 달리 놀랍게도 $p(-1)$이 직접적인 조합론적 의미를 갖는다. 사실상 $p(-1)$은 G의 무순환 방향(acyclic orientations)의 수, 즉 G를 순환을 포함하지 않는 방향그래프로 만드는 방법의 수이다. 자세한 내용은 [40]이나 [7]의 5장을 참고하라.

연습문제 Exercises

1. (11.1)을 증명하라.

2. (11.2)를 증명하라.

3. $2n$개 팀이 참여하는 축구 라운드 로빈 토너먼트가 있다. 지금까지 두 라운드가 지났다. 팀들을 아직 경기하지 않은 n개 팀으로 구성된 두 그룹으로 나눌 수 있음을 증명하라.

4. $G=(X, Y)$를 X의 각 점의 차수가 Y의 각 점의 차수 이상인 이분 그래프라 한다. X에서 Y로의 완벽 짝짓기가 있음을 증명하라.

5. G를 라벨 있는 점의 단순 그래프라 하고 $p(n)$을 G의 n-색칠 방법의 수라 한다. $p(n)$이 n의 다항식임을 증명하라. 이 다항식의 차수는? $p(n)$을 G의 크로마틱 다항식(chromatic polynomial)이라 한다.

6. (+) 모든 n에 대하여, 삼각형을 포함하지 않으면서 크로마틱 수가 n인 그래프가 있음을 증명하라.

7. n개 점의 순환을 색칠하는 방법의 수가

(a) n이 짝수이면, $(x-1)[(x-1)^{n-1}+1]$

(b) n이 홀수이면, $(x-1)[(x-1)^{n-1}-1]$

임을 증명하라.

8. G를 이분 그래프라 한다. G가 완벽 짝짓기를 갖는 필요충분조건이 G의 점집합의 모든 부분집합 X에 대하여 $|X| \le |N(X)|$임을 증명하라. 홀의 정리와 달리, 여기에서 X가 한 가지 색의 클라스의 부분집합이 아님에 유의하라.

9. A가 음이 아닌 정수의 정방행렬로 각 선, 즉 각 행과 각 열의 원소의 합이 1이다. 이러한 행렬을 이중 확률 행렬(doubly stochastic matrix) 또는 마방진(magic square)이라 한다. A는 치환 행렬(permutation matrix)의 합임을 증명하라.

10. A가 선의 원소의 합이 2인 $n \times n \times n$ 입체 마방진(magic cube)이다. 즉 A는 음이 아닌 정수의 정방행렬로 각 선의 원소의 합이 2이다. $A = B + C$이고 선의 원소의 합이 1인 마방진 B, C가 존재하는가?

11. 연습문제 9와 10의 답이 같지 않은 이유를 설명하라. 고차원에서의 답을 예측하라.

12. G를 정규 이분 그래프라 한다. G가 완벽 짝짓기를 가짐을 증명하라.

13. 방에 n명의 아이들과 n개의 장난감이 있다. 각 아이는 r개의 장난감을 갖고 놀고 싶어하고 각 장난감을 갖고 놀고 싶어하는 아이들이 r명 있다. 각 아이가 각 회전에서 원하는 장난감을 갖고 놀고 회전마다 서로 다른 장난감을 갖고 놀도록 하는, r개

회전을 조직할 수 있음을 보여라.(현실과 약간 다르게, 각 시간에 각 장난감을 한 아이만 갖고 놀 수 있다고 가정한다.)

14. (−) G의 모든 점 v에 대하여 $G-v$가 완벽 짝짓기를 가지면, G를 요소 임계(factor-critical)라고 한다. 이분 그래프는 요소 임계가 아니라는 것을 보여라.

15. G_n이 같은 색의 클라스가 $A_1, A_2, \cdots, A_n$과 $B_1, B_2, \cdots, B_n$이고 A_iB_j가 선분인 필요충분조건이 $i+j \leq n+1$인 그래프이다. G_n의 짝짓기는 몇 개인가?(완벽 짝짓기가 아니어도 좋다.)

16. (선형 대수의 지식 필요) $G(A, B)$가 $A=\{A_1, A_2, \cdots, A_n\}$과 $B=\{B_1, B_2, \cdots, B_n\}$의 두 부분으로 이루어진 이분 그래프라 한다. M이 $n \times m$ 행렬로 A_iB_j가 G의 선분이면 $M_{i,j}=1$이고 아니면 $M_{i,j}=0$이다. $\det M \neq 0$이면, G에 완벽 짝짓기가 있음을 증명하라.

부가 연습문제

Supplementary Exercises

17. (−) 트리의 크로마틱수는 무엇인가?

18. (−) 트리의 크로마틱 다항식은 무엇인가?

19. 크로마틱 수가 k이나 임의의 한 점을 빼면 크로마틱 수가 $k-1$인 그래프를 색 임계(color-critical)이라 한다. 크로마틱 수가 3이거나, 색 임계이고 크로마틱 수가 4인 그래프의 예를 들어라. 단 완전 그래프는 아니어야 한다.

20. (−) 차수가 3, 3, 3, 3, 3, 5, 6, 6, 6인 이분 그래프가 존재하는가?

21. (−) 어느 학교에 $c_1, c_2, \cdots, c_n$이라는 n개의 학생 동아리가 있고, 어떤 학생은 두 개 이상의 동아리에 속해 있다. 각 동아리는 총회에 한 명을 참석시킬 수 있으나

같은 학생이 두 개 이상의 동아리의 대표가 될 수는 없다. 모든 $i \in [n]$에 대하여 r_i가 c_i의 대표인 n명의 서로 다른 $r_1, r_2, \cdots, r_n$이 있는 필요충분조건을 구하라.

22. (−) 홀수 순환과 짝수 순환의 최소 점 덮개(vertex cover)와 최대 짝짓기의 크기를 구하라.

23. $K_{3,3}$의 크로마틱 다항식을 구하라.

24. 바퀴는 순환과 이 순환의 모든 점에 인접한 순환에 포함되지 않는 한 점으로 구성되어 있다. $n+1$개의 점에서의 바퀴의 크로마틱 다항식을 구하라.

25. (+) 어느 중소 도시에 각각 n명의 학생이 있는 세 개의 고등학교가 있다. 각 학생은 자신과 다른 학교의 학생 $n+1$명을 안다. 어느 둘도 서로 알지 못하는 세 명을 각 학교에서 한 명씩 고를 수 있음을 보여라.

26. 양의 정수 k, n이 $k < n/2$이다. $G=(X, Y)$가 X의 각 점은 $[n]$의 k개 원소이고 Y의 각 점은 $[n]$의 $(k+1)$개 원소인 이분 그래프이고 $x \in X$, $y \in Y$가 $x \subset y$일 때 인접한다. X에서 Y로의 완벽 짝짓기가 존재함을 다음을 이용하여 증명하라.

(a) 홀의 정리

(b) X에서 Y로의 완벽 짝짓기를 발견

27. 홀의 정리를 튜트의 정리로부터 유도하라.

28. 어느 학교에 다양한 학생 동아리가 있다. 총회를 개최하는데 각 동아리에서 대표를 한 명 보내기를 원한다. 각 동아리에서 총회에 한 명이 참석할 수 있으나 같은 학생이 두 동아리 이상의 대표가 될 수는 없다. 회의가 가능한 필요충분조건을 구하라.

29. G가 요소 임계인 필요충분조건은 G가 홀수 개의 점을 갖고 공집합이 아닌 점의 모든 집합 S에 대하여 $c_o(G-S) \le |S|$인 것임을 증명하라.

30. G가 이분 그래프이고 uv가 G의 선분이다. u나 v 중 적어도 하나가 다음 성질을

만족함을 증명하라. "G의 모든 최대 짝짓기에는 이 점에 접한 선분이 있다." 이는 각 최대 짝짓기에 u나 v에 접한 선분이 있는 것보다 강한 조건임에 주목하라.

31. 그래프 G에 대하여 $\nu(G)$가 최대 짝짓기의 크기를 나타낸다. G의 점집합 S는, G의 모든 선분의 적어도 한 끝점이 S의 원소이면 점 덮개라 한다. $\tau(G)$가 G의 최소 점 덮개의 크기라 한다. 다시 말하여, 선분들이 교차하지 않는 터널들이고, $\tau(G)$가 모든 터널이 공급할 전등의 수라 생각할 수 있다.

(a) 임의의 그래프 G에서 $\nu(G) \leq \tau(G)$임을 증명하라.

(b) 임의의 이분 그래프 G에서 $\nu(G) = \tau(G)$임을 증명하라. (힌트: 위의 연습문제의 결과와 점의 수에 대한 귀납법을 이용하라.)

(b)는 헝가리 수학자 데니스 쾨니그(Dénes König)의 이름을 따라 쾨니그의 정리라 한다.

32. 홀 정리를 쾨니그 정리로부터 도출하라.

33. 쾨니그 정리를 홀 정리로부터 도출하라.

34. n개 점의 그래프 G의 부분그래프 중, 최대 공 그래프의 크기를 $\alpha(G)$로 나타낸다. 즉, $\alpha(G)$는 G가 k개의 점을 가지고, 그 중 어느 두 점도 인접하지 않는 최대값 k이다. 연습문제 31에서 정의된 $\tau(G)$에 대하여

$$\alpha(G) + \tau(G) = n$$

임을 증명하라.

35. 그래프 G에서, 선분 덮개(edge cover) S는 G의 각 점이 S의 적어도 한 선분에 접하는 선분의 집합이다. $\rho(G)$는 G에 k개의 선분으로 이루어진 점 덮개가 있는 최소의 수 k이다. G가 n개의 점에서의 그래프로 각 점의 차수가 1 이상이라 한다. 연습문제 31에서 정의된 $\nu(G)$에 대하여

$$\nu(G) + \rho(G) = n$$

임을 증명하라. 이 결과는 이분 그래프에 대하여 무엇을 의미하는가?

CHAPTER 12장 교차 없음. 평면적 그래프

12.1 평면적 그래프의 오일러 정리

세 집과 세 우물이 있는 농민 부락을 가정하자. 세 집의 가족은 사이가 좋지 못하고 우물로 갈 때 만나지 않는 편을 좋아한다. 각 집에서 각 우물로 필요한 아홉 개의 길을 만들어 그 중 어느 둘도 교차하지 않도록 할 수 있는가?

그림 12.1은 그러한 길을 만드는 믿을 만하지만 실패한 시도를 보여준다.

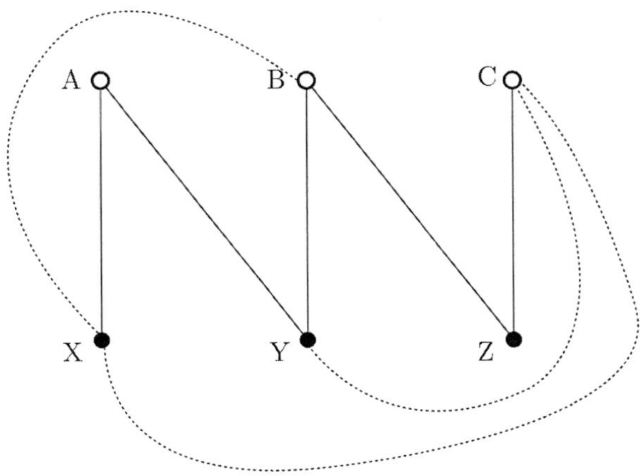

그림 12.1 A와 Z는 연결될 수 없다

이제 달리 시도하면 성공할지 모른다고 생각할 수 있다. 혹은 여러 번 실패한 후, 집과 우물을 달리 배열하는 것이 도움이 될지 모른다고 생각할 수 있다. 그러나 이 두 가지

희망 모두 틀리다. 세 집, 세 우물 문제(Three houses, three wells problem)는 해결될 수 없다. 이 절에서는 이 주장을 증명할 새로운 정리를 전개할 것이다.

여기에서 그래프를 새로운 관점에서 다룬다는 것이 명확하다. 즉, 선분이 교차하지 않도록 그리고자 한다. 이 성질은 이 장의 핵심이다.

정의 12.1

어떤 두 선분도 교차하지 않도록 평면에 그릴 수 있는 그래프 G를 평면적 그래프(planar graph)라 한다.

G가 평면적 그래프이다. G를 교차하는 선분이 없도록 평면에 그린다. G의 선분은 평면을 지역들로 분할하는데 이 지역들을 G의 면(face)이라 한다. 예로 그림 12.2를 보라.

평면적 그래프에서 면의 수는 선분이나 점의 수만큼 중요한 변수이다. 다음 정리는 이 세 변수의 밀접한 관계를 보여 준다.

정리 12.2 평면적 그래프에서의 오일러 정리(Euler's theorem on planar graphs)

G가 V개의 점, E개의 선분, F개의 면을 가지면 $V+F=E+2$이다.

증명 선분의 수 E에 관한 귀납법으로 증명한다. $E=1$이면, G는 선분이 하나인, 따라서 $V=2$이고 $F=1$인 트리이거나 G는 고리를 가진 한 점으로 이루어진 그래프로 $V=1$이고 $F=2$이며, 정리가 참이다.

정리가 $E-1$개 선분을 가진 모든 그래프에 대하여 참이라고 가정하고 G가 E개의 선분을 가진다고 하자. 다음 두 경우를 구분한다.

G에서 선분 e를 뺀 그래프 G'이 여전히 연결 그래프라면, e는 G의 순환에 있고 e의 양 옆에 G의 면이 두 개 있다. 따라서 e를 생략하면 e의 양 옆에 있는 G의 두 면이 한 면이 되므로, G'은 $E-1$개 선분, V개의 점, $F-1$개의 면을 가진다. 그러므로 $V+F-1=E-1+2$이고 $V+F=E+2$이다.

언급한 성질을 가진 선분 e가 없다면, G는 순환이 없는 연결 그래프, 즉 트리이다. 그러면 정리 10.4에 의하여 $V=E+1$임을 안다. 한편 $F=1$이므로 주장은 참이다.

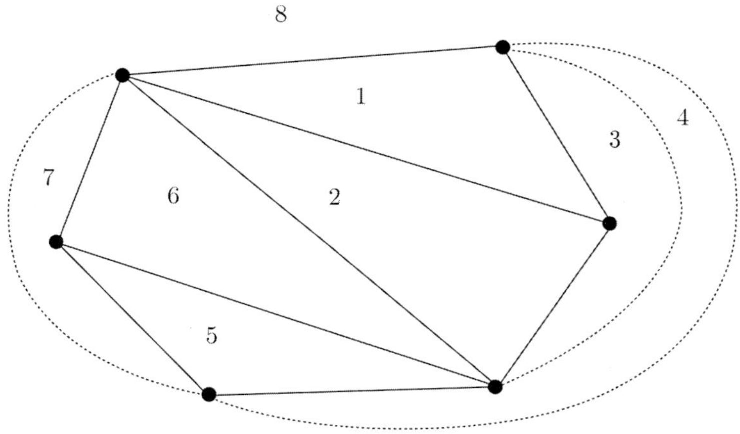

그림 12.2 이 그래프는 8개의 면을 가진다.

이제 세 집, 세 우물의 문제를 해결할 준비가 되었다. 명백히, 이 문제는 $K_{3,3}$을 평면에 교차하지 않게 그리는 문제와 같다.

예제 12.3

$K_{3,3}$은 평면적 그래프가 아니다. 따라서 세 집, 세 우물 문제의 답은 없다.

풀이 $K_{3,3}$이 평면적이 아니라고 가정한다. 정리 12.2에 의하여, 9개의 선분과 6개의 점을 가졌으므로 5개의 면을 가진다. 그럼에도 불구하고, $K_{3,3}$은 완전 이분 그래프이고, 모든 면은 사변형이다. 다섯 개의 사변형은 스무 개의 변을 필요로 하지만, 평면적 그래프에서 각 선분은 두 개의 면에 속해 있다. 따라서 우리의 그래프는 열 개의 선분을 필요로 하는데 아홉 개 밖에 없다.

특히 이것은 집과 우물의 상대적 위치가 상관이 없다는 것을 의미한다. 어떤 위치에서도 불가능하다. $K_{3,3}$이 K_6의 부분 그래프이므로, 연습문제 12.3에 의해 K_6은 평면적이 아니다. 한편, 삼각형 K_3은 평면적이고, 독자가 사각형과 두 대각선을 그린 후 하나의 대각선을 "바깥(outer)" 선분으로 교체함으로써 알 수 있듯이 K_4도 마찬가지이다. K_5가 평면적인지는 명백하지 않다.

예제 12.4

K_5는 평면적 그래프가 아니다.

풀이 K_5가 평면적이라고 가정하자. 5개의 점과 10개의 선분을 가지므로, 정리 12.2에 의하여 7개의 면을 가져야 한다. K_5가 완전 그래프이므로 모든 면은 삼각형이다. 그러나 일곱 개의 삼각형에는 21개 선분이 필요한데, K_5의 각 선분은 정확히 두 개의 면에 있으므로 불가능하다.

우리가 K_5와 $K_{3,3}$을 평면적 그래프의 예로 선택한 것은 우연이 아니다. 확실히 G가 K_5나 $K_{3,3}$을 부분그래프로 포함한다면, G의 특정 부분그래프(K_5나 $K_{3,3}$)를 선분이 교차하지 않게 그릴 수도 없으므로 G는 평면적이 아니다. 그러나 흥미 있는 사실은 어떤 의미에서 이 두 그래프만이 주목해야 하는 그래프라는 것이다. 좀 더 정확히, H가 평면적이 아니라면, H에서 차수 2인 점 V를 빼고, AV와 VB를 선분 AB로 축약하여 얻은 그래프는 평면적이 아니다. 마찬가지로, H의 선분 CD의 중간에 점 F를 넣어 분해하면, 즉 CD를 CF와 FD로 교체하면, 다시 비평면적 그래프를 얻는다. H에 이 두 가지 방법을 거듭 적용하여 그래프 T를 얻으면, H와 T는 선분 동등(edge equivalent)하다고 한다.

다음 정리는 평면적 그래프의 성질을 규명하는데, 증명 없이 받아들인다.

정리 12.5 큐라톱스키 정리(Kuratowski's theorem)

그래프가 평면적일 필요충분조건은 K_5나 $K_{3,3}$과 선분 동등한 부분그래프를 포함하지 않는 것이다.

12.2 다면체

다면체(polyhedron)는 경계가 다각형의 합집합인 입체이다. 다면체를 일상 생활에서 매일 만난다. 흔한 예는 정육면체, 사면체, 삼각기둥이다.

다면체는 모든 평면적 그래프가 갖지는 않는 좋은 성질을 갖는다. 가장 중요하게, 모든 면은 세 개 이상의 선분을 갖고, 모든 점은 세 개 이상의 선분에 접한다. 모든 다면체에 네 개 이상의 점, 네 개 이상의 면과 여섯 개 이상의 선분이 있다는 것이 명백하다. 다면체에서는 고리나 다중 선분을 걱정할 필요가 없다.

기하학에서, 다면체는 "완전히 대칭적"이면, 즉 모든 면이 l개의 선분을 갖고 모든 점이 d개의 선분에 접하고(d를 다면체의 차수라 한다.) 모든 선분의 길이가 같고 면의 모든 각이 같고 면들 사이의 모든 각이 같으면 정규(regular)라 한다. 예로 정육면체는 정규 다면체(정다면체)이다. 조합론에서, 선분의 길이, 각의 크기에 관한 조건을 무시할 수 있지만, 각 면이 l개 선분을 가진 순환이고 각 점의 차수가 d라는 그래프 이론적인 조건은 유지한다. 정다면체를 정다각형의 3차원으로의 일반화로 생각할 수 있다.

그러나 정다각형과 정다면체에는 놀라운 차이가 있다. 명백히 모든 정수 $n \geq 3$에 대하여 n개 점을 가진 정다각형이 존재한다. 따라서 서로 다른 그래프로서의 정다각형의 수는 무한하다. 이 절에서는 3차원에서는 이것이 참이 아님을 보인다. 사실, 이 절의 목표는 3차원에서는 다섯 개의 정다면체만이 있어서 2차원에서와는 아주 다르다는 사실의 증명이다.

이 결과를 증명하는 주요 도구는 평면적 그래프에서의 오일러 정리이다. 다면체는 기본적으로 평면적 그래프라는 것을 보임으로써 이 정리가 다면체에서도 성립한다는 것을 보이는 것은 어렵지 않다.(연습문제 2를 보라.) 그럼에도 불구하고, 다면체에 대해서만 오일러 정리의 추가적인 증명을 보인다. 이 증명의 아름다움은 귀납법이나 트리의 성질을 이용하지 않는 단순함에 있다. 이것은 고등학교 기하만 요구한다. 중간에 발견하는 공식의 일부는 그 자체로 유용하다.

정리 12.6

P를 V개의 점, F개의 면, E개의 선분을 가진 볼록 다면체라 한다. 그러면 $V+F=E+2$이다.

증명 p를 어느 면 P에도 직교하지 않는 평면이라 하고, P를 p에 사영시켜 이미지 P'을 얻는다. P가 볼록 다면체이므로, k개 선분을 가진 면의 사영은 볼록 k각형이다. P'의 모든 면 F의 각의 합을 센다(P'의 경계 B도 면으로 간주된다). 두 가지 방법이 있는데, 점을 기준으로 세거나 면을 기준으로 센다.

먼저 점을 기준으로 센다. B는 볼록 v_1-다각형이고 P의 v_2개의 점의 사영 이미지가 v_1-다각형에 있다고 하자. 그러면 $v_1+v_2=V$이다.

v_2개의 내부의 임의의 점 주위의 각의 합은 360도이고 이 각의 합은 $360v_2$이다. P'의 경계는 볼록 v_1-다각형이고 각의 합은 $180(v_1-2)$도이다. 그러나 모든 각이 P'의 두 개의 면에 이용되므로 이러한 각의 합은 두 번 세어야 한다. 따라서 각의 합

$$S = 360(v_1 - 2) + 360v_2 = 360(V - 2) \quad (12.1)$$

을 얻는다.

한편 면을 기준으로 셀 수 있다. P'의 면이 볼록 k-면체이면, 각의 합은 $180(k-2)$이다. $f_1, f_2, \cdots, f_F$를 P의 면들의 선분의 수라 한다. 각 선분이 정확히 두 개의 면에 포함되므로

$$\sum_{i=1}^{F} f_i = 2E \quad (12.2)$$

이다.

따라서 이러한 모든 면의 각의 합은 확실히

$$S = \sum_{i=1}^{F} 180(f_i - 2) = 180\sum_{i=1}^{F} f_i - 360F = 360(E - F) \quad (12.3)$$

이다. (12.1)과 (12.3)을 비교하면, 정리의 증명을 바로 얻는다.

공식 (12.2)는 이 증명의 유용한 부산물이다. 모든 i에 대해 f_i는 다양한 다각형의 선분의 수를 표기하므로 $f_i \geq 3$이다. 따라서 (12.2)의 좌변은 $3F$ 이상이고, 다음 따름정리를 증명한다.

따름정리 12.7

F개의 면과 E개의 선분을 가진 모든 볼록 다면체에서 $3F \leq 2E$이다.

볼록 다면체에서 점의 수와 선분의 수 사이의 비슷한 관계를 증명하는 것은 그다지 어렵지 않다.

성 질 12.8

V개의 점과 E개의 선분을 가진 모든 볼록 다면체에서 $3V \leq 2E$이다.

증명 각 점에 접하는 선분의 수를 $c_1, c_2, \cdots, c_V$라 표기한다. 각 선분이 정확히 두 개의 점에 접하므로

$$\sum_{i=1}^{V} c_i = 2E \quad (12.4)$$

이다. 각 점은 세 개 이상의 면에 포함되므로, 모든 i에 대하여 $c_i \geq 3$이고 좌변은 $3V$ 이상이다.

독자는 점의 수와 선분의 수의 관계뿐만 아니라 면의 수와 선분의 수의 관계를 발견한 후, 유사하게 간단한 점의 수와 면의 수의 관계를 발견할 수 있다고 생각할 수 있다. 그러나 그렇게 간단하지 않다. 문제는 앞의 두 증명에서 각 선분이 정확히 두 개의 면에 포함되고 두 개의 점을 포함한다는 사실에 대단히 의존하고 있다는 것이다. 면과 점은 그러한 균일한 성질을 갖지 않는다.

이제 선분의 수의 하한을 점의 수 또는 면의 수를 이용하여 얻었다. 한편 상한은 아직 증명하지 않았다. 자명하게 그러한 점의 수를 이용한 상한이 존재하여야 한다. 사실, V개의 점을 가진 단순 그래프에 선분을 계속 더하면 결국 K_V를 얻는데 $V > 4$일 때 이 그래프는 평면적 그래프가 아니다. 얼마나 많은 선분이 너무 많은 것인지 밝히는 것이 우리의 일이다.

보조정리 12.9

모든 볼록 다면체에서, $E \leq 3V-6$이고 $E \leq 3F-6$이다.

증명 따름정리 12.7로부터 $F \leq \dfrac{2E}{3}$임을 안다. 이를 오일러 정리와 비교하면

$$E+2=F+V \leq \frac{2E}{3}+V$$

이고

$$E \leq 3V-6$$

이다. 마찬가지로, 성질 12.8은 $V \leq \dfrac{2E}{3}$임을 의미하고, 오일러 정리와 비교하면,

$$E+2=F+V \leq F+\frac{2E}{3}$$

이고

$$E \leq 3F-6$$

이다.

주의 깊은 독자는 이제까지의 결과에서 V와 F의 대칭적인 역할을 주목했을 것이다. 이 두 변수는 오일러 정리, 보조정리 12.9, 따름정리 12.7, 성질 12.8에서 대칭적인 역할을 했다. 이러한 두 가지 결과에 관한 증명은 매우 유사했다. 여기에는 심오하고 구조적인 이유가 있는데, 곧 설명한 것이다. 그러나 먼저, 우리의 최근의 결과를 이용하려 한다. 다소 놀라운 응용으로 시작한다.

보조정리 12.10

모든 볼록 다면체에는 다섯 개 이하의 선분을 갖는 면이 있다.

증명 보조정리 12.9로부터 $E \le 3F-6$임을 안다. 이를 (12.2)와 비교하여

$$\sum_{i=1}^{F} f_i = 2E \le 6F-12 \qquad (12.5)$$

를 얻는다. 따라서 모든 i에 대하여 $f_i \ge 6$이라면 $\sum_{i=1}^{F} f_i \ge 6F$이므로 증명된다.

점에 대하여도 비슷한 결과가 있다는 것은 더 이상 놀랍지 않을 것이다. 약속한 깊고 구조적인 이유를 당장 말할 수 있으나, 독자를 궁금하게 하는 편을 택한다.

보조정리 12.11

모든 볼록 다면체에는 다섯 개 이하의 선분에 포함된 점이 있다.

증명 보조정리 12.9로부터 $E \le 3V-6$임을 안다. 이를 (12.4)와 비교하여

$$\sum_{i=1}^{V} c_i = 2E \le 6V-12 \qquad (12.6)$$

를 얻는다. 따라서 모든 i에 대하여 $c_i \ge 6$이라면 $\sum_{i=1}^{V} c_i \ge 6V$이므로 증명된다.

보조정리 12.10과 12.11은 모든 정다면체의 탐색에 주축일 만큼 중요하다. 정다면체에서, 각 점의 차수 d는 3, 4, 또는 5이고 l도 마찬가지이다. 따라서 $3 \times 3 = 9$가지 경우만 확인하면 된다. 다음 논의에 의해 단순해진다.

G가 평면적 그래프일 때 새로운 그래프 $G*$를 다음과 같이 구축한다. $G*$의 점은 G의 면의 중심이다.(어떤 내부 점이라도 좋다.) $G*$의 두 점 A, B가 k개의 선분으로

연결되는 필요충분조건은 해당하는 G의 면들이 k개의 선분을 공통으로 갖는 것이다. 이 경우에 그러한 두 면의 각 공통 선분은 하나의 선분 AB에 교차된다. 이는 $G*$의 점의 집합과 G의 면의 집합 사이의 단사함수와 $G*$의 선분의 집합과 G의 선분의 집합 사이의 단사함수를 정한다. 따라서 G가 E개의 선분, V개의 점, F개의 면을 가지면, $G*$는 E개의 선분 F개의 점, V개의 면을 갖는다. $G*$ 역시 평면적이라는 것은 자명하다. 예로 그림 12.3을 보라.

정의 12.12

위의 문단에서 정의된 그래프 $G*$는 평면적 그래프 G의 켤레(dual) 그래프라 한다.

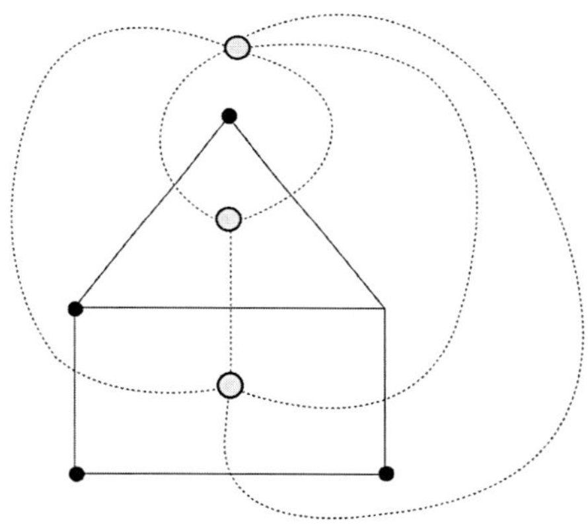

그림 12.3 그래프와 켤레 그래프

독자는 볼록 다면체의 켤레는 볼록 다면체이고 정다면체의 켤레는 정다면체라는 것을 증명하여야 한다.

평면적 그래프의 켤레 그래프의 개념은 점의 수에 관한 결과와 면의 수에 대한 결과가 유사함을 설명한다. 사실상, V와 E에 관한 정리가 다면체 P에서 성립하면, P의 켤레 $P*$에서도 성립하는데, 여기에서 이 두 변수는 면의 수와 선분의 수를 나타낸다.

이제 모든 정다면체를 발견할 준비가 되었다. 차수는 3, 4, 또는 5라는 것을 상기한다. 또한 정다면체에서, 모든 면은 l개의 선분을 가지므로 총 선분의 수는 (12.2)에 의하여,

$$E = \frac{Fl}{2} \tag{12.7}$$

이다.

(A) 먼저 $d=3$이라 가정한다. 이는 모든 i에 대하여 $c_i=3$이고 (12.4)에 의하여 $3V=2E$임을 의미한다. 이것을 오일러 정리와 비교하면, $3F=E+6$인데 이는 (12.7)과 함께

$$3F-6=\frac{Fl}{2}$$

즉

$$(6-l)F=12$$

를 의미한다.

l의 값으로 허용된 세 가지 값에 따라 이 질문의 정수해를 얻는다.

(a) $l=3$이면, $F=4$이고 따라서 $E=3F-6$, $V=4$이다. 이러한 변수를 갖는 다면체인 사면체(tetrahedron)가 존재한다.

(b) $l=4$이면 $F=6$이고 따라서 $E=3F-6=12$, $V=8$이다. 이는 육면체(cube)의 변수이다.

(c) $l=5$이면, $F=12$이고 따라서 $E=3F-6=30$, $V=20$이다. 즉, 12개의 면이 모두 오각형인 정다면체를 구한다. 그러한 다면체가 실제로 존재함을 보이는 것은 쉽다. 윗면과 아랫면에 각각 한 개의 오각형을, 이 두 면의 각 선분에 새로운 면을 붙인다. 이 다면체는 십이면체(dodecahedron)이다.

(B) $d=4$이면, (12.4)로부터 $4V=2E$이고 따라서 $E=2F-4$이다. 이는 (12.7)과 함께

$$2F-4=\frac{Fl}{2}$$

즉

$$(4-l)F=8$$

을 의미한다. 양의 정수해를 주는 허용된 값은 $l=3$ 뿐이다. 그러면 $F=8$이고 따라서 $E=12$, $V=6$이다. 그러한 다면체가 실제로 존재함을 보이려면 육면체의 켤레를 택한다. 이 다면체는 팔면체(octahedron)이다.

(C) $d=5$이면 (12.4)로부터 $5V=2E$이고 따라서 $3E=5F-10$이다. 이를 (12.7)과 비교하면,

$$5F-10=\frac{3Fl}{2}$$

이고

$$F(10-3l)=20$$

이다.

이 방정식에 양의 정수해를 주는 허용된 값은 $l=3$ 뿐이다. 그러면 $F=20$이고 따라서 $E=30$, $V=12$이다. 따라서 우리가 의도하는 다면체는 20개의 삼각형의 면, 30개의 선분과 12개의 점을 가진다. 그러한 다면체가 실제로 존재함을 보이기 위하여, 십이면체의 켤레를 택한다. 이 다면체는 이십면체(icosahedron)이다. 논의된 다른 다면체가 면의 수를 언급하는 것과 같이, 이 이름은 이십이라는 그리스어에서 유래한다.

d의 허용된 모든 값을 조사했으므로, 다음 정리를 증명했다.

정리 12.13

정확히 다섯 가지 정다면체 사면체, 육면체, 십이면체, 팔면체, 이십면체가 존재한다.

12.3 지도의 색칠

세계 지도는 명백한 이유로 이웃 나라의 영토를 다른 색으로 칠한다. 즉, 국경을 공유하는 두 나라가 같은 색이면, 둘 사이의 국경을 간과하기 쉽다.

이러한 일상의 간단한 문제로부터 수학에서 가장 중요한 문제 중 하나가 제기되었다. 색칠되지 않은 지도를 택하여, 이웃한 나라들이 다른 색이 되도록, 가장 적은 색을 이용하여 각 나라를 칠해보라. 지도의 모양에 관계없이 충분한 최소의 색의 수는 얼마인가?

그래프 이론의 관점에서, 모든 지도는 평면적이므로, 평면적 그래프의 면의 적절한 색칠을 찾을 필요가 있다. 적절하다는 것은 선분을 공유하는 면들은 다른 색이라는 것을 의미한다. 점만 공유하는 면들은 같은 색으로 칠할 수 있다. 또한 켤레성에 의하여, 이것은 평면적 그래프의 점을 적절히 색칠하는데 몇 가지 색이 필요한가 하는 질문과 같다. 사실상, 평면적 그래프 G의 적절한 색칠은 $G*$의 적절한 색칠을 정의하고 그 역도 성립한다. $G*$의 점을 색칠할 때, 만족해야 할 기준은 당연히 인접한 점이 다른 색인 것이다.

이 질문은 아마도 1852년 구스리에(F. Guthrie)가 처음으로 질문하였고 드모르간(A. De Morgan), 코쉬(A. Cauchy) 등 유명한 수학자들 사이에 전해졌다. K_4가 평면적이므로 적어도 네 가지 색이 필요하다. 몇 가지 지도를 시도해 본 후, 지도의 각 국가가 연결되어 있다면, 즉 한 지점에서 다른 지점으로 다른 국가를 지나지 않고도 갈 수 있다면, 네 가지 색이면 항상 충분하다는 추측을 하게 되었다. 예로, 알래스카에서 캘리포니아로 캐나다를 지나야만 갈 수 있으므로, 미국은 연결되어 있지 않다. 연결된 국가들은 네 가지 색으로 충분하므로, 이 문제를 "네 가지 색 추측(Four-Color Conjecture)"이라고 부른다.

준비운동으로 여섯 가지 색은 항상 충분함을 보이자. 이 문제의 켤레 문제(점 색칠)가 귀납적 증명을 서술하기 쉬우므로 이를 이용한다.

성질 12.14

모든 평면적 그래프의 점은 여섯 가지 색으로 적절히 색칠할 수 있다.

증명 G의 점의 수 V에 관한 귀납법을 이용한다. $V=1$이면 정리는 명백히 참이다. $V-1$개의 점을 가진 그래프에 대하여 참이라고 가정한다. G가 V개의 점을 가진다고 한다. 보조정리 12.11에 의하여 G는 차수 5 이하인 점 A를 가진다. G에서 A를 빼서 그래프 G'을 얻는다. 귀납적 가정에 의하여 G'은 여섯 가지 색의 적절한 색칠을 갖는다. G'의 그러한 색칠에서 A를 (다섯 개 이하인) 자신의 이웃이 갖지 않는 색으로 칠한다.

이는 켤레성에 의하여, 모든 지도는 여섯 가지 색으로 적절히 색칠할 수 있음을 의미한다. 다섯 가지 색만 이용하려 하면 문제는 심각하게 어려워진다. 그러나 결과는 같다.

정리 12.15

모든 평면적 그래프의 점은 다섯 가지 색으로 적절히 색칠할 수 있다.

증명 위의 정리의 증명에서와 같이 귀납법을 이용한다. 위의 증명이 성립하지 않는 유일한 경우는 A가 다섯 개의 이웃을 갖는데 그들 모두가 다른 색인 것이다. 이 경우에, 시계 방향을 따라 A의 다섯 이웃 y_1, y_2, y_3, y_4, y_5의 색을 1, 2, 3, 4, 5라 한다. G'을 G에서 A를 빼서 얻은 그래프라 한다. G'이 y_1과 y_3이 같은 색인 5-색칠을 갖는다면 증명된다. 아니라면, G'의 모든 5-색칠은 점들이 색 1과 색 3을 교대로 갖는 y_1에서 y_3으로의 경로를 갖는다. 마찬가지로, y_2와 y_4가 같은 색일 수 없다면 G'의 모든 5-색칠은 점들이 색 2과 색 4을 교대로 갖는 y_2에서 y_4로의 경로를 갖는다. 그러나 y_1에서 y_3으로의 경로와 y_2에서 y_4로의 경로는 항상 교점을 가지므로 모순이다. 그림 12.4를 보라.

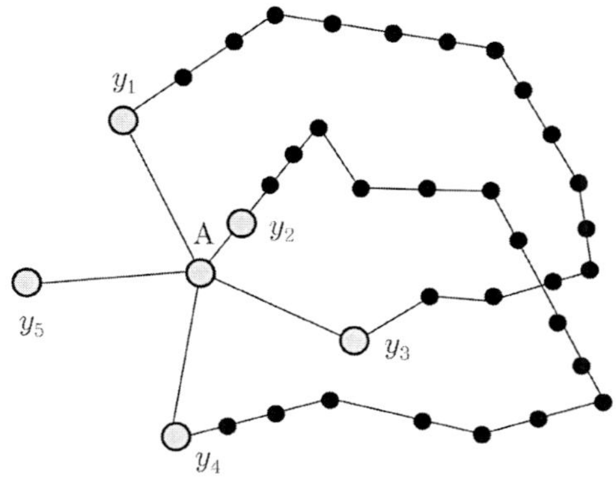

그림 12.4 경로 y_1y_3와 y_2y_4는 교점을 갖는다

이는 다시 켤레성에 의하여, 모든 지도는 다섯 가지 색으로 적절히 색칠할 수 있음을 의미한다.

Notes

네 가지 색에 대한 큰 질문은 어떠한가? 4색-추측은 1970년대까지 추측으로 남아 있었다. 1976년에 아펠(Appel)과 하켄(Haken)이 컴퓨터를 이용하여 이 문제를 몇 가지 경우로 나누고 각 경우에 4-색칠가능함을 확인하는 전략을 택했다. 그들이 컴퓨터 프로그램을 돌리기 시작했을 때, 끝날 것인지조차 확실하지 않았다. 경우에는 부분 경우가 있고, 부분 경우에는 더 작은 부분 경우가 있어서 결코 끝나지 않을 수도 있었다. 그러나 이러한 상황은 일어나지 않았다. 1200시간의 작업 시간과 1936가지 경우의 증명 후, 컴퓨터는 "네 가지 색은 충분하다."는 평결을 내렸다.(미국 일리노이 어바나에서 그동안 전기 사고가 없었던 것은 다행이다!) 따라서 이제 이 추측을 4색 정리(Four-Color Theorem)라 부를 수 있다. 증명은 일부 다른 경우들을 사람이 확인할 가치가 있는 400쪽에 이른다.

아펠과 하켄의 증명의 유일한 문제는 그것으로부터 왜 정리가 참인지 사실상 몰랐다는 것이다. 많은 수학자들이 증명을 더 간단히 하려고 노력해 왔다. 아펠과 하켄의 1936가지 경우는 1476가지 경우로 줄었다. 1996년에 닐 로버트슨(Neil Robertson), 다니엘 샌더스(Daniel Sanders), 폴 시뮤어(Paul Seymour), 로빈 토마스(Robin Thomas)는 새로운, 보다 간단한 증명을 얻었다. 거기에는 633 가지 경우가 있고 모든 경우는 컴퓨터로 확인된다. 그들은 평면적 그래프의 4색 색칠의 존재 증명 뿐 아니라 효과적인 알고리듬도 얻었다. 2005년에 조지 곤티어(Georges Gonthier), 벤자민 워너(Benjamin Werner)가 다른 컴퓨터 증명을 얻었다.

연습문제 Exercises

1. 정리 12.2를 연결 그래프가 아닌 그래프에 대하여 일반화하라.

2. 정리 12.6을 정리 12.2로부터 유도하라.

3. 따름정리 12.7과 성질 12.8의 등식이 성립하는 유일한 볼록 다면체를 발견하라.

4. 모든 다면체에는 같은 수의 선분에 접하는 두 점이 있음을 증명하라.

5. 모든 다면체에는 같은 수의 점을 갖는 두 면이 있음을 증명하라.

6. 위의 연습문제의 결과를 오일러 정리나 그에 따른 결과를 이용하지 말고 증명하라.

7. 평면적 그래프 G의 면이 2-색칠가능한 필요충분조건은 G의 모든 점의 차수가 짝수인 것임을 증명하라.

8. n개의 점을 갖고 모든 면이 삼각형인 모든 평면적 그래프의 점은 k-색칠가능하다면, n개의 점을 갖는 모든 평면적 그래프는 k-색칠가능함을 증명하라.

9. 위의 연습문제의 결레를 서술하라.

10. G가 단순 이분 평면적 그래프이다. G의 각 점의 차수가 d 이상이면, d는 얼마 이하인가?

부가 연습문제 Supplementary Exercises

11. (−) 정리 12.15의 증명에서 사용한 방법을 4색 정리의 증명에서 사용할 수 없는 이유를 설명하라.

12. (−) 볼록 다면체의 면이 모두 삼각형이거나 오각형이다. 면의 수는 짝수임을 증명하라.

13. (−) 다면체에서 성립하는 $E \leq 3V-6$이 모든 단순 평면적 그래프에서는 성립하지 않음을 보여라.

14. 위의 연습문제의 답인 몇 개의 반례가 있는가?

15. P가 각 면이 삼각형이 아닌 다면체라 한다. $E \leq 2V-4$임을 증명하라.

16. 위의 연습문제의 부등호가 성립하지 않는 몇 개의 단순 연결 평면적 그래프가 있는가?

17. (−) 연결 그래프가 $E \leq 3V-6$을 만족하면 이 그래프는 평면적인가?

18. (−) K_6에서 선분 두 개를 뺀 그래프는 평면적이 아님을 보여라. 선분 세 개는 어떠한가?

19. P가 면이 모두 a-각형이거나 b-각형이고 각 점의 차수가 3인 볼록 다면체이다. p_a, p_b, n이 각각 P의 a-각형인 면의 수, b-각형인 면의 수, 점의 수라 한다.

(a) P의 선분의 수를 두 가지 방법으로 설명하라.

(b) $p_a(6-a)+p_b(6-b)=12$임을 증명하라.

위의 조건을 만족하는 다면체를 삼지(trivalent) (a, b)-면 다면체라 한다.

20. 위의 연습문제의 기호를 사용한다. $3 \leq a \leq b \leq 5$일 때 각 (a, b)에 대하여 삼지 (a, b)-면 다면체가 존재하는가?

21. 위의 두 연습문제의 기호를 사용한다. P가 삼지 $(5, 6)$-면 다면체이다.

(a) 모든 P가 같은 수의 오각형을 가짐을 증명하라.

(b) n개의 점에서 어느 두 오각형 면에도 공통 선분이 없는 삼지 $(5, 6)$-면 다면체가 존재하는 최소의 n을 구하라.

22. G가 2, 3, 4각형인 면이 각각 p_2, p_3, p_4개이고 다른 면은 없는 평면적 그래프이다. G가 팔면체처럼 각 점의 차수가 4이고 $p_2 + p_3 = 8$이다.

(a) $p_2 = 0$임을 증명하라.

(b) $p_3 = 8$임을 증명하라.

위의 조건을 만족하는 평면적 그래프를(또는 $p_2 = 0$이므로 다면체) 팔면체류 (octahedrite)라 한다.

23. G가 볼록 팔면체이다. G의 내부에서 일반 위치에 있는(어느 세 점도 일직선상에 있지 않은) 열 개의 점을 선택하자. S가 이들 점의 집합이라 한다. 이제 서로 만나지 않는 다음과 같은 직선을 그린다. 선분이 G를 삼각형으로 분할하고, 이 삼각형의 점이 G의 점과 S의 원소이다. 몇 개의 삼각형이 생기는가?

24. (+) 사각형을 유한 개의 오목 사변형으로 분할할 수 있는가?

25. (+) (스퍼너(Sperner)의 보조정리) T를 선분에 의하여 더 작은 삼각형으로 분해되는 삼각형이라 한다. S를 이러한 삼각형의 집합이라 한다. T의 내부에 있는 S의 어떤 삼각형도 그들의 내부에 다른 삼각형의 점을 포함하지 않는다고 가정한다. 이러한 모든 삼각형의 점을 빨강색, 파랑색, 녹색으로 칠하여 T의 세 개의 점이 서로 다른 색이고, T의 각 변 위의 점이 T의 반대쪽 점과 다른 색이 되도록 한다. 그림 12.5를 예로 본다. 점이 모두 다른 색인 S의 삼각형이 있음을 증명하라.

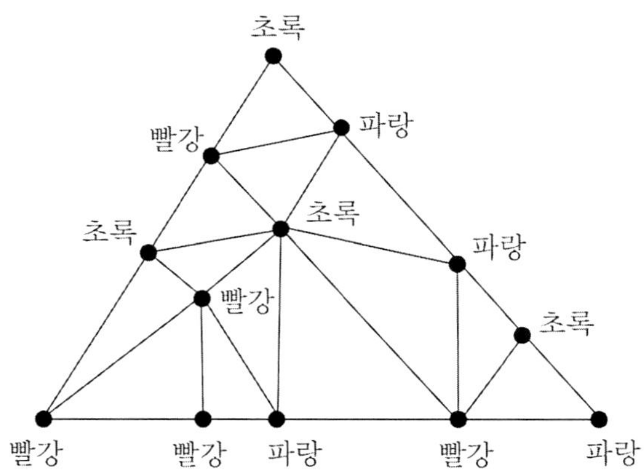

그림 12.5 가능한 분할과 색칠

A work Through Combinatorics

Part 4

지평

CHAPTER 13장

깨달음이 오는가?(클릭하는가?) 램지 이론

그래프의 점을 색칠하는 대신, 이 장에서는 선분을 색칠하는데 이로써 완전히 다른 문제들에 접하게 될 것이다. 또한 이 장의 일부는 무한 그래프로의 첫 번째 여행이다.

13.1 유한 그래프의 램지 정리

예제 13.1

여섯 명이 호텔 로비에서 기다리고 있다. 이 중 어느 두 명도 서로 알거나 어느 두 명도 서로 모르는 세 명이 있다.

이 서술은 전혀 자명하지 않다. 모든 사람이 대략 반을 알고, 임의의 세 명 중에는 서로 아는 두 명과 서로 모르는 두 명이 있는 경우가 있다고 생각할지 모른다. 그러나 이런 일이 일어나지 않는다는 것을 보일 것이다.

풀이 (예 13.1). 각 점이 사람에 대응되는 K_6을 택한다. 이 그래프의 15개의 선분을 A와 B가 서로 알면 A와 B를 연결하는 선분을 빨강색으로, 아니면 파랑색으로 색칠하라. 주장은 항상 같은 색의 삼각형이 그래프에 있다는 것을 보일 수 있으면 성립한다.

그래프의 임의의 점 V를 택하라. V의 차수가 5이므로, 접하는 선분 중 세 개 이상이 같은 색이다. 일반성을 잃지 않고 이것이 빨강색이라고 가정하고 이들 선분의 끝점을 X, Y, Z라 표기한다. (그림 13.1에 설명되어 있는데 빨강색은 단선으로 표시되어 있다.)

삼각형 XYZ의 어느 선분이 빨강색이라면, 그 선분과 그 선분의 양 끝점을 V에 연결하는 두 선분이 빨강색이므로 빨강색 선분으로 이루어진 삼각형(빨강색 삼각형)을 갖는다. 삼각형 XYZ가 빨강색 선분을 갖지 않는다면, 세 선분 모두 파랑색이다.

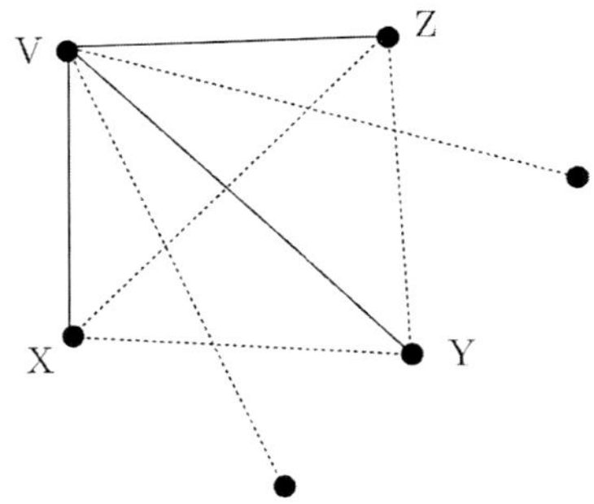

그림 13.1 삼각형 XYZ의 선분의 색은 중요하다

이 아름다운 증명이 램지 이론(Ramsey theory)에서의 우리의 첫째 예이다. 이 분야는 프랑크 램지(Frank Ramsey)의 이름을 따랐는데, 그는 이십 세기 초에 이 분야를 첫 번째로 연구한 사람이다.

결과가 엄밀하다는 즉, 호텔 로비에 다섯 사람만 있다면, 서술은 참이 아니라는 점을 지적한다. 사실상, K_5를 택하여 정오각형과 대각선으로 그린다. 다섯 변을 모두 빨강색으로, 다섯 대각선을 모두 파랑색으로 칠하라. 이 그래프의 모든 삼각형은 적어도 한 변과 한 대각선을 가지므로, 같은 색의 삼각형은 있을 수 없다.

K_6을 택하여 선분을 빨강색과 파랑색으로 색칠하는 대신, 각 선분이 서로 아는 사람들에 대응되는 여섯 개의 점을 가진 그래프 H를 택할 수 있었다. 완전 그래프인 부분그래프는 종종 클릭(clique)이라 부르므로 예 13.1의 서술은 다음과 같이 재구성된다. H가 여섯 개의 점을 가진 단순 그래프라면, H나 H의 여그래프는 크기 3인 클릭을 가진다.

예 13.1의 증명에서 사용한 논의는 우리가 서로 알거나 서로 모르기를 원하는 사람의 수 3에 깊이 의존한다. 이 수를 더 큰 수로 바꾸면 어떻게 되는가? 로비에 충분히 많은 사람이 있으면, 서로 알거나 서로 모르는 k명이 있는가? 다음 정리는 이 문제(사실상 보다 일반적인 문제)에 그렇다고 답한다.

정리 13.2 그래프에 대한 램지 정리(Ramsey theorem)

k와 l이 2 이상의 양의 정수일 때 다음과 같은 최소의 양의 정수 $R(k, l)$이 존재한다. $R(k, l)$개의 점에서의 완전 그래프의 선분을 빨강색과 파랑색으로 색칠하면, 빨강색 K_k나 파랑색 K_l을 갖는다.

공집합이 아닌 양의 정수의 집합은 최소의 수를 가짐을 주목하라. 따라서 원하는 성질을 갖는 적어도 한 개의 양의 정수가 있음을 보일 수 있다면, 그러한 최소의 수가 존재함을 보이게 된다.

예제 13.3

예 13.1과 그에 따른 논의는 $R(3, 3)=6$임을 보인다. 한 개의 선분을 갖는 그래프로부터 $R(2, 2)=2$라는 자명한 사실을 얻는다.

증명 (정리 13.2). k와 l에 대한 귀납법의 다른 버전에 의해 증명한다. 첫째, 모든 k와 l에 대하여 기본 단계 $R(k, 2)$와 $R(2, l)$이 존재함을 증명한다. 그런 다음 $R(k, l-1)$과 $R(k-1, l)$이 존재한다는 것을 가정하고, $R(k, l)$이 존재한다는 것을 증명한다.

첫 번째 조건이 성립함을 보이기 위하여, $R(k, 2)=k$이고 $R(2, l)=l$임을 주목하라. 사실상, K_k의 모든 선분이 빨강색이어서 빨강색 K_k를 가지거나, 적어도 한 선분이 파랑색이어서 파랑색 K_2를 가진다. 비슷한 논의가 $R(2, l)$에 대하여 성립한다.

$$R(k, l) \le R(k, l-1) + R(k-1, l) \tag{13.1}$$

을 보임으로써 귀납적 단계를 증명한다.

$R(k, l-1) + R(k-1, l)$개의 점에서의 완전 그래프에서 한 점을 선택하여 V라 한다. V의 차수가 $R(k, l-1) + R(k-1, l) - 1$이므로 접하는 $R(k, l-1)$개 이상의 파랑색 선분을 갖거나 $R(k-1, l)$개 이상의 빨강색 선분을 갖는다.

첫 번째 경우에 $R(k, l-1)$개 파랑색 선분의 다른 쪽 끝점의 집합을 b로 표시한다. $R(k, l-1)$의 정의에 의하여, b는 빨강색 K_k를 포함하거나, 파랑색 K_{l-1}을 포함하는데 뒤의 경우에 V와 함께 파랑색 K_l을 포함한다.

두 번째 경우에 $R(k-1, l)$개 빨강색 선분의 다른 쪽 끝점의 집합을 r로 표시한다. r는 파랑색의 K_l을 포함하거나, 빨강색의 K_{k-1}을 포함하는데 뒤의 경우에 V와 함께 빨강색 K_k를 포함한다.

따라서 (13.1)과 귀납적 단계가 증명되어 정리는 증명된다.

정리 13.2는 램지 수(Ramsey number) $R(k, l)$이 항상 존재함을 보이지만, 정확한 값은 말하지 않는다. 아직 논의하지 않은 최소의 수 $R(4, 3)$을 구하기 위하여 이 정리를 이용하자. 공식 (13.1)에 의하여 $R(4, 3) \le R(4, 2) + R(3, 3) = 4+6 = 10$이다.

다음 예는 정리 13.1에서 얻는 상한이, 작은 k와 l에 대해서도 엄밀하지 않다는 것을 보여 준다.

예제 13.4

$R(4, 3) = 9$이다.

풀이 방금 보았듯이, (13.1)에 의해 $R(4, 3) \leq 10$이다. 주장을 증명하기 위하여, 다음 두 가지를 보인다. K_9의 모든 2색 선분 색칠은 빨강색 K_4나 파랑색 K_3을 갖지만, K_8은 그렇지 않다.

(1) 처음 서술을 증명하기 위하여, 2색으로 선분을 색칠한 K_9를 택한다. 다음과 같은 점 V가 있다. (i) V에 접하는 적어도 6개의 선분이 빨강색이거나 (ii) V에 접하는 적어도 4개의 선분이 파랑색이다. 둘 다 참이 아니라면, K_9의 모든 점은 5개의 접하는 빨강색 선분을 갖는데, 모든 선분이 빨강색인 부분 그래프의 차수의 합은 짝수이므로 $9 \times 5 = 45$라는 데에 모순이다.

(a) V에 접하는 6개의 빨강색 선분이 있으면, 다른 쪽 끝점 여섯 개로 이루어진 집합을 A로 표기한다. 예 13.1에 의하여, A에 빨강색 삼각형이나 파랑색 삼각형이 있다. 따라서 K_9는 파랑색 삼각형을 포함하거나, V와 함께 빨강색 K_4를 포함한다.

(b) 한편, V에 접하는 4개의 파랑색 선분이 있으면, 다른 쪽 끝점 네 개로 이루어진 집합을 B로 표기한다. B의 모든 선분이 빨강색이면, 빨강색 K_4가 있다. 아니라면, B에 파랑색 선분이 있고 이는 V와 함께 파랑색 삼각형을 포함한다.

(2) $R(4, 3) > 8$을 증명하기 위하여 K_8의 점에 반시계 방향으로 $[n]$의 원소를 라벨로 붙인다. $j > i$인 선분 (i, j)는 $j - i$가 1, 4, 7이면 파랑색으로, 아니면 빨강색으로 칠한다. 이 그래프는 파랑색 삼각형을 포함하지 않는다. 사실상, 그러한 삼각형은 최소의 점 i를 포함하고 $i+1$, $i+4$, $i+7$ 중 두 점을 포함하지만, 어느 두 점을 선택하든지, 그 사이의 선분은 파랑색이다.

$j > i$이고 $j - i$가 2, 3, 5, 6일 때 빨강색 선분이 i와 j 사이에 존재한다. 빨강색 K_4를 얻기 위해, 최소의 점 i가 필요하고 $i+2$, $i+3$, $i+5$, $i+6$ 중 세 점이 필요하다. $i+2$와 $i+3$이나, $i+5$와 $i+6$을 함께 선택할 수 없으므로 이는 불가능하다.

이로써 $R(4, 3) = 9$가 증명된다.

다음 예는 이 증명의 아이디어를 한 단계 더 진전시킨다.

예제 13.5

$R(4, 4) = 18$이다.

풀이 식 (13.1)은 $R(4, 4) \le R(4, 3) + R(3, 4) = 9 + 9 = 18$임을 보인다.

단색의 K_4를 포함하지 않는 K_{17}의 2색 선분 색칠의 예로 제곱잉여 그래프(quadratic residue graph)를 택하라. 즉, 점에 0에서 16의 라벨을 붙이고, $i - j$가 17에 관하여 제곱잉여일 때 선분 (i, j)를 빨강색으로 칠한다. 이러한 개념에 익숙치 않은 독자를 위하여, 이는 $j > i$이면 $j - i$가 1, 2, 4, 8, 9, 13, 15, 16일 때 선분 (i, j)는 빨강색이라는 것을 의미한다. 지루하지만 개념적으로 어렵지 않은, 모든 경우의 분석으로 단색 선분의 K_4가 존재하지 않음을 안다.

$R(2, 2) = 1$, $R(3, 3) = 6$, $R(4, 4) = 18$임을 보았다. $k \ge 5$일 때 $R(k, k)$의 정확한 값은 알려져 있지 않다. 이 문제의 어려움은 에르디쉬(P. Erdös)의 다음 유명한 언급에 설명되어 있다. "악마가 $R(5, 5)$를 계산하지 않으면 모든 인류를 파멸시킬 것이라고 명령한다고 가정하라. 그러면 모든 수학자와 컴퓨터가 답을 구하기 시작하는 것이 최상일 것이다. 그러나 그가 $R(6, 6)$을 계산하라고 명령하다면, 그가 우리를 파멸시키기 전에 우리가 그를 파멸시킬 방법을 고안하는 것이 나을 것이다."

대칭적인 램지 수 $R(k, k)$의 상한이나 하한이라도 발견할 수 있는가? 이 절의 방법으로, 기껏해야 상한에 대한 희망을 가질 수 있다. 상한은 식 (13.1)의 결과일 것이다.

정리 13.6

k, l은 1보다 큰 정수이다. 그러면

$$R(k, l) \le \binom{k+l-2}{k-1} \tag{13.2}$$

이다.

증명 독자가 아마도 추측했듯이, 이 서술을 정리 13.2의 증명에서와 같이 k, l에 대한 귀납법으로 증명한다. $k = 2$이면, 주장은 $R(2, l) \le \binom{l}{1} = l$인데, 이는 명백하다. 대칭성에 의하여, $l = 2$일 때도 서술은 참이다.

$R(k, l-1)$과 $R(k-1, l)$에 대하여 서술이 참이라고 가정하고 $R(k, l)$에 대하여 증명한다. 식 (13.1)과 귀납적 가정에 의하여,

$$R(k,\, l) \le R(k,\, l-1) + R(k-1,\, l) \le \binom{k+l-3}{k-1} + \binom{k+l-3}{k-2} = \binom{k+l-2}{k-1}$$

이다.

따름정리 13.7

모든 $k \ge 2$에 대하여, $R(k,\, k) \le 4^{k-1}$이다.

증명 정리 13.6에 의하여 $R(k,\, k) \le \binom{2k-2}{k-1} \le 4^{k-1}$이다.

램지 수의 하한을 증명하기 위한 기술은 15장에서 소개할 것이다.

13.2 램지 정리의 일반화

예제 13.8

17명으로 구성된 모임에서, 임의의 두 명이 세 가지 주제 중 하나에 관하여 통신한다. 어느 두 명도 같은 주제에 관하여 통신하는 세 명이 있음을 증명하라.

이 예는 중요한 면에서 호텔 로비에서의 예 13.1을 일반화한다. 두 사람의 관계는 두 가지만이 아니라(서로 알거나 모르는), 세 가지인다. 따라서 사람을 K_{17}로 나타내면, 이 K_{17}의 선분을 세 가지 색으로 색칠해야 한다.

풀이 (예 13.8). 방금 설명했듯이, K_{17}의 각 선분을 빨강색, 파랑색이나 녹색으로 칠하면, 단색 삼각형이 항상 존재한다는 것을 보여야 한다. K_{17}의 임의의 점 V를 선택한다. V의 차수가 16이므로, 비둘기집의 원리에 의하여, V에 접하는 적어도 여섯 개의 선분이 같은 색, 예로 녹색이다. g를 이 녹색 선분들의 다른 쪽 끝점들의 집합이라 한다. g의 두 점 사이에 녹색 선분이 있다면, g의 두 점과 V가 녹색 삼각형을 이루므로 증명된다. 아니라면, g의 모든 점들 사이의 선분이 빨강색이나 파랑색이다. g는 적어도 여섯 개의 원소를 가지므로, 예 13.1에 의하여 g의 점들 중 일부가 빨강색 삼각형이나 파랑색 삼각형을 구성한다.

정리 13.6은 다음과 같이 세 가지 이상의 색으로 일반화된다.

정리 13.9 램지 정리(Ramsey theorem)

정해진 k에 대하여 $n_1, n_2, \cdots, n_k$가 양의 정수일 때 다음과 같은 최소의 정수 $N = R(n_1, n_2, \cdots, n_k)$가 존재한다. $n \geq N$이면 $G = K_n$의 모든 선분을 1, 2, $\cdots$, k의 색으로 색칠할 때 어떤 i에 대하여 G가 모든 선분의 색이 i인 K_{n_i}를 갖는다.

증명의 개요만 제시한다. 이것을 읽은 후 일반적인 경우에 어떻게 계속하는지 알 수 있을 것이 확실하다.

증명 (정리 13.9). $n_1 + n_2 + \cdots + n_k$에 관한 귀납법으로 증명한다. $n_1 = n_2 = \cdots = n_k = 1$인 처음 경우는 자명하다. 우리의 서술을 합이 m 보다 작은 모든 양의 정수 $n_1, n_2, \cdots, n_k$에 대하여 안다고 가정한다.

귀납적 가정에 의하여, $R(n_1 - 1, n_2, \cdots, n_k)$가 존재함을 안다는 것을 주목하라. $N = k(R(n_1 - 1, n_2, \cdots, n_k) - 1) + 2$라 놓는다. G에 점 V가 있어서, V에 접하는 선분의 색 중 가장 빈번한 색이 1이라 한다. 이는 V에 접하는 적어도 $R(n_1 - 1, n_2, \cdots, n_k)$개 선분의 색이 1임을 의미한다. S를 이러한 선분의 다른 쪽 끝점들(V가 아닌 점)의 집합이라 하고, K_S를 점집합 S에서의 완전 그래프라 한다.

$R(n_1 - 1, n_2, \cdots, n_k)$의 정의에 의하여, $i \in \{2, 3, \cdots, k\}$가 존재하여 K_S가 (모든 선분의) 색이 i인 부분그래프 K_{n_i}를 갖거나, K_S가 색이 1인 부분그래프 $K_{n_1 - 1}$을 갖는데 여기에 V를 더하여 색이 1인 K_{n_1}을 갖는다.

램지 정리의 일반화의 다른 방향은 초그래프(hypergraph)나 집합 시스템이다. 간단히 이야기하면, K_n의 선분이 아니라 정해진 r에 대하여 K_n의 K_r-부분그래프를 색칠한다. $r = 2$인 특별한 경우는 선분을 색칠하는 전통적인 경우이다. 다음이 성립한다.

정리 13.10 초그래프에서의 램지 정리(Ramsey's theorem for hypergraphs)

K_n의 각 K_r-부분그래프를 1, 2, $\cdots$, k 중 한 가지 색으로 색칠한다. 양의 정수 $n_1, n_2, \cdots, n_k$에 대하여 다음과 같은 최소의 양의 정수 $N = R_r(n_1, n_2, \cdots, n_k)$가 존재한다. $n \geq N$이면, K_n이 어떤 i에 대하여, 모든 K_r-부분그래프가 색 i인 부분그래프 K_{n_i}를 포함한다.

증명은 생략한다. 정리 13.9의 증명보다 개념적으로 어렵지 않으나, 더 많은 기호를 사용한다.

다음은 정리 13.10의 매우 놀라운 응용이다. 이제껏 램지 이론의 공부는 기하학과 전혀 연관되지 않았다. 그런데도 기하학적 성질의 결과를 증명하기 위하여 위의 정리를 이용할 수 있다.

정리 13.11 에르디쉬-제케레스 정리(Erdös-Szekeres theorem)

양의 정수 n에 대하여 다음과 같은 최소의 양의 정수 $ES(n)$이 존재한다. 평면 위에, 어느 세 점도 일직선상에 있지 않은 $N \geq ES(n)$개의 점이 존재하면, 그 중 볼록 n각형을 이루는 n개의 점을 선택할 수 있다.

더 읽기 전에, $ES(4) = 5$임을 증명하여 $ES(n)$의 정의에 대한 이해도를 확인해야 한다.

증명 $R_3(n, n)$이 항상 서술이 성립하는 양의 정수임(반드시 최소는 아닌)을 주장한다. 평면의 $R_3(n, n)$개의 점에서의 완전 그래프를 택한다. 그래프의 삼각형을 빨강색이나 파랑색으로 색칠한다. 점을 1부터 $R_3(n, n)$으로 명명하고, 삼각형의 가장 작은 점부터 중간점을 거쳐 가장 큰 점까지의 경로가 시계 방향이면 삼각형을 빨강색으로 색칠한다. 경로가 반시계 방향이면 삼각형을 파랑색으로 색칠한다.

그래프가 $R_3(n, n)$개의 점을 가지므로, 단색의 삼각형을 가진 부분그래프 K_n이 있다. 이 K_n의 점들이 볼록 n각형을 이룬다고 주장한다. 이를 보기 위해, 이 부분그래프에는 한 점이 다른 세 점으로 이루어진 삼각형에 포함되는 네 점은 없음을 보이면 충분하다. 다시 말하여, 그림 13.2의 도형이 포함되지 않음을 보일 필요가 있다.

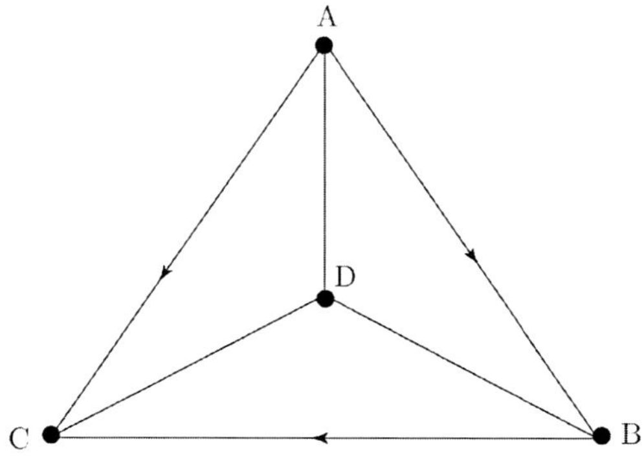

그림 13.2 이 도형은 포함되지 않음

일반성을 잃지 않고 $A < B < C$이고 K_4의 모든 삼각형이 빨강색이라고 가정한다. 그러면 삼각형 ADB가 빨강색이므로 $D < A < B$이다. (사실상, $A < D < B$이면 삼각형 ADB가 파랑색이고, $A < B < D$이면 삼각형 BCD가 파랑색이거나 $D > C$이어서 삼각형 ACD가 파랑색이다.) 그러나 $D < A < C$ 이고 삼각형 DAC는 파랑색인데 이는 모순이다. 이로써 증명된다.

$ES(n)$의 상한을 개선하는 여러 가지 결과가 나왔음을 언급한다. 마지막 결과로 $ES(n) \leq \binom{2n-5}{n-2} + 1$임이 증명되었다[43].

13.3 기하학에서의 램지 이론

예제 13.12

평면의 모든 점을 빨강색이나 파랑색으로 색칠한다고 가정하자. 단색의 끝점을 가진 단위 선분이 있음을 증명하라.

이 문제는 이제까지 논의된 다른 문제와 확실히 다르다. 평면의 점은 무한 개이고, 사실상, 셀 수 없는 무한 개이다. 전에 논의한 모든 문제는 유한 그래프를 다루었다. 더욱이, 이 문제와 다음 문제에서, 기하학적 성질을 가진 문제를 서술하고 증명하며 조합론적 기하학으로의 첫 여행을 할 것이다.

풀이 (예 13.12). 변의 길이가 1인 정삼각형 T를 택한다. 비둘기집 원리에 의하여, T는 같은 색의 두 점을 갖는다. 이 두 점을 연결하는 선분이 원하는 성질을 가진 선분이다.

앞의 예의 서술은 다음과 같이 강화된다.

예제 13.13

평면의 모든 점을 빨강색, 파랑색 또는 녹색으로 색칠한다고 가정하자. 단색의 끝점을 가진 단위 선분이 있음을 증명하라.

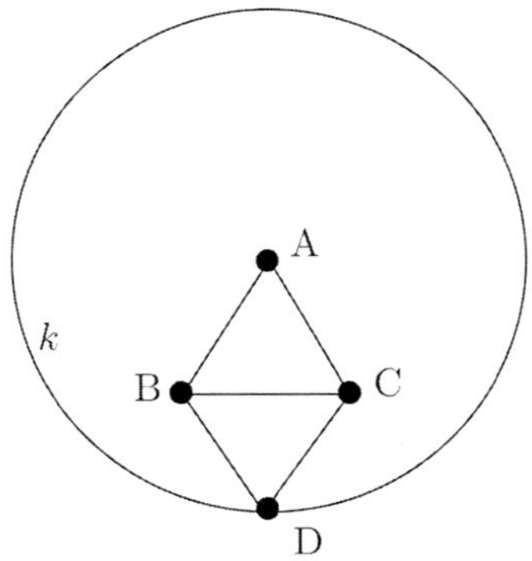

그림 13.3 k의 모든 점은 A와 같은 색을 갖는다

풀이 다시, 변의 길이가 1이고 점이 A, B, C인 정삼각형을 택한다. A, B, C가 모두 다른 색이 아니라면, 증명된다. 모두 다른 색이라면, 그림 13.3과 같이 변의 길이가 1인 다른 삼각형 T'을 T의 변 BC에 붙인다. T'의 새로운 점 D는 A와 같은 색, 말하자면 빨강색인데, 아니라면 단색의 단위 선분 BD나 CD가 형성되기 때문이다. 따라서 길이 $\sqrt{3}$ 인 선분 AD는 단색(빨강색)의 양 끝점을 가진다.

변의 길이가 1인 정삼각형이라는 것 외에 T의 특별한 성질을 이용하지 않았음을 주목하라. 따라서 이 논의를 평면의 모든 정삼각형에 반복할 수 있고 이러한 방법으로 길이가 $\sqrt{3}$ 인 모든 선분은 단색의 양 끝점을 갖는다는 것을 보이는데 아니라면 원하는 성질을 가진 단위 선분이 존재하기 때문이다.

마지막으로, 임의의 빨강색 점 R와 R를 중심으로 하고 반경 $\sqrt{3}$ 인 원 k를 택한다. 그러면 k의 모든 점은 빨강색이므로, 빨강색의 양 끝점을 가진 단위 선분이 존재한다. 사실상, k는 반경이 $\sqrt{3}$ 이므로 당연히 단위 길이의 호를 갖는다.

예제 13.14

평면의 모든 점을 빨강색 또는 파랑색으로 칠한다. T를 각이 30, 60, 90도이고 빗변이 단위 길이인 삼각형이라 한다. 단색의 꼭짓점을 가진, T와 합동인 삼각형이 있음을 증명하라.

풀이 예 13.12에 의해 단색의 점을 가진 단위 선분이 존재한다. 이 선분을 s라 하고, 일반성을 잃지 않고, s의 끝점 A, B가 빨강색이라 가정한다. 지름이 s인 원 C를 택하여 그림 13.4와 같이 A, B와 함께 C의 원주를 6개의 같은 부분으로 나누는 네 점 D_1, D_2, D_3, D_4를 고려하라.

D_i 중 하나라도 빨강색이라면 A, B와 이 D_i가 요구되는 변수를 가진 단색(빨

강색)의 삼각형을 이룬다. 아니라면, 모든 D_i는 파랑색이고, 그들은 파랑색 삼각형 네 개를 이룬다.

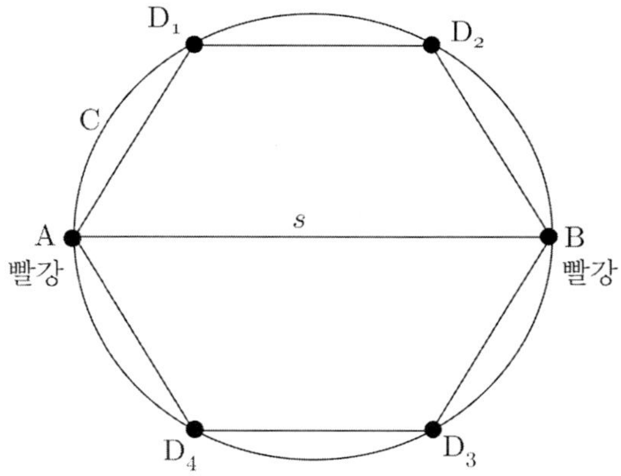

그림 13.4 D_i의 색이 중요하다.

Notes

램지 이론의 첫 번째 교재는 로날드 그레이엄(Ronald Graham), 브루스 로스차일드(Bruce Rothschild), 조엘 스펜서(Joel Spencer)의 램지 이론(Ramsey Theory)[21]이다. 이는 높은 수준의 책이다. 기하학적 성격의 질문이 있으면 독자는 야노스 팍(János Pach)과 판케이 아가왈(Pankaj Agarwal)의 조합론적 기하학(Combinatorial Geometry)[31]을 참조하라. 마지막으로, 정수의 색칠에 관하여 가장 포괄적인 자료는 브루스 랜드만(Bruce Landman)과 아론 로버트슨(Aeron Robertson)의 정수의 램지 이론(Ramsey Theory on the integers)이다[26].

연습문제 Exercises

1. 정리 13.9의 증명을 완성하라.

2. 길이 $nm+1$인 순열 p에는, 길이 $n+1$인 증가 부분수열이나 길이 $m+1$인 감소 부분수열이 있음을 증명하라. (부분수열의 원소는 p의 연속된 자리에 있을 필요는 없다.)

3. 공간의 각 점을 빨강색이나 파랑색으로 칠한다. 모든 점이 파랑색인 단위 사각형이나 적어도 세 점이 빨강색인 단위 사각형이 존재함을 증명하라.

4. ABC를 정삼각형, E를 선분 AB, AC, BC의 모든 점을 포함하는 집합이라 한다. E의 각 점을 빨강색이나 파랑색으로 색칠한다. 어떻게 색칠하여도, 단색 꼭짓점의 직각 삼각형이 존재함을 증명하라.

5. 열여덟 팀이 라운드 로빈 축구 토너먼트에 참가한다. 여덟 라운드가 지난 후 그 중 어느 두 팀도 경기하지 않은 세 팀이 존재함을 증명하라.

6. $n_k = k!(1+\frac{1}{1!}+\frac{1}{2!}+\frac{1}{3!}+\cdots+\frac{1}{k!})+1$이라 한다. K_{n_k}의 모든 선분을 k가지 색으로 칠한다. 단색 선분을 가진 삼각형이 존재함을 증명하라.

7. $n>1$이 양의 정수라 한다. $R(n+2, 3)>3n$임을 증명하라.

8. 공간의 각 점을 빨강색, 파랑색, 녹색, 노랑색으로 색칠한다. 단색의 점을 가진 단위 선분이 존재함을 증명하라.

9. 평면의 각 점을 빨강색이나 파랑색으로 색칠하는데 단색 꼭짓점을 가지며 변이 단위 길이인 정삼각형이 존재하지 않도록 하는 것이 가능함을 증명하라.

10. (+++) 평면의 각 점을 빨강색이나 파랑색으로 색칠한다. 임의의 직각삼각형 T에 대하여 T와 합동이고 단색 꼭짓점을 가진 삼각형이 있음을 증명하라.

11. 공간의 각 점을 빨강색이나 파랑색으로 색칠한다. 임의의 정삼각형 T에 대하여 T와 합동이고 단색 꼭짓점을 가진 삼각형이 있음을 증명하라.

12. (+) 공간의 각 점을 빨강색이나 파랑색으로 색칠한다. 임의의 삼각형 T에 대하여 T와 합동이고 단색 꼭짓점을 가진 삼각형이 있음을 증명하라.

13. (++) 공간의 각 점을 빨강색이나 파랑색이나 녹색으로 색칠한다. T가 예 13.14에서와 같다면 T와 합동이고 단색 꼭짓점을 가진 삼각형이 있음을 증명하라.

14. (+++) 공간의 각 점을 빨강색이나 파랑색이나 녹색으로 색칠한다. 임의의 직각삼각형 T에 대하여 T와 합동이고 단색 꼭짓점을 가진 삼각형이 있음을 증명하라.

15. 어느 회사에 6개국 출신의 2002명의 직원이 있다. 각 직원은 식별 카드(ID)를 갖는데 이 카드에는 1번부터 2002번 사이의 번호가 있다. 식별 번호가 두 명의 번호의 합이거나, 다른 한 명의 번호의 두 배인 직원이 있음을 증명하라.

16. 양의 각 정수를 색 1, 2, ⋯, k로 색칠한다. $n > N$이면 n보다 작고, 같은 색이고 $a+b=c$인 정수 a, b, c가 존재하는 정수 $N=N(k)$가 존재함을 증명하라.($a=b$가 허용된다.)

17. $N(k)$를 위의 연습문제에서와 같이 정의한다. $N(2)$를 결정하라.

18. $N(3) > 13$임을 증명하라.

부가 연습문제 Supplementary Exercises

19. 다음은 크리스마스 파티에 초대된 n명의 손님에게 적용된다.

- 임의의 세 명의 손님 중 서로 모르는 두 명이 있고
- 임의의 일곱 명의 손님 중 서로 모르는 두 명이 있다.

이 파티가 끝날 때에 모든 사람은 자신이 아는 모든 사람에게 선물을 한다. 총 선물의 수는 $6n$ 이하임을 증명하라.

20. K_6의 선분을 빨강색이나 파랑색으로 칠하면, 단색 선분을 가진 삼각형이 적어도 두 개 있음을 증명하라.

21. K_9의 선분을 빨강색이나 파랑색으로 칠하면, 단색 선분을 가진 삼각형이 적어도 열두 개 있음을 증명하라.

22. 임의의 두 개의 합이 유리수인 세 개의 무리수가 존재하지 않음을 증명하라.

23. k, n이 $1 \le k < n$인 양의 정수라 한다. 임의의 k개의 합이 유리수인 n개의 무리수가 존재하지 않음을 증명하라.

24. 버스에 승객 아홉 명이 있다. 이 중 임의의 세 명 중에는 서로 아는 두 명이 있다. 버스에 다른 사람 네 명 이상을 아는 승객이 다섯 명 이상 있음을 증명하라.

25. 위의 연습문제에서, 어느 두 명도 서로 아는 다섯 명이 있는가?

26. 연습문제 24에서 네 명 이상을 아는 여섯 명이 항상 있는가?

27. 임의의 세 명 중 서로 아는 두 명이 있다는 조건을 유지하며 연습문제 24를 $2n+1$ 명의 승객이 있는 버스로 일반화하라.

28. 정10면체의 다섯 꼭짓점을 빨강색으로, 다섯 꼭짓점을 파랑색으로 칠한다. 서로 합동이며 빨강색 꼭짓점을 가진 삼각형 T_1과 파랑색 꼭짓점을 가진 삼각형 T_2가 존재함을 증명하라.

29. 정13면체의 각 점을 빨강색이나 파랑색으로 칠한다. 꼭짓점이 단색인 이등변삼각형이 존재함을 증명하라.

30. K_6의 선분을 빨강색이나 파랑색으로 칠한다. 선분이 단색인 길이 4인 순환이 존재함을 증명하라.

31. K_7의 선분을 빨강색이나 파랑색으로 칠한다. 선분이 단색인 길이 4인 순환이 세 개 이상 존재함을 증명하라.

32. $R(3, 5) = 14$ 임을 증명하라.

33. (a) (+) T_m 이 m 개의 점에서의 트리이다. $K_{(m-1)(n-1)+1}$ 의 모든 점을 빨강색이나 파랑색으로 칠한다. 모든 선분이 빨강색인 T_m 이나 모든 선분이 파랑색인 K_n 이 존재함을 증명하라.

(b) (a)의 결과가 최선임을 증명하라.

34. 평면 위의 모든 점을 빨강색이나 파랑색으로 칠한다. $n \geq 3$ 인 정수이다. 모든 점과 그들의 중심이 같은 색인 n 개의 점이 있음을 증명하라. $2n+1$ 개의 점만 고려하는 증명을 구하라.(벡터 공간의 n 개의 점 $v_1, v_2, \cdots, v_n$ 의 중심은 $\dfrac{(v_1 + v_2 + \cdots + v_n)}{n}$ 이다.)

35. n 차원 평면에서 각 좌표가 정수인 각 점을 빨강색이나 파랑색으로 칠한다. 양 끝점이 단색이고 중심(centroid)이 양 끝점과 같은 색인 선분이 있음을 증명하라.

36. 평면의 정수 좌표인 점만 색칠해도 연습문제 34의 서술은 성립함을 증명하라.

37. 모든 정수 $n \geq 1$ 에 대하여 길이 3인 등차수열을 포함하지 않는 n-치환이 존재함을 증명하라. 단, 등차수열은 증가이거나 감소이다.

38. 모든 양의 정수의 집합의 치환은 길이 3인 증가 등차수열을 포함함을 증명하라.(무한 집합 S 의 치환은 S 의 모든 원소를 일렬로 나열하는 것이다.)

CHAPTER 14장 그토록 회피하기 어렵다. 치환의 조건

14.1 패턴 회피 치환

n명의 아이들이 뒷마당에서 놀고 있는데 키가 모두 다르다. 이들이 일렬로 서서 모두 앞 사람의 등을 본다. 각 아이는 자신보다 키가 작으면서 앞에 있는 모든 아이를 볼 수 있다. 그러한 열이 몇 개가 있는가?

이 시점에서, 독자는 $[n]$의 치환을 계수하는데 확실히 새로운 조건을 덧붙여야 할 것이라고 의심할 것이다. 아이들이 키 순서대로 1, 2, $\cdots$, n인데 1이 가장 작고 n이 가장 크다고 한다.

예로 $n=7$에 대하여 1423567은 적당한 열인가? 아닐 것이다. 2나 3은 비록 1이 자신보다 작고 앞에 있지만, 자신보다 큰 4에 가려 1을 볼 수 없다. 한편 673415는 적당한 열이다.

그렇다면 어떤 열이 적당한가? 반드시 연속일 필요는 없지만 a, b, c 순서이면서 $a<c<b$인 a, b, c 세 원소가 없다면 적당하다. 사실상 그러한 세 원소가 있다면 b는 a를 볼 수 없다.

이러한 부분 수열에 관한 조건을 가진 치환의 계수하기는 현대 조합론의 매우 활발한 영역이다. 계속하기 전에, 논의를 간단히 하도록 두 가지 정의를 도입한다.

정의 14.1

어느 치환에서 a, b, c가 반드시 연속일 필요는 없지만 왼쪽부터 a, b, c 순서이면서 $a<c<b$인 세 원소라 한다. $a<c<b$라면 a, b, c는 132-패턴(pattern)이라 한다.

이 구조를 왜 132-패턴이라 하는가? a, b, c의 관계가 1, 3, 2의 관계와 같기 때문이다. 즉 가장 왼쪽의 원소가 최소이고, 중간 원소가 최대이다. 유사하게, $a < b < c$라면 a, b, c를 123-패턴이라 하고 $c < a < b$라면 a, b, c를 231-패턴이라 한다.

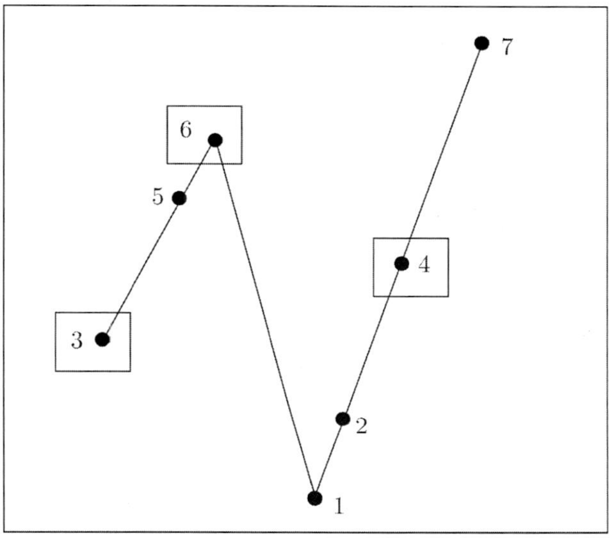

그림 14.1 치환 3561247은 132-패턴을 포함한다.

정의 14.2

치환 p가 132-패턴을 포함하지 않는다면 p는 132-회피(132-avoiding)라 한다.

그러므로 우리가 할 일은 길이 n이면서(n-치환) 132-회피인 치환의 수 $f(n)$을 구하는 것이다.

132-회피인 n-치환 중 n이 i 번째 자리에 있는 것이 있다고 가정하자. 그러면 n의 왼편에 있는 모든 원소는 오른편에 있는 모든 원소보다 크다.(아니라고, 즉 n의 왼편에 있는 원소 x가 오른편에 있는 원소 y보다 작다고 가정하자. 그러면 x, n, y는 132-패턴을 이루므로 모순이다.) 이는 $1, 2, \cdots, n-i$가 n의 오른편에 있고 $n-i+1, n-i+2, \cdots, n-1$이 n의 왼편에 있다는 것을 의미한다. 이제 n의 왼편에 있는 $i-1$개의 원소 또한 132-회피인데 여기에는 $f(i-1)$가지 방법이 있다. 유사하게, n의 오른편에 있는 $n-i$개의 원소 또한 132-회피이고 $f(n-i)$가지 방법이 있다. 따라서 132-회피인 n-치환 중 n이 i 번째 자리에 있는 것의 개수는 $f(i-1)f(n-i)$이다. 여기에서 재귀적 관

계가 성립하도록 $f(0)=1$이라 한다.

모든 $i \in [n]$에 관하여 합하면 $n \geq 1$에 대하여

$$f(n) = \sum_{i=1}^{n} f(i-1)f(n-i) \tag{14.1}$$

이고 $f(0)=1$이다.

이 재귀관계를 8장 연습문제 15를 풀 때 공식 (8.19)에서 본 적이 있다. 이를 생성 함수를 이용하여 풀었다. 결론은 (8.19)의 답, 즉 (14.1)의 답은 카탈란 수라는 것이었다.

따름정리 14.3

132-회피인 n-치환의 수는 n 번째 카탈란 수인 $c_n = \binom{2n}{n}/(n+1)$이다.

다른 패턴을 회피하는 n-치환의 수는 얼마인가? 이 질문을 하기 전에 일반적인 패턴에 대해, 언급하기만 했던 패턴 회피를 공식적으로 정의하자.

정의 14.4

$n \geq k$이고 p가 n-치환, $q = q_1 q_2 \cdots q_k$가 k-치환이다. p의 k개 원소를 선택하여 왼쪽부터 $a_1, a_2, \cdots, a_k$라 한다. 정확히 $a_i < a_j$인 i, j에 대하여 $q_i < q_j$라면 $a_1, a_2, \cdots, a_k$를 q-패턴(q-pattern)이라 한다.

정의 14.5

$n \geq k$이고 p가 n-치환, $q = q_1 q_2 \cdots q_k$가 k-치환이다. p의 어떤 k개 원소도 q-패턴이 아니라면 p를 q-회피(q-avoiding)라 한다.

q-회피인 n-치환의 수를 $S_n(q)$라 표기한다.

132가 아닌 패턴 q에 대하여 $S_n(q)$를 결정하는 우리의 주 작업으로 돌아가자. 그 미만에서는 자명하므로 길이 3인 패턴부터 시작한다.

$S_n(231) = S_n(132)$라 주장한다. 사실상 231이 132의 역(reverse)임을 주목하라. 따라서 어느 n-치환이 231-회피인 필요충분조건은 그 역이 132-회피인 것이다. 이로써 132-회피인 n-치환의 집합과 231-회피인 n-치환의 집합 사이의 자연스러운 일대일 대응

을 얻는다.

또한 $S_n(312) = S_n(132)$라 주장한다. 이를 알기 위하여 n-치환 $p = p_1p_2 \cdots p_k$의 여치환(complement) p_c를 i 번째 원소가 $n+1-p_i$인 치환이라 정의한다. 예로 34152의 여치환은 32514이다.

312는 132의 여치환임을 주목한다. 더욱이 p가 312-회피인 필요충분조건은 p_c가 132-회피인 것이다. 따라서 $S_n(312) = S_n(132)$이다.

이제까지 $S_n(132) = S_n(231) = S_n(312)$라는 것을 관찰했다. 이 등식의 사슬을 연장하는 것은 쉽다. 사실, 213은 312의 역이고 $S_n(132) = S_n(231) = S_n(312) = S_n(213)$이다.

길이 3인 두 개의 패턴 123과 321이 더 있다. 역이나 여치환을 이용하면 명백히 $S_n(123) = S_n(321)$이다. 이는 우리에게 마지막 질문을 남긴다. $S_n(123) = S_n(132)$인가? 답이 긍정이라면 길이 3인 각 패턴 회피의 n-치환의 수는 n 번째 카탈란 수인 c_n이다. 이 질문의 답은 긍정이다. 이 내용은 다음 보조정리인데 증명은 위의 대칭적 논의보다 약간 어렵다.

정리 14.6

모든 양의 정수 n에 대하여

$$S_n(123) = S_n(132)$$

이다.

이 보조정리를 증명하기 전에 도구가 필요하다. 치환의 원소 중 자신의 왼쪽의 모든 원소보다 작은 원소를 좌우 극소라고 하는 것을 상기하라. 좌우 극소들의 수열은 감소수열임을 주목하라. 예로, 치환 4531762에서 4, 3, 1이 좌우 극소이다. 가장 왼쪽의 원소와 1은 항상 좌우 극소이다.

증명 (보조정리 14.6). 모든 좌우 극소 원소를 고정하는, 123-회피인 n-치환의 집합으로부터 132-회피인 n-치환의 집합으로의 일대일 대응 f를 구축한다.(모든 좌우 극소 원소를 고정한다는 성질은 이 보조정리에는 필요하지 않으나 추후에 유용할 것이다.)

일대일 대응 f는 다음과 같이 정의된다. 임의의 123-회피인 n-치환 p를 선택하여 모든 좌우 극소를 고정하고 나머지 원소의 자리는 비워둔다. 왼쪽에서 오른쪽으로 진행하며 좌우 극소가 아닌 원소들로 빈 자리를 채우는데 각 단계에서 자신의 바로 이전의 좌우 극소(왼쪽에 있는 좌우 극소 중 가장 오른쪽의 원소)보다는 큰 원소로서, 남은 원소 중 최소 원소를 넣는다. 즉, 각 단계에서 가용 원소(좌우 극소가 아닌 원소)로서 적절한 원소(자신의 바로 이전의 좌우 극소보다는 큰 원소) 중 최소 원소를 넣는다. 이러한 원소가 항상 존재한다는 것을 증명하도록 독자를 초대한다.

예로, $p = 465132$ 이면 좌우 극소는 $4, 1$ 이므로 첫 번째와 네 번째 원소를 고정한다. 이제 빈 자리인 두 번째 자리에 4보다 큰 최소 원소인 5를 넣는다. 마찬가지로 세 번째 자리에 4보다 큰 최소 원소인 6을 넣는다. 같은 이유로 다섯 번째 자리에 2를 넣고 여섯 번째 자리에 3을 넣는다. 이러한 방법으로 $f(p) = 456123$을 얻는다.

$f(p)$에 132 패턴이 있다면 그 중 좌우 극소로 시작하는 것이 있을 텐데, 주어진 좌우 극소보다 크면서 오른쪽에 있는 원소는 증가 수열이므로 이는 불가능하고 따라서 $f(p)$가 132-회피임을 주목하라.

f의 역함수는 묘사하기가 더욱 쉽다. p의 좌우 극소를 고정하고 빈 자리에 남은 원소를 감소하는 순서로 채운다. 이는 p의 좌우 극소의 집합을 그대로 유지한다. (이유는?) 두 개의 감소 순열의 합집합인 치환을 얻는데 이 치환은 123-회피이다. 좌우 극소가 그대로이고 다른 원소는 감소하므로(그렇지 않다면 p는 123-회피가 아니다) 이 절차를 $f(p)$에 적용하면 p를 얻는다. 이는 보조정리를 증명한다.

정리 14.7

q가 길이 3인 임의의 패턴이라 한다. 그러면 모든 양의 정수 n에 대하여

$$S_n(q) = c_n = \frac{\binom{2n}{n}}{n+1}$$

이다.

증명 보조정리 14.6과 위의 쉬운 대칭적 논의에 의하여 길이 3인 모든 패턴 q에 대하여 $S_n(q)$는 같다. $S_n(132) = c_n$이므로 증명된다.

따라서 q의 길이가 3이면 q-회피인 치환의 수를 계수할 수 있다. 그러나 보다 긴 패턴 q에 대하여 문제는 급격한 속도로 어려워진다. $S_n(q)$의 정확한 공식이 알려진 패턴 q는 거의 없다. 한 가지 이유를 보기 위하여 길이 4인 패턴을 고려한다. 이러한 패턴이 24개 있지만 역이나 여치환을 이용하거나 다른 덜 명백한 방법으로 세 개의 패턴 1234, 1342, 1324가 있다는 것을 알게 된다. 컴퓨터로 계산하면 이들 패턴 q에 대한 매력적인 결과 $S_n(q)$, $n \leq 8$을 얻는다.

- $S_n(1342)$: 1, 2, 6, 23, 103, 512, 2740, 15485
- $S_n(1234)$: 1, 2, 6, 23, 103, 513, 2761, 15767
- $S_n(1324)$: 1, 2, 6, 23, 103, 513, 2762, 15793

길이 3인 패턴에서와 달리 $S_n(q)$는 q에 따라 다르다는 것을 본다. 또한 $n \geq 7$일 때

$$S_n(1342) < S_n(1234) < S_n(1324)$$

인 것 같다. 대단히 놀랍고 이해하기 어렵게도 단조 패턴이 이 사슬의 가운데에 있다. 단조 패턴은 회피하기가 가장 쉽거나 어렵다고 생각하는 것이 그럴 듯 했을 것이다.

이 부등식의 두 번째 부분을 증명한다. 첫 번째 부분은 연습문제 5에서 해결한다.

정리 14.8

모든 $n \geq 7$에 대하여 $S_n(1234) < S_n(1324)$이다.

증명 모든 n-치환을 좌우 극소와 우좌 극대의 집합과 자리에 따라 분류하는데 이것이 다음 정의의 내용이다.

정의 14.9

두 원소 x, y는 다음을 만족하면 같은 클라스이다.

- x의 좌우 극소가 y의 좌우 극소와 같고
- x의 좌우 극소의 자리가 y의 좌우 극소의 자리와 같고
- 우좌 극대에 대하여도 마찬가지이다.

예로 $x = 51234$와 $y = 51324$는 같은 클라스이나, $z = 24315$와 $v = 24135$는 z의 세 번째 원소가 좌우 극소가 아닌데 v의 세 번째 원소는 좌우 극소이므로 같은 클라스가 아니다.

증명의 개요는 다음과 같다. 공집합이 아닌 각 클라스는 정확히 한 개의 1234-회피와 적어도 한 개의 1324-회피를 포함한다. 이제 두 개 이상의 1324-회피를 포함하는 클라스를 제시하며 증명을 완성한다.

보조정리 14.10

공집합이 아닌 각 클라스는 정확히 한 개의 1234-회피를 포함한다.

증명 이미 클래스를 정했다고, 즉 좌우 극소의 자리와 값, 우좌 극대의 자리와 값을 정했다고 가정한다. 나머지 원소들을 감소하는 순서로 넣으면 1234-회피를 얻는다고 주장한다.

사실상, 이러한 방법으로 얻은 치환은 세 개의 감소 순열, 즉, 좌우 극소, 우좌 극대, 나머지 원소들로 구성되어 있다. 이 치환에 1234-패턴이 있으면, 비둘기집 원리에 의하여 이 중 적어도 두 원소는 같은 감소 순열에 있는데 이는 모순이다. 한편 두 원소 a, b가 증가 순서라면, 이들은 a의 바로 이전의 좌우 극소와 b의 바로 이후의 우좌 극대(오른쪽에 있는 우좌 극대 중 가장 왼쪽의 원소)와 함께 1234-패턴이다. 마지막으로, 주어진 클래스가 공집합이 아니라면, 남은 원소를 제약 조건을 위반하지 않으면서 감소하는 순서로 쓸 수 있다. 아니라면 이 클래스는 공집합일 것이다.(다시 말하여 최소 수의 제약 조건을 위반하는 것은 나머지 원소들의 감소 순열이다.)

이제 어려운 부분이다. 치환 $p = p_1 p_2 \cdots p_n$의 역치(inversion)는 $i < j$이나 $p_i > p_j$인 순서쌍 (p_i, p_j)임을 상기하라.

보조정리 14.11

공집합이 아닌 각 클래스는 적어도 한 개의 1324-회피를 포함한다.

증명 어떤 치환이 1324-패턴을 포함한다면 그러한 패턴의 첫 원소가 좌우 극소이고 마지막 원소는 우좌 극대가 되도록 선택할 수 있다. 사실상, 존재하는 임의의 패턴을 선택하여 그러한 첫째(마지막) 원소를 바로 이전(이후)의 좌우 극소(우좌 극대)로 교체할 수 있다. 그러므로 어떤 패턴이 1324-회피라는 것을 보이려면, 첫째 원소가 좌우 극소이고 마지막 원소가 우좌 극대인 1324-패턴을 포함하지 않는다는 것을 보여주면 충분하다.(그러한 패턴을 좋은 패턴이라 한다.) 또한 좌우 극소(우좌 극대)는 1324-패턴의 첫째(마지막) 원소로만 가능함을 주목하라.

임의의 1324-패턴을 포함하는 치환을 선택한다. 위의 논의에 의하여 이 치환은 좋은 패턴을 포함한다. 이것의 두 번째 원소와 세 번째 원소를 교환한다. 이를 존재하는 제약 조건인, 어떤 원소 x도 $x < y$인 좌우 극소 y의 왼쪽에 있지 않고, $z < x$인 우좌 극대 z의 오른쪽에 있지 않다는 조건에 위배되지 않도록 할 수 있다. 이렇게 얻은 치환은 좌우 극소와 우좌 극대가 변하지 않았으므로, 원래의 치환과 같은 클래스에 속한다. 이 과정을 가능한 한 반복한다. 이 과정의 각 단계에서 치환의 역치의 수가 줄어든다. 그러므로 $\binom{n}{2}$단계 이내에 끝난다. 결과적으로 얻은 치환은 원래의 치환과 같은 클래스에 있으나. 좋은 패턴을 포함하지 않으므로 1324-회피이다.

기호 (예에 따른): 다음에서 두 좌우 극소 a_1, a_2를 첫째 자리와 셋째 자리에, 한 개의 우좌 극대 b_1을 마지막 자리에 갖는 6-치환의 클라스를 $a_1 * a_2 * * b_1$이라 표기한다.

마지막으로, 위의 보조 정리에서 "적어도 한 개의"라고 표현한 것은 정확히 한 개를 의미하지는 않는다는 것을 보여야 한다. $n=7$이라면, $3*1*7*5$는 두 개의 1324-회피 치환 3612745와 3416725를 포함한다. 이는 $S_7(1234) < S_7(1324)$임을 증명한다. 보다 큰 n에 대하여 $n(n-1)\cdots 83*1*7*5$를 택하는 것과 같이 쉬운 방법으로, 이 예를 확장할 수 있다. 이는 1324-회피 치환이 1234-회피 치환보다 많다는 것을 보이고, 정리를 증명한다.

이미 언급했듯이 길이 3 이상이면서 $S_n(q)$의 정확한 공식이 알려진 q는 거의 없다. 그러므로 $S_n(q)$의 좋은 근사값이나 상한도 흥미롭다. 유명한 스탠리-윌프 추측(Stanley-Wilf conjecture)은 모든 패턴 q와 모든 n에 대하여 $S_n(q) \le c_q^n$을 만족하는 상수 c_q가 있다는 것이다. 이 추측은 최근 이십 년 동안 여러 번의 수치 해를 구하려는 시도에도 불구하고 해결되지 않다가 2003년의 아담 마르쿠스-가보 타도쉬(Adam Marcus-Gábor Tardos)의 유명한 논쟁에 의하여 증명되었다[30]. c_q의 가장 가능한 값은 알려지지 않았다. (마르쿠스-타도쉬의 증명은 아름답지만, c_q의 실제 필요한 값에 가까운 값을 제공하지는 않는다.)

그럼에도 불구하고 어떤 특별한 경우에, 모든 n에 대하여 $S_n(q) \le c_q^n$인 작은 상수 c_q를 찾을 수 있다. 가장 쉬운 경우는 q가 단조인 경우이다.

정리 14.12

모든 양의 정수 $k \le n$에 대하여 $S_n(123\cdots k) \le (k-1)^{2n}$이다.

증명 치환의 원소 x는 길이 i인 증가 부분순열의 최고값이고 길이 $i+1$인 증가 부분순열의 최고값은 아닐 때 랭크 i라 한다. 그러면 모든 i에 대하여, 랭크 i인 원소는 감소 순열을 이룬다. 따라서 q-회피 치환은 $k-1$개의 감소 부분순열로 분할할 수 있다. 각 원소를 그 중 한 개의 부분순열로 분할하는 방법이 $k-1$가지이고, 각 자리를 그 중 한 개의 부분순열로 배정하는 방법은 $k-1$가지 미만이므로 정리는 증명된다.

이 결과는 $S_n(123) = c_n < 4^n$ 임을 보여주는 이전의 결과와 일치한다.

정확한 $S_n(q)$의 공식이 알려진 패턴 q는 노트 부분에 언급될 것이다. 재귀적 결과를 제시함으로써 이 절을 마무리한다. 다음 정의가 필요하다.

정의 14.13

$p \in S_a$, $q \in S_b$이고 $p = p_1 p_2 \cdots p_a$, $q = q_1 q_2 \cdots q_b$라 한다. 그러면 p, q의 직합은 $p \oplus q \in S_{a+b}$로

$$(p \oplus q)_i = \begin{cases} p_i & i \leq a \text{이면} \\ q_{i-a} + a & i > a \text{이면} \end{cases}$$

이다. 다시 말하여 q의 각 원소를 a만큼 증가시킨 후 p의 뒤에 놓는다.

예제 14.14

$p = 132$, $q = 2431$이면 $p \oplus q = 1325764$이다.

이제 약속한 대로 재귀적 결과를 제시하고 증명할 준비가 되었다.

정리 14.15

패턴 q_1, q_2가 모든 n에 대하여 $S_n(q_1 \oplus 1) \leq c_1^n$이고 $S_n(1 \oplus q_2) \leq c_2^n$이다. 그러면 모든 n에 대하여

$$S_n(q_1 \oplus 1 \oplus q_2) \leq \left(\sqrt{c_1} + \sqrt{c_2}\right)^{2n}$$

이다.

예제 14.16

$q_1 = 213$, $q_2 = 132$라 한다. 그러면 연습문제 30과 정리 14.12에 의하여 $S_n(q_1 \oplus 1) \leq S_n(2134) < 9^n$이고, $S_n(1 \oplus q_2) = S_n(1243) < 9^n$이다. 그러므로

$$S_n(q_1 \oplus 1 \oplus q_2) \leq (3+3)^{2n} = 36^n$$

이다.

증명 (정리 14.15). $p \in S_n$이 $q = q_1 \oplus 1 \oplus q_2$-회피라 한다. p의 원소 중 $q_1 \oplus 1$-패턴의 마지막 원소 역할을 하는 원소들을 빨강색으로 칠하고 나머지 원소를 파랑색으로 칠한다.

그러면 빨강색 원소들의 열은 $1 \oplus q_2$-회피이어야 한다. 아니라면 $1 \oplus q_2$인 빨강색 원소로 구성된 임의의 C는 C의 가장 왼쪽에 있는 원소를 빨강색으로 하는 C의 왼쪽에 있는 원소를 이용하여, q와 같게 만들 수 있다.(여기에서 $q = q_1 \oplus 1 \oplus q_2$의 첫 번째 부분의 각 원소는 두 번째 부분의 각 원소보다 작다는 구조를 사용한다.)

더욱이 파랑색 원소들의 열은 $(q_1 \oplus 1)$-회피이다. 사실상, 이것이 그 패턴인 D를 포함한다면, D의 마지막 원소는 빨강색이므로, 모순이다.

그러므로 k개의 파랑색 원소와 $n-k$개의 빨강색 원소가 있다면, $\binom{n}{k}^2 c_1^k c_2^{n-k}$개 이하의 q-회피인 n-패턴이 있다. 사실상, 파랑색 원소의 집합으로 $\binom{n}{k}$개 이하가 가능하고, 이러한 원소들의 자리로 같은 수가 가능하다. 모든 k에 관하여 합하면

$$
\begin{aligned}
S_n(q) &\le \sum_{k=1}^{n} \binom{n}{k}^2 c_1^k c_2^{n-k} \\
&\le \left(\sum_{k=1}^{n} \binom{n}{k} \sqrt{c_1^k c_2^{n-k}} \right)^2 \\
&\le \left(\sqrt{c_1} + \sqrt{c_2} \right)^{2n}
\end{aligned}
$$

이다. 이항 정리와 양의 실수들의 제곱의 합은, 합의 제곱 이하라는 사실을 이용하였다.

14.2 스택 정렬 가능한 치환

이 절의 주제의 초기 설정은 유명한 하노이 탑과 유사하다. 치환 $p = p_1 p_2 \cdots p_n$의 원소들을 정렬하여 항등 치환 $12 \cdots n$을 얻고자 한다. 우리의 유일한 수단은 스택(stack)인데 이는 가장 큰 원소를 바닥에, 가장 작은 원소를 맨 위에 놓은 증가하는 순서의 세로열이다.

치환 p에서의 순서대로 스택에 들어간다. p_1을 선택하여 스택에 넣는다. 이제 p_2를 선택하여 $p_2 < p_1$이면, p_2가 p_1의 위에 있도록 허용되므로, 스택에 넣는다. 그러나 $p_2 > p_1$이면, 먼저 p_1을 스택에서 꺼내서 결과 치환의 첫째 자리에 넣은 후 p_2를 스택에 넣는다. 이 작업을 계속한다. 각 단계 i에서, p_i를 현재 스택의 맨 위에 있는 $r = p_{a_{i-1}}$과 비교한다.

$p_i < r$이면 p_i를 스택의 맨 위에 넣고, 그렇지 않다면 r를 결과 치환의 빈 자리 중 가장 왼쪽에 넣고, p_i를 현재 스택의 맨 위에 있는 원소와 비교한다. 이 알고리듬은 n개의 모든 원소가 스택을 통과하여 결과 치환 $s(p)$의 원소가 되면 끝난다. 예로 그림 14.2를 보라.

예제 14.17

$p = 2413$이라 한다. 정렬 과정의 각 단계는 그림 14.2에 있다.

원래의 치환	스택	결과 치환
2413		
413	2	
413		2
13	4	2
3	1 4	2
3	4	21
	3 4	21
	4	213
		2134

그림 14.2 치환 2413의 정렬

이 스택 정렬(stack sorting) 작업에서 p의 결과 $s(p)$가 항등 치환이면, p는 스택 정렬 가능하다(stack sortable)고 한다. 따라서 이전의 예는 2413이 스택 정렬 가능이 아니라는 것을 보여준다.

어느 치환이 스택 정렬 가능한가? 이 자연스러운 질문에 대답하기 위하여, 먼저 p의 원소의 쌍에 대한 스택 정렬 연산 s의 효과를 분석한다.

성질 14.18

p가 치환이고, $a < b$가 p의 두 원소이다. 이때

(1) a가 b보다 p에서 앞이면 $s(p)$에서도 앞이다.

(2) p에서 b가 a보다 앞이고 a, b 사이에 위치하면서 $c > b > a$인 원소 c가 없으면, $s(p)$에서 a가 b보다 앞이다.

(3) p에서 b가 a보다 앞이고 a, b 사이에 위치하면서 $c > b > a$인 원소 c가 있으면, $s(p)$에서 b가 a보다 앞이다. 이는 abc가 231-패턴일 때이다.

증명 (1) p에서 a가 b보다 앞이므로, a는 b보다 먼저 스택에 들어간다. $a < b$이므로, b는 a보다 앞에서 스택에 들어갈 수 없고, $s(p)$에서 a가 b의 앞이다.

(2) 이 경우에 b와 a 사이의 p의 수열은 감소 수열 S이다. S의 원소가 스택에 b부터 a까지 들어간다. 따라서 a가 S의 원소 중 가장 먼저 스택을 떠난다. 특히, a는 b보다 먼저 스택을 떠나므로 $s(p)$에서 a가 b보다 앞이다.

(3) 이 경우에, c가 스택에 들어가기 전에 b가 스택을 떠난다. 한편, a보다 앞에서, c가 스택에 들어가야 한다. 따라서 a가 들어가기 전에 b가 스택을 떠나고, $s(p)$에서 b가 a보다 앞에 들어간다.

정리 14.19

치환 p가 스택 정렬 가능한 필요충분조건은 231-회피인 것이다.

증명 p가 231-패턴 $a < b < c$를 포함하면, 바로 이전 성질의 세 번째 부분에 의하여 $s(p)$에서 b가 a보다 앞이므로, $s(p)$는 항등 치환일 수 없다. p가 231-패턴을 포함하지 않으면, 원소의 임의의 쌍 $a < b$가 이 전의 성질의 첫 번째 부분이나 두 번째 부분을 만족하고, 따라서 정렬된다.

치환의 대부분은 스택 정렬 가능하지 않다. 스택을 이용하여 정렬되는 치환의 수를 늘리기 위하여 $s(p)$를 선택하여 스택을 다시 통과시킨다. 이렇게 하여 얻은 치환 $s(s(p))$가 항등 치환이면 p를 이중 스택 정렬 가능하다(two-stack sortable)고 한다.

이중-스택 정렬 가능한 치환은 스택 정렬 가능한 치환보다 계수하기는 차치하고라도 정렬하기가 더 어렵다. 이유는 이중-스택 정렬 가능한 성질은 단조가 아니기 때문이다. 즉, p가 이중-스택 정렬 가능하고 p의 부분수열 p'은 이중-스택 정렬 가능하지 않을 수 있다.

예제 14.20

$p = 35241$에 대하여, $s(p) = 32145$, $s(s(p)) = 12345$이므로 p는 이중 스택 정렬 가능하다. $p' = 3241$에 대하여, $s(p') = 2314$, $s(s(p')) = 2134$이므로 p'은 이중 스택 정렬 가능하지 않다.

이러한 이유로, 패턴 회피만으로 이중-스택 정렬 가능한 치환을 정렬하기를 희망할 수 없다. 그럼에도 불구하고 패턴 회피의 정의를 약간 연장한다면, 유사한 개념을 사용할 수 있다.

정리 14.21

치환 p가 이중 스택 정렬 가능한 필요충분조건은 2341-패턴을 회피하고 35241-패턴의 일부가 아닌 3241-패턴을 회피하는 것이다.

증명 필요조건임을 먼저 증명한다. p의 원소 $a<b<c<d$가 2341-패턴이라 가정한다. 그러면 성질 14.18로부터 abc가 $s(p)$에서 231-패턴을 형성하고, $s(p)$는 스택 정렬 가능하지 않다.

원소 $w<x<y<z$가 p에서 35241-패턴의 일부가 아닌 3241-패턴을 형성한다고 가정한다. 그러면 성질 14.18에 의하여 $s(p)$에서 x, y가 w보다 앞이다. p에서 x, y 사이에 두 원소보다 큰 원소가 없다면, 성질 14.18에 의하여 $s(p)$에서 x가 y보다 앞이고 wxy가 231-패턴을 이루므로 정리는 증명되었다. x, y 사이에 두 원소보다 큰 원소 t가 있다면, 3241-패턴인 $yxzu$는 어느 35241-패턴의 일부가 아니므로, 패턴 $ytxzu$는 34251-패턴이다. 이는 원소 $ytzu$가 2341-패턴을 형성함을 의미하고, 이로 인하여 p가 이중 스택 정렬 가능하지 않다는 것을 위의 문단에서 보았다.

충분조건임을 증명한다. $s(p)$가 스택 정렬 가능하지 않다면, p는 이 정리에서 두 가지 금지된 형태 중 하나를 포함한다는 것을 보이면 충분하다. $s(p)$가 스택 정렬 가능하지 않다면 231-패턴을 포함한다. 원소 $e<f<g$가 그러한 패턴의 원소라 한다. 그러면 성질 14.18에 의하여, p에서 세 원소 중 e가 가장 오른쪽의 원소이고, p에는 원소 e로부터 f와 g를 분리하는 원소 h가 있다. p에서 f가 g 앞에 있다면, $fghe$는 p의 2341-패턴이고 정리는 증명된다. 아니라면 p에서 g가 f보다 앞에 있다. 그러면 $s(p)$에서 f가 g보다 앞이고, p에서 g와 f 사이에 이들보다 큰 원소가 없음을 안다. 따라서 $gfhe$가 35241-패턴의 일부가 아닌 3241-패턴을 이루고, 증명은 완성된다.

이중 스택 정렬 가능인 n-치환의 수는

$$\frac{2}{(n+1)(2n+1)}\binom{3n}{n}$$

이다. 이 공식에는 네 가지 이상의 증명이 있는데, 모두 약간 복잡하다.

확실히 우리의 정의를 일반화할 수 있다. $s^t(p)$가 항등 치환이라면 즉, 치환 p가 스택을 t번 통과하여 항등 치환이라면 p는 t-스택 정렬 가능하다(t-stack sortable)고 한다. 모든 t-스택 정렬 가능 치환은 모든 $u > t$에 대하여 항상 u-스택 정렬 가능하다.

t-스택 정렬 가능 치환을 계수할 수는 없지만, 몇 가지 흥미로운 명제를 증명할 것이다. 이 목적을 위하여 스택 정렬 작업 효과의 보다 깊은 이해가 필요하다.

보조정리 14.22

$p = LnR$는 n-치환이다. 이때 L은 원소 n의 왼쪽의 문자열이고 R는 원소 n의 오른쪽의 문자열이다. 그러면

$$s(p) = s(L)s(R)n$$

이다.

증명 p가 스택을 지나면, 먼저 L의 원소가 스택에 들어간다. 그들 모두 n이 스택에 들어가기 전에 스택을 떠나므로 결과 치환에서 앞에 $s(L)$을 형성한다. 그런 후에 n이 스택에 들어간다. 그 후 R의 모든 원소가 스택을 거치며 결과 치환에서 $s(R)$를 형성하는데 이 동안 n은 스택의 맨 아래에 있다. 마지막으로 n이 스택을 떠난다.

$s(p) = s(L)s(R)n$이라는 성질이 사실상 스택 정렬 연산을 정의한다. 즉, 스택 정렬 연산은 이 성질을 가진 모든 유한한 치환에 대하여 정의된 유일한 연산이다.

따름정리 14.23

모든 n-치환은 $(n-1)$-스택 정렬 가능하다.

증명 n에 관한 귀납법에 의하여 증명한다. $n = 1$이면 정리는 자명하게 성립한다. $n-1$일 때 성립하다고 가정하고 n에 대하여 증명한다.

$p = LnR$가 임의의 n-치환이라 한다. 보조정리 14.22에 의하면, $s(p)$가 항상 최대 원소로 끝나는데 특히 R가 공집합이면, $s(Ln) = s(L)n$이다. 이를 반복하면 $s^{n-1}(p) = s^{n-2}(s(L)s(R)n) = s^{n-2}(s(L)s(R))n$이다. $s(L)s(R)$는 $(n-1)$-치환이므로 뒤의 연산은 항등 치환이고, 귀납적 가정에 의해 $(n-2)$-스택 정렬 가능하다.

따름정리 14.24

모든 n-치환 p에 대하여 t-정렬 이미지 $s^t(p)$는 $(n-t+1)(n-t+2)\cdots n$으로 끝난다.

증명 t에 관한 귀납법에 의하여 간단히 증명된다.

$s(p)=s(L)s(R)n$이라는 성질은 스택 정렬 연산을 이진 평면 트리의 언어로 통역할 수 있다. n-치환 p에 근 트리 $T(p)$를 다음과 같이 연관시킨다.

$T(p)$의 근은 p의 최대 원소인 점 n이다. a가 n의 왼쪽에 있는 p의 최대 원소이고, b가 n의 오른쪽에 있는 p의 최대 원소이면, 근은 두 자식(child)을 갖는데 왼쪽 자식은 a, 오른쪽 자식은 b이다. n이 p의 첫째(마지막) 원소이면, 근은 유일한 자식인 왼쪽(오른쪽) 자식을 갖는데 이는 남은 원소의 최대 라벨이 $n-1$이므로, 필연적으로 $n-1$이다.

n의 양 옆에 있는 p의 부분수열 p'과 p''에 대하여, $T(p')$, $T(p'')$을 택하고 a, b를 각각 근으로 함으로써 $T(p)$의 나머지 부분을 재귀적으로 정의한다.

예제 14.25

$p=263498175$에 대하여 $T(p)$는 그림 14.3과 같은 트리이다.

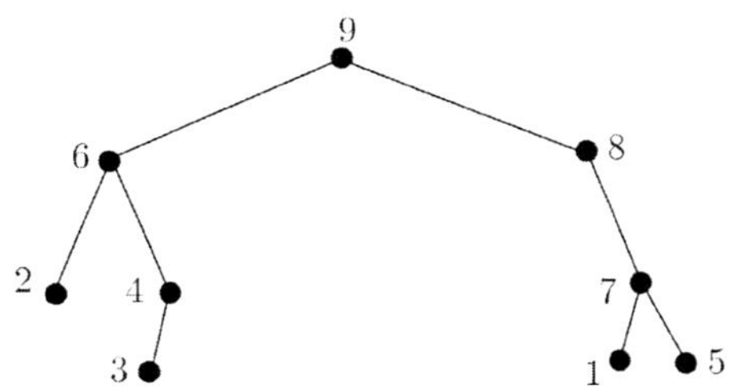

그림. 14.3 $p=263498175$의 감소 이진 트리

트리 $T(p)$는 p의 감소 이진 트리(decreasing binary tree)라 한다. 이는 사실상, 각 점이 0, 1, 2명의 자식을 갖는 이진 트리이다. 강조하기 위하여, 각 자식을 왼쪽 자식이나 오른쪽 자식이라고 한다. 이는 자식이 유일할 때도 마찬가지이다. 주어진 $T(p)$에 대하여, T의 점들을 중위(in-order) 순으로 읽음으로써, 즉 $T(p)$의 좌부분트리, 근, 우부분트리의 순으로 읽음으로써 p를 복원할 수 있다. 같은 법칙에 의하여 부분트리를 읽는다.

이제 $T(p)$를 대신 후위(postorder)로 읽는다. 즉 $T(p)$의 좌부분트리, 우부분트리, 근의 순으로 읽는다.

예제 14.26

그림 14.3의 트리는 $p = 263498175$의 감소 이진 트리이다. 후위로 읽으면 치환 234615789를 얻는다.

민감한 독자는 $T(p)$를 후위로 읽음으로써 정확히 $s(p)$를 얻었음을 알았을 것이다. 이는 우연이 아니다.

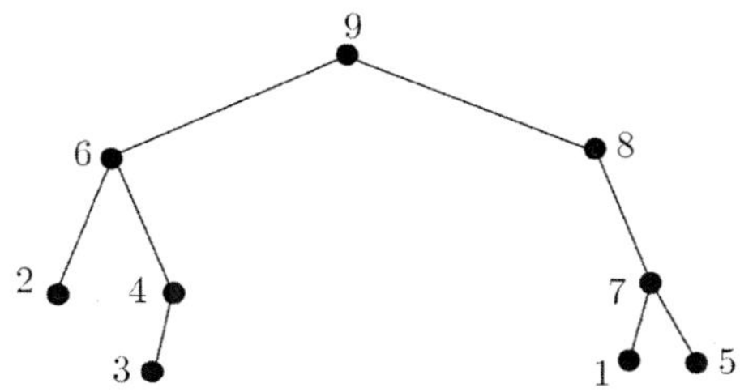

그림. 14.4 후위로 읽으면 234615789이다

성질 14.27

p가 n-치환일 때, p의 감소 이진 트리 $T(p)$를 후위로 읽으면, 치환 $s(p)$를 얻는다.

증명 n에 관한 귀납법으로 증명한다. 초기 단계인 $n = 1$일 때는 자명하다. n보다 작은 모든 양의 정수에 대하여 성립한다고 가정한다. $p = LnR$이고 $T(p)$를 후위로 읽는다. 좌부분트리 $T(L)$에서 시작한다. 이를 후위로 읽어서 귀납적 가정에 의하여 $s(L)$을 얻는다. 그런 후 우부분트리인 $T(R)$를 후위로 읽으면, 귀납적 가정에 의하여 $s(R)$를 읽는다.(L, R 모두 p보다 작다.) 마지막으로 근 n을 읽는다. 그러므로 치환 $s(L)s(R)n$을 얻고, 성질 14.22에 의하여 증명은 완성된다.

치환 $p = p_1 p_2 \cdots p_n$에서 $p_i > p_{i+1}$이면 i을 p의 강하(descent)라 함을 상기하라. 유사하게 $p_i < p_{i+1}$이면 i를 p의 상승(ascent)이라 한다. p의 강하의 개수를 $d(p)$로 표기한다. p가 n-치환이면 $n-1-d(p)$는 p의 상승의 수와 같음에 주목하라. i가 p의 강하이면 i는 p의 여치환의 상승이다. 따라서 k개의 강하를 가지는 n-치환의 수는 $n-1-k$개의 강하를 가지는 n-치환의 수 이상이다.

감소 이진 트리를 다시 고려하면, p가 k개의 강하를 가지는 필요충분조건은 $T(p)$가 어떤 점과 그 점의 오른쪽 자식을 연결하는 k개의 선분을 갖는 것이다.

이제 t-스택 정렬 n-치환을 그들의 강하에 따라 계수한다. $W_t(n, k)$가 k개의 강하를 갖는 t-스택 정렬 가능한 n-치환의 수라 한다. 다음 표는 변수의 작은 값에 대한 $W_t(n, k)$를 보여 준다.

이 자료에 의하면 모든 n, k, t에 대하여 $W_t(n, k) = W_t(n, n-1-k)$인 것 같다. 이 것이 참이면, t-스택 정렬 치환에 대칭적인 성질이 없다는 점을 고려하건대, 이는 놀라운 정리일 것이다. t-스택 정렬 치환의 여치환이나 역은 t-스택 정렬 치환일 필요는 없으므로 ($t=1$에 대하여, 213이나 132를 시도하라.), 이러한 쉬운 전단사함수는 작동하지 않는다.

이 장의 나머지 부분에서, 이 좋은 대칭성을 증명한다. t-스택 정렬 치환을 트리로 해석할 것이다. 다음의 간단한 함수가 우리의 중요한 도구이다.

		k=0	k=1	k=2	k=3	k=4
n=4	t=1	1	6	6	1	
	t=2	1	10	10	1	
	t=3	1	11	11	1	
n=5	t=1	1	10	20	10	1
	t=2	1	20	49	20	1
	t=3	1	25	62	25	1
	t=4	1	26	66	26	1

그림 14.5 $n=4$, $n=5$일 때 $W_t(n, k)$

정의 14.28

f를 모든 유한 치환에 다음과 같이 정의된 함수라 한다.

- $f(1) = 1$
- p가 n-치환이고 $p = LnR$이며 L, R가 공집합이 아니면, $f(p) = f(L)nf(R)$이다.
- p가 n-치환이고 $p = Ln$이면, $f(p) = nf(L)$이다.
- p가 n-치환이고 $p = nR$이면, $f(p) = f(R)n$이다.

즉 최대 원소 n이 p의 어느 쪽 끝 원소도 아니면, n을 고정하고 n의 양 옆에 f를 재귀적으로 적용한다. n이 어느 쪽 끝 원소이면, n을 다른 쪽 끝에 놓고 f를 재귀적으로 적용한다. f를 L, R에 재귀적으로 적용할 때 L, R를 치환으로 취급한다. 이는 $f(L)$을 형성할 때 L의 최대 원소가 n의 역할을 하고, $f(R)$를 형성할 때 R의 최대 원소가 n의 역할을 한다는 것을 의미한다.

예제 14.29

$p=123$이면 $f(p)=321$이다. 따라서 $p=4123$이면 $f(p)=3214$이다.

예제 14.30

$p=1423$이면 $f(p)=1432$이다.

예제 14.31

위의 예의 결과로 $p=412395867$이면 $f(p)=321495876$이다.

다음 성질은 우리가 필요로 하는 것이 정확히 치환의 강하의 수에 대한 f의 영향임을 보여 준다.

성질 14.32

임의의 n-치환 p에 대하여, 등식 $d(p)+d(f(p))=n-1$이 성립한다.

증명 n에 관한 귀납법으로 증명한다. 처음 경우는 자명하다. n이 p의 양 끝자리가 아니다, 즉 $p=LnR$이다 라고 가정한다. 그러면 $f(p)=f(L)nf(R)$이다. n이 p의 i 번째 자리라 한다. 그러면 $d(p)=d(L)+d(R)+1$이고 $d(f(p))=d(f(L))+d(f(R))+1$이다. 따라서

$$\begin{aligned} d(p)+d(f(p)) &= d(L)+d(R)+1+d(f(L))+d(f(R))+1 \\ &= (i-2)+(n-i-1)+2=n-1 \end{aligned}$$

이다. 귀납적 가정에 의하여 $d(L)+d(f(L))=i-2$이고 $d(R)+d(f(R))=n-i-1$이다.

n이 마지막 자리, 즉 $p=Ln$이라고 가정한다. 명백히 $d(p)=d(L)$이고 $d(f(p))=d(nf(L))=d(f(L))+1$이며 귀납법에 의하여 성립한다. 유사하게, n이 첫 번째 자리, 즉 $p=nR$이면, $d(p)=d(nR)=1+d(R)$이며, $d(f(p))=d(f(R)n)=d(f(R))$이고, 귀납법에 의하여 성립한다.

k개의 강하를 가지는 치환의 f값은 $n-1-k$개의 강하를 가지는 치환이다. 따라서 f를 이용하여 $0 \le k \le n-1$에 대하여, $W_t(n, k)$가 대칭적임을 보이려면, f가 t-스택 정렬 치환을 보존함을 보여야 한다. 다음 보조정리는 이를 증명하는 핵심 요소이다.

보조정리 14.33

모든 치환 p에 대하여, $s(p) = s(f(p))$이다.

증명 p의 길이 n에 관한 귀납법으로 증명한다. $n=1$일 때는 자명하다. n보다 작은 모든 양의 정수에 대하여 성립한다고 가정하자.

(1) 원소 n이 p의 양 끝자리가 아니다, 즉 $p = LnR$이다 라고 한다. 그러면

$$s(p) = s(L)s(R)n = s(f(L))s(f(R))n = s(f(L))nf(R)) = s(f(p))$$

이다.

(2) 원소 n이 첫째 자리, 즉 $p = nR$라고 가정한다. 그러면

$$s(p) = s(R)n = s(f(R)n) = s(n(f(R))) = s(f(p))$$

이다.

(3) 마지막으로, 원소 n이 마지막 자리, 즉 $p = Ln$이라고 가정한다. 그러면

$$s(p) = s(L)n = s(f(L))n = s(n(f(L))) = s(f(p))$$

이다.

따라서 어느 경우에나 성립한다. 다시 한 번 귀납적 가정에 의해 $s(L) = s(f(L))$이고 $s(R) = s(f(R))$이다.

따름정리 14.34

치환 p가 t-스택 정렬 가능한 필요충분조건은 $f(p)$가 t-스택 정렬 가능한 것이다.

증명 두 가지 서술이 사실인 필요충분조건은 $s(p) = s(f(p))$가 $(t-1)$-스택 정렬 가능한 것이다.

켤레 정리의 증명은 즉각적으로 얻는다.

정리 14.35

모든 n, k, t에 대하여

$$W_t(n, k) = W_t(n, n-1-k)$$

이다.

증명 따름정리 14.34와 성질 14.32에 의하여 f는 k개의 강하를 가진 t-스택 정렬 가능한 n-치환의 집합을 $n-1-k$개의 강하를 가진 t-스택 정렬 가능한 n-치환의 집합으로 보낸다.

이 증명을 보다 깊이 이해하기 위하여, 감소 이진 트리를 이용하여 시도하자. 오른쪽(왼쪽)-선분(right(left) edge)은 어느 점과 그 점의 오른쪽(왼쪽) 자식 사이의 선분이다. n개 점에서의 감소 이진 트리 중, k개의 왼쪽 선분을 갖고 t-스택 정렬 가능한 치환에 해당하는 트리의 수는 k개의 오른쪽 선분을 갖고 t-스택 정렬 가능한 치환에 해당하는 트리의 수와 같다.

함수 f는 트리 $T(p)$를 택하여, 그 점들을 근으로부터 방문한다. 근에 두 자식이 있으면, 근에 인접한 두 선분은 바뀌지 않는다. 그러나 근에 왼쪽 선분만 있으면, 근의 좌부분 트리(왼쪽 부분트리) 전체는 근의 우측으로 옮겨지고, 우부분(오른쪽 부분트리) 트리가 된다. 유사하게 근에 오른쪽 선분만 있으면, 근의 우부분 트리 전체는 근의 좌측으로 옮겨지고, 좌부분 트리가 된다. 그런 후 근의 자식에 대하여, 같은 규칙을 적용한다. 이 방법을 모든 점에 적용할 때까지 계속한다.

이 절차는 명백히 왼쪽 자식만 가진 점을 오른쪽 자식만 있는 점으로 옮긴다. 어느 점에 $T(p)$에서 두 자식이 있으면, $T(f(p))$에서 같은 두 자식이 있다. 이로써 $T(p)$의 좌선분(왼쪽 선분)의 수와 $T(f(p))$의 우선분(오른쪽 선분)의 수가 같으므로 $d(p)+d(f(p))=n-1$임이 증명된다.

$s(p)=s(f(p))$임을 보기 위하여, $T(p)$와 $T(f(p))$를 후위로 읽으면 같은 치환을 얻는다는 것을 보여야 한다. 이를 보기 위하여 점 x가 유일한 자식 y를 가지면, 후위 관점에서, y가 x의 왼쪽 자식 또는 오른쪽 자식인지는 상관이 없다. 두 경우 모두 후위로 읽으면, y를 근으로 하는 부분트리를 방문하고 x를 방문한다. 한편, p에 f를 적용하는 효과는 정확히 이것이다. 즉 f는 각 유일한 왼쪽 자식을 유일한 오른쪽 자식으로 바꾸고, 그 역도 성립한다. 따라서 주장했던 대로 f는 $s(p)$에 영향을 끼치지 않는다.

계획했던 것보다 약간 더 증명했음에 주목하라. p의 각 원소 x에 대하여 x가 근인

$T(p)$의 부분트리와 x가 근인 $T(f(p))$는 후위로 읽을 때 같은 결과를 낳는다는 것을 증명했다. 계획은 n의 부분트리인 포화 트리(full tree)에 관하여 증명하는 것이었다.

예제 14.36

$p = 356124$와 $f(p) = 536421$의 감소 이진 트리는 후위로 읽으면 같은 치환 351246을 얻는다. 같은 결과가 임의의 주어진 원소의 부분트리에 적용된다.

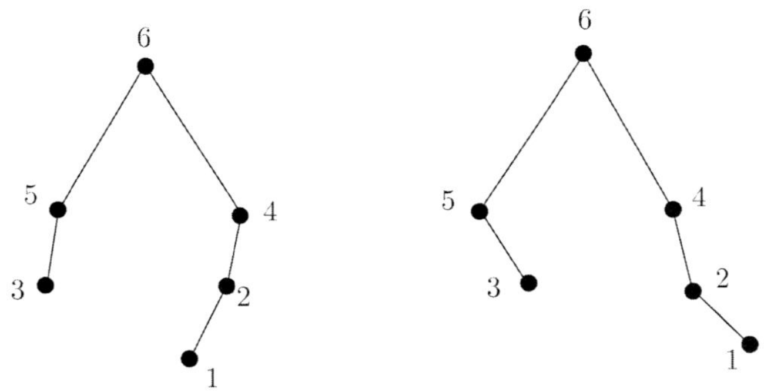

그림 14.6 트리 $T(p)$와 $T(f(p))$

Notes

패턴 회피는 이 책의 주제 중 가장 새로운 것이므로, 진전도 가장 빠르다. 이러한 이유로, 이 장은 제 1판 이후로 가장 많이 바뀌었다.

이 장의 주제를 더 자세히 다룬 것으로, 이 책의 저자의 치환의 조합론(Combinatorics of Permutations) [8]의 4, 5, 8장을 추천한다. 4장에는 아담 마르쿠스(Adam Marcus)와 가보 타보쉬(Gábor Tardos)에 의한 스탠리(Stanley)-윌프(Wilf)추측의 증명이 있다.

q_1, q_2-회피인 n-치환의 수 $S_n(q_1, q_2)$에 관한 연습문제가 몇 개 있다. 이 주제에 관한 보다 깊은 결과는 [9], [48]에 있다.

스탠리-윌프 추측의 해에 의하면 $L(q) = \lim_{n\to\infty} \sqrt[n]{S_n(q)}$가 존재한다. 이 극한은 수열 $S_n(q)$의 증가 속도를 측정하는 좋은 방법을 제공한다. 전에 $q \in S_k$이면 $L(q) \le (k-1)^2$이라고 추측했는데 최근에 반증되었다[2]. 반례는 $L(1324) > 9.35$이다. $L(q)$의 하한으로 모든 $q \in S_k$에 대하여 $L(q) \ge \dfrac{k^2}{e^3}$이라고 알려져 있다[24].

연습문제 Exercises

1. 132, 123-회피인 n-치환의 수의 공식을 구하라. 이 수를 $S_n(132, 123)$으로 표기한다.

2. $S_n(132, 231)$의 공식을 구하라.

3. $S_n(132, 321)$의 공식을 구하라.

4. $S_n(132, 213)$의 공식을 구하라.

5. (+++) 모든 양의 정수 n에 대하여,

$$S_n(1342) = \frac{(7n^2-3n-2)}{2}(-1)^{n-1} = 3\sum_{i=2}^{n} 2^{i+1}\frac{(2i-4)!}{i!(i-2)!}\binom{n-i+2}{2}(-1)^{n-i}$$

임을 증명하라.

6. (++) 모든 양의 정수 n에 대하여, $S_n(1423) = S_n(2413)$ 임을 증명하라.

7. 볼록 $(n+2)$각형을 교차하지 않는 대각선을 이용하여 삼각형으로 분할하는 방법의 수가 c_n 임을 증명하라.

8. 볼록 $(n+1)$각형을 교차하지 않는 대각선을 이용하여 삼각형과 한 개의 사각형으로 분할하는 방법의 수가 $\binom{2n-3}{n-3}$ 임을 증명하라.

9. (+) b_n이 정확히 한 개의 132를 포함하는 n-치환의 수이다. b_n의 재귀적 공식을 구하라.

10. 모든 $n \geq 3$에 대하여 $b_n = \binom{2n-3}{n-3}$임을 증명하라. b_n은 위의 문제에 정의되어 있다.

11. (+) d_n이 정확히 한 개의 123을 포함하는 n-치환의 수이다. $d_n = \frac{3}{n}\binom{2n}{n+3}$임을 증명하라.

12. $S_n = (132,\ 123,\ 312)$의 공식을 구하라.

13. $[n]$의 분할 π의 블록 $\beta_1, \beta_2, \cdots, \beta_k$는 서로 다른 모든 블록 β_i, β_j에 대하여 $a, c \in \beta_i$이고 $b, d \in \beta_j$인 네 원소 $1 \leq a < b < c < d \leq n$이 없으면, 비교차(non-crossing)라 한다. $[n]$의 비교차 분할의 수는 c_n임을 증명하라.

14. 모든 $k \in [n]$에 대하여, k개의 비교차 블록을 가진 $[n]$의 분할은 $k-1$개의 강하를 가진 132-회피인 n-치환의 수와 같다는 것을 증명하라.

15. $N(n, k)$가 k개의 좌우 극소를 가진 132-회피인 n-치환의 수라 한다. 모든 $k \in [n]$에 대하여

$$N(n, k) = N(n, n+1-k)$$

임을 증명하라.

16. (+) $S \subseteq [n-1]$에 대하여 $Perm_n(S)$가 강하 S를 가진 132-회피인 n-치환의 수라 한다. $\alpha(S)$가 역 보합, 즉 $i \in \alpha(S) \Leftrightarrow n-i \notin S$를 표기한다. 모든 $S \subseteq [n-1]$에 대하여, $Perm_n(S) = Perm_n(\alpha(S))$를 증명하라.

17. $n \geq 3$이라 한다. $(n-2)$-스택 정렬이 아닌 모든 n-치환을 구하라.

18. 치환이 t-스택 정렬일 필요조건을 구하라.

19. p의 가장 오른쪽 원소가 최소이고, 바로 전의 원소가 최대인 $t+2$개의 원소가 없으면, p는 t-스택 정렬 가능임을 증명하라. 이는 p가 $(t+2)1$로 끝나면서 길이 $t+2$인 $t!$개의 모든 패턴을 회피함을 주목하라.

20. n이 짝수인 양의 정수이다. $q \neq p$ 이면서 $s(p) = s(q)$인 치환 q가 없는, 모든 n-치환 p를 구하라. 여기에서 s는 스택 정렬 연산을 나타낸다.

21. n-치환이 2-스택 정렬 가능한 필요충분조건은 n의 오른쪽의 최소 원소보다 큰 원소가 n의 왼쪽에 한 개 이하 있는 것인가?

22. n개 점에서의 라벨 없는 이진 트리(unlabeled binary tree)의 수는 얼마인가? 이 트리는 감소 이진 트리와 마찬가지로 근 트리이고, 각 점이 0, 1, 2명의 자식을 가지면, 각 자식은 비록 유일한 자식일 때에도 왼쪽 자식이나 오른쪽 자식이다.

부가 연습문제 Supplementary Exercises

23. 모든 패턴 q, 양의 정수 m, n에 대하여 다음 부등식이 성립함을 증명하라.

$$S_n(q)S_m(q) \leq S_{n+m}(q)$$

24. (+) 모든 패턴 q에 대하여

$$L(q) = \lim_{n \to \infty} \sqrt[n]{S_n(q)}$$

가 존재함을 증명하라.

25. $L(132) = 4$임을 증명하라.

26. $L(1342) = 8$임을 증명하라.

27. (군론의 기본 정의에 대한 지식이 요구된다.) p가 q-회피이면, p^{-1}은 q^{-1}-회피임을 증명하라. 여기에서 t^{-1}은 대칭군 S_n에서 n-치환 t의 역이다.

28. $p = p_1 p_2 \cdots p_n$이 132-회피이다. 모든 $i \in [2, n]$에 대하여 원소 p_i가 좌우 극소인 필요충분조건은 $i-1$이 p의 강하인 것임을 증명하라.

29. q_1, q_2가 서로 다른 3-치환이다. 연습문제 $1-4$에서 계산한 공식으로 $S_n(q_1, q_2)$를 항상 얻을 수 있는가?

30. 모든 양의 정수 $k \le n$에 대하여, 다음 등식이 성립함을 증명하라.

$$S_n(123\cdots k) = S_n(123\cdots k(k-1))$$

31. $S_n(3124675)$의 상한을 구하라.

32. (+) $S_n(1324, 2413)$의 일반 생성 함수를 구하라.

33. q가 정확히 한 개의 역치를 가진 길이 k인 패턴이다.

$$S_n(q) \ge S_n(12\cdots k)$$

임을 증명하라.

34. 치환 $p = p_1p_2\cdots p_n$의 순환 변환(circular translate)은 $p_ip_{i+1}\cdots p_np_1p_2\cdots p_{i-1}$이다. 즉, p의 첫 부분을 마지막 부분으로 옮김으로써 순환 변환을 얻는다.
모든 순환 변환이 패턴 132-회피인 n-치환 p의 수를 구하는 공식을 구하라.

35. $a_n = S_n(132, 4321)$의 재귀적 관계를 구하라. 그 관계를 이용하여 음이 아닌 정수에 대하여

$$a_n = 2\binom{n}{4} + \binom{n+1}{3} + 1$$

임을 증명하라.

36. (−) n-치환 $n!$개를 모두 포함하는 n^2-치환의 예를 보여라. 그러한 치환을 n-슈퍼 패턴(superpattern)이라 한다.

37. (−) 길이 n^2-n+1인 n-슈퍼 패턴의 예를 보여라.

38. (−) n-치환 $n!$개를 모두 부분 문자열로 가지는, $[n]$에서의 길이 n^2-n+1인 n-패턴을 구하라.(부분 단어가 연속될 필요는 없다.)

39. 1324, 1423, 2314, 2413, 3412-회피 치환의 집합의 한 가지 간단한 규명을 구해 보라.

40. 위의 문제의 다섯 가지 패턴을 모두 회피하는 n-치환의 수를 구하라.

41. (a) 모든 $n \geq 2$에 대하여, $S_n(p, q)$가 짝수인 패턴의 쌍의 예를 보여라.

(b) $S_n(132)$가 홀수인 필요충분조건은 $n = 2^k - 1$임을 보여라.

42. 주어진 m-치환이 n-슈퍼 패턴인지 여부를 결정하는 컴퓨터 프로그램이 있다고 가정하자. 이 프로그램을 이용하여 n-슈퍼 패턴인 m-치환의 수를 구하려고 한다. 간단히 하기 위하여 m이 홀수라고 가정한다. 이 프로그램으로 적당히 선택한 $\frac{m!}{3}$개의 치환을 테스트한 후, 길이 m인 n-슈퍼 패턴의 수를 알 수 있다는 것을 증명하라.

43. 라벨 없는 평면 트리(unlabeled plane tree)는 평면에 매장된 근 트리이다. 두 개의 라벨 없는 평면 트리 A, B는 다음 조건이 성립하면 같다고 간주한다.

(a) A, B의 근은 왼쪽부터 k명의 자식 $A_1, A_2, \cdots, A_k$와 k명의 자식 $B_1, B_2, \cdots, B_k$를 각각 갖는다.

(b) 이 정의에 의하여 A_i, B_i가 근인 부분 트리들은 라벨 없는 평면 트리로서 동형이다.

$n+1$개 점에서의 라벨 없는 평면 트리의 수는 c_n임을 증명하라.

44. $n+1$개 점에서, k개의 잎을 가진 라벨 없는 평면 트리의 수는 $n+1-k$개 잎을 가진 라벨 없는 평면 트리의 수임을 증명하라.

45. $[n]$을 k 블록으로 비교차 분할하는 수는 $n+1-k$ 블록으로 비교차 분할하는 수와 같음을 증명하라.

46. $T(p)$의 어떤 점도 두 명의 자식을 갖지 않는 치환 p의 집합을 설명하라.

47. n-치환 p, q에 대하여 $T(p)$, $T(q)$의 점들의 라벨을 지우면 동형이다. 스택 정렬 연산이 p, q에 같은 효과를 가짐을 증명하라. 즉 $ps = qs$인 치환 s가 있음을 증명하라.

48. $s(q) = p$인 치환 q가 있으면 치환 p가 정렬되었다(sorted)고 한다. $p = 61374528$은 정렬되었는가?

CHAPTER 15장

모습은 모르지만, 존재한다. 확률적 방법

"일 듯한", "아마도", "일 듯한 정도", "확률" 등의 용어를 형식적이지 않은 대화에서 일상적으로 사용한다. 이러한 개념을 절대적으로 엄밀하게 하는 것은 어려운 일일 수 있는데 여기에서는 확률의 수학적 정의가 확실하고 상식에 부응하는 특별한 경우에 집중할 것이다.

15.1 확률의 개념

동전을 네 번 던져서 적어도 세 번 앞면을 얻는 확률을 알려고 한다. 네 번 시행 결과의 수는 자명하게 $2^4 = 16$이다. 사실상, 각 동전 던지기의 결과는 두 가지이므로 우호적인 결과, 즉 적어도 세 번의 앞면을 포함하는 결과는 $HHHH$, $HHHT$, $HHTH$, $HTHH$, $THHH$ 다섯 가지이다. 이제 상식적으로 적어도 세 번 앞면을 얻는 확률을 모든 결과의 수에서 우호적인 결과의 수의 비율로 정의할 것을 제시한다. 그리하여 적어도 세 번 앞면을 얻을 확률 $5/16$를 얻는다.

이러한 상식적인 접근이 확률 개념의 형식적 정의의 기본이다. 당연히 조금 더 주의 깊어야 한다. 예를 들어 위의 논의는 다른 언급 없이, 동전이 공평하다, 즉 동전 던지기에서 앞면과 뒷면이 나올 확률이 같다고 가정한다.

정의 15.1

Ω가 나올 확률이 같은, 연속된 시행의 유한 개의 결과의 집합이고 $A \subseteq \Omega$이다. 이때 Ω는 표본 공간(sample space), A는 사건(event)이라 하며

$$P(A) = \frac{|A|}{|\Omega|}$$

는 A의 확률(probability)이라 한다.

특히 P는 Ω의 모든 부분 집합들의 집합에서 정의된 함수이고 항상 $0 \leq P(A) \leq 1$이다.

물론 이 정의가 도움이 되지 않는 상황, 즉 Ω와 A가 유한 집합이 아닌 상황이 있다. 일례로 임의로 던진 공이 주어진 나무에 맞는 확률을 계산한다. 공을 무한히 많은 방향으로 던질 수 있고 나무에 맞을 수 있는 경우가 무한히 많으므로, 위의 정의는 무용하다. 이 책에서는 이러한 상황은 논의하지 않고 단지 유한한 표본 공간만 공부한다.

A, B가 Ω의 교집합이 없는 부분집합이면, $|A \cup B| = |A| + |B|$이어서 $P(A \cup B) = P(A) + P(B)$이다. 일반적으로, 체의 공식으로부터 $|A \cup B| = |A| + |B| - |A \cap B|$이고 $P(A \cup B) = P(A) + P(B) - P(A \cap B)$이다. 이의 일반화는 다음의 간단하지만 극단적으로 유용한 부등식이다.

성질 15.2

$A_1, A_2, \cdots, A_n$이 같은 표본 공간의 사건이면

$$P(A_1 \cup A_2 \cup \cdots \cup A_n) \leq P(A_1) + P(A_2) + \cdots + P(A_n)$$

이다.

증명 단지 $|A_1 \cup \cdots \cup A_n| = |A_1| + \cdots + |A_n|$임을 보이면 된다. 적어도 한 A_i의 부분집합인 표본 공간의 각 원소를 좌변은 정확히 한 번 세고, 우변은 적어도 한 번 센다.

독자는 이미 3-7장에서 기본적인 계수하기의 훈련을 받았다. 이들 장의 대부분의 연습문제는 확률의 언어로 공식화될 수 있다. 예로 “얼마나 많은 여섯 자리 정수가 6을 포함하는가?” 라는 질문은 “임의로 선택한 여섯 자리 정수가 6을 포함하는 확률은 무엇인가?”라고 표현할 수 있다. 따라서 이러한 기본적인 질문을 여기에서 다시 하지는 않는다. 대신, 확률이 얼마나 직관에 반할 수 있는지 보여주는 두 가지 예를 보이고 이 절을 마친다.

예제 15.3

미국 플로리다주의 어느 복권 게임에서, 각 복권은 $1, 2, \cdots, 36$ 중 여섯 개의 수를 선택한다. 임의의 복권이 적어도 한 개의 당첨 번호를 포함할 확률은 얼마인가?

이 질문에 $\frac{6}{36} = \frac{1}{6}$이라고 답하기 쉽다. 이 답은 틀렸다. 만약 한 개의 수만 선택한다면 우호적인 결과는 여섯 가지이고 총 결과는 36가지이므로 맞다. 그러나 여섯 개의 수를 선택할 때의 상황은 더 복잡하다.

풀이 (예 15.3). A를 복권이 적어도 한 개의 당첨 번호를 포함할 확률, B를 복권이 당첨 번호를 포함하지 않을 확률이라 한다. 그러면 명백히 A와 B는 교집합이 없고 $A \cup B = \Omega$이어서 $P(A) + P(B) = 1$이다. 따라서 $P(B)$를 계산하는 것으로 충분하다. 복권이 당첨 번호를 포함하지 않으려면, 여섯 개의 당첨 번호가 아닌 번호를 포함해야 한다. 이러한 경우의 수는 $\binom{30}{6}$이므로

$$P(A) = 1 - P(B) = 1 - \frac{\binom{30}{6}}{\binom{36}{6}} = 1 - 0.3048 = 0.6952$$

이다.

따라서 거의 70퍼센트의 확률로, 임의로 선택한 복권이 적어도 한 개의 당첨 번호를 포함한다! 그러므로 상을 타기 위해서는 당연히 두 개 이상의 당첨 번호를 가져야 한다.

A와 B가 교집합이 없는 사건이면 A, B를 서로 배제적(mutually exclusive)이라 한다. 즉, A, B가 동시에 일어나는 것이 불가능하다. 더욱이, $A \cup B = \Omega$이면, B를 A의 여사건이라 하고 $\overline{A} = B$로 표기한다.

예제 15.4

40명의 학생이 파티에 참가했는데 2월 29일생은 없다. 아담은 빌에게 다음 게임을 제의한다. 각 학생이 자신의 생일을 종이에 적는다. 같은 생일이 적힌 종이가 있으면, 아담이 이기고 아니면 빌이 이긴다. 빌이 이 제안을 듣고, 둘러보며, "여기에는 일 년의 날짜 수보다 훨씬 적은 40명뿐이므로, 내가 이길 수 밖에 없다."라고 말했다. 빌의 의견에 대하여 어떻게 생각하는가?

풀이 빌의 논의의 문제점은 100의 퍼센트 확률과 50퍼센트 초과 확률의 차이에 주목하지 못했다는 것이다. 생일이 같은 두 사람이 있다는 것을 100퍼센트 확실히 하려면 366명이 필요하다. 그러나 50퍼센트 초과의 기회는 전적으로 다른 문제이다.

다음에서, 23명 이상이 파티에 있으면 빌이 아닌 아담이 이길 기회가 높다는 것을 증명한다. 많은 사람이 있을수록 아담이 이길 기회가 더 높아지므로, 정확히 23명이 파티에 있을 경우에만 증명하면 충분하다.

생일이 같은 두 사람이 없을 확률을 계산하자. 그러기 위해서는 첫째 사람의 생일은 일 년 365일 중 어느 날이라도 되고, 둘째 사람의 생일은 364일 중 어느 날이라도 되는 등이다. 이러한 경우의 수는 $(365)_{23}$이다. 한편 모든 경우의 수는 명백히 365^{23}이다. 그러므로 생일이 같은 두 사람이 없을 확률은

$$\frac{365\times364\times\cdots\times343}{365^{23}}=\frac{364\times363\times\cdots\times343}{365^{22}}<\frac{1}{2}$$

이다.

따라서 생일이 같은 두 사람이 파티에 있을 확률은 1/2보다 크다.

마지막으로, 누구도 2월 29일생이 아니라는 조건은 단지 상황을 보다 단순하게 하기 위해서 포함되었음을 지적한다. 사실상, 2월 29일은 윤년에만 있고 그 날 태어날 확률은 다른 날 태어날 확률의 1/4이다. 따라서 표본 공간의 결과가 나올 확률이 같지 않으므로 표본 공간의 정의에 위배된다. 이를 표본 공간을 일년 365일의 집합으로부터 4년 주기의 $4\times365+1=1461$일의 집합으로 변경함으로써 피할 수 있는데 이때 계산이 조금 더 복잡해질 것이다.

15.2 예를 제시하지 않는 증명

상자에 공들이 있는데, 임의로 고른 공이 파랑색일 확률이 0보다 크다면, 적어도 한 개의 파랑색 공이 상자에 있다고 확실히 결론지을 수 있다. 이 생각은 얼핏 보기에 아주 간단하지만, 다음 예에서 보듯이 존재 증명에 극단적으로 유용하다.

13장에서 대칭적인 램지 수 $R(k,k)$를 정의하였다. 쉽게 설명하면, 이 수는 $R(k,k)$개의 점에서의 완전 그래프의 선분을 2색으로 색칠하면 단색의 K_k 부분그래프를 갖는 최소의 수이다.

$R(k,k)>2^{k/2}$를 증명함으로써 $R(k,k)$의 하한을 구하려고 한다. 자세히 보면 서술이 말하는 것은 G가 $2^{k/2}$개의 점에서의 완전 그래프이면, G의 선분을 2-색칠하여 단색

의 K_k가 생기지 않도록 하는 것이 가능하다는 것이다. 13장에서 $R(3, 3) > 5$, $R(4, 4) > 17$임을 증명할 때, 요구한 단색 그래프를 포함하지 않는 K_5나 K_{17}의 색칠을 제시하였다. 그러나 이는 해야 하는 것 이상이었다. $R(k, k) > 2^{k/2}$임을 보이기 위하여, 단색의 K_k가 생기지 않도록 G의 선분을 2-색칠하는 것이 가능함을 증명하면 충분하다. 그러한 색칠을 실제로 발견할 필요는 없다. 이것이 얼마나 큰 차이인지 곧 볼 것이다.

정리 15.5

모든 양의 정수 $k \geq 3$에 대하여, $R(k, k) > 2^{k/2}$이다.

증명 $G = K_n$이라 하고 G의 각 선분에 대하여, 동전을 던져서 앞면이 나오면 그 선분을 빨강색으로, 아니면 파랑색으로 색칠한다. 각 선분은 확률 $\frac{1}{2}$로 빨강색이고, 확률 $\frac{1}{2}$로 파랑색이다. 이 색칠 방법은 G의 단색 부분그래프 K_k(K_k-부분그래프)를 갖지 않는 확률 p가 0보다 크다는 것을 보여 줄 것이다. 한편 p는 우호적인 결과의 수를 모든 결과의 수로 나눈 값 $p = \frac{|F|}{|\Omega|}$인데, 여기에서 Ω는 n개 점에서의 완전 그래프의 선분의 가능한 모든 2-색칠의 집합이다. 따라서 $p > 0$임은 적어도 한 가지 우호적인 결과가 있음을, 즉 단색의 K_k를 포함하지 않는 선분이 2-색칠된 K_n이 존재함을 의미한다.

$p > 0$임을 증명하는 대신, 명백히 같은 서술인 $1 - p < 1$임을 증명한다. $1 - p$는 임의로 색칠한 그래프 $G = K_n$ 중 적어도 한 개의 단색 부분그래프를 얻을 확률이다.

K_n의 각 선분에 두 가지 색을 칠할 수 있으므로 K_k-부분그래프의 선분의 2-색칠의 수는 명백히 $2^{\binom{k}{2}}$이다. 이러한 모든 색칠에서, 모든 선분이 빨강색이거나 모든 선분이 파랑색인 두 가지만 단색이다. 따라서 임의로 선택한 K_k-부분그래프가 단색일 확률은

$$\frac{2}{2^{\binom{k}{2}}} = 2^{1-\binom{k}{2}}$$

이다.

K_n은 $\binom{n}{k}$개의 K_k의 동형그래프를 갖는데 명백히 그들 각각은 단색일 확률이

같다. 한편 그들 중 적어도 하나가 단색일 확률은 성질 15.2에 의하여 $\binom{n}{k}$개 확률의 합 이하이다. 즉, G의 K_k-부분그래프 S가 단색의 선분을 가질 사건을 A_S로 표기하면

$$P(\cup_S A_S) \leq \sum_S P(A_S) = \binom{n}{k} 2^{1-\binom{k}{2}} \tag{15.1}$$

인데 여기에서 S는 G의 모든 K_k-부분그래프를 망라한다. 이제 우리의 기준에 따라, $n \leq 2^{k/2}$라 가정한다. 그러면 (15.1)의 마지막 항의 다음과 같은 상한이 있다. 모든 $k \geq 3$에 대하여

$$\binom{n}{k} 2^{1-\binom{k}{2}} < \frac{n^k}{k!} 2^{1-\binom{k}{2}} \leq \frac{2 \times 2^{k^2/2}}{k! 2^{\binom{k}{2}}} = 2\frac{2^{k/2}}{k!} < 1$$

이다. 마지막 부등식은 증명하기가 매우 쉬운데, 예로 귀납법을 이용할 수 있다.

13장에서 $R(k, k) \leq 4^k$임을 보았다. 마지막 결과로부터 $(\sqrt{2})^k < R(k, k)$임을 본다. 이것이 $R(k, k)$에 대하여 알려진 최상의 결과이므로, 램지 수에는 진전될 여지가 많다.

정리 15.6

n, m이 1보다 큰 정수이고 $m \geqq 2\log_2 n$이다. $K_{n,n}$의 각 선분을 빨강색이나 파랑색으로 색칠하여 단색의 $K_{m,m}$-부분그래프가 존재하지 않도록 할 수 있다.

증명 $K_{n,n}$의 $K_{m,m}$-부분그래프의 2-색칠의 수는 2^{m^2}이고, 이 중 둘은 단색의 부분그래프이다. 따라서, 적어도 한 개의 단색 $K_{m,m}$이 있을 확률은 $\binom{n}{m}^2 2^{1-m^2}$이다. 그러므로

$$\binom{n}{m}^2 2^{1-m^2} < 1,$$

즉

$$2\binom{n}{m}^2 < 2^{m^2}$$

이라는 것만 증명하면 된다. 이것을 보기 위해, 두 가지 중간 표현을 다음과 같이 삽입한다.

$$2\binom{n}{m}^2 < n^{2m} < (2^{m/2})^{2m} = 2^{m^2}$$

여기에서 두 번째 부등식은 n, m의 관계의 단순한 결과이다.

이러한 같은 정리를 공식화하는 다른 방법은 다음과 같다. $m \geqq 2\log_2 n$이면, 각 원소가 0이거나 각 원소가 1인 크기 $m \times m$인 부분행렬을 갖지 않는, 각 원소가 0, 1인 크기 $n \times n$인 행렬이 존재한다.

이 결과에 관하여 놀라운 점은 아무도 그러한 행렬을 만들거나 $K_{n,n}$의 선분을 칠하여 조건을 충족시키는 방법을 모른다는 것이다. 사실, 할 수 있는 것과 가능하다는 것을 아는 것의 차이는 크다. 이제까지 구축 방법이 알려진 최선의 경우는 상수 c에 대하여 $m = c\sqrt{n}$일 때이다. 이는 우리가 사실이라고 알고 있는 $m = 2\log_2 n$보나 훨씬 크다.

15.3 독립 사건

15.3.1 독립 개념과 베이즈 정리

주사위 두 개를 무작위로 던진다. A는 첫 번째 주사위가 6을 가리키는 사건이고 B는 두 번째 주사위가 6을 가리키는 사건이라 한다. 명백히 $P(A) = P(B) = 1/6$이고 $P(A \cap B) = 1/36$이다. $P(A)P(B) = P(A \cap B)$인데 우연인지 궁금해지기 시작한다. [12]로부터 양의 정수를 임의로 선택하자. 이 수가 2의 배수인 사건을 C, 3의 배수인 사건을 D, 4의 배수인 사건을 F라 한다. 그러면 $P(C) = 1/2$, $P(D) = 1/3$, $P(F) = 1/4$이다. 더욱이, $P(C \cap D) = 1/6$, $P(D \cap F) = 1/12$이고 "곱의 법칙"이 성립하는 것 같다. 그러나 $P(C \cap F) = P(F) = 1/4 \neq P(A)P(B)$이고 "곱의 법칙"이 성립하지 않는다.

때에 따라 $P(A)P(B) = P(A \cap B)$이거나 $P(A)P(B) \neq P(A \cap B)$인 이유가 무엇인가? 아마도 이미 짐작했지만 이는 때로 A가 일어나면 B가 일어날 확률이 커지거나, 작아지거나, 아니면 무관한 데 기인한다. 예로 1에서 12 사이의 정수를 선택하면 이것이 2의 배수인 사건은 4의 배수인 사건을 더욱 그럴 듯하게 한다. 사실상, 모든 가능한 결과의 수는 12에서 6으로 줄어드는데 반해 우호적인 결과는 변하지 않는다. 한편 이것이 2의 배수인 사건은 3의 배수인 사건과 무관하다. 사실상, 모든 결과의 수는 12에서 6으로 줄어들지만, 우호적인 결과의 수 또한 4에서 2로 줄어든다.

이는 다음 두 정의를 보장한다.

정의 15.7

A, B가 표본집합 Ω의 두 사건이고 $P(A \cap B) = P(A)P(B)$이면 A, B는 독립(independent)이라 한다. 그렇지 않으면 의존(dependent)이라 한다.

정의 15.8

A, B가 같은 표본집합의 사건이고 $P(B) > 0$이다.

$$P(A|B) = \frac{P(A \cap B)}{P(B)}$$

는 조건부 확률(conditional probability)이라 하고 "B가 주어졌을 때 A의 확률"이라 읽는다.

즉, $P(A|B)$는 B가 일어났다는 가정 하에 A가 일어날 확률이다. 다음 성질은 이제 정의로부터 바로 얻을 수 있다.

성질 15.9

사건 A, B가 독립인 필요충분조건은 $P(A|B) = P(A)$이다.

즉 A, B가 독립인 필요충분조건은 B가 일어난다고 A가 더 일어나거나 덜 일어나지 않는 것이다.

예제 15.10

동전을 네 번 던진다. 결과를 보도록 허용되지는 않지만 앞면이 두 번 이상 포함되었다고 들었다. 네 번 모두 앞면인 확률은 무엇인가?

풀이 A가 네 번 모두 앞면인 사건, B가 두 번 이상 앞면인 사건이라 한다. 그러면 $A \cap B = A$이고 $P(A|B) = P(A)/P(B)$이다. 한 번 던지기에서 앞면일 확률은 $1/2$이므로, $P(A) = \frac{1}{2^4} = \frac{1}{16}$이다. 네 번의 앞면을 얻는 확률은 $1/16$, 세 번의 앞면과 한 번의 뒷면을 얻는 확률은 $4/16$, 두 번의 앞면과 두 번의 뒷면을 얻는 확률은 $6/16$이다. 따라서, $P(B) = \frac{11}{2^4}$이고 $P(A|B) = 1/11$이다.

예제 15.11

$p = p_1 p_2 \cdots p_n$이 임의의 n-치환이라 한다. A는 $p_1 > p_2$인 사건, B는 $p_2 > p_3$인 사건이라 한다. $P(A|B)$를 계산하고 A, B가 독립인지 결정하라.

풀이 명백히 적당한 원소의 쌍의 순서를 바꾸어서 $P(A) = P(B) = 1/2$이다. 한편, $A \cap B$는 $p_1 > p_2 > p_3$인 사건인데 이는 전체 치환의 $\frac{1}{6}$이다. 그러므로

$$P(A|B) = \frac{P(A \cap B)}{P(B)} = \frac{\frac{1}{6}}{\frac{1}{2}} = \frac{1}{3} \neq P(A)$$

이고 A와 B는 독립이 아니다.

위의 예에 관한 반응은 아마도 "물론이다. $p_1 > p_2$이면, p_2는 통상적인 경우보다 작으므로, $p_2 > p_3$일 확률은 통상적인 경우보다 적을 것이다."이었을 것이다. 이 논의가 이 경우에는 작동하지만 직관을 조건부 확률에 적용할 때는 매우 조심스러워야 한다. 다음은 이러한 놀라운 예이다.

예제 15.12

어느 대학교에 두 단과 대학인 문리대와 공대가 있다. 각 단과 대학은 입학 허가 기록을 분석하고 작년에 내국인 지원자의 입학률이 외국인 지원자보다 높았다는 것을 알았다. 전체 학교에 대하여도 같은 결론을 내릴 수 있는가?(지원자는 한 단과 대학에만 지원할 수 있다고 가정한다.)

풀이 아니다. 그림 15.1의 그림에 반례가 있다.

	문리대	공대	전체 대학교
외국인 지원자	입학 허가 : 1 지원 : 15 입학률 : 6.7%	입학 허가 : 90 지원 : 100 입학률 : 90%	입학 허가 : 91 지원 : 115 입학률 : 79.1%
내국인 지원자	입학 허가 : 10 지원 : 120 입학률 : 8.3%	입학 허가 : 10 지원 : 10 입학률 : 100%	입학 허가 : 20 지원 : 130 입학률 : 15.9%

그림 15.1 반짝이는 것이 모두 금은 아니다

심프슨의 역설(Simpson's paradox)이라 하는 이 매우 반직관적인 사실이 가능한 이유는 무엇인가? 어떤 사람은 직접 보면서도 믿지 않는다. 부정확하지만 개념적으로 옳은 설명은 다음과 같다. 외국인 지원자의 훨씬 큰 비율은 공대에 지원했고, 전체 입학률은 더 높다. 공대에서는 내국인 지원자의 입학률이 더 높지만 이들은 내국인 전체 지원자의 8퍼센트와 외국인 전체 지원자의 78퍼센트 이상에만 관계된다. 즉, 외국인 지원자의 78퍼센트 이상에 반하여 내국인 지원자의 8퍼센트 미만이 공대에 입학한다. 이는 큰 차이이고 상대적으로 지원자가 적은 문리대가 보충할 수 없다.

더 정확한 설명을 얻기 위해 베이즈(Bayes) 정리가 필요하다.

정리 15.13 베이즈 정리(Bayes' theorem)

A, B가 서로 배타적인 사건이고 $A \cup B = \Omega$이다. 임의의 사건 C에 대하여

$$P(C) = P(C|A)P(A) + P(C|B)P(B) \qquad (15.2)$$

이다.

다시 말하여 C의 확률은 가중치가 조건이 일어날 확률인, 조건부 확률의 가중 평균이다.

증명 (정리 15.13). $A \cap C$와 $B \cap C$는 A, B가 상호 배타적이므로 교집합이 없고, $A \cup B = \Omega$이므로 합집합이 정확히 C이다. 그러므로

$$P(C) = P(C \cap A) + P(C \cap B)$$

이고, 우변의 첫 번째(두 번째) 원소는 (15.2)의 첫 번째(두 번째) 원소이다.

이제 예 15.12의 보다 깊은 설명을 제공할 때이다. $A_1(A_2)$이 외국인(내국인)이 문리대에 지원하는 사건이고 유사하게 $B_2(B_2)$가 외국인(내국인)이 공대에 지원하는 사건이라 한다. $C_1(C_2)$가 외국인(내국인) 지원자가 대학교에 입학하는 사건이라 한다. 정리 15.13에 의하여

$$P(C_1) = P(C_1|A_1)P(A_1) + P(C_1|B_1)P(B_1)$$

이고

$$P(C_2) = P(C_2|A_2)P(A_2) + P(C_2|B_2)P(B_2)$$

이다. 내국인 학생이 각 단과 대학에 입학할 확률이 크다는 조건의 기준은 $P(C_1|A_1) < P(C_2|A_2)$와 $P(C_1|B_1) < P(C_2|B_2)$를 보장한다. 그러나 이는 $P(A_1)$과 $P(B_1)$에 대해

아무 것도 말하지 않는다.(B_1이 A_1의 여집합, B_2가 A_2의 여집합임을 안다.) 그러므로 A_1, B_1을 $P(C_1)$에 매우 유리하고 $P(C_2)$에 매우 불리하게 선택할 수 있다. 이는 $P(C_1|A_1)$이 크면 $P(A_1)$을 크게 $P(C_1|A_1)$이 작으면 $P(A_1)$을 작게 선택함으로써 가능하다. 유사하게, $P(C_2|A_2)$가 작으면, $P(A_2)$을 크게 선택할 수 있고 그 역도 성립한다.

다시 말하여, 가중 평균은 평균보다 훨씬 다루기 어렵다. 사실상, $P(A_1) = P(A_2) = 1/2$이라는 부가 조건 심지어 $P(A_1) = P(A_2)$이라는 조건만을 요구해도, 내국인 학생이 대학에 입학하는 확률이 높다.

독자가 이 시점에서 연습문제 33을 해결하도록 요구한다. 이 문제는 간단한 것 같지 않은 문제를 베이즈 정리로 해결하고, 결과가 중요하며 직관에 반하는 전형적인 예이다.

15.3.2 세 가지 이상의 사건

얼핏 보기에 세 가지 이상의 사건이 독립인 것을 어떻게 정의할 지 명백하지 않다. 등식 $P(A_1 \cap A_2 \cdots \cap A_n) = P(A_1)P(A_2) \cdots P(A_n)$을 요구할 수 있다. 이는 그 자체로, 매우 강한 조건은 아니다. $P(A_1) = 0$이면 다른 변수가 서로 아무리 강하게 의존해도, 등식은 성립한다. 보다 많은 지역적인 조건을 갖기 위하여 모든 $i \neq j$에 대하여 $P(A_i \cap A_j) = P(A_i)P(A_j)$라는 조건을 요구할 수 있다. 그러나 다음 상황을 고려하라.

[10]에서 임의의 정수를 선택하고, A를 이 수가 홀수인 사건이라 한다. 이제 [20]에서 임의의 양의 정수를 선택하고, B를 이 수가 홀수인 사건이라 한다. 마지막으로 C를 선택한 두 수의 차가 홀수인 사건이라 한다.

$P(A) = P(B) = P(C) = 1/2$이고 A, B, C 중 어느 두 사건도 서로 독립이라는 것을 증명하는 것은 어렵지 않다. 그럼에도 불구하고, $P(A \cap B \cap C) = 0 \neq P(A)P(B)P(C) = 1/8$이다. 그러므로 이들 사건을 독립이라 하고 싶지 않다.

이 문제를 독립인 사건의 집합이 갖추어야 할 강력한 성질을 요구함으로써 해결한다.

정의 15.14

모든 $S = \{i_1, i_2, \cdots, i_k\} \subseteq [n]$에 대하여 등식

$$P(A_{i_1} \cap A_{i_2} \cap \cdots \cap A_{i_k}) = P(A_{i_1})P(A_{i_2}) \cdots P(A_{i_k})$$

이 성립하면 $A_1, A_2, \cdots, A_n$이 독립이라 한다.

정리 15.13을 세 개 이상의 사건일 때 일반화하기 쉽다는 것을 언급함으로써 이 절을 맺는다.

정리 15.15 베이즈 정리의 일반화(Bayes' theorem, General version)

$A_1, A_2, \cdots, A_n$이 표본 공간 Ω의 사건으로 $A_1 \cup A_2 \cup \cdots \cup A_n = \Omega$이고 $i \neq j$이면 $A_i \cap A_j = \varnothing$이다. $C \subset \Omega$가 임의의 사건이라면

$$P(C) = \sum_{i=1}^{n} P(C|A_i)P(A_i)$$

이다.

증명 정리 15.13의 증명과 유사하다.

15.4 기대값

랜덤 변수(random variable)는 정의역이 표본공간 Ω이고, 치역이 실수의 집합인 함수이다. 예로, Ω가 n개의 라벨 있는 점에서의 모든 그래프의 집합에서, $X(G)$가 G의 선분의 수, 또는 $Y(G)$가 G의 연결요소라고 랜덤 변수 X, Y를 정의한다.

함수에서와 마찬가지로, 같은 표본공간에서의 랜덤 변수의 합과 곱을 통상적인 방법으로 $(X+Y)(u) = X(u) + Y(u)$, $(XY)(u) = X(u)Y(u)$라 정의할 수 있다.

아마도 가장 중요하고 유용한 랜덤 변수를 이용한 변수는 기대값(expected value, expectation), 평균값(average value, mean)일 것이다

정의 15.16

$X : \Omega \to R$가 $S = \{X(u) \mid u \in \Omega\}$가 유한한, 즉 X가 유한 개의 값을 갖는 랜덤 변수라 한다. 그러면

$$E(X) = \sum_{i \in S} i\, P(X = i)$$

를 X의 Ω에서의 기대값(expected value, expectation)이라 한다.

여기에서부터 이 장 마지막까지 $P(X=i)$는 $X(u) = i$인 확률이다. 즉,

$$P(X=i)=\frac{|\{u\in\Omega\,|\,X(u)=i\}|}{|\Omega|}$$

이다.

다시 말하여, $E(X)$는 X가 그 값을 택하는 확률이 가중치인 X값의 가중 평균이다.

한마디

확률변수는 여러 가지 표본공간에서 정의될 수 있다. 위의 예인 그래프의 선분의 수는 n개의 점에서의 모든 그래프의 공간이나 n개의 점에서의 연결 그래프의 공간 뿐 아니라 $3n$개 이하의 점에서의 모든 그래프의 공간 등에서 정의할 수 있다. 각 경우에 집합 $S=\{X(u)\,|\,u\in\Omega\}$가 다르므로 X의 기대값은 다르다. 따라서, 혼동의 위험이 있다면 기대값이 정의되는 공간을 나타내도록 $E_\Omega(X)$라 표기하고 아니라면 $E(X)$라 표기한다.

Ω와 X를 같은 문단에서 "$X(G)$는 n개 점에서의 임의의 연결 그래프 G의 선분의 수"라 한다. 이는 Ω는 n개의 점에서의 모든 연결 그래프, $X(G)$는 그래프 $G\in\Omega$의 선분의 수임을 의미한다.

$S=\{X(u)\,|\,u\in\Omega\}$가 유한하지 않은 어떤 경우에 X의 기대값을 정의하는 것이 가능하다. S가 가부번이면 우변이 존재하는 한 $E(X)=\Sigma_{i\in S}\,iP(X=i)$라 정의할 수 있다. 연습문제 4를 예로 보라. S가 가부번이 아니면, 합은 적분으로 바뀔 것이다. 자세한 내용은 모든 확률론 교재에 있다.

정의 15.17

모든 s, t에 대하여 등식

$$P(X=s,\ Y=t)=P(X=s)\,P(Y=t)$$

이 성립하면 랜덤 변수 X, Y는 독립(independent)이라 한다.

15.4.1 기대값의 선형성

임의의 실수 c에 대하여 랜덤 변수 cX를 모든 $u\in\Omega$에 대하여 $cX(u)=c(X(u))$라 정의할 수 있다. 다음의 단순해 보이는 정리는 계수적 조합론에서 극단적으로 유용하다.

정리 15.18

(1) X, Y가 표본공간 Ω에서 정의된 랜덤 변수라 한다. 그러면

$$E(X+Y) = E(X) + E(Y)$$

이다.

(2) X가 랜덤 변수이고 c가 실수이면

$$E(cX) = cE(X)$$

이다.

'기대값'은 선형이다. 이 정리의 가장 좋은 점은 X와 Y가 독립일 것을 요구하지 않는다는 것이다. X, Y가 아무리 깊이 연관되거나 예컨대 $X=Y$일 확률을 계산하기가 아무리 어려워도, $X+Y$의 기대값은 항상 이 간단한 공식으로 주어진다. 이것이 선형성(linearity)이 기대값의 가장 유용한 성질이고, 매우 다양한 문제에 적용되는 이유이다.

증명 (정리 15.18)

(1) 양수의 확률로 X가 $x_1, x_2, \cdots, x_n$을, Y가 $y_1, y_2, \cdots, y_n$을 값으로 갖는다. 그러면

$$\begin{aligned} E(X+Y) &= \sum_{i=1}^{n}\sum_{j=1}^{m}(x_i+y_j)P(X=x_i,\ Y=y_j) \\ &= \sum_{i=1}^{n}\sum_{j=1}^{m}x_iP(X=x_i,\ Y=y_j) \\ &\quad + \sum_{i=1}^{n}\sum_{j=1}^{m}y_jP(X=x_i,\ Y=y_j) \\ &= \sum_{i=1}^{n}x_iP(X=x_i) + \sum_{j=1}^{m}y_jP(Y=y_j) \\ &= E(X)+E(Y) \end{aligned}$$

이다.

(2) $r \in \Omega$에 대하여 $(cX)(r) = cX(r)$라 정의한다. X의 치역의 원소가 $x_1, x_2, \cdots, x_n$이면 $P(cX=cx_i) = P(X=x_i)$이다. 그러므로

$$E(cX) = \sum_{i=1}^{n}cx_i \cdot P(cX=cx_i) = c\sum_{i=1}^{n}x_iP(X=x_i) = cE(X)$$

이다.

정리 15.18이 놀랍도록 강력하다는 것을 보다 잘 감상하기 위하여 n-치환 $p = p_1 p_2 \cdots p_n$에 대하여 p_i가 두 이웃보다 작으면, 즉 $p_i < p_{i-1}$이고 $p_i < p_{i+1}$이면 i를 계곡(valley)이라 한다. i가 계곡이려면 $2 \le i \le n-1$이어야 한다.

정리 15.19

$n \ge 2$이 양의 정수라 한다. 그러면 평균적으로, 임의의 n-치환에는 $(n-2)/3$개의 계곡이 있다.

정리 15.18이 없다면 증명은 고통스러운 작업일 것이다. 각 j에 대하여 j개의 계곡을 갖는 n-치환의 수 $v(j)$와 $\Sigma_j j \frac{v(j)}{n!}$를 계산해야 한다. 그러나 정리 15.18에 의해 증명이 아주 쉬워진다.

증명 (정리 15.19) 모든 n-치환의 집합에서 정의된 $n-2$개의 서로 다른 확률변수 $Y_2, Y_3, \cdots, Y_{n-1}$을 선택한다. n-치환 p에 대하여 i가 계곡이면 $Y_i(p) = 1$이고 아니면 $Y_i(p) = 0$이라 한다. 그러면 $2 \le i \le n-1$에 대하여 각 p_i가 $\{p_{i-1}, p_i, p_{i+1}\}$의 최소값일 확률은 $1/3$이다. 그러므로

$$E(Y_i) = \frac{1}{3} \times 1 + \frac{2}{3} \times 0 = \frac{1}{3}$$

이다. $Y = Y_2 + Y_3 + \cdots + Y_{n-1}$이라 정의한다. 이때 $Y(p)$는 p의 계곡의 수이다. 그러므로 정리 15.18에 의해

$$E(Y) = \sum_{i=2}^{n-1} E(Y_i) = (n-2) \cdot E(Y_1) = \frac{n-2}{3}$$

이다.

Y_i와 같이 어떤 사건이 일어나면 값 1을, 아니면 값 0을 갖는 변수를 정의(랜덤) 변수(indicator (random) variable)라 한다.

정리 15.20

임의로 선택한 n-치환에서 부동점의 기대값은 1이다.

증명 모든 n-치환의 집합에서 n개의 서로 다른 변수 $X_1, X_2, \cdots, X_n$을 정의한다. n-치환 p에 대하여 $p_i = i$이면 즉, p의 i 번째 변수가 부동점이면 $X_i(p) = 1$이고, 아니면 $X_i(p) = 0$이다.

p_i가 각 $j \in [n]$일 확률이 같으므로 i일 확률이 $1/n$이다. 따라서, 모든 $i \in [n]$에 대하여

$$E(X_i) = \frac{1}{n} \cdot 1 + \frac{n-1}{n} \cdot 0 = \frac{1}{n}$$

이다. 이제 $X = X_1 + X_2 + \cdots + X_n$이라 정의한다. 그러면 $X(p)$는 정확히 p의 부동점의 개수이다. 한편, 정리 15.18에 의하여

$$E(X) = \sum_{i=1}^{n} E(X_i) = nE(X_1) = n \cdot \frac{1}{n} = 1 \tag{15.3}$$

이다.

15.4.2 기대값을 이용한 존재 증명

어떤 수의 집합의 평균이 결코 최대값보다 클 수 없다는 것은 상식이다. 이는 다음 정리에서 보여주는 것처럼 가중 평균에 관하여도 성립한다.

정리 15.21

$X : \Omega \to R$가 랜덤 변수로 $S = \{X(u) \mid u \in \Omega\}$는 유한이고 j는 S의 최대 원소다. 그러면

$$j \geq E(X)$$

이다.

증명 $E(X)$의 정의를 이용하면

$$E(X) = \sum_{i \in S} i P(X = i) \leq j \sum_{i \in S} P(X = i) = j$$

이다.

이 아이디어의 두 가지 응용을 제시한다. 처음 아이디어는 단순 그래프는 항상 어떤 큰 이분 그래프를 부분그래프로 가진다는 것을 보여 준다.

정리 15.22

G가 점집합이 $[n]$이고 선분이 m개인 단순 그래프라 한다. 그러면 G는 선분이 $m/2$개 이상인 어떤 이분 그래프를 부분그래프로 가진다.

증명 G의 점들을 교집합이 없는 두 집합 A, B로 나눈다. 그러면 A, B가 점들의 이분할인 G의 이분 그래프 H를 갖는다.(A의 두 점을 연결하는 선분과 B의 두 점을 연결하는 선분을 모두 뺀다.) Ω가 이렇게 얻은 $2^{n-1}-1$개의 이분 그래프의 집합이라 한다. $X(H)$가 H의 선분의 수라 한다.

한편, G의 선분을 1부터 m이라 하고 선분 i가 A의 점과 B의 점을 연결하면 $X_i = 1$, 아니면 $X_i = 0$이라 한다.

$P(X_i = 1)$은 무엇인가? 정의에 의하여 선분 i의 양 끝점을 다른 부분집합에 넣은 후 나머지 $n-2$개 원소의 점의 집합을 2^{n-2}가지 방법으로 분할함으로써 $X_i = 1$인 $[n]$의 세분을 갖는다. 그러므로 $P(X_i = 1) = \dfrac{2^{n-2}}{2^{n-1}-1}$이고 $P(X_i = 0) = \dfrac{2^{n-2}-1}{2^{n-1}-1}$이다. 이는

$$E(X_i) = 0 \cdot P(X_i = 0) + 1 \cdot P(X_i = 1) = \frac{2^{n-1}}{2^{n-1}-1} > \frac{1}{2}$$

임을 의미한다. 이 논의를 모든 선분에 적용한다. 이제 $X = X_1 + X_2 + \cdots + X_m$이므로 정리 15.18에 의하여

$$E(X) = \sum_{i=1}^{m} E(X_i) = mE(X_1) > \frac{m}{2}$$

이다. G의 부분그래프인 이분 그래프의 선분의 수의 기대값이 $m/2$보다 크므로, 정리 15.21에 의하여 선분의 수가 $m/2$ 이상인 이분 그래프가 적어도 하나 존재한다.

다음 예는 복잡도 이론에서 잘 알려진 '중간도 문제(betweenness problem)'와 연관되어 있다.

예제 15.23

모든 i에 대하여 $[n]$의 서로 다른 원소 a_i, b_i, c_i의 순서 3겹쌍 $L_i = (a_i, b_i, c_i)$에 대하여 $L = (L_1, L_2, \cdots, L_k)$라 한다.

$p = p_1 p_2 \cdots p_n$이 n-치환이다. p에서 b_i가 a_i와 c_i 사이에 있으면 p가 L_i를 만족한다

고 한다.(p의 세 원소의 순서가 $a_i b_i c_i$이건 $c_i b_i a_i$이건 무관하다.)
주어진 L에서 적어도 1/3의 L_i를 만족하는 n-치환 p가 있다는 것을 증명하라.

풀이 Y_i가 무작위로 선택한 n-치환이 L_i를 만족하는 사건의 정의 변수라 한다. 그러면 각 a_i, b_i, c_i가 중간값일 확률이 같으므로 $P(Y_i = 1) = \frac{1}{3}$이다. 그러므로 $E(Y_i) = \frac{1}{3}$이다. $Y = \sum_{i=1}^{k} Y_i$라면 Y는 L에서 p가 만족하는 L_i의 수이다. 정리 15.18은

$$E(Y) = \sum_{i=1}^{k} E(Y_i) = \frac{k}{3}$$

임을 의미하고 정리 15.21로부터 주장이 증명된다.

15.4.3 조건부 기대값

변수의 기대값을 계산하는 다른 방법은 조건부 확률을 이용하는 것이다. 조건부 기대값(conditional expectation) $E(X|A)$는 사건 A가 일어났을 때 X의 기대값이다. 따라서, $E(X|A)$는 $E(X)$의 정의에서 절대적인 확률을 A가 일어났을 때의 조건부 확률로 대치함으로써 정의한다. 즉, A가 일어났을 때 양수의 확률로 갖는 X의 모든 값 i에 대하여

$$E(X|A) = \sum_i iP(X = i \mid A)$$

이다.

다음과 같이 정리 15.15를 기대값으로 확장한다.

정리 15.24

X가 랜덤 변수이고 $A_1, A_2, \cdots, A_n$이 표본공간 Ω의 사건이며 $A_1 \cup A_2 \cup \cdots \cup A_n = \Omega$이고 $i \neq j$일 때 $A_i \cap A_j = \varnothing$라 한다. 그러면

$$E(X) = \sum_{i=1}^{n} E(X|A_i) P(A_i)$$

이다.

증명 정리 15.15로부터 즉각적으로 얻는다. C가 이 정리에서 $X=j$인 사건이라 한다. 양변에 j를 곱하고, X가 양수의 확률로 갖는 j에 대하여 이 값을 더한다.

예제 15.25

주사위를 세 번 던진다. 처음 한 번에서 얻은 값이 4 이상이라면, 짝수값을 얻는 횟수의 기대값은 무엇인가?

풀이 처음 한 번에서 얻은 값이 짝수일 때, 마지막 두 번에서 1이고 처음 한 번에서 1이므로 전체 값이 짝수인 횟수의 기대값은 2이다. 처음 얻은 값이 홀수라면, 기대값은 1이다. 그러므로 정리 15.24에 의하여

$$E(X)=\sum_{i=1}^{2}E(X|A_i)P(A_i)=2\cdot\frac{2}{3}+1\cdot\frac{1}{3}=\frac{5}{3}$$

이다.

이 문제에서, $P(A_i)$를 계산하는 것은 쉬웠다. 다음 문제는 이러한 측면에서 약간 덜 명백하다.

예제 15.26

축구팀이 각 경기를 확률 3/4으로 이긴다. 12 경기 시즌에서 처음 네 경기 중 세 경기 이상에서 이긴다면 이기는 횟수의 기대값은 얼마인가?

풀이 처음 네 경기 중 세 경기를 이기거나(사건 A_1) 네 경기를 이긴다(사건 A_2). 처음 네 경기 중 세 경기 이상에서 이긴다(사건 B)는 조건을 버린다면, $P(A_1)=4\cdot\frac{1}{4}\left(\frac{3}{4}\right)^3=\frac{27}{64}$이고 $P(A_2)=\left(\frac{3}{4}\right)^4=\frac{81}{256}$이다. 그러나 조건이 있으므로 다음의 조건부 확률을 얻는다.

$$P(A_1|B)=\frac{P(A_1\cap B)}{P(B)}=\frac{\frac{27}{64}}{\frac{27}{64}+\frac{81}{256}}=\frac{4}{7}$$

이고

$$P(A_2|B)=\frac{P(A_2\cap B)}{P(B)}=\frac{3}{7}$$

이다.

이 문제에서 B가 일어났다고, 즉 B가 표본공간이라고 가정한다. 이를 강조하기 위하여 $P(A_i|B)$ 대신 $P_B(A_i)$라고 쓴다. 이에 따른 기대값을 표기한다.

이 시즌의 여덟 경기에서, 이기는 횟수의 기대값은 정리 15.18에 의하여 $8 \cdot \frac{3}{4} = 6$이다. 그러므로 이기는 횟수를 X라 표기하면, 정리 15.24에 의하여

$$E_B(X) = E_B(X|A_1)P_B(A_1) + E_B(X|A_2)P_B(A_2) = 9 \cdot \frac{4}{7} + 10 \cdot \frac{3}{7} = 9\frac{3}{7}$$

이다.

이 기대값이 처음 네 경기 중 세 경기 이상에서 이긴다는 조건이 없을 때의 기대값인 9보다 크다는 것을 주목하라. 이는 이 조건이 일반적인 성과보다 좋게, 처음 네 경기를 모두 이긴다는 것을 허용하기 때문이다.

Notes

이 장은 확률론 자체보다 조합론에의 응용에 관한 것이다. 확률론 자체에 관한 책은 많지만 이산 확률, 즉, Ω가 유한할 경우에 관한 책은 많지 않다. 접하기 쉬운 소개서로 휴 고든(Hugh Gordon)의 이산 확률(Discrete Probability)[20]이 있다. 조합론에서의 확률론적 방법에 관한 전통적인 책으로 알론(Alon)과 스펜서(Spencer)의 확률론적 방법 (Probabilistic Method)[3]이 있다.

연습문제 Exercises

1. p_n을 n개 문자로 된 임의의 문서에 연속된 문자열 "Probability is fun"이 포함될 확률이라 한다. $\lim_{n\to\infty} p_n = 1$임을 증명하라.

2. 어떤 대기업에 네 가지 명령 단계가 있다. CEO가 맨 위(단계 1)에, 그 직속 하사(단계 2), 다시 그 직속 하사(단계 3), 다시 그 직속 하사(단계 4)가 있다. 그러나 누구에게도 직속 상관에게 보다 직속 하사가 많지는 않다. 단계 i인 직원의 직속 하사의 수의 평균은 단계 $i+1$인 직원의 직속 하사의 수의 평균보다 항상 많은가?

3. 어느 산부인과 병원에 네 명의 의사가 있는데, 각 환자는 그들 중 한 명에 배정된다. 담당의가 입회할 확률은 환자가 오전 8시에서 오후 4시 사이에 출산한다면 3/4이고 아니면 1/4이다. 환자가 출산할 때 담당의가 입회할 확률을 구하여라.

4. 동전을 유한 번 던진다. S가 연속된 결과를 나타낸다. i 번째에 앞면이 나오면 $X(S)=i$라 한다. Ω가 다음과 같은 유한 번 결과의 집합일 때 $E_{\Omega}(X)$를 구하여라.

5. 모든 n에 대하여, 다음과 같은 n개 사건이 있음을 증명하라. 그 중 어떤 $n-1$개도 독립이고 n개는 독립이지 않다.

6. 어느 대학교에서 금방 입학한 학생이 4년만에 졸업할 확률은 66퍼센트이다. 그러나 일학년을 무사히 마치면 이 확률은 90퍼센트로 증가한다. 일학년에 한 과목에라도 실패하면 이 확률은 50퍼센트가 된다. 일학년 과목을 일년만에 마치지 못하는 확률을 구하라.

7. [100]의 원소를 임의로 선택한다. A는 이 수가 3으로 나누어지는 사건, B는 이 수가 7로 나누어지는 사건이다. A, B는 독립인가?

8. 여섯 미식 축구팀이 라운드 로빈 토너먼트에 참가한다. 임의의 두 팀은 정확히 한 번 경기한다. 세 팀에서 두 팀씩 세 번 경기할 때 각 팀이 정확히 한 번 이기고 한 번 지면 "세 팀은 서로 이긴다"고 한다. 이러한 세 팀의 수의 기대값은 얼마인가? 각 팀이 경기 중 이길 확률이 50퍼센트 이상이라 가정한다.

9. 위의 연습문제를 어느 한 팀이 이길 확률이 90퍼센트일 때 해결하라.

10. 네자리 양의 정수에서 3인 자릿수의 개수의 기대값을 구하라.

11. $X(\alpha)$가 n의 임의로 선택된 합성 α의 첫 부분이라 한다. $E(X)$를 구하라.

12. $Y(\alpha)$가 n의 임의로 선택된 합성 α의 부분의 수이라 한다. $E(Y)$를 구하라.

13. π가 정수 n의 임의의 분할이라 한다. $X(p)$는 π의 첫 부분, $Y(p)$는 π의 부분의 수라 한다. $E(X)-E(Y)$를 구하라.

14. $p = p_1p_2\cdots p_n$이 n-치환이다. 지수 i는 $p(i) > i$이면 p의 잉여라 했던 것을 기억하라. n-치환의 잉여의 개수의 평균은 얼마인가?

15. 양의 정수 k가 $n \geq k$를 만족한다. Y가 임의의 n-치환에서 k-순환의 수라 한다. $E(Y)$를 구하라.

16. 14장에서 $n \geq 7$이면 $S_n(1234) < S_n(1324)$이었음을 상기하라. $n \geq 7$이고 n-치환이 1234-패턴을 포함하는 사건을 A, 1324-패턴을 포함하는 사건을 B라 한다. 유사하게, 임의의 n-치환에서 X, Y가 각각 1234-패턴과 1324-패턴의 수이다. $E(X|A)$와 $E(Y|B)$의 크기를 비교하라.

17. n개 점에서 $\frac{n!}{2^{n-1}}$개 이상의 해밀톤 경로를 포함하는 토너먼트가 있음을 증명하라. 해밀톤 순환에 대하여는 어떠한가?

18. 확률 변수 Y에 대하여 $Var(Y) = E((Y - E(Y))^2)$을 Y의 분산(variance)이라 한다.

(a) $Var(Y) = E(Y^2) - E(Y)^2$임을 증명하라.

(b) $X(p)$를 임의의 n-치환 p의 부동점의 수라 한다. $Var(X) = 1$임을 증명하라. $\sqrt{Var(X)}$를 X의 표준편차(standard deviation)라 함을 주목하라.

19. $i \in [n]$에 대하여 X_i를 정리 15.20의 증명에서와 같이 정의한다. X_i들은 서로 독립인가?

20. X, Y가 같은 확률 공간에서 정의된 독립변수라 한다. $Var(X + Y) = Var(X) + Var(Y)$임을 증명하라.

21. 각 i에 대하여 $[n]$의 서로 다른 원소 a_i, b_i, c_i, d_i의 네겹쌍 $L_i = (a_i, b_i, c_i, d_i)$의 리스트 $L = (L_1, L_2, \cdots, L_k)$가 주어져 있다. 서로 다른 지수 i, j에 대하여 L_i, L_j가 같은 것은 허용된다. $p = p_1 p_2 \cdots p_n$은 n-치환이다. a_i부터 b_i까지의 p의 부분열이 c_i부터 d_i까지의 부분열과 만나지 않으면 p가 L_i를 만족한다고 한다. (a_i가 b_i의 오른쪽이거나 c_i가 d_i의 오른쪽일 수 있다.)

주어진 리스트 L에서 $\frac{1}{3}$ 이상의 L_i를 만족하는 n-치환 p가 있음을 증명하라.

22. 어떤 사람이 카지노에서 다음 게임의 참가권을 얻기 위하여 n달러를 지불한다. 뒷면이 나올 때까지 동전을 던진다. 첫 번째 뒷면이 i 번째 시행에서 나오면, 2^i달러를 받고 게임은 끝난다.

(a) 카지노의 자금이 무한이고 참가자가 무한히 계속할 수 있다면 n은 얼마인가?(n이 자신의 수익의 기대값보다 적은 한, n을 지불한다고 하자.)

(b) 참가자가 1000달러 미만을 벌 확률을 구하라. (a)의 답과 비교하라.

(c) 카지노의 지불 한도가 10^{14}달러라면 수익의 기대값은 얼마인가? (이는 세계의 GDP보다 많다.)

부가 연습문제

Supplementary Exercises

23. 여섯 명 중 두 명 이상이 같은 달에 출생했을 확률은?

24. 1부터 1000까지의 정수를 2-색칠하여 단색의 길이 17인 등차수열이 없도록 하는 것이 가능함을 증명하라.

25. A가 일어나면 B가 일어날 확률이 더 커진다고 가정한다. 그 역도 성립하는가?

26. (−) A와 B는 독립, B와 C는 독립이 아니고, A와 C는 독립이 아닌 사건 A, B, C를 구하라.

27. (−) A와 B는 독립이 아니고, B와 C는 독립이 아니고, A와 C는 독립인 사건 A,

B, C를 구하라.

28. (−) 임의의 n의 합성의 첫째 부분이 1인 확률을 구하라.

29. 임의의 n의 합성의 둘째 부분이 있고 1인 확률을 구하라.

30. $i \geq 3$이라 한다. 임의의 n의 합성의 i 번째 부분이 있고 1인 확률을 구하라.

31. S가 각 선의 원소의 합이 r인 $n \times n$ 마방진이다(3장 연습문제 24). A는 첫 번째 행의 각 원소가 $\frac{r}{2n}$ 이상인 사건, B는 두 번째 행의 각 원소가 $\frac{r}{2n}$ 이상인 사건이라 한다. 다음 논의는 맞는가?
"$P(B|A) < P(B)$이다. 사실 A가 맞다면 첫 번째 행의 모든 원소는 정상보다 크고 각 열의 합이 고정되어 있으므로 두 번째 행의 모든 원소는 정상보다 작다."

32. 두 가지 사건은 동시에 서로 배제면서 독립일 수 있는가?

33. 특정한 병이 있는지 검사하는 의학 기구는 병이 있는 환자의 99퍼센트를 맞추고 병이 없는 환자의 5퍼센트에게 잘못 경고한다. 3퍼센트의 환자만 병이 있다고 가정하자.
(a) 어느 환자가 병이 있다는 검사 결과가 옳은 확률은 얼마인가?
(b) 어느 환자가 병이 없다는 검사 결과가 옳은 확률은 얼마인가?
(c) 이 기구의 결과가 맞는 확률은 얼마인가?

34. 아담과 브랜디는 다음 게임을 한다. 1에서 100까지의 각 정수를 한 장의 종이에 쓰고, 임의로 종이를 차례대로 두 장 선택한다. 두 수를 더하여 짝수이면 아담이, 홀수이면 브랜디가 이긴다. 이 게임은 공평한가?

35. 위의 연습문제에서 100을 n으로 교체하라. 어느 n에 대하여 게임이 공평한가?

36. 이 문제와 다음 몇 문제에서 어떤 종류의 두 원소를 임의로 선택한다고 할 때 순서쌍 (A, B)를 의미한다. 따라서 (A, B)와 (B, A)는 다르고, $A = B$는 허용된다.
(a) $[n]$의 두 부분집합을 임의로 선택한다. 그들이 같은 수의 원소를 가질 확률은 무엇인가?
(b) (a)에서 구하는 확률을 $f(n)$이라 한다. $f(n) \simeq \frac{1}{\sqrt{n\pi}}$임을 증명하라.

37. 정수 n의 두 가지 합성을 임의로 선택하고 $g(n)$이 그들이 최소 부분을 같게 선택할 확률이라 한다. n이 무한대가 되면 $g(n)\to 1$임을 증명하라.

38. (+) $[n]$의 두 가지 합성을 임의로 선택하고 $h(n)$이 그들이 최소 블록의 크기가 같을 확률이라 한다. n이 무한대가 되면 $h(n)\to 1$임을 증명하라.

39. 두 개의 n-치환을 임의로 선택하고 $m(n)$이 그들의 최대 순환의 길이가 같을 확률이라 한다.

$$m(n) \geq \sum_{i=\lceil \frac{n+1}{2} \rceil}^{n} \frac{1}{i^2}$$

임을 증명하라. 합은 i가 $\frac{n}{2}$보다 큰 가장 작은 정수부터 시작한다.

40. 어느 대리점에 n대의 차가 있다. 유머감각 있는 한 점원이 각 열쇠를 임의의 차에 꽂고 밖에서 잠근다. 대리점의 주인이 열쇠수리공을 불러서 어느 한 대의 차를 강제로 열어서 그 안의 열쇠로 다른 차를 차례로 열라고 한다. 이미 구한 열쇠들로 새 차를 열 수 없으면 어느 차를 강제로 연다. 이 알고리듬은 모든 차를 열었을 때 끝난다.

(a) 열쇠수리공이 한 대만 강제로 여는 확률은 무엇인가?

(b) 열쇠수리공이 두 대만 강제로 여는 확률은 무엇인가?

(c) 열쇠수리공이 k 대 이하만 강제로 여는 확률은 무엇인가?

41. (+)

(a) 위의 연습문제에서 대리점 주인이 두 명의 열쇠수리공을 불러서 각각 서로 다른 한 대의 차를 강제로 열어서 그 안의 열쇠로 다른 차를 차례로 열라고 한다. 다른 차를 강제로 열지 않아도 되는 확률은 얼마인가?(두 명이 같은 차를 강제로 열지는 않는다고 가정한다.)

(b) 두 명 대신 k명의 열쇠수리공을 부를 때 (a)에 답하라.

(c) (a)의 결과와 위의 연습문제의 (b)의 결과를 비교하라. 결과가 상식에 부합하는 이유를 설명하라.

42. X가 $[n]$에서의 모든 트리의 집합인 표본 공간에 정의된 확률 변수이다. $X(t)$는 트리 t의 잎의 수이다. $E(X)$를 구하라. n이 클 때 결과의 의미를 설명하라.(즉, $[n]$에

서의 트리의 점 중 잎의 수의 비율의 평균을 구하라.)

43. 임의의 n-치환에서 k-순환의 수의 기대값을 구하라. 6장 연습문제 7의 결과를 이용하라.

44. n-치환의 순환을 임의로 선택한다. 순환의 길이의 평균을 구하라.

45. 상자에 16개의 디스크가 있다. 그 중 다섯 개는 빨강색, 다섯 개는 파랑색, 여섯 개는 한 면은 빨강색이고 한 면은 파랑색이다. 임의의 디스크를 선택하여 보니 한 면이 빨강색이었다. 이 디스크의 다른 면이 빨강색일 확률이 큰가 아니면 파랑색일 확률이 큰가?

46. 바구니에 열 개의 디스크가 있는데 두 개는 파랑색, 세 개는 빨강색, 나머지 다섯 개는 한 면은 빨강색이고 한 면은 파랑색이다. 임의의 디스크를 선택하여 뒷면의 색을 추측해야 한다. 이 디스크의 앞면의 색을 아는 것이 도움이 되겠는가?

47. 100장의 카드의 묶음에서 두 장은 검정색 킹이다. 카드를 섞은 후 검정색 킹을 추출할 때까지 나누어 준다. 이 카드를 얻을 확률이 가장 큰 단계는 무엇인가?

48. $p = p_1p_2 \cdots p_n$이 n-치환이다. $p_{i-1} < p_i > p_{i+1}$이거나 $p_{i-1} > p_i < p_{i+1}$이면, 즉 p_i가 봉우리나 계곡이면 p는 i 번째 자리에서 방향을 바꾼다. p가 방향을 바꾸는 $k-1$개 지수 i가 있으면 p가 k번 진행(run)한다고 한다. 예로 $p = 3561247$은 $i=3$, $i=4$에서 방향을 바꾸므로 3번 진행한다. 임의의 n-치환의 평균 진행 횟수를 구하라.

49. 점집합이 $[n]$인 임의의 그래프의 4-순환의 수의 평균을 구하라.(각 쌍의 점이 선분일 확률은 $\frac{1}{2}$이다.)

50. 치환 $p = p_1p_2 \cdots p_n$의 강하는 $p_i > p_{i+1}$인 지수 $i \in [n-1]$임을 상기하라. X가 임의의 n-치환의 강하의 개수이다. $E(X)$와 $Var(X)$를 구하라.

CHAPTER 16장

적어도 어떤 순서가 있다. 부분 순서와 격자

16.1 부분 순서의 개념

다가오는 여행의 항공 티켓을 구한다고 가정하자. 목적지까지의 비행기가 있는 항공이 다섯 개이고, 각 항공의 티켓의 가격을 안다. 그러나 가격만이 아니라 비행 시간도 중요하다. 즉, X 항공이 Y 항공보다 낮은 가격과 짧은 시간을 요한다면 X 항공이 낫다.

다섯 가지 항공의 가격과 비행 시간이 다음과 같다고 가정하자.

A 600달러, 9시간 20분
B 650달러, 8시간 40분
C 550달러, 9시간 10분
D 575달러, 8시간 20분
E 660달러, 9시간 5분

예로, D 항공은 E 항공보다 명백히 낫지만 C 항공과 D 항공 사이의 우열을 가리기 어렵다. 그림 16.1의 도표로 복잡한 전체 상황을 표시할 수 있다.

이 도표에서, 점은 항공을 나타낸다. X가 Y보다 나으면, 도표에서 X는 Y의 위에 있고 올라가는 부분이 없는 X에서 Y로의 경로가 있다.

이는 이 장의 주요 주제인 부분 순서 집합의 예이다. 독자는 아마 이 이름을 이해할 텐데, 전체가 아닌 일부 원소들의 쌍만 비교 가능하다.

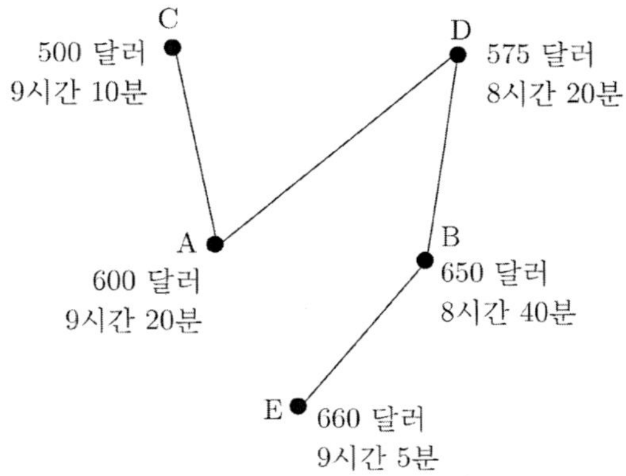

그림 16.1 다섯 항공 비교

정의 16.1

P가 집합이고 $\leq$가 P에서 다음을 만족하는 순서이다.

(a) $\leq$는 반사적이다. 즉, 모든 $x \in P$에 대하여 $x \leq x$이다.
(b) $\leq$는 추이적이다. 즉, $x \leq y$이고 $y \leq z$이면 $x \leq z$이다.
(c) $\leq$는 반대칭적이다. 즉, $x \leq y$이고 $y \leq x$이면 $x = y$이다.

그러면 $P_{\leq} = (P, \leq)$를 부분 순서 집합, 포셋(partial ordered set, poset)이라 한다. 또한 $\leq$를 P의 부분 순서(partial ordering)라 한다.

실수의 전통적인 순서와 같이 $x \leq y$이고 $x \neq y$이면 $x < y$라 표기한다. P의 부분 순서 $\leq$가 무엇인지 혼동될 염려가 없을 때, $P_{\leq}$를 P라 표기할 수 있다. P의 두 원소 x, y에 대하여 $x \leq y$와 $y \leq x$ 중 어느 것도 성립하지 않으면 x, y가 비교 불가능하다(incomparable)고 한다.

예제 16.2

P가 $[n]$의 모든 부분 집합의 집합이고, $A \subseteq B$이면 $A \leq B$라 한다. 그러면 $P_{\leq}$는 포셋이다. 이 포셋을 부울 대수(Boolean algebra)라 하고 B_n으로 표기한다.

예제 16.3

어느 벡터 공간의 모든 부분 공간의 집합은 포함 관계를 순서로 하면 포셋이다.

예제 16.4

P가 양의 정수들의 집합이고 x가 y의 약수이면 $x \leq y$라 한다. $P_{\leq}$는 포셋이다.

예제 16.5

P가 실수의 집합 R이고 $\leq$가 전통적인 순서이다. 그러면 $P_{\leq}$는 비교 불가능한 원소의 쌍이 없는 포셋이다. R를 전체 순서(total order) 또는 연쇄(chain)라 한다.

예제 16.6

P가 $[n]$의 모든 분할의 집합이고 α, β가 P의 두 원소이다. β의 블록이 α의 블록의 합집합이면 $\alpha \leq \beta$라 정의한다. 예로, $n=6$이면 $\{1, 4\}\{2, 3\}\{5\}\{6\} \leq \{1, 4, 6\}\{2, 3, 5\}$이다. 그러면 $P_{\leq}$는 세분(refinement order)이라 하는 부분 순서이고 Π_n으로 표기한다.

$x \in P$에 $x < y$인 $y \in P$가 없으면 x를 P의 극대 원소(maximal element)라 한다. 모든 $z \in P$에 대하여 $z \leq x$가 성립하면 x를 P의 최대 원소(maximum element)라 한다. 극소 원소(minimal element)와 최소 원소(minimum element)도 유사하게 정의된다. 독자는 모든 유한 부분 집합에는 극소 원소와 극대 원소가 있다는 것을 증명해야 한다. 그러나 모든 유한 부분 집합에 최소 원소와 최대 원소가 있지는 않다. 그림 16.1의 포셋에는 이 중 아무 것도 없다. 포셋의 최소 원소가 존재한다면 종종 $\hat{0}$으로, 최대 원소가 존재한다면 종종 $\hat{1}$로 표기한다.

포셋 P에서 $x < y$면서 $x < z < y$인 $z \in P$가 없으면 y가 x를 덮는다(cover)고 한다. 이 개념으로부터 도입 부분에서 비공식적으로 사용한 것과 같은 도표를 공식적으로 하세 도표(Hasse diagram)라고 정의할 수 있다.

유한 포셋 P의 하세 도표는 점이 포셋의 원소를 나타내는 그래프이다. P에서 $x < y$이면, y에 해당하는 점은 x에 해당하는 점의 위에 있다. 게다가 y가 x를 덮으면 x와 y 사이에 선분이 있다. 다른 방법으로 직관적이지만 부정확한 용어 '위'를 피하려면 P의 하세 도표는 점이 P의 원소이고, y가 x를 덮으면 x에서 y로의 선분이 있는 방향 그래프라고 말할 수 있다.

예제 16.7

B_3의 하세 도표가 그림 16.2에 있다.

하세 도표는 다양한 성질의 포셋을 시각화하는 데 유용하다. 특히 두 개의 작은 포셋이 동형인지 결정하는 것을 도울 수 있다. 아직 포셋의 동형의 정의조차 주지 않았다는 불평이 있을 수 있는데 정의는 명백하다. 두 포셋 P, Q에 전단사함수 $f: P \to Q$가 있어서 P의 임의의 두 원소 x, y에 대하여 $x \leq_P y$인 필요충분조건이 $f(x) \leq_Q f(y)$이면 P, Q가 동형(isomorphic)이라 한다.

동형을 무시하면 한 개의 1-포셋(1개 원소의 포셋), 두 개의 2-포셋, 다섯 개의 3-포셋이 있음을 쉽게 증명할 수 있다. 3-포셋의 하세 도표가 그림 16.3에 있다. 총 열 여섯 개의 4-포셋을 구하도록 독자를 초청한다.

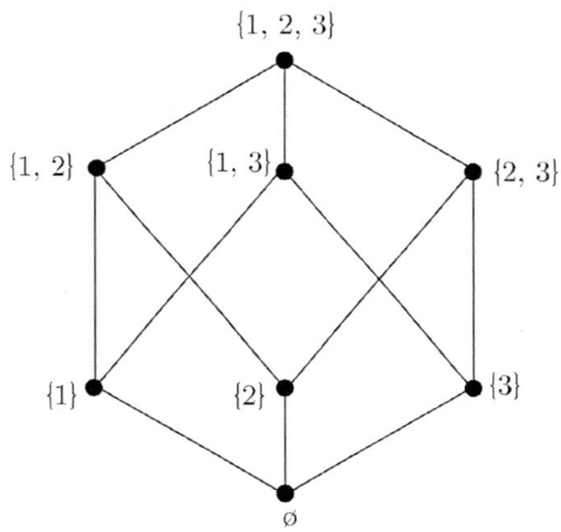

그림 16.2 B_3의 하세 도포

예 16.5에서 연쇄를 정의했다. 유한한 예를 보려면 B_4에서 $\{3\} \leq \{2, 3\} \leq \{1, 2, 3, 4\}$이므로 $\{\{2, 3\}, \{3\}, \{1, 2, 3, 4\}\}$는 연쇄이다.

연쇄의 켤레 개념은 반연쇄이다. $S \subseteq P$의 임의의 두 원소가 비교 불가능하면, S는 반연쇄(antichanin)라 한다. 예로, $\{\{2, 3\}, \{1, 3\}, \{3, 4\}, \{2, 4\}\}$는 이 네 집합 중 어느 것도 다른 것을 포함하지 않으므로 B_4의 반연쇄이다.

연쇄의 임의의 부분집합이 연쇄이고 반연쇄의 임의의 부분집합이 반연쇄라는 것은 당연하다. 포셋의 연쇄 덮개(chain cover)는, 서로 소이고 합집합이 주어진 포셋 자신인 연쇄들의 모임이다. 연쇄 덮개의 크기는 그 안의 연쇄의 수이다. 포셋에 큰 반연쇄가 있으면 그것은 단지 몇 개의 연쇄로 덮을 수 없고 그 역도 성립한다. 다음의 고전적 정리는 반연쇄의 크기와 포셋의 연쇄 덮개의 크기 사이의 정확한 관계를 보여 준다.

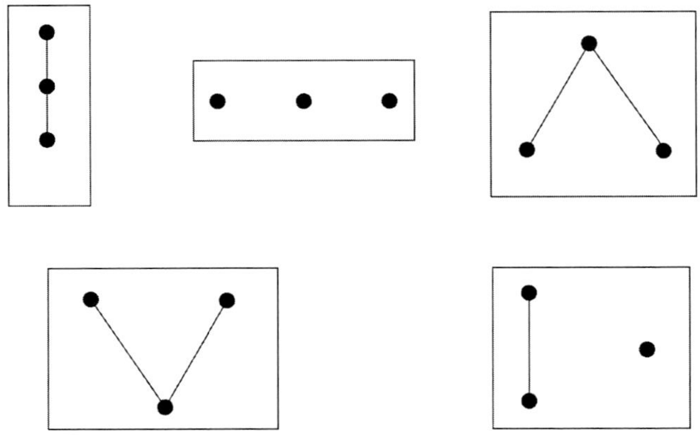

그림 16.3 다섯 개의 세 원소로 이루어진 포셋

짝짓기와 마찬가지로 P의 연쇄(반연쇄) X는 P에 X보다 큰 연쇄(반연쇄)가 없으면 최대 연쇄(반연쇄)라 하고 더 연장될 수 없으면, 즉 X에 연쇄(반연쇄)라는 성질을 유지하면서 어떤 원소도 더할 수 없다면 극대 연쇄라 한다.

정리 16.8 딜워쓰 정리(Dilworth theorem)

유한한 포셋 P에 대하여, 최대 반연쇄의 크기는 최소 연쇄 덮개의 크기와 같다.

증명 a를 P의 반연쇄 A의 크기라 하고, b를 P의 최소 연쇄 덮개의 크기라 한다. 명백히 $a \le b$이다. 사실상, 어느 연쇄도 A의 원소를 두 개 이상 갖지 않으므로 모든 연쇄 덮개는 a개 이상의 연쇄를 포함한다.

여전히 역, 즉 P의 최대 반연쇄의 크기가 k이면, P는 k개 연쇄의 합집합으로 분해된다는 것을 증명해야 한다. P의 원소의 수 n에 관한 귀납법으로 증명한다. 기본 경우인 $n=1$인 경우에는 자명하다. 이제 n보다 작은 모든 정수에 대하여 참이라고 가정하자. 두 가지 경우로 나눈다.

- 첫째, P에 극소가 아닌 원소가 적어도 한 개, 극대가 아닌 원소가 적어도 한 개 있는 k-반연쇄 A가 있다고 가정하자. 그러면 A는 P를 두 개의 집합 U, L로 나누는데 U는 A의 적어도 한 원소보다 크거나 같은 원소의 집합이고 L은 A의 적어도 한 원소보다 작거나 같은 원소의 집합이다. $U \cap L = A$임을 주목하라. A가 극소가 아닌 원소와 극대가 아닌 원소를 포함하므로 U와 L은 공집합이 아니고 P의 순서를 적용하면 포셋이다. 더욱이, 그들은 n개 미만의 원소를 가지므로, 귀납적 가정에 의하면 두 집합 모두 k개 연쇄의 합집합이다. U

의 각 k개 연쇄의 최소 원소는 A의 원소이고, L의 각 k개 연쇄의 최대 원소는 A의 원소이다. 그러므로 이 $2k$개 연쇄의 합집합은 P를 덮는 k개 연쇄이다.

• 이제 P에 지난 예의 A와 같은 반연쇄가 없다고, 즉 P의 모든 최대 반연쇄는 극대 원소 또는 극소 원소로만 구성되어 있다고 가정하자. 이는 필히 그들이 모든 극대 원소나 모든 극소 원소를 포함한다는 것을 의미한다. x가 P의 극소 원소이고 y가 P의 극대 원소이며 $x \leq y$라 하라. (P가 유한하므로, 이러한 원소의 쌍이 존재한다. P 자신이 반연쇄인 자명한 경우에 $x = y$이다.) P'이 P에서 x, y를 제거한 포셋이라 한다. 그러면 최대 반연쇄 P'은 P의 모든 극소 원소와 극대 원소을 포함할 수는 없으므로 $k-1$개 원소를 가진다. 더욱이, P'이 n개 미만의 원소를 가지므로, 귀납적 가정에 의해 $k-1$개의 연쇄로 분해될 수 있다. 연쇄 $x \leq y$를 P'의 연쇄 덮개에 더하여, 크기 k 이하인 연쇄 덮개를 얻는다.

P가 n-포셋이면, P의 선형 확장(linear extension)은 단지 P에서 $[n]$으로의 순서 보존 전단사함수(order preserving bijection)이다. 즉, P에서 $x \leq y$이면 $[n]$에서 $f(x) \leq f(y)$이다.

예제 16.9

그림 16.4의 좌측 포셋에는 $f(A) = g(A) = 4$, $f(D) = g(D) = 1$, $f(B) = g(C) = 2$, $f(C) = g(B) = 3$인 두 개의 선형 확장 f, g가 있다. 그림 16.4의 우측 포셋에는 $\{E, F\}$가 두 가지 방법으로 $\{3, 4\}$의 이미지를 갖고, $\{G, H\}$가 두 가지 방법으로 $\{1, 2\}$의 이미지를 가지므로 네 개의 선형 확장이 있다.

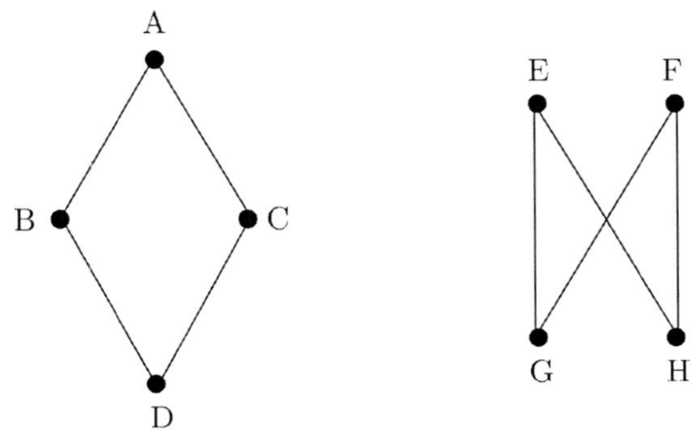

그림 16.4 각각 두 개와 네 개의 선형 확장이 있는 포셋

16.2 포셋의 뫼비우스 함수

포셋의 큰 클라스에서 강력한 계산 기술을 전개할 것이다. 이 클라스는 유한한 포셋을 모두 포함한다. 독자가 유한한 포셋에만 관심이 있다면, 아래의 두 문단을 생략해도 된다. 이 문단에서 다른 어떤 포셋이 이 클라스에 속하는지 논의한다.

$x \leq y$가 P의 원소이면 $x \leq z \leq y$인 모든 z의 집합을 x와 y의 닫힌 구간(closed interval)이라 하고 $[x, y]$로 표기한다. P의 모든 구간이 유한하면 P는 국소 유한(locally finite)이라 한다. 이는 P 자신이 유한이라는 것을 의미하지는 않는다. 통상의 순서를 가진 양의 정수의 집합이 반례이다.

$I \subseteq P$는, $x \in I$일 때 모든 $y \leq x$에 대하여 $y \in I$이면, 아이디얼(ideal)이라 한다. 어느 아이디얼이 한 개의 원소로 생성되면, 즉 $I = \{y : y \leq x\}$이면 I를 주 아이디얼(principal ideal)이라 한다. 예로 $P = B_n$이면, $[k]$의 모든 부분집합으로 구성된 아이디얼은 주 아이디얼이고 네 개 이하의 원소를 갖는 부분집합으로 구성된 아이디얼은 주 아이디얼이 아니다. 우리의 정리 중 일부는 각 주 아이디얼을 유한한 포셋에서로 제한해야 할 것이다. 다시 말하여, 각 원소는 유한 개의 원소보다만 크다. 이는 국소 유한보다 강한 조건이다. 모든 정수로 구성된 포셋은 국소 유한이지만, 유한한 주 아이디얼을 갖지는 않는다. 마지막으로, 쌍대 아이디얼과 주 쌍대 아이디얼도 마찬가지로 정의된다는 점에 주목한다.

$Int(P)$는 P의 모든 구간의 집합이라 한다.

정의 16.10

P가 국소 유한 포셋이다. 그러면 P의 결합 대수(incidence algebra) $I(P)$는 모든 함수 $f : Int(P) \to R$의 집합이다.

이 대수에서의 곱은

$$(fg)(x, y) = \sum_{x \leq z \leq y} f(x, z) g(z, y)$$

로 정의된다.

이 곱의 정의는 얼핏 보기에 이상하다. 그러나 이는 정확히 행렬 곱과 같다는 점을 주목하라. 사실상, P의 임의의 선형 확장 $x_1, x_2, \cdots, x_n$에서 (i, j) 원소가 각각 $f(x_i, x_j)$, $g(x_i, x_j)$인 $n \times n$ 행렬을 F, G라 정의한다. 이러한 행렬은 위 삼각꼴이다. 그들의 곱

FG의 (i, j) 원소는 주장한 대로

$$\sum_{k=1}^{n} f(x_i, x_k)g(x_k, x_j) = \sum_{k=i}^{j} f(x_i, x_k)g(x_k, x_j) = \sum_{x_i \le x_k \le x_j} f(x_i, x_k)g(x_k, x_j)$$

이다. P의 결합 대수는 $n \times n$ 위 삼각꼴 행렬의 대수와 동형이다. 함수와 행렬의 용어를 교대로 논의에 사용할 것이다.

$I(P)$가 항등원, 즉 모든 $f \in I(P)$에 대하여 $uf = fu = f$인 원소 u를 가지는가? 위의 논의에 의하면 모든 위 삼각꼴 행렬의 대수는 항등 행렬을 가지므로, $I(P)$가 항등원을 갖는다. $I(P)$에 해당하는 원소는 $x = y$이면 $\delta(x, y) = 1$이고 $x < y$이면 $\delta(x, y) = 0$을 만족하는 함수 δ이다. 사실상 이 함수가 모든 $f \in I(P)$에 대하여 $\delta f = f\delta = f$를 만족한다, 즉 $I(P)$의 항등원이라는 것을 증명하는 데는 별다른 기교가 필요 없다.

$I(P)$의 다음 원소 또한 간단히 정의된 $0-1$ 함수이다. 그럼에도 불구하고, 이는 놀랍도록 유용하다.

정의 16.11

P가 국소 유한이다. $\zeta \in I(P)$가 $x \le y$이면 $\zeta(x, y) = 1$로 정의된 함수라 한다. 그러면 ζ를 P의 제타 함수(zeta function)라 한다.

포셋의 다중연쇄(multichain)는 $a_1 \le a_2 \le \cdots \le a_m$을 만족하는 $a_1, a_2, \cdots, a_m$의 다중 집합이다. 부등호는 연쇄의 정의에서와 달리 등호를 포함한다.

성질 16.12

$x \le y$가 국소 유한 포셋 P의 원소라 한다. 그러면 다중연쇄 $x = x_0 \le x_1 \le x_2 \le \cdots \le x_k = y$의 수는 $\zeta^k(x, y)$이다.

증명 k에 대한 귀납법으로 증명한다. $k = 1$이면, $\zeta^1(x, y) = 1$인 필요충분조건은 $x \le y$이므로 서술은 사실이다.(사실상, $k = 0$인 경우에도 사실이다. 그러면 $\zeta^0(x, y) = \delta(x, y) = 1$인 필요충분조건은 $x = y$이다.)

이제 k보다 작은 모든 양의 정수에 대하여 사실이라 가정하자. 각 다중연쇄 $x = x_0 \le x_1 \le x_2 \le \cdots \le x_k = y$는 다중연쇄 $x = x_0 \le x_1 \le x_2 \le \cdots \le x_{k-1} = z$와 두 원소의 다중연쇄 $z \le y$로 분해된다. z를 고정한다. 그러면 귀납적 가정에 의하여 다중연쇄 $x = x_0 \le x_1 \le x_2 \le \cdots \le x_{k-1} = z$의 수는 $\zeta^{k-1}(x, z)$

이고 다중연쇄 $z \le y$의 수는 $\zeta(z, y)$이다. 모든 z에 대하여 합하여 다중연쇄 $x = x_0 \le x_1 \le x_2 \le \cdots \le x_k = y$의 총수

$$\sum_{z \in [x, y]} \zeta^{k-1}(x, z)\zeta(z, y) = \zeta^k(x, y)$$

를 얻는다.

위의 증명은 다중연쇄나 연쇄의 원소의 수가 항상 그 크기를 가장 편리하게 묘사하지는 않는다는 것을 보여준다. 때로 연쇄나 다중연쇄의 길이(length)를 이용할 것이다. 연쇄(다중연쇄)의 길이는 원소의 수에서 1을 뺀 수이다. 연쇄에 관하여 이는 직관적으로 다음과 같이 정당화된다. 포셋의 하세 도표에서 길이 k인 연쇄의 맨 밑에서부터 맨 위까지 k번 올라간다.

보조정리 16.13

P가 국소 유한 포셋이고 $[x, y] \in Int(P)$이다. 그러면 x에서 y로의 길이 k인 연쇄의 수는 $(\zeta - \delta)^k(x, y)$이다.

증명 성질 16.12의 증명과 유사하다.

P의 제타 함수에 역함수가 있는가? 즉, $\zeta\mu = \mu\zeta = \delta$인 함수 $\mu \in I(P)$가 있는가? $I(P)$의 원소를, 종종 이용하는 수단인 행렬로 표현하면 이 질문의 답이 긍정적임에 틀림없다는 것을 안다. (P의 제타 행렬 Z는 $n \times n$ 행렬로, 단지 행과 열이 P의 n개의 원소에 의하여 P의 선형 확장에 따라 라벨이 붙고, $Z_{i,j} = \zeta_{i,j}$이다.) 사실상 모든 $x \in P$에 대하여 $\zeta(x, x) = 1$이므로 P의 제타 행렬 Z의 대각 원소는 1이고, Z가 삼각꼴이므로 $\det Z = 1$이다. 따라서 Z^{-1}이 존재하고, 역함수의 공식을 아는 사람은 Z^{-1}의 모든 원소가 정수라는 것을 안다.

P의 제타 함수의 역함수는 제타 함수 자체보다 중요하다고 판명되어서 따로 이름이 있다.

정의 16.14

P의 제타 함수의 역함수를 P의 뫼비우스 함수(Möbius function)라 하고 $\mu = \mu_P$라 표기한다.

행렬 Z^{-1}을 계산함으로써 μ의 값을 계산하는 데는 대단히 시간이 걸릴 수 있다. 운좋게도, Z가 삼각꼴이므로 다음 재귀적 계산이 가능하다.

정리 16.15

P가 국소 유한 포셋이고 $[x, y] \in Int(P)$이다. 그러면 $\mu(x, x) = 1$이고 $x < y$일 때

$$\mu(x, y) = - \sum_{x \le z < y} \mu(x, z) \tag{16.1}$$

이다. 즉, μ는 $I(P)$에서 $\mu(x, x) = 1$이고 모든 $x < y$에 대하여 $\sum_{z \in [x, y]} \mu(x, z) = 0$을 만족하는 유일한 함수이다.

증명 첫째, $1 = \delta(x, x) = (\mu\zeta)(x, x) = \mu(x, x)\zeta(x, x) = \mu(x, x)$이다. 둘째, $x < y$이면

$$0 = \delta(x, y) = \mu\zeta(x, y) = \sum_{z \in [x, y]} \mu(x, z)\zeta(z, y) = \sum_{z \in [x, y]} \mu(x, z)$$

이다. 따라서 한 점이 아닌 구간 $[x, y]$의 모든 원소 z에 관한 $\mu(x, z)$의 합은 주장했던 대로 0이다.

따름정리 16.16

P가 국소 유한 포셋이다. $[x, y] \in Int(P)$이고 $x \neq y$라 가정하면

$$\mu(x, y) = - \sum_{z \in (x, y]} \mu(z, y)$$

이다.

증명 등식 $MZ = I$ 대신 등식 $ZM = I$를 이용한다는 점을 제외하면 정리 16.15의 증명에서와 같다.

정리 16.15에 의하여 $\mu(x, x) = 1$로부터 올라가면서 $\mu(x, y)$를 계산할 수 있다.

예제 16.17

그림 16.5는 $\mu(x, y)$의 값을 계산하는 방법을 보여 준다. 이 예에서 x가 포셋의 맨 밑의 원소이다.

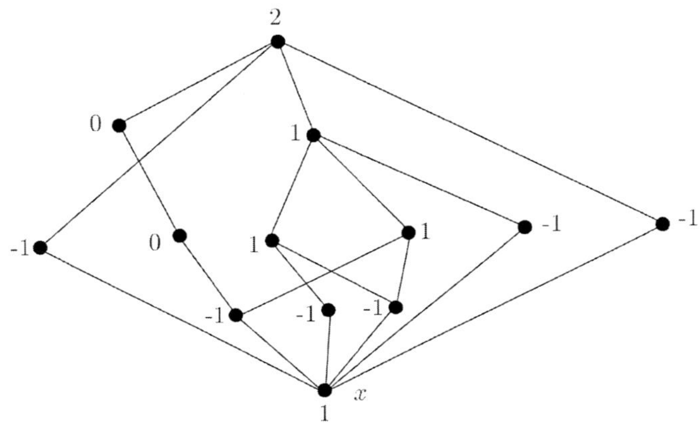

그림 16.5 x가 맨 밑의 원소일 때 $\mu(x, y)$의 값

정의에 의하여 $\mu(x, x) = 1$이다. 따라서 x를 덮는 모든 y에 대하여 $\mu(x, y) = -1$이어야 한다. 그런 후 (16.1)의 공식을 이용하여, 바닥에서부터 위로 올라가면서 다른 모든 값을 구한다.

가장 자주 접하는 포셋에서 $\mu(x, y)$의 값을 계산하자.

예제 16.18

P가 음이 아닌 모든 정수의 포셋이고 $x < y$가 P의 서로 다른 원소라 한다. 그러면 $x+1=y$이면 $\mu(x, y) = -1$이고, $x+1 < y$이면 $\mu(x, y) = 0$이다.

풀이 $y-x$에 관한 귀납법으로 별다른 기교 없이 증명된다.

예제 16.19

$P = B_n$이고 S, T가 P의 두 원소이다. 즉, $S \subseteq T$가 $[n]$의 두 부분집합이다. 그러면

$$\mu(S, T) = (-1)^{|T-S|}$$

이다.

풀이 $k = |T-S|$에 대한 귀납법으로 증명한다. $k=0$이면 $S=T$이고 정의에 의해 $\mu(S, T) = 1$이며 서술은 증명된다. k보다 작은 음이 아닌 모든 정수에 관해 성립한다고 가정하고 $|T-S| = k$라 한다. 그러면 $0 \le i \le k-1$인 모든 i에 대하여 구간 $[S, T]$는 $[n]$의 $(|S|+i)$-부분집합인 P의 $\binom{k}{i}$개의 원소를 포함한다. Z가

그러한 부분집합이면, 귀납적 가정에 의하여 $\mu(S, T) = (-1)^i$이다. 따라서 정리 16.15에 의하여

$$\mu(S, T) = -\sum_{Z \in [S, T)} \mu(S, Z) = -\sum_{i=0}^{k-1} \binom{k}{i} (-1)^i = (-1)^k$$

이다. 마지막 등식은 정리 4.2의 직접적 결과이다. 이는 또한 $(1-1)^k = 0$으로부터 직접 알 수 있다.

귀납법이 완성되었고 서술은 증명된다.

예제 16.20

P는 양의 정수의 집합인데, x가 y를 나눌 때 $x \le y$인 부분 순서 집합이다. 그러면

- 서로 다른 소수 $p_1, p_2, \cdots, p_k$에 대하여 $\frac{y}{x} = p_1 p_2 \cdots p_k$이면 $\mu(x, y) = (-1)^k$이다.
- $\frac{y}{x}$가 소수의 제곱으로 나누어지면 $\mu(x, y) = 0$이다.

풀이 먼저 구간 $[1, \frac{y}{x}]$와 구간 $[x, y]$가 포셋으로서 동형임을 주목하라. 그러므로 $x = 1$인 특별한 경우에 증명하면 충분하다. 단순한 기호로 $\mu(1, y)$ 대신 $\mu(y)$라 쓸 것이다.

서로 다른 소수 p_i에 대하여 $y = p_1 p_2 \cdots p_k$일 때, 잠시 생각해 보면 구간 $[1, y]$는 포셋 B_k와 동형이다. 사실상, $y = p_1 p_2 \cdots p_k$의 제수는 단지 $\{p_1, p_2, \cdots, p_k\}$의 부분집합의 원소의 곱이다. 그러므로 주장한 대로 $\mu(y) = (-1)^k$이다.

두 번째 서술을 y에 관한 강귀납법으로 증명한다. $y = 4$이면 서술은 참이다. 이것이 y보다 작은 모든 양의 정수에 대하여 사실이라고 가정하자. $p_1, p_2, \cdots, p_k$가 y를 나누는 서로 다른 소수라 한다. 이 중 적어도 한 원소는 y의 소인수 분해에서 지수가 2 이상이다. y의 제수가 소수의 제곱으로 나누어지지 않으면 '좋다(good)' 아니면 '나쁘다(bad)'라고 한다.

그러면 정리 16.15에 의하여

$$\mu(y) = -\sum_{z<y} \mu(z) = -\sum_{z \text{ 좋다}} \mu(z) - \sum_{z \text{ 나쁘다}} \mu(z) = -0-0=0$$

이다.

사실상 좋은 원소 z의 집합은 정확히 구간 $[1, p_1 p_2 \cdots p_k]$이고 정리 16.15에 의하여 모든 구간 I에 대하여 $\Sigma_{z \in I}\, \mu(z) = 0$이다. 한편 귀납적 가정에 의하여 모든 나쁜 정수 z에 대하여 $\mu(z) = 0$이므로 또한 $\Sigma_{z \text{ 나쁘다}}\, \mu(z) = 0$이다.

"좋다, 그런데 무슨 상관인가? 뫼비우스 함수는 어디에 소용인가?"라고 물을지 모른다. 다음 문단에서 이 질문에 대한 우리의 답을 제시할 것이다.

실수 열 $a_0, a_1, a_2, \cdots$에 대하여 수열 $b_0, b_1, b_2, \cdots$를

$$b_n = \sum_{i=0}^{n} a_i$$

라 정의한다. 그러면 주어진 a_i에 대하여 b_i를 확실히 계산할 수 있다. 역으로, 주어진 b_i에 대하여 $a_n = b_n - b_{n-1}$의 공식에 의하여 a_i를 계산할 수 있다.

이제 $f : B_n \to R$가 $[n]$의 부분집합에서 정의된 함수이고 $g : B_n \to R$가 같은 정의역에서

$$g(T) = \sum_{S \subseteq T} f(S)$$

라고 정의된 함수라 한다. 다시, 주어진 f의 값에 대하여, g의 값을 계산하는 것은 쉽다. 그러나 주어진 g의 값에 대하여, f의 값을 계산하는 것은 좀 더 어렵다. 이를 정리 7.6에서 계산했는데

$$f(T) = \sum_{S \subseteq T} g(S)(-1)^{|T-S|}$$

이다.

이 두 예의 공통점은 무엇인가? 두 경우 모두 포셋에서이다. 첫 번째 경우에 음이 아닌 모든 정수의 포셋이었고(수열은 단순히 음이 아닌 모든 정수의 집합에서 정의된 함수이다.), 두 번째 경우에 B_n이었다. 새 함수의 y에서의 값을 y보다 작은 모든 원소의 원래 함수의 값의 합이라 정의 한 후, 원래 함수에서의 값을 새 함수의 값으로부터 계산할 수 있음을 보였다.

뫼비우스 함수의 중요한 응용인 뫼비우스 역함수 공식에 의하여 이 아이디어를 임의의 국소 유한 포셋 P에서 일반화한다.

정리 16.21 뫼비우스 역함수 공식(Möbius Inversion Formula)

P가 각 주 아이디얼이 유한인 포셋이고 $f : P \to R$가 함수이다. 함수 $g : P \to R$를

$$g(y) = \sum_{x \le y} f(x)$$

라고 정의한다. 그러면

$$f(y) = \sum_{x \le y} g(x)\mu(x, y) \text{이다.}$$

증명 $x_1, x_2, \cdots$가 P의 선형 확장이고 $\boldsymbol{f}$가 $f_i = f(x_i)$에 의하여 정의된 행벡터이고, $\boldsymbol{g}$가 $g_i = g(x_i)$에 의하여 정의된 행벡터라 한다. Z가 P의 제타 행렬이고 M이 P의 뫼비우스 행렬이다. 그러면 등식 $g(y) = \Sigma_{x \le y} f(x)$는 단지

$$\boldsymbol{g} = \boldsymbol{f}Z$$

를 의미한다. 양변의 우측에 M을 곱하고, $ZM = I$임을 이용하여

$$\boldsymbol{g}M = \boldsymbol{f}$$

를 얻는데, 이는 우리의 주장과 같다.

정리 16.15에서와 마찬가지로 이 정리에 쌍대 버전이 있다.

따름정리 16.22

P가 각 주 아이디얼이 유한한 포셋이고 $f : P \to R$가 함수이다. $g : P \to R$를

$$g(y) = \sum_{x \ge y} f(x)$$

라 정의하면

$$f(y) = \sum_{x \ge y} g(x)\mu(y, x)$$

이다.

증명 이는 정리 16.21에서 행벡터를 열벡터로, 우측 곱을 좌측 곱으로 바꾸어 증명할 수 있다.

정의 16.23

P, Q가 포셋이라 한다. 그러면 이들의 직곱(direct product) $P \times Q$는 원소가 $p \in P$, $q \in Q$인 모든 순서쌍 (p, q)이고 $p \le p'$, $q \le q'$이면 $(p, q) \le (p', q')$인 포셋이다.

포셋의 직곱에서의 뫼비우스 함수의 값은 다음 정리에 의해 계산할 수 있다.

정리 16.24

정의 16.23의 기호를 사용하여

$$\mu_{P \times Q}((p, q), (p', q')) = \mu_P(p, p')\mu_Q(q, q')$$

이다.

증명 $p \neq p'$이면 $0 = \Sigma_{z \in [p, p']} \mu(p, z)$이고, $q \neq q'$이면 $0 = \Sigma_{s \in [q, q']} \mu(q, s)$ 이다. 이 공식들을 곱하여

$$0 = \left(\sum_{z \in [p, p']} \mu(p, z)\right)\left(\sum_{s \in [q, q']} \mu(q, s)\right)$$

를 얻는다. $\mu_P(p, p')\mu_Q(q, q') = 1$인 필요충분조건은 $p = p'$, $q = q'$인 것임을 주목하라. 그러므로 함수 $\mu_P(p, p')\mu_Q(q, q')$은 $Int(P \times Q)$에서 정의되고 $P \times Q$의 자명하지 않은 모든 구간에서는 합이 0이고, 자명한 모든 구간에서는 값이 1인 유일한 함수이다. 이 유일한 함수는 정의에 의하여 포셋 $P \times Q$에서의 뫼비우스 함수이고, 서술은 증명된다.

이 정리의 응용이 다음 절과 연습문제에 있다.

16.3 격자

뫼비우스 함수의 값을 계산하는 부가의 기술이 있는 자연스러운 포셋의 클라스를 격자라 한다. P가 포셋이고 $x \in P$라 한다. $x \leq_P a$이면, a를 x의 상한(upper bound)이라 하고 $b \leq_P x$이면, b를 x의 하한(lower bound)이라 한다. a가 x, y의 상한이면 a를 x, y의 공통 상한(common upper bound)이라 한다. 공통 하한(common lower bound)도 유사하게 정의한다.

이제 격자를 정의할 때이다. 어느 집합의 최소(최대) 원소는, 존재한다면, 이 집합의 어느 다른 원소보다 작은(큰) 원소임을 상기하라.

정의 16.25

포셋 L은 임의의 두 원소 x, y의 최소 공통 상한 a와 최대 공통 하한 b가 있으면 격자(lattice)라 한다. 이 경우에 a를 x, y의 결합(join)이라 하고 b를 x, y의 만남(meet)이라 한다. 이 관계를 $x \vee y = a$, $x \wedge y = b$로 표기한다.

예제 16.26

포셋 B_n은 격자이다. 사실상, 모든 부분집합 $S \subseteq [n]$, $T \subseteq [n]$에 대하여 S, T를 포함하는 $[n]$의 최소 집합은 $S \cup T$이고 S, T에 포함되는 $[n]$의 최대 집합은 $S \cap T$이다. 그러므로 $S \cup T = S \vee T$, $S \cap T = S \wedge T$이다.

예제 16.27

백터 공간 V의 모든 부분집합들로 이루어진 포셋은 격자이다. A, B가 V의 부분집합이면 $A \wedge B = A \cap B$이고 $A \vee B$는 A, B로 생성되는 부분집합이다.

예제 16.28

그림 16.6의 포셋은 격자가 아니다. 사실상, A, B는 C, D가 그들의 극소 상한이므로, 최소 공통 상한이 없다. 마찬가지로 C, D는 A, B가 그들의 극대 하한이므로, 최대 공통 하한이 없다.

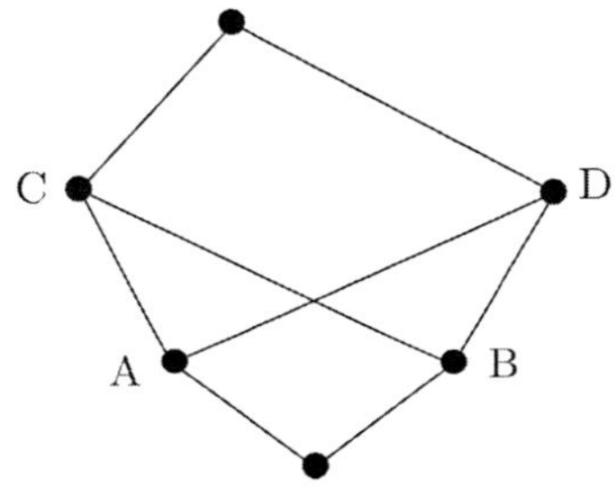

그림 16.6 이 포셋은 격자가 아니다

연습문제 7에서 보는 것처럼 유한 격자는 최소 원소와 최대 원소가 있다. 이는 무한 격자에는 해당하지 않는다. 예로, N의 모든 유한 부분집합들의 격자에는 최대 원소나 극대 원소가 없다. 연산 $\vee$, $\wedge$는 세 변수 이상에 쉽게 확대될 수 있다. 격자에서는 $(a \vee b) \vee c = a \vee (b \vee c)$이므로 $a \vee b \vee c$에 관하여 혹은 더 일반적으로 $a_1 \vee a_2 \vee \cdots \vee a_n$에 관하여 말할 수 있다. $\wedge$에 대해서도 마찬가지이다. 다음 간단한 성질은 곧 유용할 것이다. 더 중요하게, 전형적인 격자 이론 논의를 보여 준다.

성질 16.29

x, y, t가 격자 L의 원소이고 $x \le t$, $y \le t$이면 $x \vee y \le t$이다. 유사하게 $r \in L$에 대하여 $x \ge r$, $y \ge r$이면 $x \wedge y \ge r$이다.

증명 x, y가 t 이하이므로 t가 x, y의 공통 상한이라는 것을 알고 따라서 $x \vee y$의 극소 공통 상한 이상임에 틀림없다. 유사하게 r가 x, y의 공통 하한이고 극대 공통 하한 이하임에 틀림없다.

어느 포셋이 격자임을 증명하고 싶으면 임의의 두 원소의 만남과 결합 두 가지가 존재함을 보여야 한다. 때로 이 중 하나가 다른 것보다 훨씬 쉽다. 이러한 경우에 다음 보조정리가 도움이 된다. L의 임의의 두 원소 x, y에 대하여 공통 하한 $x \wedge y$ 가 존재하면 L을 만남 의사 격자(meet-semilattice)라 하자.

보조정리 16.30

L이 최대 원소가 있는 유한 만남 의사 격자라면, L은 격자이다.

다시 말하여, 포셋이 유한하고 최대 원소가 있으면, 만남이 있다는 것만 증명하면 된다. 결합이 있다는 것은 자동적으로 사실이다.

증명 $x \in L$, $y \in L$이라 한다. B가 x, y의 모든 공통 상한의 집합이라 한다. 그러면 L의 최대 원소 $\hat{1} \in B$이므로 B는 공집합이 아니다. B에 최소 원소가 있음을 증명해야 한다.

L이 유한이므로 B가 유한이다. $B = \{b_1, b_2, \cdots, b_k\}$라 한다. 그러면 $b = b_1 \wedge b_2 \wedge \cdots \wedge b_k$가 존재하고, 성질 16.29에 의하여 B의 원소이다. 그러므로 모든 $i \in [k]$에 대하여 $b \leq b_i$이므로 b는 B의 최소 원소이다.

예제 16.31

포셋 Π_n은 격자이다. 사실상, 최대 원소를 가진 유한 만남 의사 격자임을 보여 줄 것이다. Π_n에는 $B(n)$개의 원소가 있으므로, 유한하다. Π_n의 최대 원소는 명백히 한 블록으로 구성된 분할이다. α, β가 $[n]$의 두 분할이면 두 원소 i, j가 $\alpha \wedge \beta$에서 같은 블록에 있는 필요충분조건은 α, β 모두에서 같은 블록에 있는 것이다. 그러므로 보조정리 16.30에 의하면 Π_n은 격자이다.

14장으로부터 $[n]$의 분할 π는 다음과 같은 네 원소 $a < b < c < d$가 없으면 비교차(non-crossing)라 한다. a, c가 π의 블록 B_1에 속하고 b, d가 π의 블록 B_2에 속한다. 비교차 분할도 분할이므로 Π_n의 세분 순서(refinement order)는 부분 순서이다.

예제 16.32

$[n]$의 비교차 분할의 포셋 NC_n은 세분 순서를 가지므로, 격자이다.

풀이 NC_n이 최대 원소가 있는 유한 만남 의사 격자임을 보인다. 역시 한 블록으로 된 분할은 NC_n의 최대 원소이고 우리의 포셋은 유한하다. NC_n이 만남 의사 격자임을 보기 위하여, α, β가 둘 다 비교차이면 앞의 예에서 정의된 $\alpha \wedge_{\Pi_n} \beta$ 또한 비교차이다. 그러므로 $\alpha \wedge_{\Pi_n} \beta = \alpha \wedge_{NC_n} \beta$이다. 보조정리 16.30에 의하여 주장이 증명된다.

NC_n의 두 원소의 결합은 또한 Π_n에서와 다르다는 것을 지적한다. 예로, $n=4$, $\alpha = \{1\}\{2, 4\}\{3\}$, $\beta = \{1, 3\}\{2\}\{4\}$라 한다. 그러면 $\alpha \vee_{\Pi_4} \beta = \{1, 3\}\{2, 4\}$이지만 $\{1, 3\}\{2, 4\}$는 NC_4의 원소조차 아니다. 한편 $\alpha \vee_{NC_4} \beta = \{1, 2, 3, 4\}$이다.

이러한 격자의 뫼비우스 함수를 계산하기 위하여 다음 정리가 필요하다.

정리 16.33 바이즈너 정리(Weisner's theorem)

L이 최소 원소 $\hat{0}$과 최대 원소 $\hat{1}$이 있는 격자이다. 그러면 임의의 원소 $a \in L - \{\hat{1}\}$에 대하여

$$\mu(\hat{0}, \hat{1}) = - \sum_{\substack{x : x \wedge a = \hat{0} \\ x \neq \hat{0}}} \mu(x, \hat{1})$$

이다.

다시 말하여, 격자의 뫼비우스 함수는 일반적인 포셋에서보다 매우 짧은 합을 계산함으로써 얻을 수 있다. 원소의 개수가 n인 포셋에서 $\mu(\hat{0}, \hat{1})$을 계산할 때, 일반적으로 $n-1$개 원소의 합을 계산해야 한다. 그러나 격자에서는 정리 16.33에 의하면 a와의 만남이 $\hat{0}$인 모든 원소에 관한 합을 구하는 것으로 충분하다. a를 큰 원소로 선택하면, 이러한 원소의 수는 아마도 작을 것이다.

빈센트 바터(Vincent Vatter)에 의한 눈에 띄게 간단한 증명을 제시한다.

증명 (정리 16.33). 재정돈한 후 $\hat{0} \wedge a = \hat{0}$이므로 우리의 서술은 다음과 동등하다.

$$0 = \sum_{x : x \wedge a = \hat{0}} \mu(x, \hat{1}) \tag{16.2}$$

$x \wedge a = \hat{0}$이면 $f(x) = 1$이고, 아니면 $f(x) = 0$이라 하면

(16.2)가

$$0=\sum_{x\in L}\mu(x,\hat{1})f(x) \tag{16.3}$$

와 동등함에 주목하라.

$$f(x)=\sum_{y\in[\hat{0},\,x\wedge a]}\mu(\hat{0},y) \tag{16.4}$$

임을 주목하라. 사실상, 등식의 우변은 $[\hat{0},x\wedge a]$의 모든 원소 y에 관한 $\mu(\hat{0},y)$의 합이다. 알다시피, 구간이 한 점인지 아닌지에 따라 합은 0이나 1이고, 그것이 정확히 f가 정의된 방법이다. (16.3)과 (16.4)를 비교하면 증명하려는 주장은 다음과 동등하다.

$$0=\sum_{x\in L}\mu(x,\hat{1})\sum_{y\in[\hat{0},\,x\wedge a]}\mu(\hat{0},y)$$

$y\le x\wedge a$인 필요충분조건은 $y\le x$이고 $y\le a$인 것임에 주목하라. 따라서 위의 마지막 등식의 합의 순서를 바꾸면 (16.2)는 다음과 같다.

$$0=\sum_{y\le a}\mu(\hat{0},y)\sum_{x\in[y,\,\hat{1}]}\mu(x,\hat{1}) \tag{16.5}$$

마지막으로 $y\le a<1$이므로 (16.5)는 명백히 참이고 따라서 구간 $[y,\hat{1}]$은 한 점으로 이루어지지 않았으며, 우변의 안쪽 합은 항상 0이다.

이제 $\mu_{\Pi_n}(\hat{0},\hat{1})$과 $\mu_{NC_n}(\hat{0},\hat{1})$의 값을 계산한다.

예제 16.34

모든 양의 정수 n에 대하여

$$\mu_{\Pi_n}(\hat{0},\hat{1})=(-1)^{n-1}(n-1)!$$

이다.

풀이 정리 16.33을 이용하고자 한다. 이 정리는 0이 아닌 모든 원소 $a\in\Pi_n$에 대하여 성립하지만 $\Sigma_{\substack{x:x\wedge a=\hat{0}\\ x\neq\hat{0}}}\mu(x,\hat{1})$을 평가하기 쉬운 a를 선택하고자 한다.

$a=\{1,2,\cdots,n-1\}\{n\}$을 제안한다. 그러면 $x\wedge a=0$인 분할 x가 상대적으로 적다. 사실상, 그러한 분할 x에서 $[n-1]$의 어떤 원소 i, j도 같은 블록에 있지

않다. 그러므로 x는 한 개의 2-블록 $\{i, n\}$과 $n-2$개의 단일 원소 블록을 갖는 $n-1$개의 분할 중 하나이다. 그러면

$$[x, \hat{1}] \sim \Pi_{n-1}$$

이라고 주장한다. 사실상, $\{i, n\}$이 x의 유일한 2-블록이면 i와 n은 $[x, 1]$의 어떤 분할에서도 같은 블록에 있다. 그러므로 정리 16.33에 의하여

$$\mu_{\Pi_n}(\hat{0}, \hat{1}) = -\sum_{\substack{x : x \wedge a = \hat{0} \\ x \neq \hat{0}}} \mu(x, \hat{1}) = -(n-1)\,\mu_{\Pi_{n-1}}(\hat{0}, \hat{1})$$

이고, 주장은 n에 대한 귀납법으로 증명된다.

x가 한 개의 2-블록과 $n-2$개의 단일 블록을 갖는 $[n]$의 분할일 때 $[x, \hat{1}] \sim \Pi_{n-1}$이라는 관찰은 다음 성질로 일반화될 수 있다.

성질 16.35

y가 k개의 블록을 갖는 $[n]$의 분할일 때 $[y, \hat{1}] \sim \Pi_k$이다.

증명 y에서 두 원소가 같은 블록에 있으면 그들은 $[y, \hat{1}]$의 모든 원소에서 같은 블록에 있다. 그러므로 포셋 $[y, \hat{1}]$에서, y의 각 블록은 원소의 역할을 하고, 서술은 증명된다.

분할 격자의 뫼비우스 함수의 공식은 놀랍도록 간단하다. NC_n의 뫼비우스 함수의 공식은 더욱 놀랍다. 이 격자의 원소의 수는 카탈란 수 c_n임을 상기하라.

예제 16.36

모든 양의 정수 n에 대하여

$$\mu_{NC_n}(\hat{0}, \hat{1}) = (-1)^{n-1} c_{n-1}$$

이다.

풀이 n에 대한 강귀납법으로 증명한다. 처음 경우는 자명하다. n보다 작은 모든 양의 정수에 관하여 사실이라고 가정하자.

이전 예에서와 같은 a에 대하여 같은 방법으로 진행하자. $a \wedge x = \hat{0}$인 원소 x

는 무엇인가? $a \wedge \Pi_n x = a \wedge_{NC_n} x$ 임을 알므로, 이는 다시 $n-2$개의 단일 블록과 한 개의 $\{i, n\}$의 형태를 가진 2-블록의 분할임을 안다. x가 언급한 분할이면 $\mu(x, \hat{1})$에 대하여 무엇을 말할 수 있는가? NC_n에서 작업하고 있으므로, $[x, \hat{1}]$의 모든 분할은 비교차이다. $\{i, n\}$이 x의 블록이므로, $[x, \hat{1}]$에서의 모든 분할은 자연스럽게 $[i-1]$의 분할과 $\{i+1, i+2, \cdots, n-1\}$의 분할로 분해할 수 있다.

이에 근거하여, $[x, \hat{1}] \sim NC_i \times NC_{n-i}$라고 주장한다. 이를 보기 위하여 $\{i+1, i+2, \cdots, n-1\}$의 각 원소가 단일 블록을 형성하는 (그래서 모든 작용이 $[i]$의 분할에 "작용"하는) 먼저 $[x, \hat{1}]$의 부분격자 L_1을 고려하라. 그러면 모든 $j \in [i-1]$에 대하여 $f(\{j\}) = \{j\}$이고 $f(\{i, n\}) = \{i\}$로 정의된 함수 $f : NC_i \to L_1$에 의하여 L_1은 NC_i와 동형이다. 유사하게 모든 분할에서 $[i]$의 각 원소가 단일 블록을 형성하는 $[x, \hat{1}]$의 부분격자 L_2는 NC_{n-i}와 동형이다.

i가 1에서 $n-1$까지이므로 우리의 귀납적 가정과 정리 16.33에 의하여

$$\mu_{NC_n}(\hat{0}, \hat{1}) = -\sum_{\substack{x : x \wedge a = \hat{0} \\ x \neq \hat{0}}} \mu(x, \hat{1}) = -\sum_{i=1}^{n-1} (-1)^{n-2} c_{i-1} c_{n-i-1} = (-1)^{n-1} c_{n-1}$$

이다.

점집합이 $[n]$인 단순 연결 그래프가 몇 개인가? 여기에서 어려운 점은 연결 그래프를 계수하는 데 있다. 이 점집합에서 각 $\binom{n}{2}$개의 점의 쌍이 선분으로 연결될 수 있거나 아니므로, 확실히 $2^{\binom{n}{2}}$개의 그래프가 있다.

어쨌건 $[n]$에서의 단순 그래프의 연결 요소는 $[n]$을 자연스럽게, 즉 같은 요소에 있는 점들이 같은 블록에 속하도록 분할한다. 이 분할을 그래프의 기저(underlying) 분할이라 할 것이다.

이제 H가 $[n]$의 임의의 분할이라 하고, H의 블록들의 크기가 $c_1, c_2, \cdots, c_h$라 하자. $[n]$에서의 몇 개의 그래프가 기저 분할 V를 갖는지 쉽게 말할 수 없다. 그럼에도 불구하고 몇 개의 그래프가 $D \leq_{\Pi_n} H$인 기저 분할 D를 갖는지 쉽게 말할 수 있다. 사실상, 이러한 그래프는 H의 서로 다른 블록에 속하는 점들을 연결하는 선분을 가질 수 없다. 그들은 H의 블록 내의 선분만 가질 수 있다. 그러므로 그들의 수는 $2^{\sum_{i=1}^{h} \binom{c_i}{2}}$이다. $f(H)$가 기저 분할 H를 갖는 $[n]$에서의 모든 그래프의 수이고 $g(H)$가 $D \leq_{\Pi_n} H$인 기저 분할

D를 갖는 $[n]$에서의 모든 그래프의 수라 한다.

그러면 $g(H)=2^{\sum_{i=1}^{h}\binom{c_i}{2}}$ 이고

$$g(H)=\sum_{D\leq_{\Pi_n}H} f(D)$$

이므로 뫼비우스 역함수의 공식에 의하여

$$f(H)=\sum_{D\leq_{\Pi_n}H} g(D)\mu_{\Pi_n}(D,H)$$

이다.

$[n]$에서의 연결된 그래프, 즉 기저 분할이 단일 블록 분할 N인 그래프의 수를 구하고자 한다. 위의 등식에 N을 대입하고 성질 16.35를 이용하여

$$f(N)=\sum_{D\in\Pi_n} 2^{\sum_{i=1}^{d}\binom{d_i}{2}}(-1)^{d-1}(d-1)!$$

을 얻는다. 여기에서 d는 D의 블록의 수이고 $d_1, d_2, \cdots, d_d$는 D의 블록의 크기이다.

Notes

뫼비우스 함수에 대한 보다 깊은 내용을 위해 [41]을 추천한다. 포셋에 관한 다른 접근 방법(차원 이론)은 윌리엄 트로터(William T. Trotter)의 조합론과 부분 순서 집합. 차원 이론(Combinatorics and Partially Ordered Sets. Dimension Theory)[44]을 참조하라. 마지막으로, 딜워쓰의 정리는 그린-포민-클라이트만 정리(Greene-Fomin-Kleitman theorem)로 상당 정도 일반화되었다. 자세한 사항은 [22]에 있다.

연습문제 Exercises

1. 치환 p에 대하여 d가 p를 d개의 증가 부분 수열의 합으로 쓸 수 있는 최소의 정수라 한다. p의 감소 부분수열의 최대 길이가 d임을 증명하라.

2. 부분 순서 집합 P의 차원(dimension)은 교집합이 정확히 P의 부분 순서인 P의 점 집합의 선형 순서의 최소 수이다. 차원 2인 포셋을 각 치환에 결합시키는 자연스러운 방법을 찾으라. 이 함수는 단사인가?

3. P가 유한 치환의 집합이고 p가 p'에 패턴으로 포함되면 $p \leq_P p'$이라 한다. 이 포셋은 무한 반연쇄를 갖는가?

4. P가 임의의 국소 유한 포셋이고 $x_1, x_2, \cdots, x_n$이 P의 선형 확장이라 한다. 제타 함수나 제타 행렬 P를 이용하여 x_i에서 x_j로의 연쇄의 수의 공식을 구하라.

5. 포셋 P의 덮개 행렬(covering matrix) C를 다음과 같이 정의한다. 행과 열은 어떤 선형 확장에 따라 열거한 점으로 첨자를 붙인다. x_j가 x_i를 덮으면 $C_{i,j}=1$, 아니면 $C_{i,j}=0$이라 한다. 행렬 $(I-C)^{-1}$의 (i, j)번째 원소는 구간 $[x, y]$의 극대 연쇄의 수와 같음을 증명하라.

6. P가 국소 유한 포셋이고 $x_i, x_j \in P$이며 $x_i < x_j$라 가정한다. c_i가 x_i에서 x_j로의 길이 i인 연쇄의 수($c_o=0$, $c_1=1$)일 때 $\mu(x_i, x_j)=c_0-c_1+c_2+c_3+\cdots$ 라는 것을 증명하라

7. 유한 격자에는 최소 원소와 최대 원소가 있음을 증명하라.

8. 최소 원소가 없는 격자를 구하라.

9. 정리 16.24를 이용하여 B_n의 뫼비우스 함수 공식의 증명을 구하라.

10. 임의의 격자에서 $(x \wedge y) \vee y = y$임을 증명하라.

11. 모든 격자에서 $x \leq z$이면 모든 $y \in L$에 대하여 $x \vee (y \wedge z) = (x \vee y) \wedge z$가 성립하지는 않음을 증명하라. 이것이 성립하는 격자를 모듈라 격자(modular lattice)라 한다.

12. 모든 격자에서, 심지어 모든 모듈라 격자에서도 모든 $x, y, z \in L$에 대하여 $x \wedge (y \vee z) = (x \wedge y) \vee (x \wedge z)$가 성립하지는 않음을 증명하라. 이 성질이 성립하는 격자를 분배 격자(distributive lattice)라 한다.

13. 위의 연습문제의 조건인 모든 $x, y, z \in L$에 대하여 $x \wedge (y \vee z) = (x \wedge y) \vee (x \wedge z)$는 모든 $x, y, z \in L$에 대하여

$$x \vee (y \wedge z) = (x \vee y) \wedge (x \vee z)$$

라는 조건과 동일하고 따라서 뒤의 조건 또한 분배 격자를 정의하는데 이용할 수 있다.

14. 모든 분배 격자는 모듈라이다.

15. 격자에서, a가 b의 상보(complement)인 필요충분조건은 $a \wedge b = \hat{0}$이고 $a \vee b = \hat{1}$인 것이다. L이 분배 격자이고 $b \in L$에 대하여 b의 상보가 존재하면, 그것은 유일하고 L의 원소임을 증명하라.

16. 각 원소가 상보를 가지는 분배 격자 L의 예를 들라. 단 모든 n에 대하여 $L \neq B_n$이다.

17. B_n, Π_n, NC_n이 분배 격자인지 결정하라.

18. x, y가 $x \leq y$인 Π_n의 두 원소라 한다. $\mu_{\Pi_n}(x, y)$를 구하라.

19. NC_n이 모듈라 격자인가?

20. 포셋 P에 $f(x) \geq f(y)$인 필요충분조건이 $x \leq y$인 P의 전단사함수 f가 있으면 P를 자기쌍대(self-dual)라 한다. 즉, P의 하세 도표가 위아래로 대칭이다. 전단사함수 f는 P의 반-자기동형함수(anti-automorphism)라 한다.

포셋 B_n, D_n, Π_n이 자기쌍대인지 결정하라.

21. NC_n이 자기쌍대임을 증명하라.

22. Q_n은 $[n]$의 비교차 분할의 포셋인데, $\pi \leq \pi'$인 조건은 π의 극소 원소의 집합이 π'의 극소 원소의 집합의 진부분집합인 것이다.(극소 원소는 자신의 블록에서의 극소 원소를 말한다.) Q_n이 자기쌍대임을 증명하라.

23. 위의 두 연습문제의 기호를 사용한다. $x \leq_{NC_n} y$이면 $y \leq_{Q_n} x$임을 증명하라.

부가 연습문제

Supplementary Exercises

24. (−) 4-원소 포셋 16개를 모두 구하라.

25. (−) B_n이 분배 격자임을 증명하라.

26. (−) 모든 유한 포셋이 아이디얼의 수만큼의 반연쇄를 가지는가?

27. (−) P가 유한 포셋이고 $J(P)$는 원소가 P의 아이디얼이고 포함 관계의 순서를 가지는 포셋이라 한다. P가 격자임을 증명하라.

28. P가 유한 포셋이고 $J(P)$가 연습문제 27에서와 같이 정의되어 있다. $J(P)$가 분배 격자임을 증명하라.

29. (−) $J(P) = B(n)$이면 P는 무엇인가?

30. (−) 치환 $p = p_1 p_2 \cdots p_n$에 대하여, P_p는 원소가 $[n]$의 원소이고, 자연수의 통상의 순서에서 $i < j$이고 P에서 i가 j의 왼쪽에 있으면 $i < j$라 한다.

(a) P_p가 n-연쇄이면 p는 무엇인가?

(b) P_p가 n-반연쇄이면 p는 무엇인가?

(c) P_p의 극대 원소, 극소 원소는 무엇인가?

31. B_n의 2-반연쇄의 수를 구하라.

32. B_n의 2-연쇄의 수를 구하라.

33. P가 k-연쇄와 n-연쇄의 곱이라 한다. P의 연쇄와 반연쇄의 최대 크기는 얼마인가?

34. m, n이 서로 다른 양의 정수이고 D_m, D_n이 각각 그들의 제수의 격자라 한다. 어떤 조건에서 D_m, D_n의 곱이 D_{mn}과 같은가?

35. $M(n, k)$가 $[n]$의 각 원소를 k번 포함하는 다중집합이라 한다. $M(n, k)$의 모든 부분 다중집합에서의 부분 순서 $P(n, k)$를 다음과 같이 정의한다. 모든 $i \in [n]$에 대하여 다중집합 x가 i를 y이하로 포함하면, $x \leq y$라 한다.

$\mu_{P(n,\,k)}(x, y)$의 일반적인 공식을 구하라. 이 문제와 연습문제 16.20의 관계를 설명하라.

36. 모든 정수 k에 대하여 포셋 N^k는 무한 반연쇄를 갖지 않음을 증명하라.(이 포셋은 좌표가 음이 아닌 정수인 벡터의 포셋으로 $x < y$인 필요충분조건이 모든 i에 대하여 $x_i < y_i$인 것임을 상기하라.)

37. P가 최소 원소가 $\hat{0}$인 포셋이고, x가 단 한 개의 원소 y를 덮는 원소라 한다. $y \neq \hat{0}$이라 가정한다. $\mu(0, x) = 0$임을 증명하라.

38. 임의의 양의 정수 m과 포셋 P에 대하여 $\Omega_P(m)$이 P로부터 $\{1, 2, \cdots, m\}$로의 순서 보존 함수(order preserving map) f의 개수이다. 즉, $x \leq {}_P y$이면 $f(x) \leq f(y)$이다. $\Omega_P(m)$이 항상 m의 다항식임을 증명하라. 이 다항식을 P의 순서 다항식(order polynomial)이라 한다.

39. P가 k-연쇄이면 $\Omega_P(m)$은 무엇인가?

40. P가 k-반연쇄이면 $\Omega_P(m)$은 무엇인가?

41. P가 한 개의 최대 원소와 두 개의 극소 원소로 구성된 포셋이면 $\Omega_P(m)$은 무엇인가?

42. 포셋의 연쇄는 확장될 수 없으면 극대(maximal), 포화(saturated)라 한다. B_n이 $\{1, 2, \cdots, n\}$의 모든 부분집합으로 구성된 포셋이다. B_n의 극대 연쇄의 개수를 구하라.

43. 다음 포셋의 선형 확장의 개수를 구하라.

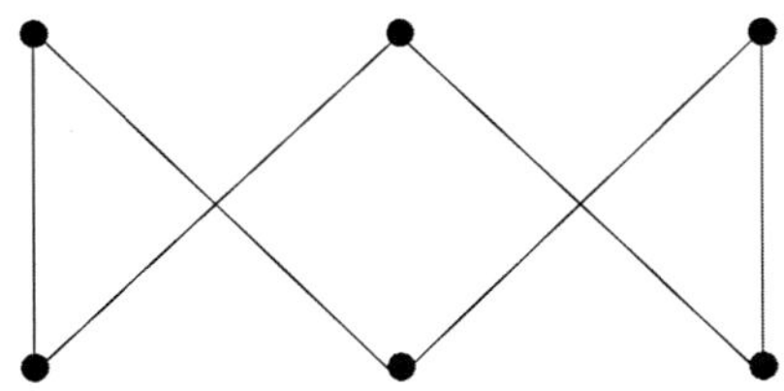

그림 16.7 이 포셋의 선형 확장의 수는 얼마인가?

44. 2-연쇄와 n-연쇄의 직곱의 선형 확장의 개수를 구하라.

45. 임의의 유한 포셋 P에서, 임의의 최대 연쇄의 원소의 개수는 최소 반연쇄 덮개에서 반연쇄의 개수와 같음을 증명하라.

46. P의 원소가 n개이다. P가 $\sqrt{n}$ 개 이상의 원소의 연쇄나 반연쇄를 가짐을 증명하라.

47. 정수 n의 모든 분할의 집합에서의 부분 순서를 다음과 같이 정의하자. $a=(a_1, a_2, \cdots, a_k)$이고 $b=(b_1, b_2, \cdots, b_t)$일 때 모든 $i \in [k]$에 대하여

$$\sum_{j=1}^{i} a_j \geq \sum_{j=1}^{i} b_j$$

이면 $a \geq b$라고 한다. $k \leq t$이면 $a_{k+1}=a_{k+2}= \cdots =a_t=0$이라 놓는다. 이 순서 D_n은 지배 순서(dominance order)라 한다.

(a) D_n이 격자인가?

(b) D_n이 자기 쌍대인가?

48. Y가 사전식 순서인 음이 아닌 모든 정수의 모든 분할의 포셋이라 한다. 즉, 모든 i에 대하여 $a_i \leq b_i$이면 $a \leq_Y b$이다. 이는 자동적으로 a가 b보다 0보다 큰 부분을 더 많이 가지면, Y에서 a는 b보다 작을 수 없다는 것을 의미한다는 것에 주목하라.

(a) 이 순서를 페레즈 도표를 이용하여 설명하라.

(b) Y가 격자인가?

(c) 원소 $x \in Y$가 k개의 원소를 덮으면 $k+1$개 원소가 x를 덮는다는 것을 증명하라.

49. 모든 NC_n의 구간이 자기 쌍대인가?

50. 포셋 Q는 각 원소가 실수의 닫힌 구간이고 전위 순서(precedence ordering)를 가진다. 즉, $b < c$이면 $[a, b] < [c, d]$이다. 구간 순서(interval order)는 Q와 동형인 포셋 P이다. 구간 순서에는 모든 $i, j \in [2]$에 대하여 원소 c_i와 d_j가 비교불가능한 두 연쇄 $c_1 < c_2$, $d_1 < d_2$가 없음을 증명하라.(이 조건은 종종 P가 $2+2$-회피라고 한다.)
이의 역 또한 알려져 있다는 점을 지적한다. 즉, P에 이러한 네 개의 원소가 없으면 P는 구간 순서이다.

51. 단위 구간 순서(unit interval order)는, 각 원소가 단위 길이의 닫힌 구간인 포셋 Q와 동형인 포셋 P이다. 단위 구간 순서는 다음과 같은 연쇄 $c_1 < c_2 < c_3$과 d를 포함하지 않는다는 것을 증명하라. 모든 $i \in [3]$에 대하여 d가 c_i와 비교불가능하다. (이 조건을 종종 P가 $2+2$-회피이고 $3+1$-회피라고 표현한다.)
이의 역 또한 알려져 있다는 점을 지적한다. 즉, P가 이러한 네 원소를 포함하지 않으면 P는 단위 구간 순서이다.

17장 최대한 공평하게. 블록 디자인과 오류 정정 부호

17.1 소개

17.1.1 자동차 경주

다음은 자동차 경주의 실생활의 예이다. 열 여섯 명이 최고상과 다양한 다른 상을 놓고 시합을 한다. 각 코스를 히트라 한다. 임의의 히트에서 안전 문제를 고려하여 네 명의 선수가 시합할 수 있다. 따라서 많은 히트가 있을 것이고, 각 히트의 참가자는 그 히트에서의 순위에 따라 점수를 얻는다. 그 날 경기가 끝난 후 최고 득점자를 승자, 다음 득점자는 차점자라 등으로 한다.

질문은 다양한 히트의 대진표를 조정하는 방법이다. 일등상만 있다면, 단순히 16명의 경쟁자를 각각 네 명으로 구성된 네 개의 히트로 나누어, 네 명의 히트 우승자가 결승에서 경쟁하면 된다. 이것은 최고 선수가 상을 받는 간단하고 공정한 경기일 것이나 이등, 삼등, 혹은 그 이상이 있다면 공정하지 않을 것이다. 사실상, 이등이 운이 좋지 않아서 일등과 같은 히트에 있으면, 결승에 참여할 수 없을 것이다.

다른 극단적인 답은 매우 공정하나 불합리하게 길다. $\binom{16}{4}$가지 가능한 모든 히트를 한 번씩 하고, 참가자의 최종 점수의 순으로 순위를 매긴다. 문제는 그러한 경주에는 $\binom{16}{4} = 1820$개의 히트가 있다는 것이다. 각 히트에 10분씩만 걸리고, 히트 사이에 쉬는 시간이 없어도, 12일 넘게 걸릴 것이다. 이는 대부분의 팬이 주의를 기울일 수 있는 시간보다 길다.

따라서 히트를 디자인할 때, 경주가 공정하고 (반나절 정도로) 합리적으로 짧아야 한다. 경주 시간을 측정하기는 매우 쉽다. 경주의 공정성 여부는 다소 복잡하지만, 참가자는 다음과 같은 몇 가지 간단한 원칙에 동의할 수 있다. 참가자는 모든 히트에서 점수를 얻으므로, 같은 수의 히트에 참가한다. 각 히트에는 네 명이 참가한다. 마지막으로, 어느 참가자가 다른 참가자보다 강한 경쟁자를 갖지 않으려면, 임의의 두 참가자가 함께 참가하는 히트가 있는데 이러한 히트가 정확히 한 개 있다면, 더욱 좋다. 이는 두 명의 동점자가 있을 때 해결하는 부가적인 혜택이 있다. 경주 끝에, 총점이 같은 두 명이 있으면, 함께 참가하는 히트에서의 고득점자가 이긴다고 정한다.

이러한 경주에서, 각 참가자는 15명과 경주하므로, 다섯 개 이상의 히트에 참가한다. 16명이 적어도 다섯 히트에 참가하므로 80개 이상의 (d, H)쌍이 있다. 여기에서 참가자 d는 히트 H에 참가한다. 각 히트에 네 명이 참가하므로, 20개 이상의 히트가 있어야 한다.

따라서 이제 질문은 이 최소값이 실제 달성될 수 있는가이다. 즉, 각 히트에 네 명이 참가하여 각 참가자가 다섯 히트에 참가하고 임의의 두 참가자 d_1, d_2가 함께 참가하는 히트가 있는, 20개의 히트를 기획할 수 있는가? (위의 문단으로부터 이러한 20개의 히트가 있다면, 임의의 두 명의 참가자 d_1, d_2에 대하여 둘 다 참가하는 유일한 히트 H가 있다.)

방법이 명백하지는 않지만 이러한 경주를 기획하는 것은 가능하고 한 가지 예가 아래에 있다. 각 히트에 10분 걸리고, 히트 사이에 2분의 휴지기가 있으면, 238분이 걸린다.

예제 17.1

다음 히트의 모임은 모든 조건을 만족한다. 각 참가자는 다섯 히트에 참가하고, 각 히트에는 네 명의 참가자가 있고, 임의의 두 참가자가 정확히 한 히트에 함께 참가한다.

(1) 1, 2, 3, 4
(2) 5, 6, 7, 8
(3) 9, 10, 11, 12
(4) 13, 14, 15, 16

(5) 1, 5, 9, 13
(6) 2, 6, 10, 14
(7) 3, 7, 11, 15
(8) 4, 8, 12, 16

(9) 1, 6, 11, 16
(10) 2, 5, 12, 15

(11) 3, 8, 9, 14
(12) 4, 7, 10, 13

(13) 1, 7, 12, 14
(14) 2, 8, 11, 13
(15) 3, 5, 10, 16
(16) 4, 6, 9, 15

(17) 1, 8, 10, 15
(18) 2, 7, 9, 16
(19) 3, 6, 12, 13
(20) 4, 5, 11, 14

이 시점에서, 독자는 이 히트의 모임을 어떻게 얻었는지, 어떤 조건에 대하여 이러한 모임이 있는지 알고 싶을 것이다. 이 장의 마지막에 이 질문에 대한 흥미로운 답을 얻을 것이다.

17.1.2 같이 구동될 수 없는 컴퓨터 프로그램

일곱 개의 새로운 컴퓨터 프로그램을 다운로드 받았다고 가정하자. 메모리의 한계로 인해 이 중 임의의 세 개를 한꺼번에 구동할 수 있고 그보다 많이는 안 된다. 이 중 임의의 두 개를 같이 구동할 수 있는지 알아보고 싶다. 즉, 같이 구동하면 항상 (메모리 한계 이외의 이유로) 오류가 생기는 프로그램 A, B가 없다는 것을 확인하고 싶다. 프로그램이 같이 구동될 수 없다면 어느 두 프로그램에 연유한다고 가정하자. 즉, 프로그램의 어떤 집합 S의 원소들이 같이 구동되지 않는다면, 2-집합 $T \subset S$가 있어서 T의 원소가 같이 구동될 수 없다. $k(k \leq 3)$개의 프로그램을 동시에 구동하는데 1분이 걸린다면, 가장 효율적으로 검사하는 방법은 무엇인가?

모든 쌍의 프로그램을 구동하는 가장 효율적인 방법을 찾기 전에, 필요한 시간의 명백한 상한에 대하여 논의하자. 먼저, $\{A, B, C, D, E, F, G\}$에서 3-집합을 모두 확인하면 되므로 $\binom{7}{3} = 35$분이면 충분하다는 것은 명백하다. 임의의 쌍을 포함하는 3겹쌍은 확인할 세 번째 원소에 따라 다섯 개이므로, 같은 쌍을 다섯 번 구동한다. 따라서 엄청난 시간 낭비가 있다. $\binom{7}{2} = 21$개의 모든 쌍을 확인하는 좀 나은 상한은 21분이다. 그러나 이 방법에도 시간 낭비가 있다. 각 확인 구동에서, 셋이 아닌 둘의 쌍을 확인하므로, 세 개의 쌍이 아니라 단지 한 쌍의 양립에 관한 정보를 얻는다.

우리가 달성할 수 있는 최선의 시간은 얼마인가? 먼저, 최선의 확인 방법에서, 각 회에 둘이 아닌 셋을 구동한다는 것에 주목하자. 사실상, 두 프로그램을 구동하는 것과 같이, 세 프로그램을 구동하는데 1분이 걸리므로, 쌍 대신 3겹쌍을 검사하는데 시간이 더 걸리지 않는다.

b가 이 확인 방법에서 3겹쌍의 수라 한다. 각 3겹쌍에서 세 쌍을 검사하므로, 우리의 방법은 $3b$ 이하의 쌍을 확인하고, 이 $3b$쌍이 서로 다르면 정확히 $3b$쌍을 확인한다. 한편 $\binom{7}{2}=21$쌍을 확인할 필요가 있다. 그러므로 모든 확인 방법에서, $3b \geq 21$, 즉 $b \geq 7$이다. 따라서 총 21쌍을 확인하는데 7분 이상이 걸린다.

우리가 사실상 일곱 개의 3겹쌍으로 구성되는, 모든 쌍을 검사하는 방법을 구축할 수 있는가하는 질문이 남는다. 다음 예는 질문의 답이 긍정이라는 것을 보여준다.

예제 17.2

다음에 있는 $S=\{A, B, C, D, E, F, G\}$의 부분집합의 집합 F에는 S의 임의의 두 원소 x, y에 대하여 x, y를 포함하는 원소가 있다.

- $\{A, B, D\}$
- $\{B, C, E\}$
- $\{A, F, C\}$
- $\{A, E, G\}$
- $\{B, F, G\}$
- $\{C, D, G\}$
- $\{D, E, F\}$

위의 예가 맞다는 것을 증명하는 한 가지 방법은 $x \in S$이면 x는 F의 적어도 세 개의 부분집합에 있고, x외의 다른 원소는 이 세 부분집합 중 한 개 이하에 있다.

따라서 위의 방법을 이용하여 모든 쌍을 7분 안에 검사할 수 있다. 위의 방법에서는 각 쌍을 정확히 한 번 검사하므로 낭비가 없다. 대개의 경우, 이러한 낭비를 완전히 없애는 것은 불가능하다. 예로, 여덟 개의 프로그램을 검사하려면 $\binom{8}{2}=28$쌍을 검사해야 한다. 28은 3의 배수가 아니므로, 10개의 3겹쌍이 필요할 것이고, 두 번 이상 검사하는 쌍도 있을 것이다. 3겹쌍을 이용하여 여섯 개의 프로그램을 검사한다면 $\binom{6}{2}=15$쌍을 검사할 것이다. 15는 3의 배수이나 다음과 같은 이유로 낭비가 전혀 없을 수는 없다. 각 3겹쌍에는 다른 두 프로그램이 있으므로 각 프로그램은 적어도 세 개의 3겹쌍의 일부이어야 한다. 따라서 프로그램 A를 세 개의 3겹쌍에 넣으면 여섯 쌍에서 검사한다. A 이외에 다섯 개의 프로그램만 있으므로, A를 포함하는 쌍 중 적어도 한 개는 두 번 검사한다.

보았다시피, 낭비가 전혀 없는 검사 방법은 없는 이유가 몇 가지 있다. 보다 높은 차원에서 볼 때, 단지 그러한 방법이 없다는 것을 증명할 수 없다고 해서 그것이 존재한다고 할 수는 없다. 우리가 모르는 이유로 존재하지 않을 수도 있다. 이는 낭비가 전혀 없는 검사 방법이 존재하는 필요조건과 충분조건, 그리고 그것의 가장 흥미로운 일반화가 무엇인가 하는 질문을 낳는다.

17.2 균형불완전 블록 디자인

S가 v개의 점의 집합이고 B가 b개의 블록(block)이라 하는 S의 부분집합의 모임이다. 이때 $(S,\ B)$를 (블록) 디자인(block design)이라 한다. 이 정의에 따르면 B는 같은 블록을 두 번 이상 허용한다. 그러나 우리의 대부분의 예에서 같은 블록은 한 번만 나타난다는 점을 언급한다.

어느 디자인 $(S,\ B)$에 S와 다른 블록이 있으면 불완전(incomplete)이라 하고 아니면 완전(complete)이라 한다. 완전 디자인은 부가적인 구조가 없다면 별로 흥미롭지 않다. 우리의 예는 모두 불완전 디자인이다.

디자인의 각 블록이 k개의 점으로 구성되면 균일(uniform) 또는 k-균일이라 한다. 단순 그래프는 각 선분이 블록인 2-균일 디자인이다. 디자인의 각 점이 정확히 r개의 블록에 있으면 정규(regular) 또는 r-정규 디자인이라 한다.

마지막으로 k-균일, r-정규 불완전 디자인 $(S,\ B)$에서, 각 점의 쌍이 정확히 λ개의 블록에 있으면, $(S,\ B)$를 변수 $(b,\ v,\ r,\ k,\ \lambda)$의 균형 불완전 블록 디자인(balanced incomplete block design, BIBD), 또는 간단히 $(b,\ v,\ r,\ k,\ \lambda)$-디자인이라 한다. 변수 r, k, λ로부터 $(S,\ B)$는 정규, 균일, 균형이고 $k < v$이면 $(S,\ B)$는 불완전이다.

예제 17.3

예 17.1의 디자인은 변수 (20, 16, 5, 4, 1)의 균형 불완전 디자인이다. 즉, 20개의 블록, 16개의 점이 있고, 각 점이 다섯 개의 블록에 있으며 각 블록에 네 점이 있고 임의의 점의 쌍은 정확히 한 블록에 있다.

예제 17.4

예 17.2의 디자인은 변수 (7, 7, 3, 3, 1)의 균형 불완전 디자인이다. 즉, 일곱 개의 블록, 일곱 개의 점이 있고, 각 점이 세 개의 블록에 있으며 각 블록에 세 점이 있고 임의의 점의 쌍은 정확히 한 블록에 있다.

다음은 더 작은 BIBD의 예이다.

예제 17.5

$S=\{a, b, c\}$이고 $B=\{\{a, b\}, \{b, c\}, \{a, c\}\}$이다. 이때 (S, B)는 변수 (3, 3, 2, 2, 1)의 균형 불완전 디자인이다.

위의 예는 다음과 같이 쉽게 일반화된다.

예제 17.6

$1 < k < n$이라 한다. $[n]$의 k-집합의 모임은 BIBD이다. 이 디자인의 변수는 $\left(\binom{n}{k}, n, \binom{n-1}{k-1}, k, \binom{n-2}{k-2}\right)$이다.

모든 BIBD에는 대칭 구조가 있고 일부에는 더 많다. 예 17.2와 예 17.5의 BIBD는 $b=v$와 $r=k$를 만족한다. 어느 BIBD가 이 등식 중 적어도 하나를 만족하면(이때 둘 다 만족한다는 것을 곧 알게 될 것이다.) 대칭(symmetric)이라 한다. 따라서 예 17.2와 예 17.5의 BIBD는 대칭이고 나머지는 아니다.

이 시점에서, "BIBD는 많다. 그런데 BIBD 한 개를 구축하는 것이 어느 정도 어려운지 아는가? BIBD가 존재할, 변수의 필요조건은 무엇인가?"라고 질문한다. 다음 두 성질은 이 질문에 답한다.

성질 17.7

(b, v, r, k, λ)-디자인이 존재하면 $bk=vr$이다.

증명 (S, B)가 그러한 디자인이라 한다. 양변은 $w \in S$, $B \in B$, $w \in B$인 순서쌍 (w, B)의 개수를 센다. 이들은 점과 그 점을 포함하는 블록의 순서쌍이다. 이 수를 좌변은 블록에 따라 세고(b개의 각 블록에 k개의 그러한 순서쌍이 있다) 우변은 점에 따라 센다(v 개의 각 점에 r개의 그러한 순서쌍이 있다).

성질 17.7의 증명에서 변수 λ는 고려되지 않았고, 심지어 디자인이 균형이라는 사실도 고려되지 않았다. 따라서 모든 정규 균일 디자인에서 $bk = vr$이다.

성질 17.8

(b, v, r, k, λ)-디자인이 존재하면 $r(k-1) = \lambda(v-1)$이다.

증명 (S, B)가 그러한 디자인이라 한다. $x \in V$에 대하여 양변은 $x \neq w$인 x, w가 블록 B에 있는 순서쌍 (w, B)의 개수를 센다. 좌변은 먼저 x를 포함하는 r개의 블록 중 하나를 선택한 후 B의 나머지 $k-1$개의 점에서 w를 선택한다. 우변은 w를 $v-1$가지 방법으로 선택한 후 B로 x와 w를 포함하는 λ개의 블록 중 하나를 선택한다.

성질 17.7과 17.8은 BIBD에서 v, k, λ가 나머지 두 변수를 결정한다는 것을 보여준다. 따라서 BIBD를 (v, k, λ)-디자인이라 하는 것이 옳다. 이 용어에 따르면 예 17.1의 BIBD는 (16, 4, 1)-디자인이고 예 17.2의 BIBD는 (7, 3, 1)-디자인이다.

17.3 기존 디자인으로부터의 새 디자인

기존 디자인으로부터 새 디자인을 얻는 몇 가지 방법이 있다. 이 중 가장 간단한 것은 여디자인이다. 두 집합 X, Y에 대하여 $X \setminus Y$는 Y의 원소가 아닌 X의 원소들의 집합을 나타낸다.

정의 17.9

디자인 $D=(S, B)$에 대하여 (S, B)의 여디자인(complementary design) D^c는 점의 집합이 S이고 블록이 S에서 D의 블록의 여집합인 디자인이다. 즉, B가 D^c의 블록인 필요충분조건은 $S \setminus B$가 D의 블록인 것이다.

예제 17.10

D가 예 17.2의 디자인이면 D^c는 점집합 $\{A, B, C, D, E, F, G\}$에서 다음 블록을 가진 디자인이다.

$\{C, E, F, G\}$

$\{A, D, F, G\}$
$\{B, D, E, G\}$
$\{B, C, D, F\}$
$\{A, C, D, E\}$
$\{A, B, E, F\}$
$\{A, B, C, G\}$

독자는 약간 시간을 들여 정규 균일 디자인의 여디자인은 정규 균일 디자인이라는 것을 증명하여야 한다. BIRD의 여디자인 또한 균형 BIBD라는 것은 자명하지는 않지만 증명하는 데는 별다른 기교가 필요 없다. 연습문제 5는 이를 증명하는 문제이다.

기존 디자인으로부터 새 디자인을 정의하는 다음의 방법은 곧 유용할 디자인의 접행렬 개념에 대한 논의를 포함하므로 여기에 제시한다.

정의 17.11

D에 블록 $B_1, B_2, \cdots, B_b$와 점 $v_1, v_2, \cdots, v_v$가 있을 때 D의 접행렬(incidence matrix)인 $v \times b$ 행렬 A를 다음과 같이 정의한다.

$$A_{i,j} = \begin{cases} 1, & v_i \in B_j \\ 0, & v_i \notin B_j \end{cases}$$

예제 17.12

D가 블록이 $[4]$의 모든 2-집합인 디자인이다. D의 접행렬은

$$A = \begin{array}{c} \\ 1 \\ 2 \\ 3 \\ 4 \end{array} \begin{array}{c} \begin{array}{cccccc} \{1,2\} & \{1,3\} & \{1,4\} & \{2,3\} & \{2,4\} & \{3,4\} \end{array} \\ \begin{pmatrix} 1 & 1 & 1 & 0 & 0 & 0 \\ 1 & 0 & 0 & 1 & 1 & 0 \\ 0 & 1 & 0 & 1 & 0 & 1 \\ 0 & 0 & 1 & 0 & 1 & 1 \end{pmatrix} \end{array}$$

이다.

기존 디자인으로부터 새 디자인을 구축하는 다음 예를 제시할 준비가 되었다.

정의 17.13

D가 접행렬 A를 가진 디자인이다. 그러면 D의 쌍대(dual) D^d는 접행렬 A^T 를 가진 디자인이다.

예제 17.14

예 17.12의 디자인의 쌍대 D^d는 다음 접행렬을 가진 디자인이다.

$$A = \begin{array}{c} \\ a \\ b \\ c \\ d \\ e \\ f \end{array} \begin{array}{c} \begin{array}{cccc} \{a,b,c\} & \{a,d,e\} & \{b,d,f\} & \{c,e,f\} \end{array} \\ \begin{pmatrix} 1 & 1 & 0 & 0 \\ 1 & 0 & 1 & 0 \\ 1 & 0 & 0 & 1 \\ 0 & 1 & 1 & 0 \\ 0 & 1 & 0 & 1 \\ 0 & 0 & 1 & 1 \end{pmatrix} \end{array}$$

즉, A^T의 행을 a, b, c, d, e, f로 다시 라벨을 붙이면 D^d의 블록은 $\{a, b, c\}$, $\{a, d, e\}$, $\{b, d, f\}$, $\{c, e, f\}$이다.

예 17.14의 D^d는 균형이 아니므로 BIBD가 아니다. 이는 D의 어떤 블록의 쌍은 교집합이 있고 다른 쌍은 아니기 때문이다. 따라서 D^d의 어떤 점의 쌍은 함께 있는 블록이 있고 다른 쌍은 아니다.

접행렬로 디자인에 관한 사실을 증명하는데 선형 대수학의 기술을 이용한다. 간단한 관찰로 시작하자.

성질 17.15

A가 (b, v, r, k, λ)-디자인 D의 접행렬이다. 그러면

$$AA^t = (r-\lambda)I_v + \lambda J_v \tag{17.1}$$

이다. 여기에서 I_v는 $v \times v$ 정방행렬, J_v는 모든 원소가 1인 $v \times v$ 행렬이다.

증명 $i \neq j$이면 AA^T의 (i, j)-원소는 A의 행 i와 행 j의 내적(스칼라 곱)이다. 내적은 i, j번째 점을 포함하는 모든 블록에서 1인, 0과 1의 합이다. 그러한 블록이 λ개 있다. $i = j$일 때 AA^T의 (i, i) 원소는 A의 행 i의 자신과의 내적이다. 이 내적은 i번 째 점을 포함하는 모든 블록에서 1인, 0과 1의 합이다. 그러한 블록이 r개 있다.

선형 대수학으로부터, 정방행렬 M에 대하여 $M\mathrm{x}=m\mathrm{x}$인 영벡터가 아닌 벡터 x가 있으면 m을 M의 고유값(eigenvalue), x를 고유벡터(eigenvector)라 한다. M의 고유벡터로 생성되는 부분공간을 M의 고유공간(eigenspace)이라 한다.

따름정리 17.16

A가 (b, v, r, k, λ)-BIBD의 접행렬이라면, AA^T의 고유값은 중복도 $v-1$인 $r-\lambda$와 중복도 1인 $r+\lambda(v-1)=rk$이다. 특히, 이들 고유값 중 0인 것은 없으므로 $\det AA^T \neq 0$이다.

증명 성질 17.15에서 $AA^T=(r-\lambda)I+\lambda J$임을 보았다. 0이 아닌 모든 벡터는 고유값이 $r-\lambda$인 $(r-\lambda)I$의 고유벡터이다. 한편, 모든 좌표 값의 합이 0인 벡터는 고유값이 0인 λJ의 고유벡터이다. 더욱이 $(x, x, \cdots, x)$형태의 벡터 또한 고유값이 λv인 J의 일차원 고유공간이다.

따라서 $AA^T=(r-\lambda)I+\lambda J$의 고유벡터는 λJ의 고유벡터이고 고유값은 $(r-\lambda)I$와 λJ의 고유값의 합이다. 이로써 주장은 증명된다.

예 17.14 뒤에 BIBD의 쌍대는 반드시 균형은 아니므로 BIBD는 아니라고 지적하였다. 사실, 쌍대 디자인의 정의로부터 D^d가 균형이려면 다음이 성립하여야 한다. D의 임의의 서로 다른 블록 B_i, B_j에 대하여 $B_i \cap B_j$의 크기는 i, j에 무관한 상수 l이다. 이러한 경우에 D를 연환된(linked) BIBD라 한다. D가 연환되는 필요충분조건은 D^d의 임의의 두 점이 l개 블록에 함께 있으므로 D^d가 균형인 것이다.

성질 17.15에 의하여 모든 대칭 디자인은 연환되어 있다는 것을 증명하기 쉽다.

성질 17.17

모든 대칭 BIBD는 연환되어 있다.

증명 D가 대칭 (v, k, λ)-디자인이라 한다. D의 접행렬 A는 정방행렬이므로 A^TA가 존재한다. A^T가 D^d의 접행렬임을 주목하라. 따라서 $A^TA=AA^T$임을 증명할 수 있으면 AA^T의 대각원소가 아닌 원소는 모두 λ이고 이는 A의 임의의 두 블록이 정확히 $l=\lambda$개의 공통점을 가지므로 증명된다.

$AA^T=(r-\lambda)I+\lambda J$이므로 $AA^T=A^TA$의 증명은 순수하게 대수적이다. 각 원소가 1인 $v\times v$ 행렬 J에 대하여 $JA=AJ$이다. 따름정리 17.16으로부터

det AA^T는 0이 아니므로, A^{-1}이 존재하고, (17.1)의 양변에 A^{-1}을 왼쪽에서, A를 오른쪽에서 곱하면

$$AA^T = A^{-1}((r-\lambda)I)A + \lambda A^{-1}JA = (r-\lambda)I + \lambda J$$

이다. 따라서 주장한 대로 $AA^T = A^TA$이고 D는 연환되어 있다.

특히, 대칭 BIBD는 연환되어 있으므로, 그 쌍대도 BIBD이다. 다음 정리에서 역이 성립함을 증명한다. 즉, BIBD의 쌍대가 BIBD이면, BIBD는 대칭이다. 이는 앞으로 보겠지만 임의의 BIBD에 점만큼 많은 블록이 있기 때문이다.

정리 17.18 피셔 부등식(Fisher's inequality)

BIBD인 D가 v개의 점과 b개의 블록을 가지면, $v \le b$이다.

증명 D의 접행렬 A를 고려하자. 성질 17.15로부터 det $AA^T \neq 0$이며 특히 $v \times v$ 행렬의 랭크는 v이다. 한편 두 행렬의 곱의 랭크는 두 행렬의 랭크 이하이고 따라서

$$v = \operatorname{rank}(AA^T) \le \operatorname{rank}(A)$$

이다. 마지막으로, 행렬의 랭크는 선형 독립인 열의 수이므로, 열의 수 이하이다. 따라서

$$\operatorname{rank}(A) \le b$$

이다. 위의 두 부등식에 의하여 우리의 주장이 증명된다.

연습문제 10은 이 정리의 매우 흥미로운 변형이다.

다음 결과는 대칭 BIBD가 존재하는 또 다른 필요조건이다.

정리 17.19

D가 대칭 (v, r, λ)-BIBD이고 v가 짝수이면 $(r-\lambda)$는 완전 제곱수이다.

증명 따름정리 17.16에 의하여

$$\det AA^T = (r+(v-1)\lambda)(r-\lambda)^{v-1}$$

이다. 명백히, 좌변은 $(\det A)^2$과 같으므로 완전 제곱수이다. 우변에서 성질 17.8과 디자인이 대칭임을 이용하여 $(r+(v-1)\lambda) = r + r(k-1) = rk = r^2$이다. 따

라서 $(r-\lambda)^{v-1}$도 완전 제곱수이다. 이를 위하여 $v-1$이 홀수이므로 $r-\lambda$는 완전 제곱수이다.

정리 17.19 대신 v가 홀수인 경우의 정리가 있는데 이는 훨씬 증명하기 어려움에 주목하라. 이 정리를 증명 없이 제시한다. 노트 부분에서 이 책의 범위를 넘는 이 정리의 증명과 다른 정리를 포함하는 특화된 책을 지적한다.

정리 17.20

D가 대칭 (v, r, λ)-BIBD이고 v가 홀수이면, 다음 등식을 만족하는 모두 0은 아닌 정수 x, y, z가 존재한다.

$$x^2 = (k-\lambda)^2 + (-1)^{\frac{v-1}{2}} \lambda z^2$$

정리 17.19와 17.20을 브룩-라이저-차울라정리(Bruck-Ryser-Chowla theorem) 라 한다.

기존의 BIBD에서 새 BIBD를 구축하는 두 가지 방법을 더 언급한다. 이 방법이 성립하려면 기존의 BIBD는 대칭이어야 한다.

정의 17.21

D가 대칭 BIBD이고 B가 D의 블록이다. D에 관한 D의 나머지 디자인(residual design)은 D에서 B를 제거하고 D의 나머지 블록으로부터 B의 모든 점을 제거하여 얻는다.

연습문제 8은 이것이 맞는 정의이고, 정의 17.21에 정의된 블록 디자인은 BIBD라는 것을 증명하는 문제이다.

정의 17.22

D가 대칭 BIBD이고 B가 D의 블록이다. B에 관한 D의 유도된 디자인(derived design)은 D에서 B를 제거하고 D의 나머지 블록 B_i를 $B_i \cap B$로 대치하여 얻는다.

연습문제 9에서 이 정의를 정당화하도록 요구할 것이다.

17.4 어떤 BIBD의 존재성

17.2절에서 균형 불완전 블록 디자인이 존재하는 필요조건의 예를 보았다. 성질 17.7과 17.8은 그러한 조건을 변수 b, v, r, k, λ에 관하여 제시하였다. 후에 정리 17.18, 17.19, 17.20으로 보충한다. 17.3절에서 기존의 BIBD로부터 새로운 BIBD를 얻는 예를 보았다. 그러나 BIBD를 구축하는 예를 많이 보지는 않았다. 특히 그 중 무한 클라스는 다른 디자인으로부터 구축하는 대신 스치고 지나가는 예이었다. 예외는 다소 쉬운 예 17.6이었다.

이유는 어떤 디자인이 존재하는 충분조건은 대개 필요조건보다 증명하기 어렵기 때문이다. 이 중 일부를 완전한 증명 없이 언급할 것이다.

정리 17.23

소수 p와 $k \geq 1$에 대하여 $n = p^k$이다. 이때 대칭 $(n^2+n+1,\ n+1,\ 1)$-BIBD가 존재한다.

이를 읽으며 독자는 n이 소수의 멱승이라는 조건이 필요한 이유가 궁금할 것이다. 답은 이때 n개의 원소를 가진 유한 체 F_n이 존재하기 때문이다. 여기에서 적어도 한 개의 좌표가 0이 아닌 $(x,\ y,\ z)$ 형태의 n^3-1개의 3겹 순서쌍을 취하고 한 순서쌍이 다른 것의 배수이면 둘은 같은 순서쌍으로 간주할 수 있다. F_n에 $(n-1)$개의 0이 아닌 상수가 있으므로, $\dfrac{n^3-1}{n-1} = n^2+n+1$개의 서로 다른 순서쌍이 있는데 이들이 우리가 구축하는 BIBD의 점이다.

흥미롭게도, 블록은 같은 종류의 순서쌍 $(a,\ b,\ c)$로 정의한다. 따라서 $(1,\ 2,\ 3)$은 블록과 점의 라벨이다.(블록 $(1,\ 2,\ 3)$과 점 $(1,\ 2,\ 3)$을 같은 라벨의 다른 대상으로 간주해야 한다.)

$$xa + yb + zc = 0$$

이면 블록 $(a,\ b,\ c)$가 점 $(x,\ y,\ z)$를 포함한다고 한다. 이것이 언급한 변수에 대한 BIBD를 정의한다는 것을 보일 수 있다.

정리 17.23의 BIBD는 차수 $n \geq 2$인 사영평면(projective plane)이라 한다. 정리 17.23에서 n이 소수의 멱승일 때 n차 사영평면이 존재한다는 것을 보여주면 된다. 이는 물론 n이 소수의 멱승이 아닐 때 n차 사영평면이 존재하지 않는다는 것을 의미하지는 않는다. 그럼에도 불구하고, 그러한 사영평면은 알려지지 않았고 존재하지 않을 것으로 추정된다.

정리 17.23에서 $n=2$이면 대칭 $(7,\ 3,\ 1)$-BIBD가 존재한다는 것을 안다. 예 17.2에서 그러한 디자인을 보았다. 디자인 D의 점집합에서 H의 점집합으로의 전단사함수 f

가 존재하여 $\{v_1, v_2, \cdots, v_k\}$가 D의 중복도 m인 블록인 필요충분조건이 $\{f(v_1), f(v_2), \cdots, f(v_k)\}$가 H의 중복도 m인 블록인 것일 때, D와 H가 동형이라 한다. 연습문제 16은 모든 (7, 3, 1)-BIBD가 동형이라는 것을 증명하는 문제이다. 그러므로 예 17.2의 디자인은 2차 사영평면이다. 이러한 이유로 이 디자인은 파노 평면(Fano plane)이라 하고 종종 그림 17.1의 도표로 나타낸다.

이 표현에서 블록은 여섯 개의 직선과 한 개의 원이다. 원을 이용한 것은 우연이 아닌데 연습문제 30에 설명되어 있다.

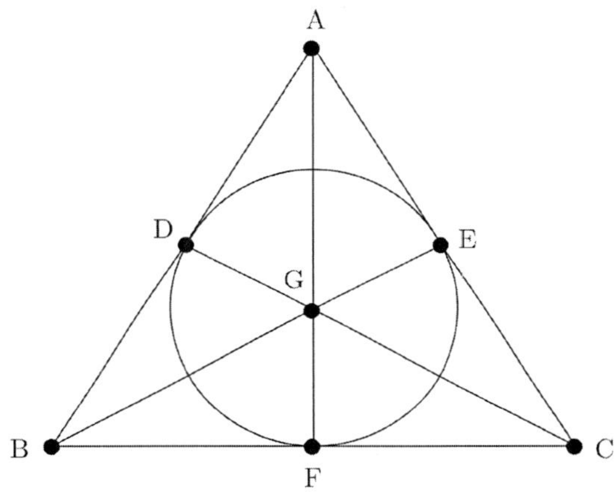

그림 17.1 파노 평면

17.4.1 사영평면의 유도된 디자인

응용을 위하여 사영평면의 유도된 디자인인 $(n^2+n+1,\ n+1,\ 1)$-BIBD를 고려하라. 연습문제 9는 그러한 디자인의 변수를 계산하는 문제이다. 지금은 단지 $n=4$이면 (21, 5, 1)-사영평면의 유도된 디자인은 (20, 16, 5, 4, 1)-BIBD라는 것만 서술한다. 이 5겹 순서쌍이 익숙하다면 그러한 디자인을 자동차 경주의 예 17.1에서 보았기 때문이다. 거기에서 제시된 디자인은 4차 사영평면의 유도된 디자인이다. 이 디자인은 사영평면을 이용하지 않고 다음과 같이 직접 디자인할 수 있다. 4개의 원소 $\{0, 1, a, a^2\}$으로 구성된 유한 체 F_4를 고려하라. 우리의 디자인의 점은 F_4의 원소 x, y의 순서쌍 (x, y) 16개이고 블록은 F_4의 원소 m, c에 대하여 $y=mx+c$ 형태의 16개 등식의 해와 $x=c$ 형태의 네 개 등식의 해라 한다. 이들 각 등식이 (x, y) 형태의 네 개의 해를 갖는다는 것은 별다른 기교 없이 증명되므로 크기 4인 20개의 블록을 얻는다. 방금 정의한 디자인은

BIBD의 다른 조건 또한 만족한다는 것을 증명할 수 있다. 연습문제 31, 32는 보다 일반적인 형태로 중간 단계를 채우는 문제이다. 유한 사영평면의 유도된 디자인은 유한 아핀 평면(finite affine plane)이라 한다.

17.5 부호와 디자인

17.5.1 부호화 이론

메시지를 신뢰할 수 있도록 보안을 유지하며 경제적으로 암호화하는 방법은 적어도 로마 제국에서부터 필요했다. 여기에서 보안이란 중간에 가로챈 메시지는 원하던 수신자만 읽을 수 있다는 것을 의미한다. 이는 자연어와 같은 통상적인 통신 방법을 배제한다. 경제적이라는 것은 메시지를 암호화 또는 해독하는 데 비정상적으로 오래 걸리지는 않고 메시지를 암호화하는 데 이용하는 기호의 수와 종류는 다른 암호화의 목표를 손상하지 않는 한 작아야 한다는 것이다. 세 번째로 부호화 절차는 신뢰할 수 있어야 한다. 즉, 수신자는 우리의 메시지를 오해하지 말아야 한다. 이는 우리의 부호화 체제가 단사이어야 한다는, 즉 서로 다른 메시지는 서로 다르게 암호화되어야 한다는 것을 의미한다. 보다 강력한 조건으로 부호화된 메시지에 몇 개의 실수가 있더라도 너무 많지 않다면 수신자가 우리의 메시지를 해독할 수 있어야 한다고 요구한다.

부호 이론(Coding Theory)은 위의 문제를 다양한 측면에서 연구하는 거대한 분야로 학부와 대학원의 독립 과목이다. 여기에서는 이 주제의 개괄을 하려는 시도조차 하지 않을 것이고 단지 부호화 이론과 디자인 이론의 몇 가지 관계만 보일 것이다.

17.5.2 오류 정정 부호

어느 미식 축구 경기에서 결정적인 순간에 코치는 자신으로부터 멀리 떨어져 있는 선수에게 신호를 보내고자 한다. 경기 전에 코치와 선수는 다음과 같은 신호에 동의했다. 비교할 수 있는 상황에서 코치가 왼손을 들면 선수가 다음에 공을 잡았을 때 미리 이야기한 매우 위험한 시도를 하고, 오른손을 들면 하지 않는다.

이 결정의 중요성과 짧은 순간을 고려하여 코치는 같은 신호를 세 번 보낸다. 이 순간에 선수는 신호 중 한 번을 오해하거나 다른 사람의 손을 코치의 손으로 오해할 지 모른다. 둘 다 운이 나쁘지만 가능한 실수이다. 세 번의 신호 중 두 번 이상 일어난다면 매우 불운하다. 코치가 신호를 하는 동안 마음을 바꾸지 않는다고 가정할 때 보낼 수 있는 신호는 LLL이나 RRR 두 가지이다. 선수가 이를 보면 즉각적으로 무엇을 할 지 알 것이다. 그러나 신호를 한 번이라도 잘못 해석하여 LRL이나 RRL을 받으면, 다수인 것을 택할 것이다. 예로, 선수가 LLR를 받으면 다음과 같이 생각할 수 있다. 내가 두 번 이상 오독할 것 같지는 않으므로, 두 번 본 L이 다 잘못일 수는 없다. 따라서 맞는 신호는 L이고 나는 위험한 시도를 할 것이다.

이 예는 단지 두 가지 가능한 신호만 있으므로 단순하다. 이제 갑, 을, 병, 정 중 파티 참석자를 표시하는 메시지를 $0-1$ 문자열로 보내고자 한다. 이 메시지는 길이 4인 $0-1$ 문자열로, 각 자릿수는 순서대로 갑, 을, 병, 정이 각각 파티에 참석하면 1이다. 따라서 가능한 메시지는 $2^4=16$개이다. 수취인이 1001을 받고 한 개 이하의 오류가 있다는 것을 알 때, 어느 자릿수를 정정하여야 하는지 모른다. 신호를 세 번 보내고 각 신호에 한 개 이하의 오류가 있다는 것을 안다면, 이를 쉽게 알 수 있다. 사실상, 각 $k=1, 2, 3, 4$에 대하여 k, $k+4$, $k+8$의 3겹쌍을 고려한다. 3겹쌍이 모두 동일하면 그들은 옳고, 아니면 단 한 개 있는 자릿수를 반대로 바꿔야 한다.

이 예는 오류 정정 부호에서 예상이 얼마나 중요한 지 보여 준다. 예상은 간명하여야 한다. 즉, 메시지를 부호화하는 단어는 가능한 한 짧고, 오류가 너무 많지 않은 한 인지할 수 있고 분명한 방법으로 정정되어야 한다. 마지막 예외는 어떤 의미에서, 우리의 법적인 단어(가능한 맞는 메시지)는 서로 매우 달라서 한 단어에서 자릿수 하나를 바꾼다고 다른 단어를 얻지는 않아야 한다. 이 개념은 다음 작은 절에서 공식화될 것이다.

17.5.3 부호의 공식적 정의

S, T가 유한 알파벳이라 한다. T^*가 각 문자가 T의 원소인 유한 문자열의 집합이라 한다. 부호(code) c는 $c: S \to T^*$인 단사함수이다. $t\, IN\, T^*$가 $c: S \to T^*$의 치역에 있으면 t는 부호어(codeword)라 한다. c의 모든 부호어의 집합 C 또한 c의 부호라 한다. $T=\{0, 1\}$이면 부호는 이진(binary)이라 한다. 단사함수 $c: S \to T^*$는 다음과 같이 S에서의 모든 유한 문자열 S^*로 쉽게 확장된다.

$$c(s_1, s_2, \cdots, s_n) = c(s_1)c(s_2)\cdots c(s_n)$$

$c: S \to T^*$가 단사함수라는 사실이 $c: S^* \to T^*$가 단사함수라는 것을 보장하지는 않는다.

예제 17.24

$S=\{x, y, z\}$, $T=\{0, 1\}$, $c(x)=0$, $c(y)=1$, $c(z)=01$이라 한다. 그러면 $c(xy)=c(z)=01$이므로 $c: S^* \to T^*$는 단사가 아니다.

즉, 01을 받은 수신인은 원래 메시지가 xy인지 z인지 알 수 없다. 이러한 문제가 발생하지 않으면, 즉 확장된 함수 $c: S^* \to T^*$가 단사이면, c는 유일하게 해독된다(uniquely decodable)고 한다.

c가 유일하게 해독된다는 것을 확신하는 좋은 방법은 부호 $c: S \to T$가 접두어 없음임을 확인하는 것이다.

정의 17.25

어떤 문자열 $q \in T^*$에 대하여 $c(x) = c(y)q$인 부호어 $c(x)$, $c(y)$가 없으면, 부호 $c: S \to T$는 접두어 없음(prefix-free)이라 한다.

예제 17.26

$S = \{x, y, z\}$, $T = \{0, 1\}$이고 $c(x) = 0$, $c(y) = 11$, $c(z) = 10$이다. 그러면 c는 접두어 없음이다.

다음 정리는 접두어 없음의 가장 중요한 이점이다.

정리 17.27

c가 접두어 없음이면 유일하게 해독된다.

증명 $c: S \to T^*$가 접두어 없음이고, x_i, y_j가 S의 원소이고 $t_r \in T$일 때

$$c(x_1, x_2, \cdots, x_k) = c(y_1, y_2, \cdots, y_m) = t_1 t_2 \cdots t_n$$

이라 한다.

$k = m$이고 $x_1 x_2 \cdots x_k = y_1 y_2 \cdots y_k$이어서 $x_i = y_i$임을 증명한다. n에 대한 강귀납법으로 증명한다. $n = 1$일 때 $c: S \to T$가 정의에 의해 단사이므로 명백하다. n보다 작은 모든 양의 정수에 대하여 성립한다고 가정하자. $c(x_1) \neq c(y_1)$이면 $c(x_1)$과 $c(y_1)$ 중 하나가 다른 것의 접두어이므로 $c(x_1) = c(y_1)$이다. c가 S에서 단사이므로, $x_1 = y_1$이다. 따라서 어떤 $h > 1$에 대하여

$$c(x_2 \cdots x_k) = c(y_2 \cdots y_m) = t_h \cdots t_n$$

이다. 특히, $t_h \cdots t_n$에는 n개 미만의 단어가 있고 귀납적 가정에 의하여 유일하게 해독된다. 그러므로 주장한 대로 모든 i에 대하여 $x_i = y_i$이다.

연습문제 33은 정리의 역이 성립하지 않는다는 것을 증명하는 문제이다.

부호가 접두어 없음임을 보장하는 방법으로 모든 단어를 같은 길이로 선택할 수 있다. 이 부호에는 유일하게 해독되는 외에 부가적인 이점이 있다. 따라서 이 장의 나머지 부분에서는 모든 부호에서 단어를 같은 길이로 선택한다.

정의 17.28

v, w가 같은 유한 알파벳에서의 길이 n인 단어라 한다. v와 w의 해밍 거리(Hamming distance)는 v와 w가 다른 자리수의 개수인데 $d(v, w)$로 나타낸다.

예제 17.29

$v = (0, 1, 1, 0, 1, 0)$, $w = (1, 0, 1, 0, 1, 1)$이다. 그러면 v, w가 첫째, 둘째, 여섯 째 자리에서 다르므로 $d(v, w) = 3$이다.

다음 정리와 같이 해밍 거리는 삼각 부등식(triangle inequality)을 만족한다.

정리 17.30

u, v, w가 같은 유한 알파벳에서 길이 n인 단어라 한다. 그러면

$$d(u, w) \le d(u, v) + d(v, w)$$

이다.

증명 u에서 $d(u, v)$개 이하의 알파벳을 바꾸어서 v를 얻고, v에서 $d(v, w)$개 이하의 알파벳을 바꾸어서 w를 얻을 수 있다. 따라서 u에서 $d(u, v) + d(v, w)$개 이하의 알파벳을 바꾸어서 w를 얻을 수 있다.

e개의 오류를 정정하는 부호, 즉, e-오류 정정 부호(error correcting code)를 얻으려면 서로 다른 부호어 사이의 거리가 $2e+1$인 부호를 얻으면 충분하다. 이는 어느 부호어에 e개 이하의 오류가 있으면 단 한 개의 부호어 w에 가장 가깝다는 것을 보장한다. 그렇다면 수신인은 원래 메시지가 w라고 결론지을 수 있다.

위의 아이디어를 기하학적으로 다음과 같이 묘사할 수 있다. 중심이 부호어 w이고 반경이 e인 볼 $B(w, e)$는 $d(v, w) \le e$인 모든 단어 v의 집합이다. 부호 c는 반경이 e이고, 임의의 두 부호어 w, w'에 대하여 중심이 각각 w인 볼과 중심이 w'인 볼의 교집합

이 없으면 e-오류 정정이다. 다시 말하여, 부호가 e-오류 정정인 필요충분조건은 임의의 두 부호어의 거리가 $2e+1$ 이상인 것이다.

정의 **17.31**

(n, m, d)-부호는 길이 n인 m개의 부호어로 구성되어 있고, 그 중 임의의 두 부호어의 해밍 거리가 d 이상인 부호이다.

직관적으로, 효율적인 e-오류 정정 부호를 구축하는 열쇠는 각 부호어를 중심이고 반경 e인 볼이 교집합이 없다는 조건을 만족하며, 부호어를 가능한 한 서로 가깝게 꾸려 넣는 것이다. 이러한 부호를 구축하는데 매우 대칭적인 구조가 유용할 법하다. 예로, 다음에 있는 예 17.2의 BIBD의 접행렬 A를 사용하여 오류 정정 부호를 구축해 볼 수 있다.

$$\begin{array}{c} \\ A \\ B \\ C \\ D \\ E \\ F \\ G \end{array}\begin{array}{c} \begin{array}{ccccccc} \{ABD\} & \{BCE\} & \{ACF\} & \{AEG\} & \{BFG\} & \{CDG\} & \{DEF\} \end{array} \\ \begin{pmatrix} 1 & 0 & 1 & 1 & 0 & 0 & 0 \\ 1 & 1 & 0 & 0 & 1 & 0 & 0 \\ 0 & 1 & 1 & 0 & 0 & 1 & 0 \\ 1 & 0 & 0 & 0 & 0 & 1 & 1 \\ 0 & 1 & 0 & 1 & 0 & 0 & 1 \\ 0 & 0 & 1 & 0 & 1 & 0 & 1 \\ 0 & 0 & 0 & 1 & 1 & 1 & 0 \end{pmatrix} \end{array}$$

먼저 $(7, 3, 1)$-디자인의 임의의 두 점이 한 블록에 있으므로, 임의의 서로 다른 행의 해밍 거리는 4이다. 따라서 임의의 두 행에 대하여, 두 행 모두 1인 자리가 한 개이고 두 행 모두 0인 자리가 두 개이다. 그러므로 두 행은 네 자리에서 서로 다르고, 위의 행렬의 일곱 행은 $(7, 7, 4)$-부호를 형성한다. 특히, 이 부호는 1-오류 정정이다.

이 시점에서, 독자는 방금 구축한 부호에 낭비가 있으므로 만족스럽지 않을 것이다. 사실상, 해밍 거리 4인 부호는 3인 부호보다 나을 것이 없다. 두 구축 모두로부터 1-오류 정정 부호를 얻는다. 따라서 위의 $(7, 7, 4)$ 부호는 확장될 수 있는지 질문하는 것이 자연스럽다.

답은 참인데 이는 다음 정리의 내용이다. v가 길이 n인 0-1 벡터이므로, v의 여벡터(complement)는 같은 길이의 $0-1$ 벡터로 모든 원소가 v와 다르다. 즉, v의 여벡터는 모든 원소가 1인 길이 n의 벡터 $\mathbf{1}$에 대하여 $\mathbf{1}-v$이다.

정리 17.32

T가 $(7, 3, 1)$-디자인 D의 접행렬이다. 다음 16가지 부호어는 이진 $(7, 16, 3)$-부호를 형성한다.

(1) 행렬 T의 일곱 행
(2) 행렬 T의 일곱 행의 여벡터
(3) 부호어 0000000
(4) 부호어 1111111

증명 임의의 두 부호어의 거리가 3 이상이라는 것을 보이면 충분하다. v, w가 두 부호어라 한다. 둘 다 T의 행이면 D의 점에 해당한다. D의 $\lambda = 1$이므로, 이는 v, w가 둘 다 1인 좌표가 한 개라는 것을 의미한다. 따라서 둘 다 0인 좌표가 두 개 있고 $d(u, v) = 4$이다. u, v가 둘 다 T의 행의 여벡터이면, 같은 논의를 u, v의 여벡터에 적용하면 $d(u, v) = 4$이다.

u가 T의 행이고 v가 T의 행의 여벡터이면, 짝홀에 의하여 $d(u, v)$는 홀수이다. 따라서 $d(u, v) \neq 1$이라는 것을 보여주면 충분하다. 사실상 $d(u, v) = 1$이라면 u가 1인 모든 자리에서 v가 1이고, u와 v의 여벡터에 해당하는 점은 D의 어느 블록에도 함께 속하지 않으므로 모순이다.

다른 모든 경우에, $d(u, v)$에 관한 서술은 명백히 참이다.

독자는 왜 16개의 부호어에서 멈췄는지 궁금할 것이다. 답은 더 이상의 부호어를 더하면 1-오류 정정이 불가능하다는 것이다.

사실상 c가 각 부호어가 길이 7인 이진 부호어이면 $B(w, 1)$은 w와 w의 각 자리의 값을 바꾼 일곱 개의 부호어 등 여덟 개의 부호어로 구성되어 있다. c가 1-오류 정정이면 m개의 볼 $B(w, 1)$이 서로 교집합이 없으므로, 총 부피는 길이 7인 이진 부호어의 수 $2^7 = 128$ 이하이다. 그러한 볼의 부피가 8이므로 볼의 수가 $\frac{128}{8} = 16$ 이하이고 그러한 부호어의 수가 16 이하이다.

다음 예는 일반적인 현상의 특별한 경우이다. 처음 것은 e-오류 정정 부호어의 개수의 단순한 상한이다.

성질 17.33

c가 각 부호어가 길이 n인 이진 r-오류 정정 부호라 한다. c의 부호어의 개수 $|C|$는

$$\frac{2^n}{\sum_{i=0}^{r}\binom{n}{i}}$$

이하이다.

연습문제 11은 이를 증명하는 문제이다.

둘째, (7, 3, 1)-BIBD로부터 얻은 (7, 16, 3)-부호는 각 부호어를 중심으로 하는 반경 1인 볼들로 전체 벡터 공간 B^7(이진 공간에서 7차 벡터 공간)을 채운다는 점에서 최상이다. 이는 중요한 개념이어서 따로 이름이 있다.

정의 17.34

c가 B^n에서 r-오류 정정 부호라 한다. 각 문자열 $v \in B^n$이 어떤 부호어 w에 대하여 $B_w(r)$에 속하면 c가 완전(perfect)이라 한다.

정리 17.32의 부호는 완전이다. 완전 부호에 대하여, 성질 17.33은 다음과 같이 강화된다.

따름정리 17.35

c가 B^n에서 완전 r-정정 부호라 한다. 그러면

$$|C| = \frac{2^n}{\sum_{i=0}^{r}\binom{n}{i}}$$

이다.

연습문제 12는 정리 17.35를 증명하는 문제이다.

특히, $\sum_{i=0}^{r}\binom{n}{i}$가 2^n으로 나누어지지 않으면, B^n에서 완전 r-오류 정정 부호가 존재하지 않는다. 즉, 그러한 부호가 존재하려면 $\sum_{i=0}^{r}\binom{n}{i}$는 2의 멱승이어야 한다.

B^n에서 2-오류 정정이 아닌 완전 1-오류 정정 부호가 존재하면 $\binom{n}{0}+\binom{n}{1}=n+1$이 2의 멱승, 즉, 어떤 양의 정수 k에 대하여 $n=2^k-1$이다. 정리 17.32에서 구축한 부호

는 $k=3$인 경우이다. $k=2$인 경우는 000, 111 두 부호어로 구성된 흥미롭지 않은 완전 1-오류 정정 부호이다.

위의 문단으로부터 두 가지 흥미로운 문제가 제기된다. 첫째, B^n에서 2-오류 정정이 아닌 완전 1-오류 정정 부호는 $n=2^k-1$인 매우 제한된 환경에서이다. 이 필요조건은 충분조건인가?

질문 17.36

모든 정수 $k \geq 2$에 대하여, $B_n = B_{2k-1}$에서

$$\frac{2^n}{n+1} = \frac{2^{2^k-1}}{2^k} = 2^{2^k-k-1}$$

개의 1-오류 정정 부호가 존재하는가?

둘째, 다른 완전 이진 r-오류 정정 부호가 존재하는가? 이 질문은 다음 두 부분으로 나눌 수 있음에 주목하라.

질문 17.37

$n > r > 1$이고 $\sum_{i=0}^{r}\binom{n}{i}$가 2의 멱승인 양의 정수의 쌍 (n, r)가 존재하는가?

존재한다면 B^n에서 완전 이진 r-오류 정정 부호가 존재하는가?

질문 17.36의 답은 긍정적이다. 이를 증명하기 위하여 몇 가지 간단한 정의가 필요하다. B^n에서의 부호 c는 부호어들이 벡터 공간 B^n의 부분 공간을 형성한다면 선형(linear)이라 한다. 즉, c는 임의의 두 부호어의 이진합이 부호어이면 선형 이진 부호이다. 두 부호어의 합은 올림 없는 자릿수별 이진합이다. 예로 101과 011의 합은 110이다. 부호어의 가중치(weight)는 단순히 각 자릿수의 합이다. 부호가 이진이면, 이는 주어진 부호어에서 1인 자릿수의 갯수이다. 다음 정리를 서술할 준비가 되었다.

정리 17.38

모든 양의 정수 $k \geq 2$에 대하여, 완전 이진 $(2^k-1,\ 2^{2^k-k-1},\ 3)$ 부호가 존재한다.

정리 17.38의 부호는 만든 사람 리차드 해밍(Richard Hamming)을 기념하여 해밍 부호(Hamming code)라 한다. 이들 부호는 1-오류 정정이다.

증명 (정리 17.38). $(2^k - k - 1) \times k$ 행렬 A의 행들을 두 자리 이상이 1이고 길이 k인 $2^k - k - 1$개의 수열이라 한다. 특히, A의 행들은 서로 다르다는 점에 주목하라. I가 크기 $(2^k - k - 1) \times (2^k - k - 1)$인 단위 행렬일 때, 단순히 A를 I의 오른쪽에 배치한 행렬 $H = I | A$를 고려한다. H는 각 행이 세 개 이상의 자릿수를 포함하는 크기 $(2^k - k - 1) \times (2^k - 1)$인 이진 행렬이다.

c가 계수 0, 1인 H의 행들의 선형 조합 $2^{2^k - k - 1}$개의 부호어들로 구성된 부호이라 한다. 그들 $(2^k - k - 1)$개의 계수가 서로 다르므로 이들 선형 조합은 서로 다르다. 사실상, $i \le 2^k - k - 1$에 대하여, 선형 조합의 i 번째 자릿수가 1인 필요충분조건은 선형 조합에서 i 번째 행의 계수가 1인 것이다.

H의 행은 주장한 대로 명백히 길이 $2^k - 1$이므로 그들의 선형 조합도 마찬가지이고, c의 모든 부호어도 마찬가지이다. 임의의 두 부호어의 거리가 3 이상임을 증명해야 한다.

c의 0이 아닌 모든 부호어의 가중치는 3 이상이라고 주장한다. 사실상, H의 세 개 이상의 행의 합인 모든 부호어는 처음 $2^k - k - 1$개의 원소 중 적어도 세 개가 1이고, H의 두 개 이상의 행의 합인 모든 부호어는 처음 $2^k - k - 1$개의 원소 중 적어도 두 개가 1이고, 그 뒤의 원소 중 적어도 한 개가 1이다. 한편 H의 행은 정의에 의하여 처음 $2^k - k - 1$개의 원소 중 적어도 한 개가 1이고, 그 뒤의 원소 중 적어도 두 개가 1이다.

v, w가 $d(v, w) < 3$인 서로 다른 부호어라 가정한다. 그러면 $w - v = w + v$는 부호어이고 $w - v$는 v와 w가 다른 자리에서만 1이므로 $w - v$의 가중치는 3 미만이다. 이는 위의 문단에서의 사실, 즉, 모든 부호어 c의 가중치가 3 이상이라는데 모순이다.

따라서 c는 주장한 대로 $(2^k - 1,\ 2^{2^k - k - 1},\ 3)$ 이진 부호이다.

질문 17.37의 대답은 위의 질문처럼 긍정적이지는 않다. n이 홀수이고 $r = \dfrac{n-1}{2}$이면,

$$\sum_{i=0}^{r} \binom{n}{i} = 2^{n-1}$$

이다. 그럼에도 불구하고, 등식이 단순히 완전 이진 $(n, 2, n)$ 부호, 즉 $\dfrac{n-1}{2}$-오류 정정

이나 길이 n인 두 부호어로 구성되는 부호가 존재한다는 것을 의미하는데, 이는 매우 흥미롭지는 않다. $11\cdots1$와 $00\cdots0$처럼 임의의 부호어와 반대 부호어로 구성되는 것이 여기에 해당하므로 명백하다.

흥미롭게도, $1<r<n$이고 $\sum_{i=0}^{r}\binom{n}{r}$가 2의 멱승인 (n, r)가 많지는 않다. 그러한 쌍은 단지 $(23, 3)$, $(90, 2)$이다. $n=23$이고 $r=3$인 완전 이진 부호인 골레이 부호(Golay code)가 존재하지만 $n=90$이고 $r=2$인 완전 이진 부호는 존재하지 않는다.

Notes

디자인 이론은 방대하고, 이를 주제로 하는 다양한 수준의 많은 책이 있다. 도입 수준의, 최근의 책으로 왈리스(W. D. Wallis)의 조합 디자인의 소개(Introduction to Combinatorial Design)[46]가 있다. 전반적인 참고 문헌으로는 조합 디자인의 핸드북(Handbook of Combinatorial Designs)[14]를 추천한다.

디자인 이론은 조합론의 많은 부분에 연관되어 있다. 독자는 이 장에서 이 중 한 분야인 부호 이론의 희미한 자락을 잡았다. 이 주제에 대한 더 깊은 내용으로 독자에게 매우 편리한 노만 빅스(Norman Biggs)의 부호(Codes)[5]가 있다.

연관된 다른 주제는 라틴 사각형인데 그 흥미로운 구조는 이 책에서 논의하지 않았지만, 이 장의 연습문제 18 – 22와 연습문제 43의 주제이다.

연습문제 Exercises

1. (–) 변수 (120, 10, 36, 3, 9)인 BIBD가 존재하는가?

2. (–) 변수 (120, 10, 36, 3, 8)인 BIBD가 존재하는가?

3. (–) $b=35$, $k=3$, $r=4$인 BIBD가 존재하는가?

4. (–) 9장에서 정규 그래프는 각 점의 차수가 같은 단순 그래프이었던 것을 상기하라. 따라서 정규 그래프는 각 선분이 블록의 역할을 하는 정규, 2-균일 디자인이다. 어느 정규 그래프가 BIBD인가?

5. (−) BIBD의 여디자인은 BIBD임을 증명하라. 이 디자인의 변수는 무엇인가?

6. v개의 점에서의 균일 디자인의 블록이 서로 다를 때 최대 블록의 수를 구하라.

7. $3 \leq v \leq 12$이고 $\lambda = 1$인 대칭적인 BIBD를 묘사하라.

8. 대칭적인 BIBD의 나머지 디자인이 BIBD임을 증명하라. 대칭적인 (v, k, λ)-디자인의 나머지 디자인의 변수를 구하라.(대칭적인 BIBD의 나머지 디자인의 정의는 정의 17.21에 있다.)

9. 대칭적인 BIBD의 유도된 디자인이 BIBD임을 증명하라. 대칭적인 (v, k, λ)-디자인의 유도된 디자인의 변수를 구하라.(대칭적인 BIBD의 유도된 디자인의 정의는 정의 17.22에 있다.)

10. D가 b개의 블록과 v개의 점에서, 블록들이 서로 다른 디자인이라 한다. 각 블록이 점의 집합의 진부분집합이고 서로 다른 모든 점의 쌍이 정확히 한 개의 블록에 있다고 가정한다. $v \leq b$임을 증명하라.
정리 17.18에서와 달리, D는 정규이거나 균일이 아니다. 한편, 임의의 점의 쌍이 같은 블록에 $\lambda = 1$번 있다.

11. 성질 17.33을 증명하라.

12. 보조정리 17.35를 증명하라.

13. $c\colon S \to \{0, 1\}^*$가 b_i개의 부호어의 길이가 i인 접두어 없음 부호이다. $\sum_i \frac{b_i}{2^i} \leq 1$임을 증명하라.

14. c가 정리 17.38의 증명에서와 같이 구축된 변수 $(2^k - 1,\ 2^{2^k - k - 1},\ 3)$인 해밍 부호이다. $k \geq 3$이라 가정하자. A의 각 열이 가중치 3인 c의 부호어인 행렬이라 한다. 접행렬이 A인 디자인 D를 고려한다.

(a) D가 균일이고 불완전임을 증명하라.
(b) D가 균형임을 증명하라.
(c) D가 BIBD라고 결론짓고, D의 변수를 결정하라.

15. t-디자인(t-design)은 모든 t-집합의 점들이 정확히 λ개 블록에 있는 디자인이다. 따라서 BIBD가 2-디자인이다. D가 변수 (b, v, r, k, λ)인 t-디자인이라면

$$b\binom{k}{t} = \lambda\binom{v}{t}$$

임을 증명하라.

16. 모든 $(7, 7, 3, 3, 1)$-디자인이 동형임을 증명하라.

17. D가 디자인이면 D의 자기동형함수 f는 D의 점집합에서의 전단사함수로 $\{v_1, v_2, \cdots, v_k\}$가 중복도 m인 블록이면 $\{f(v_1), f(v_2), \cdots, f(v_k)\}$가 중복도 m인 블록이고 그 역도 성립하는 함수이다.
파노 평면에서 자기동형함수의 수를 구하라.

18. 라틴 방진(Latin square)은 각 행과 열에 $[n]$의 각 원소가 정확히 한 번 있는 $n \times n$ 행렬이다. $L(n)$을 길이 n인 라틴 방진의 개수라 한다. 모든 $n \le 4$인 양의 정수에 대하여 $L(n)$을 구하라.

19. 11장의 연습문제 10에 입체 마방진이 정의되어 있다. 크기 n이고 각 행이나 열의 합이 1인 입체 마방진의 수가 $L(n)$임을 증명하라.

20. 두 라틴 방진 A, B는 모든 쌍 $(x, y) \in [n] \times [n]$에 대하여 $A_{i,j} = x$이고 $B_{i,j} = y$인 정확히 한 쌍 (i, j)가 있으면 직교(orthogonal)라 한다. S가 $n \times n$ 라틴 방진들의 집합이다. S의 임의의 두 원소 A, B의 쌍 (A, B)가 직교이면 S를 서로 직교(mutually orthogonal)라 한다. 길이 n인 서로 직교 라틴 방진의 개수의 최대값을 $N(n)$이라 한다. 모든 $n \le 4$인 양의 정수에 대하여 $N(n)$을 구하라.

21. 서로 직교인 라틴 방진의 k-집합이 존재하면 $k < n$임을 증명하라.

22. 17.4.1절에 크기 4인 아핀 평면이 정의되어 있다. 일반적인 정의도 유사하다. q가 소수의 멱승이면 크기 q인 아핀 평면 A_q는 점이 F_q의 원소 x, y에 대하여 순서쌍 (x, y)이고, 블록이 F_q의 원소 m, c에 대하여 $y=mx+c$ 형태의 q^2개의 등식의 해와, $x=c$ 형태의 q개의 등식의 해 (x, y)이다.

(a) A_q의 q^2+q개의 블록은 다음과 같은 $q+1$개의 클라스로 분류할 수 있음을 증명하라. 각 클래스가 q개의 서로 소인 블록으로 구성되어 서로 다른 클라스의 두 블록의 교집합의 크기가 1이다.

(b) (+) $q>1$이 소수의 멱승이면, 길이 q인 $q-1$개의 서로 직교인 라틴 방진이 존재함을 증명하라.

부가 연습문제

Supplementary Exercises

23. (−) 변수 $\{b, v, r, k, \lambda\}$-BIBD의 모든 3-집합 S는 나머지 원소의 두 변수의 값을 결정한다는 것을 증명하라.

24. (−) D가 $(b, v, r, 3, 1)$-BIBD라 한다. v는 음이 아닌 정수 i에 대하여 $6i+1$이거나 $6i+3$임을 증명하라.

25. (−) 균형, 균일, 불완전 디자인은 정규임을 증명하라.

26. (−) $(12, 9, 4, 3, 1)$-BIBD를 구축하라.

27. (−) $\lambda>k$이고 각 블록의 중복도가 1인 BIBD의 예를 들라.

28. 점의 집합이 [7]인 $(7, 7, 3, 3, 1)$-BIBD가 몇 개인가? 블록의 집합이 서로 다르면 두 디자인이 다르다는 것에 주목하라. 즉, 두 BIBD가 동형이 아닌 것이 아니라 단지 같지 않음만 요구한다.

29. BIBD의 매개변수가 주어진 서로 다른 다섯 개의 양의 정수라 한다. 어느 수가 어느 변수인지 알 수 있는가?

30. S를 평면 위의 단일 직선 위에 있지 않는 점의 집합이라 한다. S의 정확히 두 점을 포함하는 직선이 있음을 증명하라.

31. 연습문제 22에서 소수의 멱승 q에 대하여 q^2개의 점과 q^2+q개 블록의 디자인을 정의한다. 이 디자인 D가 균일하고 정규인 이유는 무엇인가?

32. 위의 연습문제에서 논의한 디자인 D가 균형인 이유는 무엇인가?

33. 접두어 없음이 아니면서 유일하게 해독되는 부호의 예를 들라.

34. 이진 대신 k진 부호에 대하여 성질 17.33과 같은 성질을 서술하라.

35. 선형 이진 부호에서 모든 부호어의 중복도가 짝수이거나 절반 이하의 부호어의 중복도가 짝수임을 증명하라.

36. c가 선형 부호이다. c의 두 부호어의 최소 거리는 c의 부호어의 0이 아닌 최소 가중치임을 증명하라.

37. c가 모든 부호어의 크기가 같은 이진 부호이다. $\bar{c}$를

$$\bar{c}(s)=\begin{cases} c(s)0, & c(s)\text{의 가중치가 짝수일 때,} \\ c(s)1, & c(s)\text{의 가중치가 홀수일 때} \end{cases}$$

라 정의한다. c의 임의의 두 부호어의 최소 거리가 d이면 $\bar{c}$의 임의의 두 부호어의 최소 거리는 얼마인가?

38. t-디자인은 연습문제 15에 정의되어 있다. D가 변수 (b, v, r, k, λ)의 t-디자인이면

$$r\binom{k-1}{t-1} = \lambda\binom{v-1}{t-1}$$

임을 증명하라.

39. (+) D가 t-디자인이면, D는 모든 $u \in [2, t]$인 정수 u에 대하여 u-디자인임을 증명하라.

40. (+) D가 모든 블록의 중복도가 1인 디자인이라 한다. D의 부분디자인 F의 점의 집합이 D의 점의 집합의 부분집합이고, F의 블록의 집합이 D의 블록의 집합인 디자인이다. D가 (v, k, λ)-디자인이고, F가 D의 부분디자인으로 $w < v$에 대하여(w, k, λ) 디자인일 때 $w \le \dfrac{v-1}{k-1}$임을 증명하라.

41. 동형이 아닌 두 개의 $(14, 7, 6, 3, 2)$-BIBD를 구하라.

42. (+) 동형이 아닌 네 개의 $(14, 7, 6, 3, 2)$-BIBD를 구하라.

43. (+) $n-1$개의 서로 직교 라틴 방진이 존재하면, $(n^2+n,\ n^2, n+1,\ n, 1)$-디자인이 존재함을 증명하라.

CHAPTER 18장

그들은 정말 다른가? 라벨 없는 구조 계수하기

18.1 군의 작용에서의 계수하기

18.1.1 도입

바닥이 정육각형인 휴지통이 있다. 이 통을 매일 보다가 어느 날 다음 문제를 생각한다. 이 통의 여섯 면을 빨강색, 파랑색, 흰색, 녹색으로 칠하는 방법은 몇 가지인가?

각 면을 구별할 수 있으면 이 문제는 쉽다. 사실상, 이 경우에, 여섯 개의 각 면에 네 가지 선택이 있으므로 $4^6 = 4096$가지이다. 그러나 실생활에서 흔히 보듯이 면을 구별할 수 없으면 어떠한가? 즉, 어떤 방법으로 색칠한 휴지통을 중심을 지나는 수직선을 축으로 회전할 때, 원래 색칠 방법과 회전 후 얻는 색칠 방법을 같은 방법으로 간주하면 어떠한가?

이 문제는 유한 가지 색으로 여섯 가지 서로 다른 대상을 칠하는 방법의 계수 문제보다 훨씬 어렵다. 무작정 세는 계수 방법에는 명백히 너무 많은 경우가 있으므로, 어떤 일반 이론이 도움이 될 것이다. 이 절에서, 그러한 기술을 배울 것이다. 먼저, 한 가지 색칠이 다른 색칠로 전환되는 방법을 정확히 서술할 수 있도록 하는 추상 대수의 구조에 대하여 배울 필요가 있다.

18.1.2 군

18.1.2.1 일반적인 군

정의 18.1

군(group) G는 다음 조건을 만족하는 연산(multiplication)이 있는 집합이다.

(1) G는 연산에 대하여 닫혀 있다. 즉, 모든 원소 a, b에 대하여 $a \cdot b$와 $b \cdot a$가 G의 원소이다.

(2) 모든 원소 $g \in G$에 대하여

$$id \cdot g = g \cdot id = g$$

를 만족하는, 항등원 id가 G에 존재한다.

(3) 연산의 결합 법칙이 성립한다. 즉, 모든 원소 a, b, c에 대하여

$$(a \cdot b) \cdot c = a \cdot (b \cdot c)$$

이다.

(4) 각 원소 $g \in G$에 대하여 다음과 같은 유일한 역 g^{-1}이 G에 존재한다.

$$g \cdot g^{-1} = g^{-1} \cdot g = id$$

예제 18.2

통상적인 합을 연산으로 보면 모든 정수의 집합 Z는 군이다.

Z는 통상적인 곱을 연산으로 하면 군이 아니라는 것을 쉽게 안다. 1과 -1 이외의 모든 원소는 역이 없으므로 위의 정의의 마지막 조건을 만족하지 않는다.

예제 18.3

$R-\{0\}$은 통상적인 곱을 연산으로 하는 군이다.

이 집합에서 0을 제외하는 것이 중요하다는 사실에 주목하라. 통상적인 곱에 대하여 0의 역이 없다($x \cdot 0 = 1$인 x가 없다).

군의 정의에 위하면, 연산의 교환법칙이 성립할 필요가 없다. 즉, $a \cdot b \neq b \cdot a$일 수 있다. 사실상, 대부분의 군에서 연산의 교환법칙이 성립하지 않는다.

예제 18.4

$SL_2(R)$는 행렬식이 1인 실수에서의 2×2 행렬의 집합이다. $SL_2(R)$에서 곱의 교환법칙이 성립하지 않는다.

풀이 $SL_2(R)$는 군의 조건을 모두 만족한다. 사실상 모든 원소의 행렬식이 1이므로 그들의 집합이 곱에 관하여 닫혀 있다. 각 원소는 행렬식이 0이 아니므로 역이 있다. 행렬의 곱에 대하여 결합법칙이 성립하고 단위 행렬이 항등원이다.

한편, $A=\begin{pmatrix}1 & 0\\ a & 1\end{pmatrix}$이고 $B=\begin{pmatrix}1 & b\\ 0 & 1\end{pmatrix}$일 때 $AB=\begin{pmatrix}1 & b\\ a & 1+ab\end{pmatrix}$, $BA=\begin{pmatrix}1+ab & b\\ a & 1\end{pmatrix}$이다. 이때 $ab\neq 0$이면 $AB\neq BA$이다.

군의 연산을 유지하는, 즉, G의 모든 원소 g, g'에 대하여 $f(g\cdot g')=f(g)\cdot f(g')$인 전단사함수 $f:G\to M$이 존재하면 두 군 G와 M은 동형이다.

18.1.2.2 코셋과 부분군

군 G의 부분집합 H가 G의 연산을 H에 제한한 연산에 관하여 군이면, H를 G의 부분군(subgroup)이라 하고 $H\leq G$로 표기한다.

동등하게, H가 G의 항등원을 포함하고, G의 연산에 관하여 닫혀 있으며, H의 모든 원소의 역원이 H에 있으면, H는 G의 부분군이다.

예제 18.5

$GL_2(R)$가 실수에서 행렬식이 0이 아닌 2×2 행렬의 집합이다. 그러면 $SL_2(R)\leq GL_2(R)$이다.

H가 G의 부분군이고, $a\in G$이면

$$aH=\{ah\mid h\in H\}$$

라 정의한다. 즉, aH는 H의 원소에 a를 곱한 G의 원소들의 집합이다. 집합 aH를 G에서 H의 코셋(coset)이라 한다. HH는 H의 두 원소의 곱의 집합이고 명백히 H와 같다. 코셋은 다음의 성질 때문에 흥미롭다.

성질 18.6

$H\leq G$이다. 그러면 $a\in G$, $b\in G$에 대하여 $aH=bH$이거나 $aH\cap bH=\varnothing$이다.

증명 $c\in aH\cap bH$라 가정하자. 그러면 어떤 $h_1\in H$, $h_2\in H$에 대하여 $ah_1=c=bh_2$이다. 따라서 $ah_1h_2^{-1}=b$인데 $h_1h_2^{-1}\in H$이므로 $b\in aH$이다. 이는 $bH\subseteq aHH=aH$임을 의미한다. 유사하게 $aH\subseteq bH$이고, 성질은 증명된다.

따름정리 18.7

G가 유한군이고 H가 G의 부분군이면, $|G|$는 $|H|$로 나누어진다.

증명 H의 서로 다른 코셋들은 G를 분할한다. 사실상, G의 각 원소 g는 H의 코셋, gH의 원소이다. 성질 18.6으로부터 H의 서로 다른 코셋은 서로 소이다. 각 코셋의 크기가 $|H|$이므로 따름정리는 증명된다.

$|G|/|H|$는 G에서의 H의 지수(index)라 하고 $G:H$라 표기한다.

18.1.3 치환군

6장에서 처음으로 유한 집합에서의 치환을 전단사함수라 정의할 때 두 치환을 곱하는 방법을 언급했다. $f:[n]\to[n]$, $g:[n]\to[n]$이 치환이면, 치환 fg는 $[n]$에 먼저 f를 적용한 후 g를 적용하는 치환이다. 다시 말하여, fg는 f와 g의 합성, 즉, $(fg)(x)=g(f(x))$이다.

다음 성질은 n-치환들이 군을 형성한다는 것을 보여 준다. 이는 이 장에서 가장 흥미로운 군이다.

성질 18.8

$[n]$에서의 치환 $n!$개의 집합은 치환들의 곱을 연산으로 하는 군이다.

증명 $[n]$에서의 항등 치환 id(치환 $12\cdots n$)은 모든 n-치환 p에 대하여 $id\cdot p=p\cdot id=p$를 만족한다. 각 치환 p는 $[n]$에서의 전단사함수이고, 역 p^{-1}은 $pB\cdot p^{-1}=p^{-1}\cdot p=id$를 만족한다. 치환의 곱은 결합법칙을 만족한다, 즉, 치환 p, q, r에 대하여

$$((p\cdot g)\cdot r)(i)=r((p\cdot q)(i))=r(q(p(i)))$$

이고

$$(p\cdot(q\cdot r))(i)=(q\cdot r)(p(i))=r(q(p(i)))$$

이다. n-치환 $n!$개로 이루어진 군을 차수 n인 대칭군(symmetric group)이라 하고 S_n으로 표기한다.

정의 18.9

어떤 n에 대하여 S_n의 부분군 H를 치환군(permutation group)이라 한다.

9장에서 그래프의 자기동형함수를 정의했음을 상기하라. 참고로 단순 그래프 G의 자기동형함수 f는 G의 점집합에서의 전단사함수로 uv가 G의 선분인 필요충분조건은 $f(u)f(v)$가 G의 선분인 것이다.

예제 18.10

그래프 G의 자기동형함수의 집합은 함수의 합성을 연산으로 하는 치환군을 형성하는데 이를 G의 자기동형군(automorphism group)이라 하고 $Aut(G)$라 표기한다.

풀이 정의에 의하여 $Aut(G)$의 원소는 G의 점집합의 치환이다. $Aut(G)$의 원소를 치환으로서 곱하므로, $Aut(G)$의 연산은 결합법칙을 만족한다. G의 점집합에서의 항등함수는 자기동형이다. f^{-1}을 $f \in Aut(G)$의 역이라 한다. uv가 G의 선분이면 $f^{-1}(u)f^{-1}(v)$ 또한 선분이므로(아니라면, f는 선분이 아닌 $f^{-1}(u)f^{-1}(v)$를 선분 uv로 보내는 것이 된다.) $f^{-1} \in Aut(G)$이고, 주장은 증명된다.

치환군은 이 장에서 우리가 제시하는 이론으로 발달할 가능성이 있을 만큼 중요하므로, 독립된 문단에서 설명한다. 어떤 의미에서, 일반적으로 치환군은 군(추상군)과 다른 객체가 아니다. 사실상, 각 치환군은 군이고, n-원소에서의 군은 S_n의 부분군과 동형이다. 즉, 각 유한군은 치환군과 동형이다. 그럼에도 불구하고, 추상군과 치환군은 보는 방법이 다르다. 덧셈을 연산으로 하는 실수의 집합과 같은 추상군은 자신만으로 객체가 된다. 이 군을 이해하고 묘사하는데 어떤 다른 대상도 고려할 필요가 없다. 한편, S_n이나 그 부분군과 같은 치환군은 $[n]$에서의 전단사함수로 구성된다. 따라서 $[n]$의 원소 $1, 2, \cdots, n$이 실재한다. S_n의 원소는 $[n]$의 원소들에 작용하여, 이들을 서로 치환한다. 이렇게, 치환군은 항상 어떤 대상의 집합에 작용한다. 예로, 그래프의 자기동형군은 점의 집합에, 따라서 선분의 집합에도 작용한다.

이 시점에서 독자는 우리가 어디로 가는지 알기 시작할 것이다. 이 장 도입 부분의 예에서 바닥이 육각형인 휴지통의 어느 색칠을 다른 색칠로 보내는 회전들은 치환군의 일부임을 지적한다. 이 관찰을 이용하여 계수하기 전에, 부가적인 도구가 필요하다.

정의 18.11

G가 집합 S에 작용하는 치환군이고 $i \in S$이다. 이때 집합

$$G_i = \{g \in G \mid g(i) = i\}$$

를 i의 언정제(안정화 부분군, stabilizer)이라 한다.

예제 18.12

$G = S_6$이 $S = [6]$에 작용하고 $i = 1$이다. 그러면 G_i는 1을 고정하는 S_6의 모든 치환의 집합이다. 즉, 이는 $\{2, 3, 4, 5, 6\}$에서의 모든 치환의 집합으로 S_5와 동형이다.

예제 18.13

$G = Aut(C_n)$이 $n \geq 3$개의 점에서의 순환 C_n의 자기동형군이고 i가 C_n의 원소이다. 그러면 $G_i = S_2$는 두 개의 원소로 이루어진 군이다.

증명 j, k가 i의 이웃이라 한다. 그러면 C_n의 동형사상 f 중 i를 고정하는 것은 j, k를 둘 다 고정하거나 서로 교환한다. 어떤 경우에나, f는 $f(j)$와 $f(k)$로 결정된다. 따라서 G_i는 j, k에 작용하는 2-그룹 S_2와 동형이다.

성질 18.14

G가 집합 S에 작용하는 군이고 $i \in S$이면 $G_i \leq G$이다. 즉, G에서의 i의 안정제는 G의 부분군이다.

증명 군의 정의에 열거된 모든 조건이 G_i에 대하여 성립한다는 것을 증명한다. $G_i \subseteq G$이므로, 연산은 결합법칙을 만족한다. 더욱이 G_i에는 i를 비롯한 S의 모든 원소를 고정하는 항등원이 있다. f, g가 i를 고정하면 $g(f(i)) = g(i) = i$이므로, G_i는 연산에 대하여 닫혀 있다. 마지막으로 $f(i) = i$이면 등식의 양변에 $f^{-1} \in G$를 적용하여 $i = f^{-1}(i)$를 얻으므로 $f^{-1} \in G$이다.

안정제의 보족적인 개념으로 궤도가 있다.

정의 18.15

G가 집합 S에 작용하고 $i \in S$라 한다. 그러면 G에 의한 i의 궤도(orbit)는 G의 원소를 i에 작용하여 얻는 S의 모든 원소의 집합이고 i^G라 표기한다. 즉,

$$i^G = \{g(i) \mid g \in G\}$$

이다.

다음 보조정리는 G의 궤도와 안정제의 개념을 연관시킨다. 대충 말하면 i의 궤도가 크면 i의 안정제는 작고, 그 역도 성립한다.

보조정리 18.16

G가 집합 S에 작용하는 유한군이고 $i \in S$라 한다. 그러면

$$\frac{|G|}{|G_i|} = |i^G|$$

이다.

예제 18.17

G와 i가 예 18.12에서와 같다면 $|G| = 6! = 720$, $G_1 = 5! = 120$, $i^G = [6]$이므로 $|i^G| = 6$이다.

예제 18.18

G와 i가 예 18.13에서와 같다면 i^G가 순환 C의 모든 점의 집합이므로 $|G| = 2n$, $|G_i| = 2$, $|i^G| = n$이다.

증명 따름정리 18.7의 증명에서 좌변은 G에서의 G_i의 서로 다른 코셋의 수이다. 이 코셋들이 i^G의 원소들과 전단사임을 보인다.

사실상, C가 G_i의 코셋이라 하면 어떤 $g \in G$에 대하여 $C = gG_i$이다. 이때 $f(C) = g(i) \in i^G$라 한다.

f가 전단사라는 것을 증명하기 전에 f가 잘 정의되어 있다는, 즉 각 C에 대하여 정확히 한 개의 $f(C)$를 정의한다는 것을 증명할 필요가 있다. 이는 $C = gG_i$인 g의 후보가 몇 개 있을 수 있으므로 명백하지 않다. 그러나 연습문제 3은 임의의

두 후보가 G_i의 원소만큼 다르므로, i에는 같은 영향이 있다는 것을 보여준다. 즉, $gG_i = g'G_i = C$이면, $g'^{-1}g \in G_i$이므로 $g'^{-1}g(i) = i$이다. 이는 $g(i) = g'(i)$임을 의미한다. 따라서 f는 잘 정의되어 있다, 즉, G_i의 코셋들에서의 함수이고 코셋의 원소 g의 선택에 무관하다.

f가 전단사함수임을 증명하는 데는 별다른 기교가 필요하지 않다. $j \in i^G$이면, $g(i) = j$인 $g \in G$가 있다. 이는 $j = f(gC)$라는 f의 정의의 결과이다. 여기에서도, g의 후보가 여럿 있지만 $g(i) = g'(i)$이면, $g'^{-1}g(i) = i$이고 $g'^{-1}g \in G_i$이며, 연습문제 3에 의하여 코셋 gG_i와 $g'G_i$는 같다.

다음 개념은 다른 의미에서 안정제의 보족 개념이다. 주어진 대상을 고정하는 치환군의 원소의 집합인 안정제와 반대로, 치환군의 주어진 원소에 의해 고정되는 대상의 집합이다.

정의 18.19

G가 집합 S에 작용하는 치환군이고 $g \in G$일 때

$$F_g = \{i \in S \mid g(i) = i\}$$

라 한다.

다음 정리는 주어진 치환군에 의하여 서로 이동될 수 없는 대상을 계수하는 기본적인 도구일 것이다. 이를 번사이드의 정리(Burnside's theorem) 또는 보조정리라 한다.

정리 18.20

G가 집합 S에 작용하는 치환군이다. 그러면 G의 작용에 의한 S의 궤도의 수는

$$\frac{1}{|G|}\sum_{g \in G} |F_g|$$

이다.

증명 $g \in G$, $i \in S$이고 $g(i) = i$인 (g, i)에 대한 두 가지 서로 다른 개념 G_i와 F_g를 정의했으므로, 증명의 내용은 놀랍지 않게 이들 쌍을 두 가지 방법으로 계수하여 얻는 공식을 같다고 놓는 것이다.

n이 G의 작용에서의 S의 궤도의 개수라 한다. 그러면

$$|G|n = \sum_{g \in G} |F_g| \tag{18.1}$$

를 보이면 충분하다. 여기에서 우변은 명백히 $g \in G$, $i \in S$이고 $g(i) = i$인 순서쌍 (g, i)의 개수인데 이를 고정된 g에 관하여 먼저 합하고 이렇게 얻은 합들을 G에 있는 모든 g에 대하여 합한다.

이 순서쌍의 개수를 먼저 고정된 i에 관하여 합하고 이렇게 얻은 합들을 S에 있는 모든 i에 관하여 합하면

$$\begin{aligned} \sum_{g \in G} |F_g| &= \sum_{i \in S} |G_i| \\ &= \sum_{i \in S} \frac{|G|}{|i^G|} \\ &= |G| \sum_{i \in S} \frac{1}{|i^G|} \\ &= |G| n \end{aligned}$$

이다. 보조정리 18.14를 두 번째 단계에서 적용했다. 마지막 단계에서 크기 k인 각 궤도는 각 원소가 $\frac{1}{k}$만큼 합에 기여하므로, 모두 합하여 1만큼 기여한다. 따라서 S의 모든 원소가 기여하는 합은 궤도의 수이다.

따름정리 18.21

유한군 G가 유한집합 S에 작용한다. 그러면 이 작용의 고정점의 수의 평균은 이 작용의 궤도의 수이다.

증명 정리 18.20의 증명에서 본 등식들에 의하면, G가 S에 작용할 때 궤도의 수가 n이면 $\sum_{i \in S} |G_i| = n|G|$이다. 양변을 $|G|$로 나누면 증명된다.

다음 예는 정리 18.20을 매우 단순한 경우로 설명한다.

예제 18.22

K_3의 선분을 빨강색이나 파랑색으로 색칠한다. 어느 색칠에 자기동형함수를 적용하여 다른 색칠을 얻을 수 있으면, 이 두 색칠이 동등하다고 한다. 동등하지 않은 색칠은 몇 가지인가?

풀이 문제를 번사이드 보조정리가 적용될 수 있는, 즉 우리가 찾는 수가 적절한 작용에 대한 집합의 궤도의 수인 내용으로 바꾸어야 한다.

이 경우에는 쉽다. S가 K_3의 빨강색과 파랑색을 이용하는 모든 선분의 색칠의 집합이고, G가 K_3의 자기동형군이라 한다. 그러면 G는 집합 S의 (한 가지 색칠을 다른 색칠로 옮기는) 치환군으로 작용한다. 이 작용에서 두 색칠은 정확히 그들이 동등할 때 같은 궤도에 속하므로, 서로 동등하지 않은 색칠의 수가 정확히 궤도의 수이다.

$G = Aut(K_3)$의 원소는 항등 치환, 두 개의 3-순환, 한 개의 고정점과 2-순환으로 구성된 세 개의 치환이다.

이제 G의 여섯 개의 모든 원소 g에 대하여 $|F_g|$의 수를 구해야 한다. 명백히, 항등 치환은 여덟 가지 색칠 모두를 고정하고, 두 개의 3-순환은 모든 선분이 같은 색인 두 가지 색칠을 고정하며, 나머지 세 개의 각 치환은 네 가지 색칠을 고정한다. 사실상 치환 $(AB)(C)$는 AC의 색과 BC의 색이 같은 네 가지 색칠을 고정한다.

그러므로 궤도의 수, 즉 서로 동등하지 않은 색칠의 수는

$$\frac{1}{|G|}\sum_{g\in G}|F_g| = \frac{8+2+2+4+4+4}{6} = 4$$

이다.

이 결과는 네 가지 서로 동등하지 않은 색칠이 각각 0, 1, 2, 3개의 파랑색 선분을 가지므로, 증명하기가 매우 쉽다. 파랑색 선분의 끝점이 결정되면 색칠은 결정된다. 물론 이는 네 개 이상의 선분을 가진 정다각형에는 적용되지 않는다.

이 장의 도입에서 제기된 질문에 대답하기 위하여, 정육각형의 회전군의 여섯 개의 각 원소 g를, 네 가지 색을 이용한 육각형의 4^6가지 색칠의 집합에서의 치환군으로 볼 때 F_g를 계산하여야 한다.

항등 치환(0도 회전)은 4^6개의 모든 색칠을 고정한다. 60도나 300도 회전은 단일색의 네 가지 색칠을 고정한다. 사실상, 이러한 회전은 육각형의 한 변을 인접한 변으로 옮기므로 이러한 색칠이 고정되면, 각 변은 인접한 변과 동일한 색이다.

유사한 논의에 의하여, 어떤 색칠이 120도나 240도 회전에 의해 고정되면 옆의 옆 변은 동일한 색이다. 첫 번째, 세 번째, 다섯 번째 변에 가능한 선택이 네 가지, 두 번째, 네 번째, 여섯 번째 변에 가능한 선택이 네 가지 있으므로, 16가지 색칠이 있다.

유사한 논의에 의하여, 180도 회전에 의하여 $4^3 = 16$가지 색칠이 고정된다. 그러므로 정리 18.20에 의하여 동등하지 않은 색칠의 수는

$$\frac{1}{|G|}\sum_{g\in G}|F_g| = \frac{4^6+2\cdot 4+2\cdot 4^2+4^3}{6} = 700$$

이다.

예제 18.23

그림 18.1의 그래프 H의 선분의 색칠을 고려한다. 어느 색칠을 다른 색칠로 보내는 자기동형함수가 있을 때 두 색칠이 동일하다고 한다. 빨강색, 파랑색, 녹색을 이용한 색칠 수를 구하라.

풀이 H는 여섯 개의 자기동형함수를 가지는데, 이들이 차수 2 이상인 점을 고정한다는 것은 쉽게 알 수 있다. 그러므로 차수 1인 점에 인접한 다섯 개의 선분의 색을 고정하는 함수는 모든 선분의 색칠을 고정한다. 다른 세 개의 선분은 자기동형함수에 의하여 고정되므로, 그들의 27가지 색칠은 항상 고정된다.

차수 1인 점에 접하는 다섯 개의 선분에 관하여, 항등 함수는 그들의 $3^5 = 243$가지 색칠을 고정하고, 차수 6인 두 개의 자기동형함수는 (왼쪽의 세 개의 선분을 같은 색, 오른쪽의 두 개의 선분을 같은 색으로 칠하는) 아홉 가지 색칠을 고정한다. 차수 3인 두 개의 자기동형함수는 (왼쪽의 세 개의 선분을 같은 색, 오른쪽의 두 개의 선분을 서로 다른 색으로 칠하는) 27가지 색칠을 고정한다. 마지막으로, (오른쪽의 두 선분을 같은 색으로 칠하는) 차수 2인 두 개의 자기동형함수는 81가지 색칠을 고정한다.

그러므로 정리 18.20에 의하여, H의 선분은

$$\frac{27(243+2\cdot 9+2\cdot 27+81)}{6} = \frac{27\cdot 396}{6} = 1782$$

개의 동형이 아닌 색칠을 갖는다.

정리 18.20의 고전적인 응용 중 12장에서 논의한 다섯 개 정다면체의 색칠의 계수하기가 있는데 연습문제에서 다룰 것이다.

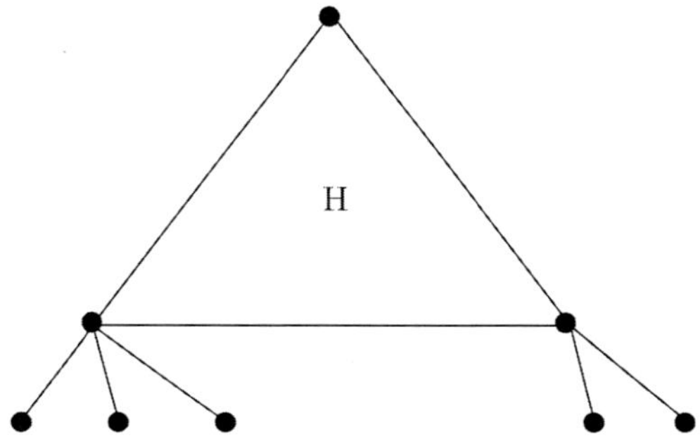

그림 18.1 세 가지 색을 이용한 선분 색칠의 수 계수하기

18.2 라벨 없는 트리 계수하기

18.2.1 비평면 1-2 근 트리 계수하기

8장에서 계수 문제를 풀 때 생성 함수를 이용하는 다양한 기술을 배웠다. 이 기술은 많은 상황에 적용되는데 이들 상황에 공통점이 있다. 계수되는 구조는 항상 라벨 있는 구조였다. 즉, 서로 다른 대상으로 된 n-집합에서 어떤 작업을 달성하는 방법의 수를 계산하는 것이었다. 주어진 역할을 하는 다른 대상을 이용하여 다른 구조를 얻었는데 이 구조의 예는 치환, 집합 분할, 라벨 있는 그래프이었다.

이 절에서는, 라벨 없는 구조를 계수하는 기술을 배울 것이다. 이 기술은 정확한 구조의 수의 공식을 항상 제공하지는 않지만, 이 구조의 수를 귀납적으로 얻는 방법을 제공한다. 이 책의 범위를 벗어나는 해석학적 조합론의 기술을 이용하여, 우리가 유도하는 공식에서 구조의 개략의 수를 얻을 수 있다. 이 절의 나머지 부분에서는, 달리 언급하지 않는다면 모든 그래프는 라벨 없는 그래프이다.

첫 번째 예로, 잎을 제외한 모든 점이 둘 이하의 자식을 갖는 n개의 점에서의 근 트리의 계수 문제를 고려한다. 이 트리를 n개의 점에서의 비평면 $1-2$ 트리(non- plane $1-2$ tree)라 한다. 비평면이란 트리가 평면에 매장되지 않는다, 즉, 왼쪽 자식이나 오른쪽 자식이라는 개념이 없다는 뜻이다.

n개의 점에서의 비평면 $1-2$ 트리의 수를 b_n이라 하는데 $b_0=1$이라 놓는다. $b_1=b_2=1$, $b_3=2$, $b_4=3$임을 증명하라. 그림 18.2과 같이 다섯 개의 점에서는 비평면 $1-2$ 트리 여섯 개가 있으며 $b_5=6$이라고 결론짓는다.

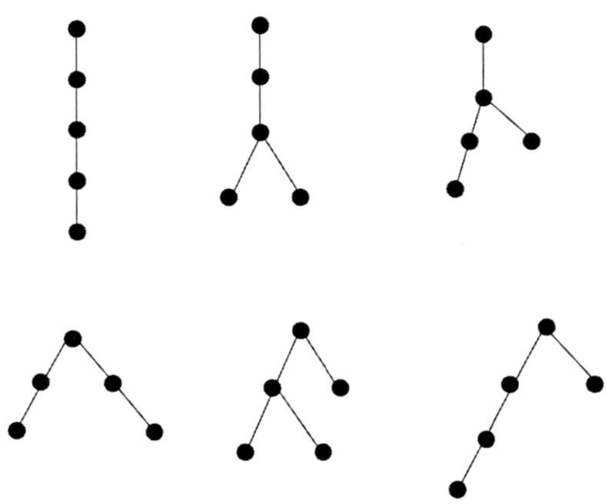

그림 18.2 다섯 개의 점에서의 여섯 가지 비평면 1-2 트리

n개의 점에서의 비평면 $1-2$ 트리로부터 근을 없애서 점의 합집합이 $n-1$개의 점인 두 개의 비평면 $1-2$ 트리의 다중 집합을 얻는데 그 중 한 개는 0개의 점에서의 트리일 수도 있다. 위의 문장에서 '다중 집합'에는 두 가지 중요성이 있다. 첫째, 우리의 트리는 평면이 아니므로, 두 개의 트리 사이에는 순서가 없다. 둘째, 우리가 얻은 두 개의 트리가 같을 수도 있으므로 두 개의 트리로 구성된 집합을 얻는다고 할 수 없다.

$b_0 = 1$이라고 놓으면 근이 유일한 자식을 갖는 경우를 따로 다룰 필요가 없다는 잇점이 있다. 근이 유일한 자식을 가져도, 여전히 한 개는 공 그래프인 두 개의 트리를 갖는다고 말할 수 있다.

$B(x) = \sum_{n \geq 0} b_n x^n$이 수열 b_n의 일반 생성 함수라 하자.

근의 두 부분트리의 순서가 있다고 간주하면, 곱셈 공식(정리 8.5)를 이용하여 생성 함수 $xB^2(x)$를 얻을 수 있다. 그러나 근의 두 부분트리의 순서가 없도록 설정했으므로, 순서가 없는 쌍의 수는 순서 있는 쌍이었을 경우의 절반이고 비평면 $1-2$ 트리의 생성 함수는 $\frac{1}{2}xB^2(x)$인 것 같다. 이 논의의 문제점은 때로 근의 두 부분트리가 동일할 수도 있다는 것이다. 그림 18.3의 예가 있다. 이 성질을 가진 트리는 두 번이 아니라 한 번 계수하므로, $\frac{1}{2}xB^2(x)$는 실제 트리의 수보다 약간 적게 계수한다.

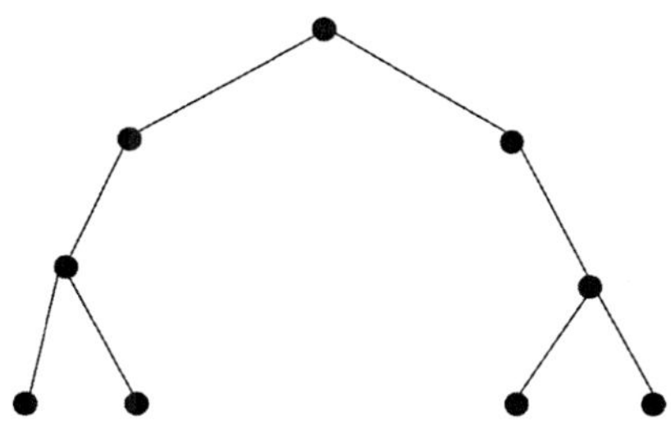

그림 18.3 근이 두 명의 동일한 자식을 갖는 비평면 1-2 트리

n개 점에서의 비평면 $1-2$ 트리 몇 개가 이 예외적인 클라스에 있을까? 즉, 근의 두 부분트리가 같을까? n이 짝수이면 $n-1$개의 근이 아닌 점이 있으므로, 그러한 트리는 없을 것이다. $n = 2k+1$이면, 동일한 b_k가지 부분트리가 두 개 있다. 따라서 이 예외적인 클라스의 트리의 생성 함수는 $\sum_{k \geq 0} x b_k x^{2k} = xB(x^2)$이다.

따라서 다음 정리를 증명했다.

정리 18.24

$B(x)$가 위와 같이 정의되어 있다. 그러면

$$B(x) = 1 + \frac{x}{2}(B^2(x) + B(x^2)) \tag{18.2}$$

이다.

(18.2)에서 b_n의 수를 얻는 명백한 공식을 얻을 수 없다면 이 정리의 유용성은 무엇인가? 귀납적 관계를 (18.2)에서 유도할 수 있지만, 생성 함수를 도입하지 않고도 유도할 수 있다. 연습문제 28은 이 관계의 증명 문제이다.

정리 18.24의 진정한 가치는 b_n의 점근적 크기를 평가할 수 있도록 한다는 것이다. 평가 방법은 이 책의 범위를 넘는다. 결과는 $a = 2.4832535...$에 대하여

$$b_n \sim c \cdot \frac{a^n}{n^{3/2}}$$

인 상수 c가 존재하는데 c는 0.791에 가깝다.

이를 라벨 없는 n개의 점에서의 이진 평면 트리의 경우와 비교하라. 그 경우에는 카탈란 수

$$c_n = \frac{\binom{2n}{n}}{n+1} \sim \pi^{-\frac{1}{2}} \cdot \frac{4^n}{n^{3/2}}$$

이다. 따라서 이진 평면 트리의 수는 비평면 $1-2$ 트리의 수의 1.6^n배인데 이는 직관과 일치한다. 직관적으로, 이진 평면 트리에서 어느 점이 그 부모의 유일한 자식이면, 왼쪽 자식이나 오른쪽 자식이라고 할 수 있는 반면, 비평면 트리에서는 이러한 구분이 없다. 자매(같은 부모의 자식)가 있는 점이라면, 이 논의는 두 자매가 동일하지 않은 부분트리를 갖는 경우에만 일어난다. 이는 부분트리가 크면 종종 일어나고, 작으면 그다지 많이 일어나지 않고, 공집합이면 일어나지 않는다. 따라서 이진 평면 트리는 비평면 $1-2$ 트리의 수보다 1배 내지 2^n배만큼 클 것으로 기대하는데, 이는 실제 결과와 일치한다.

18.2.2 비평면 근 트리 계수하기

각 점이 둘 이하의 자식을 갖는다는 조건을 없애면 어떻게 되는가? 이 경우에, 우리의 방법에는 심각한 수정이 필요하다. 사실상 어느 점에 두 자식이 있으면, 각 자식을 근으로 하는 부분트리는 동일하거나 그렇지 않은 두 가지 경우가 있다. 그러나. 어느 점에

17명의 자식이 있으면, 각 자식을 근으로 하는 17개의 부분트리 중 다섯 개가 같고, 세 개의 부분트리로 된 두 부분집합이 있고, 나머지 부분트리는 서로 다를 수 있다. 이 모든 경우를 분석하는 방법이 필요하다.

우리가 제시하는 방법은 8장에서 n의 분할 수 $p(n)$의 생성 함수가

$$\sum_{n\geq 0} p(n)x^n = \prod_{i\geq 1}\frac{1}{1-x^i} = (1+x+x^2+\cdots)(1+x^2+x^4+\cdots)\cdots \qquad (18.3)$$

라는 것을 증명하는 데 사용한 방법과 같다.

사실상, n의 분할에서 크기가 i인 부분이 m_i개라면, 이는 우변의 i 번째 무한 합의 $x^{m_i i}$항에서 설명된다.

비평면 근 트리(rooted non-plane tree)의 수 T_n의 일반 생성 함수를 구하는 일은 $p(n)$의 일반 생성 함수를 구하는 일과 유사하다. 사실상 그러한 트리의 근을 없애면, 점의 수의 합이 $n-1$인 트리의 다중집합을 얻는다. 그런데 정수의 분할에서와 다르게, 이 부분트리 중 크기는 같지만 서로 다른 트리가 있다.

예로, 세 개의 점에서의 비평면 근 트리가 (근의 자식이 하나인 트리와 근의 자식이 두 개인 트리) 두 가지 있다. 그러므로 (18.3)과 비슷한 $T(x)=\sum_{n\geq 1} T_n x^n$의 공식은 $(1+x^3+x^6+\cdots)=\frac{1}{1-x^3}$ 형태의 요소 두 개를 포함한다. 이 요소 각각은 각 부분트리를 설명한다.

이 논의를 연장하면

$$T(x) = x\prod_{i\geq 1}\left(\frac{1}{1-x^i}\right)^{T_i} \qquad (18.4)$$

이다. 우변의 요소 x는 근을 설명한다. 등식 (18.4)는 흥미롭지만, 더 많은 작업을 요한다. 특히, 우변은 모든 T_i를 포함하지만, $T(x)$의 값이 무엇인지 명백하지 않다. 운좋게도, 순수한 대수적 조작으로 이 문제를 해결할 것이다. 첫째, $y(x)=\exp(\ln y(x))$를 이용하면, (18.4)를

$$T(x) = x\exp\left(\sum_{n\geq 1} T_n \ln\left(\frac{1}{1-x^n}\right)\right) \qquad (18.5)$$

이라고 쓸 수 있다.

$n=1$부터 T_n의 처음 값이 1, 1, 2, 4, 9, 20임을 증명하도록 권한다.

이 시점에서, 독자는 (18.5)가 (18.4)보다 나쁘다고 지적할 지 모른다. 특히, $\ln\left(\frac{1}{1-x^n}\right)$

이 무한합이므로, 우변은 무한 합의 무한 합을 포함한다. 그러나 $\ln\left(\frac{1}{1-x}\right)=\sum_{k\geq 1}\frac{x^k}{k}$ 이고

$$\ln\left(\frac{1}{1-x^n}\right)=\sum_{k\geq 1}\frac{x^{nk}}{k}$$

이므로

$$\begin{aligned}\sum_{n\geq 1}T_n\ln\left(\frac{1}{1-x^n}\right)&=\sum_{n\geq 1}T_n\sum_{k\geq 1}\frac{x^{nk}}{k}\\&=\sum_{n\geq 1}\sum_{k\geq 1}T_n\frac{x^{nk}}{k}\\&=\sum_{k\geq 1}\frac{T(x^k)}{k}\end{aligned}$$

이다. 마지막 등호를 (18.5)와 비교하여, 다음 정리를 증명했음을 안다.

정리 18.25

$T_0=0$ 이고 T_n 이 n개 점에서의 비평면 근 트리의 수라 한다. $T(x)=\sum_{n\geq 1}T_nx^n$ 이 수열 $\{T_n\}_{n\geq 1}$ 의 일반 생성 함수이면

$$T(x)=x\exp\left(\sum_{k\geq 1}\frac{T(x^k)}{k}\right)\tag{18.6}$$

이다.

여기에서 해석학적 조합론의 방법을 이용하면, (18.6)으로부터 $c=0.439924\ldots$ 와 $a=2.95576\ldots$ 에 대하여

$$T_n\sim c\cdot\frac{a^n}{n^{3/2}}\tag{18.7}$$

이다.

이를 10장에서 증명한 케일리의 공식과 비교하라. 이 공식에 의하면 라벨 있는 n개 점에서의 근 트리의 수는 n^{n-1}이다. 임의의 라벨 없는 n개 점에서의 비평면 근 트리에 $n!$가지 다른 방법으로 라벨을 붙일 수 있다면, 라벨 있는 n개 점에서의 근 트리의 수는 T_n의 $n!$배일 것이다. 그러나 별그래프와 같이 라벨을 붙일 수 있는 방법이 $n!$보다 적은 트리도 있다. 따라서 실제 비율은 $n!$보다 약간 작다고 예상하는데 이 직관은 옳다고 증명되었다. 사실상, 스털링 공식(공식 (3.1))에 의하여

$$\frac{n^{n-1}}{n!} \sim \frac{e^n}{\sqrt{2\pi}\, n^{3/2}}$$

이고, $e = 2.718 < a = 2.95576$이므로 이 값은 T_n보다 약간 작다. 또한 라벨 없는 n개 점에서의 평면 트리의 수가 카탈란 수 c_{n-1}임을 지적한다. 14장의 연습문제 43이 증명 문제이다. 카탈란 수는 대략 4의 멱승으로 증가하므로, 대략 2.95의 멱승으로 증가하는 T_n보다 다소 빠르게 증가한다. 증가 속도의 차이는 평면 트리와 비평면 트리의 차이이다.

18.2.3 무근 트리 계수하기

라벨 없는(unlabled) 무근 트리의 수에 대하여 무엇을 말할 수 있는가? 이는 근을 설정하는 방법이 경로와 같은 트리에는 여러 가지이고, 별그래프과 같은 트리에는 두세 가지이므로 어려운 질문이다.

리차드 오터(Richard Otter)의 다음의 유명한 결과는 라벨 없는 n개의 점에서, 근 트리의 수와 무근 트리의 수의 밀접한 관계를 규정한다.

정리 18.26

$t_0 = 0$, $n \geq 1$에 대하여 t_n이 라벨 없는 n개 점에서의 무근 트리의 수이고 $t(x) = \sum_{n \geq 1} t_n x^n$이라 한다. 그러면

$$t(x) = T(x) - \frac{1}{2}(T^2(x) - T(x^2)) \tag{18.8}$$

이다.

정리 18.26은 형식도 간단하지만 그 이상 놀랍다. 비평면 1-2 근 트리에 관한 공식 (18.2)와 유사하게 (18.8)의 우변에 숫자 2가 세 번 나타난다. 이는 계수하는 트리의 점의 차수에 제한이 없으므로, 기대하지 않았던 결과이다.

독자는 $n = 1$부터 처음 몇 개 t_n의 값이 1, 1, 1, 2, 3, 6이라는 것을 증명함으로써 이 문제와 친숙해질 수 있다.

증명 (정리 18.26). 정리 18.26을 증명하기 위하여 몇 가지 정의가 필요하다. v, w가 트리 T의 점으로 T의 어떤 자기동형함수 f에 대하여 $f(v) = w$이면, v, w를 유사하다(similar)고 한다. 다시 말하면, $Aut(T)$가 T에 작용할 때 v, w가 같은 궤도에 속하면 유사하다고 한다. 이 작용의 궤도의 수를 T의 유사하지 않은

(non-similar) 점의 수라 한다. 비슷하게, $Aut(T)$는 T의 선분의 집합에 작용한다. 이 작용에 의해 같은 궤도에 있는 T의 선분들을 유사하다고 하고 이 작용의 궤도의 수를 T의 유사하지 않은 선분의 수라 한다.

T의 대칭 선분(symmetry edge)은 유사한 두 점을 연결하는 선분이다. 연습문제 30은 v, w가 트리 T의 대칭 선분 L의 양 끝점일 때 $f(v)=w$인 각 $f \in Aut(T)$에 대하여 $f(w)=v$라는 것을 증명하는 문제이다. 연습문제 31은 모든 트리는 한 개 이하의 대칭 선분을 갖는다는 것을 증명하는 문제이다.

다음의 다소 기술적인 보조정리는 정리 18.26의 증명에서 거의 유일한 그래프 이론 부분이다.

보조정리 18.27

트리 T에 대하여, T_0이 유사한 두 점을 포함하지 않는 T의 부분트리이다. P가 $T-T_0$의 점이고, T_0의 점 Q에 인접한다.
$f \in Aut(T)$이고 $P'=f(P) \in T_0$, $Q'=f(Q)$이다. 또한 P, Q 사이의 선분은 e이고 P', Q' 사이의 선분은 e'이다. 그러면 $Q=Q'$ 또는 $e=e'$이다.

그림 18.4에 설명되어 있다. 이 예에서, P와 P'을 교환하고 다른 모든 점을 고정하는 함수 f는 T의 자기동형함수이다.

증명 (보조정리 18.27) $e \neq e'$이면 $Q=Q'$이라는 것을 증명한다. T에서 $e=PQ$를 빼서 P를 포함하는 트리 T_P와 Q를 포함하는 트리 T_Q를 얻는다. 유사하게, T에서 e'을 빼서 트리 $T_{P'}$, $T_{Q'}$을 얻는다.

이제 e'이 T_0에 있다는 것을 증명한다. 그러면 Q'이 e'의 끝점이므로 $Q' \in T_0$이다. $f(Q)=Q'$이므로, T_0이 T에서 유사한 두 점을 포함하지 않는다는 것을 고려하면 $Q=Q'$일 수 밖에 없다.

$e' \not\in T_0$이라 가정하자. 그러면 e'를 빼도 T_0이 그대로이므로, T_0은 $T_{P'}$ 또는 $T_{Q'}$의 부분이다. 정의에 의하여 $P' \in T_0$이고 P'이 e'의 끝점이므로 $T_0 \subseteq T_{P'}$이다. 정의에 의하여 $Q \in T_0$이므로 $Q \in T_{P'}$이다. Q가 P에 인접하므로(e에 의하여) e가 제거된 선분 e'과 다르다는 점을 고려하면 $e \in T_{P'}$이다. $T_{P'}$과 $T_{Q'}$의 교점이 없으므로, 이는 $e \not\in T_{Q'}$임을 의미한다.

유사하게 $e=PQ$는 정의에 의하면 (P가 T_0의 부분이 아니므로) T_0의 부분이 아니므로 제거해도 T_0은 그대로이다. 그러므로 T_0은 T_P나 T_Q의 부분트리이다.

그러나 $Q \in T_0$이므로 $T_0 \subseteq T_Q$이다. 특히 $P' \in T_0$이므로 $P' \in T_Q$이다. 제거된 선분 e와 $e' = P'Q'$은 다르므로 $Q' \in T_Q$이고 $e' \in T_Q$이다.

마지막으로 $Q' \in T_Q$이고 제거된 $e = PQ$는 $T_{Q'}$에 있지 않으므로 $T_{Q'} \subseteq T_Q$이다. e'을 T_Q는 포함하고 $T_{Q'}$은 포함하지 않으므로 포함 관계는 진부분이다. $f(T_Q) = f(T_{Q'})$이므로 T_Q와 $T_{Q'}$의 선분의 수가 같고, 이는 모순이다. 따라서 $e' \in T_0$이고, 이 증명의 두 번째 문단에서 설명한 대로 $Q = Q'$이다.

$e = e'$이면 선분 PQ와 $P'Q'$이 동일하다는 것에 주목하라. $P \neq P'$이므로, $P = Q'$, $P' = Q$이다. 특히, P와 Q는 유사하고 선분 PQ는 대칭이다. 또한 $f(P) = P' = Q$이고 $f(Q) = Q' = P$이므로 f는 선분 e의 양 끝점을 교환한다.

아마도 놀라울 다음 보조정리는 트리에서 유사하지 않은 점의 수와 유사하지 않은 선분의 수가, 점의 수와 선분의 수와 거의 같은 방법으로 매우 밀접히 관련되어 있다는 것이다.

보조정리 18.28

트리 T에서 유사하지 않은 점의 수는 유사하지 않은 선분의 수보다 하나 많다. (대칭적인 선분은 제외한다.)

독자는 계속 읽기 전에 그림 18.4의 트리 T에 관하여 이 주장을 증명하여야 한다.

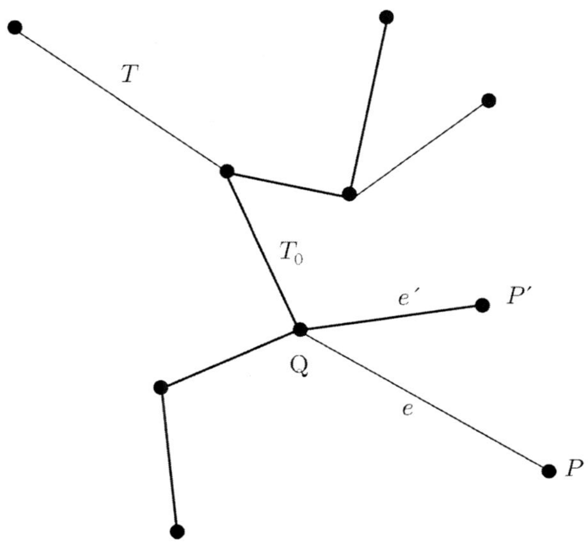

그림 18.4 보조정리 18.27의 예

증명 그림 18.5에 설명되어 있는 것처럼 T_0이 T에서 유사한 어느 두 점도 포함하지 않는, T의 극대 부분트리이고 m개의 점을 갖는다고 한다.

보조정리 18.28을 의미하는 두 가지 주장을 증명한다.

(1) T에 정확히 m개의 유사하지 않은 점이 있다고 주장한다. T의 각 점 v가 T_0의 점과 유사하므로 이것이 참이라고 주장한다.

점 $v \in T$와 T_0의 거리 k에 관한 귀납법으로 증명한다. $k=1$일 때 명백히 성립한다. 이 경우에 v는 T_0의 어느 점에 인접하므로 v가 T_0의 점과 유사하지 않으면 v를 T_0에 더할 수 있고, 이는 T_0이 극대이므로 모순이다.

주장이 k일 때 성립한다고 가정하고 $k+1$일 때 증명한다. v가 T_0에서 거리 $k+1$이고 v에서 T_0으로의 유일한 경로에서 u가 v의 이웃(neighbor, 인접한 점)이라고 한다. 그러면 u에서 T_0의 거리가 k이고, 귀납적 가정에 의해 u는 어느 점 $u_0 \in T_0$과 유사하다. 따라서 v를 포함한 u의 이웃은 T_0에서 거리가 1 이하인 u_0의 이웃과 유사하다. 추이성에 의하여 (이 주장이 $k=1$일 때 성립하므로) 이는 v를 포함한 u의 모든 이웃은 T_0의 점과 유사하다는 것을 의미한다. 따라서 귀납 단계를 증명하고 주장을 증명한다.

(2) T에 대칭이 아닌 유사하지 않은 $m-1$개의 선분이 있다고 주장한다. T의 대칭이 아닌 모든 선분이 T_0의 어느 선분과 유사하므로 이것이 참이라고 주장한다.

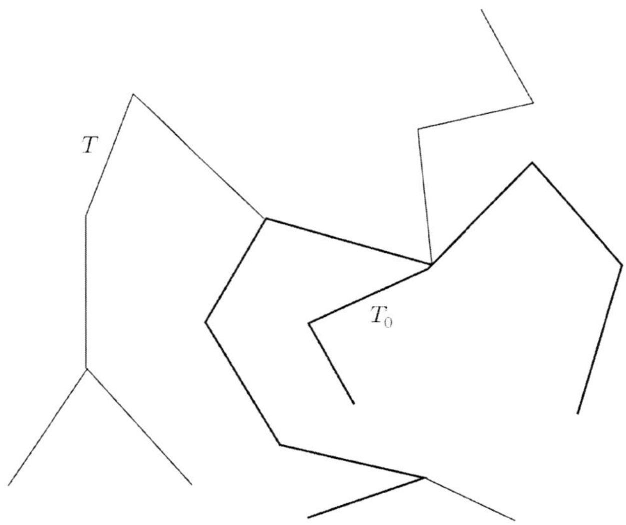

그림 18.5 트리 T_0에는 T에서 유사한 두 점이 없지만, T의 다른 점을 T_0에 더하면 유사한 점이 생긴다.

pq가 T의 선분이라 한다. 위의 주장에 의하여, q는 T_0의 점과 유사하고 q를 T_0의 점으로 보내는 T의 자기동형함수가 있으므로 $q \in T_0$이라 가정해도 된다. $p \in T_0$이면, 주장은 명백히 참이다. $p \notin T_0$이면, p는 $p' \in T_0$과 유사하다. 아니라면 p를 T_0에 더할 수 있으므로 T_0이 극대라는 데 모순이다. 이제 보조정리 18.27에서 p, p', q가 각각 P, P', Q의 역할을 하도록 하고 $f \in Aut(T)$가 $f(p) = p'$인 자기동형함수라 한다. 그러면 보조정리 18.27과 그 뒤의 언급에 의해 $f(q) = q$이거나 pq는 대칭 선분이다. pq가 대칭 선분이 아니면 $f(pq) = p'q$인데 이는 p', q가 T_0의 점이므로 T_0의 선분이다. 그러므로 pq는 T_0의 선분 $p'q$와 유사하다.

보조정리는 $m - (m-1) = 1$이므로 명백히 성립한다.

n개 점에서의 모든 라벨 없는 트리에서, v_n이 유사하지 않은 점의 전체 수이고 e_n이 대칭 선분이 아닌 유사하지 않은 선분의 전체 수라 한다. 다시 말하여, n개 점에서의 모든 라벨 없는 트리에서 v_n은 유사하지 않은 점의 수의 합이고 e_n은 대칭 선분이 아닌 유사하지 않은 선분의 수의 합이다.

다음 성질은 무근 트리의 수를 세는데 유용하다.

성질 18.29

모든 $n \geq 2$에 대하여,

$$t_n = v_n - e_n$$

이다.

증명 (성질 18.29). 무근 트리 t에서 $v(t)$가 유사하지 않은 점의 수이고 $e(t)$가 유사하지 않은 선분의 수이다. 그러면 보조정리 18.28에 의하여

$$\begin{aligned} v_n - e_n &= \sum_t (v(t) - e(t)) \\ &= \sum_t 1 \\ &= t_n \end{aligned}$$

이다. 여기에서 t는 라벨 없는 n개의 점에서의 모든 무근 트리이다.

성질 18.29를 이용하여 t_n을 계산하기 위하여 v_n, e_n을 결정할 필요가 있다. 먼저 무근 트리 t에서 점 x를 근으로 하는 근 트리가 y를 근으로 하는 근 트리와 다른 필요충분조건은 x, y가 유사하지 않은 점인 것이므로,

$$v_n = T_n \tag{18.9}$$

이다.

둘째, e_n은 한 개의 비대칭 선분이 파랑색인 라벨 없는 n개의 점에서의 무근 트리 t의 수이다.

$$e_n = \frac{1}{2}\sum_{\substack{i \neq j \\ i+j=n}} T_i T_j + \binom{T_{n/2}}{2}$$

이라고 주장한다. 여기에서 n이 홀수일 때 $T_{n/2} = 0$이다.

사실상 t로부터 색칠된 선분(점이 아니라)을 제거하면, 제거된 선분의 양 끝점이 근인 두 개의 작은 근 트리를 얻는다. 이 트리들의 점의 수가 다르면 우변의 첫 번째 항으로 계수되고, 점의 수가 같으면 우변의 두 번째 항으로 계수된다.(제거된 선분이 대칭 선분이 아니므로, 두 개의 작은 트리는 항상 다르다.)

위의 등식을 정리하여

$$e_n = \frac{\sum_{i+j=n} T_i T_j}{2} - \frac{T_{n/2}}{2} \tag{18.10}$$

을 얻는다.

공식 (18.9), (18.10)에서 얻은 v_n, e_n을 성질 18.29에 대입하면

$$t_n = T_n - \frac{1}{2}\left(\left(\sum_{i+j=n} T_i T_j\right) - T_{n/2}\right)$$

인데 이는 정리 18.26과 동일하다.

n개의 점에서의 각 무근 트리가 한 가지 이상 n가지 이하의 방법으로 근을 가질 수 있으므로, t_n의 점근값은 놀랍지 않다. 따라서 명백히 $t_n \leq T_n \leq nt_n$이다. 이는 t_n이 T_n과 지수적 차원에서 같다는 것을 의미한다. 이 책의 범위를 넘는 보다 정확한 분석에 의하면,

$$t_n \sim \frac{a^n}{n^{5/2}} b \tag{18.11}$$

이다. 공식 (18.7)에서와 같이 $a = 2.95576$이고 $b = 0.534949$이다.

Notes

조합론에서의 해석학적 방법의 소개로 허브 윌프(Herb Wilf)의 생성 함수론(Generating fuctionology)[49] 5장을 소개한다. 더 자세한 참고서로 필립 플라조릿(Philippe Flajolet)과 로버트 세지위크(Robert Sedgewick)의 해석학적 조합론(Analytic Combinatorics)[18]을 추천한다.
이 방법의 중심 부분은 적합한 조건 하에서 멱급수 $A(x)$의 계수의 지수적 차수는 $1/a$라는 정리이다. 여기에서 a는 0에 가장 가까운 $A(x)$의 특이성이다. 특이성은 복소해석학에서 중요한 개념이고 관련 내용을 위에 언급한 책에서 읽도록 권한다. 예로 $a = 1/4$이면, $A(x)$의 계수는 4^n 정도의 속도로 증가한다.

연습문제 Exercises

1. (−) 덧셈을 연산으로 하는 모든 실수의 군은 곱셈을 연산으로 하는 모든 양의 실수의 군과 동형임을 증명하라.

2. (−) 성질 18.14를 증명하라.

3. (−) H가 G의 부분군이고 a, b가 G의 원소이다. $aH = bH$인 필요충분조건은 $b^{-1}a \in H$임을 증명하라.

4. 군 G의 집합 S에의 작용은, 모든 $s, t \in S$에 대하여 $g(s) = t$인 $g \in G$가 있으면 추이적이라 한다. $Aut(R)$의 R의 점집합에의 작용이 추이적이 아닌 정규그래프 R의 예를 들라.

5. $Aut(G)$가 G의 점집합에는 추이적으로 작용하나, G의 선분의 집합에는 추이적으로 작용하지 않는 그래프 G의 예를 들라.

6. H가 정육각형이다. H의 면을 빨강색, 흰색, 파랑색, 녹색으로 칠하는데 H의 각 색칠과 H를 중심에 관하여 회전하거나 여섯 개의 대칭축(세 개의 대각선과 두 대칭면을 연결하는 세 개의 축)에 관하여 반사하여 얻은 색칠을 동등하다고 간주한다면 몇 가지 색칠이 가능한가?

다음 세 문제에서 어느 색칠을 다른 색칠로 보내는 자기동형함수가 있으면 두 색칠은 동등하다고 한다는 것에 주목하라.

7. 정사면체의 점을 빨강색, 파랑색, 녹색으로 칠하는 동등하지 않은 색칠의 수를 구하라.

8. 정팔면체의 점을 빨강색, 파랑색으로 칠하는 동등하지 않은 색칠의 수를 구하라.

9. 정육면체의 점을 빨강색, 파랑색으로 칠하는 동등하지 않은 색칠의 수를 구하라.

10. q와 r가 n-치환이다. 어떤 자연수 $j \le n-1$에 대하여 q의 순환들과 r의 순환들 사이에 전단사함수가 있어서 q의 순환의 각 원소에 j를 법(mod) n에 관하여 더하여 대응하는 r의 순환의 각 원소를 얻는다면 q, r가 c-동치라 한다. 예로, $q=(413)(52)$와 $r=(241)(35)$은 $j=3$에 대하여 c-동치이다.

(a) 군의 언어로 q와 r가 c-동치라는 의미를 설명하라. 대칭군 내에서 치환의 곱을 이용하여 설명하라.

(b) (+) n이 소수이면 $(n-1)!+1$이 n으로 나누어진다는 윌슨 정리(Wilson's theorem)를 증명하기 위하여 c-동치 관계로 생성되는 동치류의 크기를 분석하라.

11. P가 다섯 가지 정다면체 중 하나라 한다. $f \in Aut(P)$에 대하여 $X(f)$가 f에 의하여 고정되는 점의 수라 한다. X의 기대값 $E(X)$를 구하라.

12. 비평면 2 트리는 잎이 아닌 각 점의 자식이 둘인 근 트리이다.

(a) (−) 모든 비평면 2 트리는 홀수 개의 점을 가짐을 증명하라.

(b) d_n이 $2n+1$개의 점에서의 비평면 2 트리의 수이고 b_m이 m개의 점에서의 비평면 1−2 트리의 수라 한다. $d_n = b_{2n+1}$임을 증명하라.

13. 6장에서, 치환 p에 짝수 개의 역치가 있으면, 즉 $\det A_p = 1$이면 p를 짝치환이라 했다. A_p의 정의는 6장 연습문제 11에 있다.

길이 n인 짝치환의 고정점 개수의 평균은 무엇인가?

14. 14장에서 점집합 $[n]$에서 이진 감소 트리의 수가 $n!$임을 보았다. 이러한 트리는 평면 트리임을 상기하라. N_n이 점집합 $[n]$에서의 이진 감소 비평면 트리(decreasing binary non-plane tree)의 수이다. 그러한 트리에서 근의 라벨이 n이고 잎이 아닌 각 점 v는 자식이 둘 이하인데 자식의 라벨이 자신의 라벨보다 작다. v의 자식의 순서는 중요하지 않고 왼쪽 자식이나 오른쪽 자식을 구별하지 않는다.

$N_0 = 1$이고 $N(x) = \sum_{n \geq 0} N_n \frac{x^n}{n!}$이라 한다. $N^2(x) + 1 = 2N'(x)$임을 증명하라.

15. 위의 연습문제로부터 $N(x) = \tan x + \sec x$임을 유도하라.

16. E_n이 강하 집합이 $[2, 4, \cdots]$인 n-치환의 수라 한다.

(a) 그러한 치환의 평면 이진 감소 트리를 분류하라.

(b) 위의 연습문제에서 정의한 N_n에 대하여 $E_n = N_n$임을 증명하라.

17. (+) 위의 연습문제의 (b)의 전단사 증명을 구하라.

18. $d_0 = 0$이고 $n \geq 1$에 대하여 d_n이 점집합 $[n]$에서의 감소 비평면 트리(decreasing non-plane tree)의 수라 한다. 이 트리에서 잎이 아닌 각 점 v는 라벨이 자식의 라벨보다 크다는 조건하에 임의의 수의 자식을 가질 수 있다. v의 자식의 순서는 없다.

$D(x) = \sum_{n \geq 1} d_n \frac{x^n}{n!}$이라 한다.

(a) $D_k(x)$가 근이 정확히 k명의 자식을 갖는 감소 비평면 트리의 수의 지수 생성함수라 한다.

$$D_k'(x) = \frac{D^k(x)}{k!}$$

임을 증명하라.

(b) (A)의 결과를 이용하여 $D(x)$의 닫힌 공식과 d_n을 구하라.

19. 위의 연습문제의 (b)의 결과의 조합적 증명을 구하라.

20. g_n이 n개의 라벨 없는 점에서의 평면 $1-2$ 트리(plane $1-2$ tree)의 수라 한다. 이러한 트리에서 잎이 아닌 각 점 v의 자식은 하나나 둘이다. v의 자식이 둘이면 자식의 순서는 중요하다, 즉 왼쪽 자식과 오른쪽 자식이 하나씩 있다. 그러나 v의 자식이 하나이면 감소 이진 트리에서와 달리 왼쪽이나 오른쪽 자식이 아니다.
$g_0 = 0$이라 한다. $g_1 = 1$, $g_2 = 1$, $g_3 = 2$, $g_4 = 4$, $g_5 = 9$임을 증명하라. 생성 함수 $G(x) = \sum_{n \geq 0} g_n x^n$의 닫힌 형식을 구하라.

부가 연습문제

Supplementary Exercises

21. R가 단순 정규 그래프이다. $Aut(R)$가 R의 점집합에 작용할 때 추이적(transitive)인가?

22. 치환군 G가 집합 S에 작용한다. G의 작용에 의해 보존되는 자명하지 않은 S의 분할 (S의 1-블록 분할이나 $|S|$가 아닌 분할) π가 없으면, G를 원시적(primitive)이라 한다. S가 정육면체의 점집합이고 G가 정육면체에서의 자기동형군이다. G가 S에서 원시적인가?

23. H가 n개 점에서의 단순 그래프이다. $l(H)$가 H의 점들에 $[n]$의 값을 정확히 한 번 붙이는 라벨 방법의 수라 한다. 같은 선분을 갖는 두 가지 라벨 방법(즉, 모든 $i, j \in [n]$에 대하여 선분 ij가 두 가지 방법으로 얻은 라벨 있는 그래프의 공통의 선분이거나 어느 한 쪽의 선분도 아니다.)은 같다고 간주된다.
$l(H)$의 공식을 $Aut(H)$를 이용하여 구하라.

24. 오일러 정리에 의하면 p가 소수이고 x가 양의 정수일 때 $x^p - x$가 p로 나누어진다. 정리 18.20을 이용하여 오일러 정리를 증명하라.

다음 세 연습문제에서 어떤 색칠을 다른 색칠로 보내는 방향을 유지하는 자기동형함수가 있으면, 두 색칠은 동등하다고 한다.

그래프 G의 자기동형함수 f는 G의 각 순환 $A_1A_2 \cdots A_k$의 방향이 $f(A_1)f(A_2)\cdots f(A_k)$의 순환의 방향과 일치하면 방향 유지(orientation preserving)라고 한다. 정다면체의 방향 유지 자기동형함수는 정확히 3차원 운동과 일치함에 주목하라. 이 함수들의 군을 다면체의 회전군이라 한다.

25. 빨강색, 파랑색을 이용한, 정육면체의 점의 동등하지 않은 색칠의 수를 구하라.

26. 빨강색, 파랑색을 이용한, 정팔면체의 점의 동등하지 않은 색칠의 수를 구하라.

27. 빨강색, 파랑색, 녹색을 이용한, 정사면체의 점의 동등하지 않은 색칠의 수를 구하라.

28. b_n이 라벨 없는 n개의 점에서의 비평면 1−2 트리의 수라 한다. 다음을 증명하라.

(a) $n=2i$이면 $b_n = \sum_{k=0}^{i-1} b_k b_{n-1-k}$이다.

(b) $n=2i+1$이면 $b_n = \frac{1}{2}b_i(b_i+1) + \sum_{k=0}^{i} b_k b_{n-1-k}$이다.

29. (−) 여섯 개의 점에서, 대칭 선분을 갖는 트리와 갖지 않는 트리의 예를 들라.

30. v, w가 트리 T의 대칭 선분 L의 양 끝점이고 $f \in Aut(T)$이다. $f(v)=w$이면 $f(w)=v$임을 증명하라.

31. 각 트리는 한 개 이하의 대칭 선분을 가짐을 증명하라.

32. 치환 $p=p_1p_2\cdots p_n$에서 두 가지 방향의 클라스의 연산을 정의하자.

(a) $1 \le i \le n$에 대하여 $H_i(p) = p_ip_{i+1}\cdots p_np_1\cdots p_{i-1}$이고

(b) $0 \le i \le n-1$에 대하여 $V_i(p) = (p_1+i)(p_2+i)\cdots(p_n+i)$이다. 단 n보다 큰 정수는 n을 법으로 한 값(n으로 나눈 나머지)을 대신 택한다.

즉, $H_i(p)$는 p를 수평으로 $V_i(p)$는 p를 수직으로 i만큼 옮긴다.

어떤 치환으로부터 다른 치환을 $1 \le i \le n$, $0 \le j \le n-1$에 대하여 H_i와 V_j의 작업을 반복하여 얻을 수 있을 때 두 치환을 동치라고 한다. 이 동치 관계에서 n-치환의 동치류의 수를 구하라.

33. (−) P가 임의의 정다면체이다. $f \in Aut(P)$에 대하여 $Y(f)$가 f에 의하여 고정되는 선분의 수라 한다. Y의 기대값 $E(Y)$를 구하라.($f \in Aut(P)$가 e의 양 끝점을 고정하거나 교환하면 e를 고정한다고 한다.)

34. (+) 16장에서 Π_n이 순서가 세분인 $[n]$의 분할의 격자이면

$$\mu_{\Pi_n}(\hat{0}, \hat{1}) = (-1)^{n-1}(n-1)!$$

이었다. 이를 이용하여 연습문제 10(b)에 서술된 윌슨 정리의 다른 증명을 구하라.

35. (−) t_n이 라벨 없는 n개의 점에서의 트리의 수임을 상기하라. 라벨 없는 숲의 각 요소는 라벨 없는 트리이다. f_n이 n개의 점에서의 라벨 없는 숲의 수이고 $f(x) = \sum_{n \geq 0} f_n x^n$, $f_0 = 1$이라 한다. $f(x)$를 t_n을 이용하여 표현하라.

36. (−) 라벨 없는 비평면 근 숲(rooted unlabeled non-plane forest)의 각 요소는 라벨 없는 비평면 근 트리이다. F_n이 n개 점에서 숲의 수이고 $F_0 = 0$이라 한다. 이 장에서 논의한 생성 함수를 이용하여 $F(x) = \sum_{n \geq 0} F_n x^n$의 간단한 표현을 구하라.

37. $h_0 = 0$이고 $n \geq 0$에 대하여 h_n은 각 점이 셋 이하의 자식을 갖는 라벨 없는 n개 점에서의 비평면 근 트리의 수라 한다. 생성 함수 $H(x) = \sum_{n \geq 0} h_n x^n$이 만족하는 식을 구하라.

38. $n \geq 3$에 대하여 u_n이 라벨 없는 n개 점에서 삼각형인 유일한 순환을 포함하는 그래프의 수라 한다. 생성 함수 $U(x) = \sum_{n \geq 3} u_n x^n$을 이 장에서 소개한 생성 함수를 이용하여 표현하라.

39. a_n이 점집합 $[n]$에서의 평면 $1-2$ 근 트리 중 잎이 아닌 각 점 v의 라벨이 자식의 라벨보다 큰 트리의 갯수라 한다. v의 자식이 둘이면 각각 왼쪽 자식과 오른쪽 자식이지만, v의 자식이 하나이면 감소 이진 트리에서와 달리 왼쪽 자식도 오른쪽 자식도 아니다. $a_0=1$, $A(x)=\sum_{n\geq 0} a_n \frac{x^n}{n!}$이라 한다. $A'(x)=A^2(x)-A(x)+1$임을 증명하라.

40. a_n이 위의 연습문제에서 정의된 수라 한다. a_n개의 원소를 갖는 간단히 정의된 n-치환의 클라스를 구하라.

CHAPTER 19장

이를수록 좋다. 조합 알고리듬

19.1 정의를 대신하여

이제까지는 각 문제에서, 어떤 구조를 계수하거나, 어떤 일이 달성되는 방법의 수를 구하거나 어떤 성질을 가진 구조가 존재하는지 여부를 결정하는데 관심이 있었다.

이 장에서는, 새로운 측면에서 조합 문제를 고려할 것이다. 어떤 일을 달성하는 방법의 수를 구하는 대신 그 일을 얼마나 빨리 달성할 수 있는지 질문할 것이다.

이러한 목적을 위해, 알고리듬은 어떤 작업을 달성하는 분명하게 정의된 유한 과정이라 정의한다. 알고리듬(algorithm)을 이보다 낫게 정의하는 것은 그 자체로 논리학 과목의 주제가 되므로, 여기에서 시도하지 않을 것이다. 그럼에도 불구하고, "분명하게 정의된"이라는 의미가 무엇인지 질문할 수 있다는 점을 지적하자. 예로 다음 정의를 고려하라.

"N이 영문자 천 개 이하를 이용하여 정의하고 쓸 수 없는 최소의 수라 한다."

N이 정의되었는가? 위의 문장은 천 개 이하의 문자로 쓸 수 있으므로 결국 이는 N을 허용된 한도 내에서 정의하는 것 같다. 그러나 정의에 의하여 N은 이러한 한도 내에서 정의될 수 없다.

때로 타이프 기계의 역설(typewriter paradox)이라 부르는 위의 역설은 '정의된'이라는 단어의 의미가 정확하지 않다는 사실에 기인한다. 언급했듯이 이 장에서는 이 문제를 해결하려고 시도하지는 않고 각 단계에 불분명한 여지가 없는 알고리듬을 사용하여 작업할 것이다.

그럼에도 불구하고 위에 언급한 알고리듬의 '유사 정의'에 의하면 알고리듬에는 명백히 유한 단계가 있다. 따라서 무한 루프(infinite loop)를 포함하는 절차는 알고리듬이 아니다.

예제 19.1

다음 절차는 무한 루프를 포함하므로 알고리듬이 아니다.

```
# start with a_1=1
# for i larger than 0 do
# a_{n+1}=-a_n
```

알고리듬의 초기값을 입력(input), 결과값을 출력(output)이라 한다.

19.1.1 정지 문제(The Halting Problem)

알고리듬을 적절히 정의하기가 어렵다는 것을 더 설명하기 위하여, 다음을 고려하라. 알고리듬을 공식적으로 정의했다고 가정하자. 임의의 문서 T가 알고리듬인지 아닌지 결정할 수 있겠는가? 보다 강하게 T가 알고리듬인지 여부를 결정하는 일반적인 알고리듬을 구할 수 있겠는가? 특히, T의 입력 t가 주어지면 T가 결국 정지할 지 무한 루프를 돌지 결정할 수 있겠는가?

답은 '아니다'라고 판명된다. 답이 '예'이고 다음과 같은 알고리듬 $Halt(T, t)$가 있다고 가정하자.

$$Halt(T, t) = \begin{cases} \text{'예'} & T\text{가 입력값 } t\text{에 대하여 정지하면} \\ \text{'아니오'}, & T\text{가 입력값 } t\text{에 대하여 무한루프이면} \end{cases}$$

이제 집합론을 수강한 독자에게 익숙한 대각화 방법(diagonalization method)에 의한 증명을 제시할 것이다.

Diagonal(대각)이라는 프로그램을 다음과 같이 쓴다.

$$Diagonal(s) = \begin{cases} \text{'예'를 리턴하고 정지,} & Halt(s, s)\text{가 '아니오'이면} \\ \text{무한루프,} & Halt(s, s)\text{가 '예'이면} \end{cases}$$

생소하고 재귀적인 단계를 하나 더 만들 것이다. Diagonal의 입력을 자신으로 준다. Diagonal(Diagonal)은 정지할 것인가? 두 가지 가능한 답을 고려하자.

(1) 먼저 정지한다고 가정한다. 이는 Diagonal의 정의에 따라 Halt(Diagonal, Diagonal)이 '아니오'임을 의미한다. 그러나 Halt의 정의에 따라 Diagonal이 자신을 입력으로 할 때 정지하지 않는다. 이는 모순이다.

(2) 이제 무한 루프라 가정한다. 이는 Diagonal의 정의에 의하여 Halt(Diagonal, Diagonal)이 '예'임을 의미한다. 그러나 Halt의 정의에 의하여 이는 Diagonal이 자신을 입력으로 하여 정지한다는 것을 의미한다. 이 또한 모순이다.

Halt가 존재한다는 원래 가정 하에서 모순을 얻으므로, Halt는 존재하지 않는다.

우리는 주어진 문서 T가 알고리듬인지 결정하는 알고리듬은 없다는 것을 증명했다. 그러나 특정한 문서 T에 대하여는 종종 T가 입력 t에 대하여 정지할 지 결정할 수 있다.

19.2 정렬 알고리듬

정렬(sorting) 알고리듬은 실생활에서 가장 자주 사용하는 알고리듬 중 하나이다. 이는 대상을 특정 성질에 따라 일렬로 정렬한다. 우리의 예에서 실수들의 집합을 가장 자주 정렬할 것인데 논의를 간단히 하기 위하여, 정렬할 실수가 서로 다르다고 가정할 것이다. 중복을 허락한다면 약간 수정된 알고리듬이 적용될 것이다.

19.2.1 거품정렬

키가 서로 다른 n명의 아이들이 일렬로 서 있다. 키가 작은 순으로 정렬하고 싶은데 최선의 방법은 무엇인가?

이 질문은 매우 부정확하다. '최선'을 정의하지 않았다. 다음 장에서 다양한 알고리듬의 효율성을 설명하는 방법을 공식적으로 정할 때 이 문제를 다시 고려할 것이다. 지금은, 쌍들의 비교 횟수로 효율성을 측정한다. 즉, 비교 횟수가 작을수록 좋은 알고리듬이라고 한다. 따라서 최선의 알고리듬은 비교 횟수가 최소인 알고리듬이다.

자연스럽게 떠오르는 아이디어는 다음과 같다. a_i가 i 번째 위치에 있는 아이의 키라 한다. a_1, a_2를 비교한다. $a_1 < a_2$이면 맨 앞의 두 아이의 키 순서는 적절하다. $a_1 > a_2$이면 맨 앞의 두 아이의 키 순서는 적절하지 않으므로 위치를 바꾼다. 어느 경우에나 한 번 비교했다.

원래의 열에서 맨 앞의 두 아이의 키 순서가 적절하도록 한 후, 두 번째와 세 번째 위치에 있는 아이의 키를 비교한다. 이들의 키 순서가 적절하면, 즉 두 번째에 있는 아이가 세 번째에 있는 아이보다 작으면 두 아이를 그대로 두고, 그렇지 않으면 위치를 바꾼다.

같은 방법을 계속한다. 이 알고리듬의 첫 부분은 마지막 위치에 있는 두 아이를 비교하고 순서를 바로잡는 것으로 끝난다. 그러면 가장 큰 아이가 열의 마지막에 있다는 것을 확인할 수 있다. 사실상, 가장 큰 아이는 열의 어디에 있었건 위치를 바꾸는 작업이 그에 적용될 때마다, 마지막 위치에 도착할 때까지 매번 뒤로 간다.

예제 19.2

$n=5$이고 아이들의 열이 4, 1, 5, 2, 3에 해당하면, 첫 번째 회전은 다음과 같다.

(1) 4, 1, 5, 2, 3으로 시작한다.
(2) $4>1$이므로 이 둘의 위치를 바꾸어 1, 4, 5, 2, 3을 얻는다.
(3) $4<5$이므로 그대로 둔다.
(4) $5>2$이므로 이 둘의 위치를 바꾸어 1, 4, 2, 5, 3을 얻는다.
(5) $5>3$이므로 이 둘의 위치를 바꾸어 1, 4, 2, 3, 5를 얻는다.
(6) 첫 번째 회전을 끝낸다.

불행히도, 첫 번째 회전이 끝난 후 적절한 위치에 있다고 확신할 수 있는 아이는 가장 큰 아이뿐이다. 두 번째로 큰 아이는 맨 앞에 있을 수도 있다. 독자는 a_1, a_2 순으로 가장 크거나 a_2, a_1 순으로 가장 클 때 이런 경우에 해당한다는 것을 확인하기 바란다. 또한 독자는 $i \le n-2$일 때 모든 위치 i, $i+1$에 대하여 i 번째 위치에 있는 아이가 $i+1$ 번째 위치에 있는 아이보다 작은지 확신할 수 없다는 것을 확인하기 바란다.

이제 알고리듬 첫 부분의 거의 모든 단계를 반복할 것이다. 즉, 현재 열의 맨 앞의 두 아이를 비교하고, 위치를 바로잡은 후, 두 번째와 세 번째 위치에 있는 아이를 비교하는 등, 계속할 것이다. 이 회전의 마지막 비교는 $(n-2)$ 번째와 $(n-1)$ 번째 위치에 있는 아이의 비교이다. 사실상, 마지막 아이가 가장 큰 아이라는 것을 알므로, $n-1$ 번째와 n 번째 위치에 있는 아이를 비교할 필요는 없다.

이 두 번째 회전이 끝난 후, 두 번째로 큰 아이가 자신의 위치를 찾았음을 확신할 수 있다. 역시, 다른 어떤 사실도 확신할 수 없다. i 번째 회전 이후에 i 번째로 큰 아이가 자신의 위치를 찾았음을 확신할 수 있다. 따라서 $n-1$ 회전 이후 $(n-1)$ 번째로 큰 아이가 자신의 위치를 찾았음을 확신할 수 있다. 이 시점에서, 나머지 아이는 자동적으로 자신의 위치인 첫 번째 위치를 찾으므로, 작업은 완성된다.

예제 19.3

예 19.2에서 시작한 작업을 다음과 같이 계속한다.

(1) 두 번째 회전을 1, 4, 2, 3, 5에서 시작한다.

(2) $1 < 4$이므로 그대로 둔다.

(3) $4 > 2$이므로 이 둘의 위치를 바꾸어 1, 2, 4, 3, 5를 얻는다.

(4) $4 > 3$이므로 이 둘의 위치를 바꾸어 1, 2, 3, 4, 5를 얻는다.

(5) 두 번째 회전을 끝낸다. 이 경우에 이미 정렬되었으므로 더 이상의 비교는 불필요하다.

n명의 아이들의 열을 재정돈하는데 몇 번의 비교가 필요한가? 첫 번째 회전에는 $n-1$번, 두 번째 회전에는 $n-2$번, i 번째 회전에는 $n-i$번 등이다. 따라서 전체 비교 횟수는 $\sum_{i=1}^{n-1}(n-i) = \sum_{i=1}^{n-1} i = \binom{n}{2}$이다. 이를 아는 다른 방법은 모든 쌍을 정확히 한 번 비교했음을 고려하는 것이다.

언급했듯이, n명을 위에서 정한 순서대로 일렬로 정돈하는 것을 정렬이라 한다. 인접한 원소들을 순차적으로 비교하는, 위에 제시한 정렬 알고리듬을 거품정렬(BubbleSort)이라 한다. (대상들을 수직으로 세우는 것을 상상하면, 물에서의 거품처럼 크기 순서대로 있다.)

의사 코드(pseudo-code)라는 일반적인 프로그래밍 언어에서 거품정렬을 다음과 같이 묘사한다.

```
# for i := 1 to n - 1
#     do for j := 1 to n - i
#             do if a_j > a_{j+1}
#                     then t :=  a_j
#                          a_j := a_{j+1}
#                          a_{j+1} := t
```

여기에서 변수 i는 몇 번째 회전인지 가리키고 변수 j는 회전 내의 몇 번째 비교인지 가리킨다. 임시 변수 t는, a_{j+1}의 원래 값을 a_j의 새 값으로 정하면서, a_j의 원래 값을 잃지 않고 a_{j+1}의 새 값으로 정하기 위하여 필요하다.

'일반적인 프로그래밍 언어'나 '의사 코드'는 대충 정의된 개념이다. 이는 프로그래밍 언어에서와 같이 알고리듬을 묘사하지만 형식적 제약이 없는데, 알고리듬의 역할에 대한 빠른 조망을 얻도록 돕는다.

19.2.2 합병정렬

앞 절에서 거품정렬은 n개 실수의 열을 최악의 경우에도 $\binom{n}{2}$ 단계로 정렬할 수 있다는 것을 보았다. 더 나은 알고리듬, 즉, 최악의 경우에도 적은 비교를 하는 알고리듬이 있는지 질문하는 것은 당연하다. 모든 정렬 과정에서 모든 원소는 적어도 한 번 다른 원소와 비교할 필요가 있다. 따라서 $\frac{n}{2}$번 미만의 비교를 하는 알고리듬은 기대할 수 없다. 현재 아는 두 한도, 즉, 자명한 하한 $\frac{n}{2}$과 증명된 상한 $\binom{n}{2}$ 사이에는 큰 차이가 있다.

참값은 하한에 훨씬 가깝다. n개의 원소를 어떤 양의 상수 c에 관하여 $cn\log_2 n$ 단계 이하로 정렬할 수 있는 몇 가지 정렬 알고리듬이 있다.

이 중 하나는 합병정렬(MergeSort)이다. n개 원소의 열을 가능한 한 비슷한 크기의 두 부분으로 나누고, 각 부분을 정렬하고, 정렬된 두 부분을 합병하기 때문에 붙인 이름이다. 좋다. 그런데 이 알고리듬은 이 두 부분의 리스트를 어떻게 정렬할 것인가? 답은 최대한 자신에 국한된 것이다. 합병정렬은 각 리스트를 합병정렬로 다시 정렬하고, 즉 각 리스트를 두 개의 부분 리스트로 나누고, 각각을 합병정렬로 정렬한 후 정렬된 두 부분리스트를 하나의 정렬된 리스트로 합병한다. 다시 말하면, 합병정렬은 각 단계에서 자신을 부르는 재귀 알고리듬이다.

한 가지 세부 사항을 더 논의해야 한다. 예로 정렬된 두 리스트 $a_1 < a_2 < \cdots < a_m$과 $b_1 < b_2 < \cdots < b_k$를 어떻게 합병하는가? 다음과 같이 효과적으로 할 수 있다. a_1과 b_1을 비교한다. $a_1 < b_1$이라면, a_1은 우리의 $m+k$개의 원소 중 최소이므로, 합병된 리스트의 맨 앞에 놓는다. 그런 후 $a_2 < a_3 < \cdots < a_m$과 $b_1 < b_2 < \cdots < b_k$에 대하여 합병 과정을 반복한다. $a_1 > b_1$이라면, b_1은 우리의 $m+k$개의 원소 중 최소이므로, 합병된 리스트의 맨 앞에 놓는다. 그런 후 $a_1 < a_2 < \cdots < a_m$과 $b_2 < \cdots < b_k$에 대하여 같은 과정을 반복한다.

예제 19.4

다음은 리스트 3, 1, 4, 2에서의 합병정렬을 보여 준다.

(1) 리스트 3, 1, 4, 2에서 시작한다.
(2) 두 개의 부분 리스트 3, 1과 4, 2로 분할한다.
(3) 두 개의 부분 리스트를 정렬하여 1, 3과 2, 4를 얻는다.
(4) 부분 리스트 1, 3과 2, 4를 합병하여 리스트 1, 2, 3, 4를 얻는다.

(5) 끝낸다.

위의 예에서, 정렬할 원소의 수가 2의 멱승이므로 과정이 매우 '대칭적'이다. 이럴 때만 합병정렬을 할 수 있는 것은 아니다.

예제 19.5

다음은 리스트 4, 2, 1, 5, 6, 3에서의 합병정렬을 보여 준다.

(1) 리스트 4, 2, 1, 5, 6, 3으로 시작한다.
(2) 두 개의 부분 리스트 4, 2, 1과 5, 6, 3으로 분할한다.
(3) 두 개의 부분 리스트를 다음과 같이 정렬한다.
  (a) 부분 리스트 4, 2와 1, 그리고 5, 6과 3으로 분할한다.
  (b) 부분 리스트 2, 4와 1, 그리고 5, 6과 3으로 정렬한다.
  (c) 부분 리스트 2, 4와 1을 합병하여 리스트 1, 2, 4를 얻고, 부분 리스트 5, 6과 3을 합병하여 리스트 3, 5, 6을 얻는다.
(4) 정렬된 부분 리스트 1, 2, 4와 3, 5, 6을 합병하여 리스트 1, 2, 3, 4, 5, 6을 얻는다.
(5) 끝낸다.

합병정렬의 의사 코드는 다음과 같다.

```
# MergeSort(i=1..n)
# if 1<n do
# m=[(1+n)/2];
            # MergeSort(1,m);
            # MergeSort(m+1,n);
# merge(1,m,n)
# end
```

여기에서 $merge(1, m, n)$은 두 개의 정렬된 두 부분 리스트를 합병하는 부분 알고리듬이다. 예로 정렬된 두 개의 부분 리스트를 임시 리스트에 복사하고 (따라서 원래 리스트 위에 다른 것을 덮어 쓰지 않는다.) 그런 후 최소 원소부터 새로운 정렬된 리스트로 옮긴다. 의사 코드는 다음과 같다.

```
# merge(1,  m,  n)
# for i=1..n do
#       b_i=a_i;
#   i=1; j=m+1; k=lo;
#   while (i<=m && j<=n)
#       if (b_i<b_j)
#         a_{k+1}=b_{i+1};
#       else
#         a_{k+1}=b_{j+1};
# end
```

n-리스트를 합병정렬할 때 비교를 몇 번 하는가? 이 수를 $M(n)$으로 표기한다. 그러면 $M(1)=0$, $M(2)=1$이다. 일반적인 경우에서 $n=2k$이면

$$M(2k)=2M(k)+2k-1 \tag{19.1}$$

이고 $n=2k+1$이면

$$M(2k+1)=M(k)+M(k+1)+2k \tag{19.2}$$

이다. 두 공식 모두 설명하기 쉽다. 사실상, 우변의 처음 두 항은 두 부분 리스트를 정렬하는데 필요한 비교 횟수이고 마지막 항은 두 개의 정렬된 부분 리스트를 합병하는데 필요한 비교 횟수이다. 각 비교 후에, 한 개의 원소를 합병된 리스트의 맞는 위치에 놓을 수 있다. 따라서 $n-1$번 비교하면 처음 $n-1$개의 원소를 맞는 위치에 놓을 수 있고 그에 따라 자동적으로 마지막 원소를 맞는 위치에 놓을 수 있다.

(19.1)과 (19.2)는 다음 공식으로 표현할 수 있다.

$$M(n)=M\left(\left\lfloor \frac{n}{2} \right\rfloor\right)+M\left(\left\lceil \frac{n}{2} \right\rceil\right)+n-1 \tag{19.3}$$

이 나눗셈 논의가 번거로우므로 먼저 $n=2^t$일 때 $M(n)$의 정확한 공식을 구하도록 제의한다. 이 경우에 $m_t=M(2^t)$라 한다. 그러면 (19.3)은 $m_0=0$이고 $t \geq 1$에 대하여

$$m_t=2m_{t-1}+2^t-1 \tag{19.4}$$

이 된다. $m(x)=\sum_{t \geq 0} m_t x^t$가 m_t의 일반 생성 함수라 한다. (19.4)의 양변에 x^t를 곱하고 $t \geq 1$에 관하여 합하여

$$m(x)=2xm(x)+\frac{2x}{1-2x}-\frac{x}{1-x}$$

를 얻는다. 이는

$$\begin{aligned} m(x) &= \frac{2x}{(1-2x)^2}-\frac{x}{(1-x)(1-2x)}=\frac{x}{(1-x)(1-2x)^2} \\ &= \frac{1}{(1-2x)^2}+\frac{1}{1-x}-\frac{2}{1-2x} \end{aligned}$$

임을 의미하므로, $m_t=(t-1)2^t+1$이다. 따라서 $n=2^t$이면,

$$M(n)=M(2^t)=n(\log_2 n-1)+1$$

이다. n이 2의 멱승이 아니라면, n 이상이면서 2의 멱승에 가장 가까운 수 $n_1=2^{\lceil \log_2 n \rceil}$이 될 때까지 기존의 원소보다 큰 원소를 리스트에 추가한다. 위에서와 마찬가지로 새로운 리스트를 $n_1(\log_2 n_1-1)+1$ 단계 안에 정렬한다. 이렇게 얻은 정렬된 리스트의 맨 앞의 맞는 위치에 원래의 n개의 원소가 있다. 마지막으로 $n_1<2n$이고 $\log_2 n_1<\log_2 n+1$이므로, 이 정렬 알고리듬은 $1+2n\log_2 n$번 이하의 비교를 한다.

이 시점에서 합병정렬은 거품정렬보다 상당히 개선된 알고리듬이라는 점을 강조한다. 사실상, 두 알고리듬에서 단계의 수의 비율은

$$g_n=\frac{1+2n\log_2 n}{\binom{n}{2}}=\frac{1}{\binom{n}{2}}+4\frac{\log_2 n}{n-1}$$

이하이다. 그러므로 $\lim_{n\to\infty} g_n=0$이고 n이 클 때 합병정렬에서 필요한 비교 횟수는 거품정렬에서 필요한 비교 횟수에 비하여 무시할 만하다.

19.2.3 함수의 증가 비교

이 장의 나머지 부분에서, 알고리듬에서 단계의 수의 좋은 추정값을 묘사하는 방법을 정의한다. 합병정렬의 예에서 보듯이 이 추정은 정확한 공식보다 훨씬 빠르게 얻을 수 있으면서도 알고리듬의 효율성을 잘 측정할 것이다. 이 추정치에 대한 논의를 편리하게 하기 위하여, 근사 이론에서 매우 널리 사용되는 다음 세 가지 정의를 제시한다.

정의 19.6

$f: Z^+ \to R$, $g: Z^+ \to R$는 함수이다. 모든 $n \in Z^+$에 대하여 $f(n) \le cg(n)$인 양의 상수 c가 존재하면 $f(n) = O(g(n))$이라 한다.("f는 g의 빅(big) O"라고 읽는다.)

다시 말하여, $f(n) = O(g(n))$이라는 것은 모든 n에 대하여 $f(n)$이 $g(n)$의 상수 배 이하라는 것을 의미한다. 즉, $g(n)$은 상수 배 이내에서 $f(n)$의 근사값이다.

예제 19.7

$M(n)$이 위와 같이 정의되어 있을 때 $M(n) = O(n\log_2 n)$이다.

풀이 모든 n에 대하여 $M(n) \le 1 + 2n\log_2 n$임을 보았다. 더욱이 $M(1) = 0$이고 $n \ge 2$에 대하여 $1 \le n\log_2 n$이다. 그러므로 $M(n) \le 3n\log_2 n$이다.

예제 19.8

$f(n) = 100\binom{n}{2} + \binom{n}{3}$이다. $f(n) = O(n^3)$이다.

풀이 $c = 51$을 이용하라.

예제 19.9

$f(n) = \binom{n}{2}$이고 $g(n) = 1000n$이다. $f(n) \ne O(g(n))$이다.

풀이 c가 무엇이든 $n > 2000c + 1$일 때 $f(n) > cg(n)$이다.

n-리스트의 합병정렬에서 필요한 비교 횟수를 $M(n)$이라 한다. n^2이 $2n\log_2 n + 1$보다 훨씬 빨리 증가하므로 $M(n) = O(n^2)$이다. 그러나 이 사실은 정확도가 떨어지므로 정보를 많이 주지는 않는다. $M(n)$이 다른 함수보다 작다고만 말하고 어느 정도 작은지는 말하지 않는다. 보다 정확한 다른 개념이 있다.

정의 19.10

$f: Z^+ \to R$, $g: Z^+ \to R$가 함수이다. 어떤 양의 상수 c가 존재하여 $n \in Z^+$에 대하

여 $f(n) \geq cg(n)$이면 $f(n) = \Omega(g(n))$("f는 g의 Ω"라고 읽는다.)이라 한다.

예제 19.11

$f(n) = 0.001n,\ g(n) = 100\log_2 n$이면 $f(n) = \Omega(g(n))$이다.

풀이 $c = 10^{-5}$를 선택한다.

마지막 기호는 앞의 두 기호를 연합한다.

정의 19.12

$f: Z^+ \to R,\ g: Z^+ \to R$가 함수이다. $f(n) = O(g(n))$이고 $f(n) = \Omega(g(n))$이면 $f(n) = \Theta(g(n))$("f는 g의 Θ"라고 읽는다.)이라 한다.

예제 19.13

$f(n) = n^2 + n\log^3(n)$이고 $g(n) = n^2$이다. 그러면 $f(n) = \Theta(g(n))$이다.

풀이 $c = 2$를 선택하면 $f(n) = O(g(n))$이고, $c = 1$을 선택하면 $f(n) = \Omega(g(n))$이다.

19.3 그래프 알고리듬

19.3.1 최소 가중 신장 트리 재방문

10장에서 그래프 알고리듬인 크러스칼 알고리듬을 보았다. 이는 선분에 가중치가 있는 단순 연결 그래프 G를 입력으로 하고 G의 최소 가중 신장 트리(minimum-cost spanning tree)를 결과로 얻는 알고리듬이다. 10장에서 이의 탐욕적 성질, 즉, 각 단계에서 단기 가중치를 최소로 증가시키는 성질을 보았다. 각 단계에서, 순환을 생성하지 않는 최소 가중 선분을 선택한다.

이 알고리듬을 다른 관점에서 고려할 것이다. 목표는 알고리듬이 몇 단계를 수행하는지 결정하는 것이다. 다음 절에서 단일화된 접근이 필요하다고 소개할 텐데, 단계가 무엇인지 약간 설명이 필요하다. 이전 절의 정렬 알고리듬에서는 단순히 비교 횟수를 계수했는데 크러스칼 알고리듬에서는, 무엇을 계수할지 명확하지 않다. 사실상, 그래프에서 선분을 선택하기는 쉽지만, (매우 큰 그래프에서) 순환을 생성하지 않는 선분을 선택하기는 더 어렵다. 실제로 효율적인 방법이 없다면 순환을 생성하지 않는다는 것을 확인하는데 오래 걸리기 때문이다.

크러스칼 알고리듬을 수행하는 효율적인 방법을 논의하자. 언급했듯이, 알고리듬의 각 회전에서 이미 선택한 선분의 집합 S에 더해도 순환을 생성하지 않는 최소 가중 선분을 구한다. 이는 순환을 생성하지 않는 선분이 여러 개 있으면 최소 가중 선분을 구한다는 것을 의미한다. 각 회전에서 최소 가중 선분을 발견한 후, 이전에 수행한 비교 결과를 모두 잊는 것은 낭비로 보인다. 따라서 알고리듬을 시작할 때 G의 모든 선분을 정렬하는 것이 합당하다. 이전의 절에서 보았듯이 이는 $O(E\log_2 E)$ 단계로 이루어진다. 여기에서 E는 G의 선분의 집합의 크기이다. $edges=\{e_1, e_2, \cdots, e_E\}$가 이렇게 얻은, 가중치의 오름차순으로 정렬된 선분의 집합이라 한다.

크러스칼 알고리듬의 첫 번째 회전에서 e_1을, 두 번째 회전에서 e_2를 선택한다. G가 단순 그래프이므로, e_1과 e_2는 순환을 형성하지 않는다. 세 번째 회전은 e_1, e_2, e_3이 순환을 형성할 수 있으므로, 보다 복잡하다. 순환을 형성한다면 e_3 대신 e_4를 선택한다. 더 계속함에 따라 $edges$에서 다음 선분을 선택할 수 있는지, 즉 다음 선분을 더하면 순환을 형성하는지 결정하는 효율적인 접근 방법이 필요하다. 기존의 선분집합의 각 부분집합에 새로운 선분을 더하면 순환을 형성하지 않는다고 확인하는데 매우 오래 걸릴 것이므로 대신, 다음을 제안한다. 알고리듬을 시작할 때부터 선택한 선분으로 이루어진 그래프 T의 요소를 추적하자.

즉 e_1을 선택할 때, e_1의 양 끝점을 새로운 집합 C_1에 넣음으로써 그들이 T의 같은 요소에 있다고 표시한다. e_2를 선택한 후 e_1, e_2로 이루어진 그래프가 연결 그래프이면 e_2의 양 끝점을 C_1에 넣고, 아니면 새로운 집합 C_2에 넣는다.

이러한 방법으로 계속한다. 즉, i 번째 회전에서 양 끝점이 같은 요소 C_i에 있지 않은 (그들은 서로 다른 요소에 있거나 그 중 적어도 한 점이 아직 어떤 요소에도 있지 않다.) 첫 번째 선분을 찾을 때까지 선분들을 검색한다. 그러한 선분 e_h를 T에 더한다. $edges$에서 e_h보다 앞에 있는 선분들을 모두 뺀다. 전에 이들을 T에 더하여 순환을 형성했다면, 지금도 마찬가지이다.

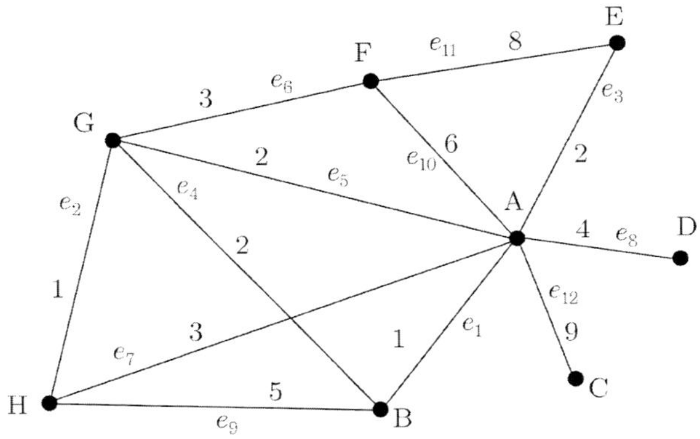

그림 19.1 가중치에 따라 선분이 정렬된 그래프 G

그런 후 요소의 리스트를 갱신한다. 즉, e_h의 어느 끝점도 이 전에 어떤 C_i에 포함되지 않았다면, e_h의 양 끝점으로 이루어지는 새로운 요소를 생성한다. 한 끝점이 C_j에 있고 다른 끝점이 어느 요소에도 있지 않으면, 그 점을 C_j에 더한다. 마지막으로, e_h의 한 끝점이 C_i에 있고 다른 끝점이 C_j에 있으면, C_i와 C_j를 합치고 그 요소에 e_i, e_j를 넣는다. 그 요소의 라벨을 C_i와 C_j 중 더 많은 점을 갖는 요소의 라벨 i나 j라 한다.

같은 요소에 있는 두 점을 선분으로 연결하지 않으므로, 그래프 T가 순환을 갖지 않는다고 확신한다.

이 과정의 두 번째 부분의 단계의 수를 세기 전에 예를 고려하자.

예제 19.14

크러스칼 알고리듬은 그림 19.1의 그래프에 다음과 같이 적용된다.

(1) 그림 19.1의 그래프로 시작한다.(선분의 가중치는 정해지고 라벨 e_i는 정해지지 않았다.)
(2) 선분을 가중치에 따라 정렬하여 $edges = \{e_1, e_2, \cdots, e_{11}\}$을 얻는다.
(3) e_1을 선택하고 $C_1 = \{A, B\}$를 생성한다.
(4) e_2를 선택하고 $C_2 = \{G, H\}$를 생성한다.
(5) e_3을 선택한다. E를 C_1에 더하고 $C_1 = \{A, B, E\}$라 한다.
(6) e_4를 선택한다. C_1과 C_2를 합쳐 $C_1 = \{A, B, E, G, H\}$를 얻는다.
(7) e_6을 선택한다.(e_5는 양 끝점이 C_1에 속하므로 부적합하다.) F를 C_1에 더하여 $C_1 = \{A, B, E, F, G, H\}$를 얻는다.

(8) e_8을 선택한다. e_7은 양 끝점이 C_1에 속하므로 부적합하다. D를 C_1에 더하여 $C_1 = \{A, B, D, E, F, G, H\}$를 얻는다. e_{12}를 선택한다. e_9, e_{10}, e_{11}은 양 끝점이 C_1에 속하므로 부적합하다.

(9) e_1, e_2, e_3, e_4, e_6, e_8, e_{12}로 이루어진 트리를 얻는다.

크러스칼 알고리듬의 단계의 수를 계수하는 문제로 돌아와서, 각 단계는 점을 요소에 넣거나, 두 요소를 합치거나, 두 점이 같은 요소에 있는지 확인하는 등 어떤 작업을 수행하는 것이라 하자. 각 회전에서, 적합한 최소 가중 선분을 찾기 전에 E개 이하의 선분을 조사한다는 것을 주목하라. 이 선분 e를 얻은 후 두 가지 가능성이 있다. e가 기존의 두 요소를 합치지 않고 두 점으로 된 요소를 생성하거나 한 점을 어떤 요소에 넣으면, 이를 상수 개의 단계에 기록한다. 사실상, 한 점을 한 두 요소에 더하는데 두 단계 이하를 사용한다. e가 두 요소 C_i, C_j를 합치면, 작은 요소의 점을 다른 요소의 점으로 다시 라벨을 붙인다. 이는 $\frac{n}{2}$ 이하의 단계를 사용한다. x가 라벨이 이렇게 바뀐 점이라면, x를 포함하는 요소는 크기가 두 배 이상이 되므로 x는 $\log_2 n$번 이하로 라벨을 바꾼다. 따라서 라벨이 바뀌는 전체 수는 $n \log_2 n$ 이하이다.

요약하면, 선분을 가중치에 따라 정렬하는데 $O(E \log_2 E)$ 단계를 사용하고, 최소 가중 트리를 구하는데 $O(E + n \log_2 n)$ 단계를 사용한다. 그래프가 연결 그래프이므로 $E \geq n-1$임을 감안하면, 전체 필요한 단계의 수는 $O(E \log_2 E)$이다.

19.3.2 최단 경로

우리가 고려할 다음 문제는 운전 면허가 있는 사람은 누구나 직면하는 문제이다. 시점 s와 종점 t와 일방 통행로가 주어졌을 때 s에서 t로의 최단 경로(shortest path)를 찾으라.

t뿐만 아니라 임의의 지점으로의 최단 경로를 구하는 알고리듬을 제시할 것이다. 이 알고리듬은 독일 수학자 다익스트라(E. W. Dijkstra)의 이름을 따라 다익스트라 알고리듬이라 한다.

입력은 단순 방향 그래프 G이다. G의 선분 e_i는 양의 가중치를 갖는데 이를 $d(e_i)$라 표기한다. $d(e_i)$를 e_i의 길이라고 간주해도 무방하다.

s에서 임의의 점 t로의 최단 경로를 찾을 때 각 점 v_i에 숫자 $\delta(v_i)$를 결부시킨다. 이 수는 s에서 v_i로의 알려진 최단 경로의 길이라고 생각할 수 있다. 시작할 때, 아직 s에서 t로의 어떤 경로도 발견하지 못했으므로 $\delta(s) = 0$, $t \neq s$인 모든 점에 대하여 $\delta(t) = \infty$라고 한다.

다음에서, G의 점집합 $V(G)$를 s로부터의 경로를 발견한 점들의 집합 S와 그렇지 못한 점들의 집합 T로 분할한다. 따라서 시작할 때 $S=\{s\}$이고 $T=V(G)-s$이다.

모든 선분 sv에 대하여, 시작 조건 $\delta(v)=\infty$를 $\delta(v)=d(s, v)$로 대치한다. 이는 s에서 v로의 선분이 있으면 s와 v의 거리는 선분의 길이이므로 당연하다.

이제 이 알고리듬의 일반적인 단계를 설명한다. 이 단계는 이전 문단에서 설명한 시작 단계 이후에 여러 번 적용될 것이다.

$\delta(v)$가 최소인 점 $v\in T$를 구한다. v를 S에 넣고, s에서 출발하는 선분을 따라 진행했듯이, v에서 출발하는 선분을 따라 S에 있지 않은 점으로 진행한다. 보다 정확하게, $r\in T$인 선분 vr에 대하여 $\delta(v)+d(v,r)\geq\delta(r)$이면 그대로 있고 그렇지 않으면 r로의 보다 짧은 경로를 구하였으므로 $\delta(r)$를 $\delta(v)+d(v, r)$로 대치한다. 이 단계를 종종 선분 vr를 완화했다고 말한다.

이 과정을 반복한다. 즉, $\delta(v')$이 최소인 점 $v'\in T$를 발견하면서 시작한다. 모든 점이 S에 있고, 따라서 모든 선분이 완화되거나 S에서 T로의 선분이 없을 때(G가 강연결이 아닐 경우) 멈춘다.

이 알고리듬 전체에서, 등식이 성립할 때는 어떤 쪽을 택해도 좋다. 다음에 예가 있다.

예제 19.15

그림 19.2의 예에서, 다익스트라 알고리듬은 다음과 같이 적용된다.

(1) 주어진 그래프로부터 시작한다. $S=\{s\}$라 한다.
(2) s로부터의 선분을 완화한다. $\delta(A)=4$, $\delta(B)=5$라 하고 A를 S에 넣는다.
(3) A로부터의 선분을 완화한다. $\delta(C)=8$, $\delta(F)=9$라 하고 B를 S에 넣는다.
(4) B로부터의 선분을 완화한다. $\delta(D)=10$, $\delta(F)=7$이라 하고(따라서 $\delta(F)$를 갱신한다.) F를 S에 넣는다.

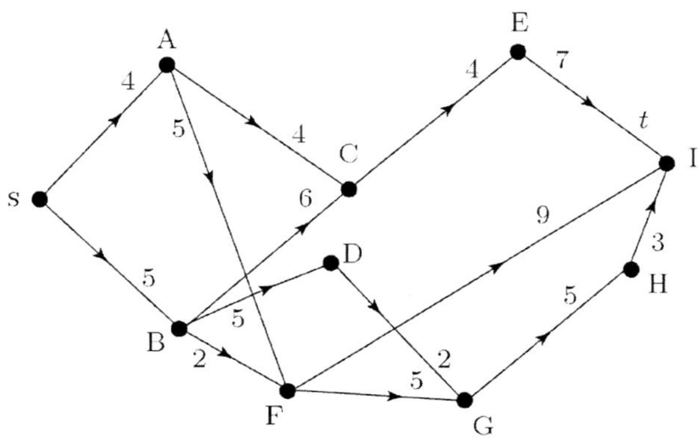

그림 19.2 다익스트라 알고리듬을 적용할 그래프

(5) F로부터의 선분을 완화한다. $\delta(G)=12$, $\delta(I)=16$이라 하고 C를 S에 넣는다.
(6) C로부터의 선분을 완화한다. $\delta(E)=12$라 하고 D를 S에 넣는다.
(7) D로부터의 선분을 완화한다. $\delta(G)=12$이므로 이는 영향이 없다. G를 S에 넣는다.
(8) G로부터의 선분을 완화한다. $\delta(H)=17$이라 하고 E를 S에 넣는다.
(9) I를 S에 넣는다.
(10) H를 S에 넣는다.
(11) 끝낸다.

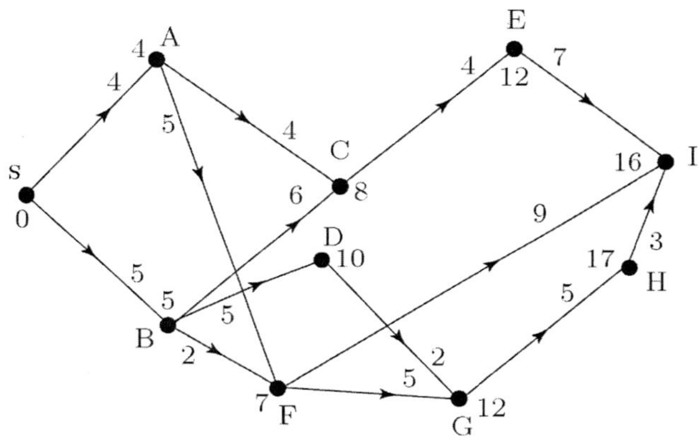

그림 19.3 다익스트라 알고리듬을 적용한 결과

그림 19.3은 그림 19.2에서 각 점에 δ의 값을 각 선분에 가중치를 적었다.

몇 가지 질문이 차례로 떠오른다. 첫째, 이 알고리듬의 결과로부터 s에서 t로의 최단 경로 하나를 어떻게 읽는가?(이러한 경로는 여러 개 있을 수도 있다.) 둘째, $\delta(t)$의 최종 값이 사실상 s에서 t로의 최단 경로의 길이인가? 셋째, 이 알고리듬에 몇 단계가 있는가?

처음 두 질문에 하나의 정리로 대답할 것이다. 그 전에 기호가 필요하다. 주어진 점 t에 대하여 선분 vt가 완화되고 $\delta(t)$가 감소할 때마다 $prev(t)=v$라 한다. 이는 그 시점에서, vt로 끝나는 s에서 t로의 최단 경로가 있다는 것이다. $prev(t)$은 항상 t보다 먼저 S에 들어가는 점이고, 다익스트라 알고리듬이 끝날 때 모든 $t \neq s$에 대하여 $prev(t)$는 정의된다. 그러므로 G가 유한하다는 점을 고려하면, 모든 점 $t \neq s$에 대하여, $prev^k(t)=s$인 양의 정수 k가 있다. 여기에서 $prev^k$는 단순히 $prev$를 k번 거듭하여 적용한다는 뜻이다.

정리 19.16

모든 단순 그래프 G와 서로 다른 점 s, t에 대하여, 다익스트라 알고리듬은 s에서 t로의 최단 경로를 얻고 그 길이를 계산하거나, 그러한 경로가 없다는 것을 보여 준다.

(a) 알고리듬이 끝나면, 리스트의 끝에서부터 선분은 $(prev(t), t)$, $(prev(prev(t)), prev(t)), \cdots, (s, prev^{k-1}(t))$이고 이는 s에서 t로의 최단 경로이다. $prev(t)$가 정의되지 않으면, s에서 t로의 경로는 없다.
(b) 더욱이 알고리듬이 끝날 때 s에서 t로의 최단 경로의 길이는 $\delta(t)$이다. s에서 t로의 최단 경로가 없다면 길이는 ∞ 이다.

증명 (b)부터 증명한다. 사실상, 보다 강력한 다음 서술을 증명한다. 다익스트라 알고리듬의 각 단계에서

(i) $t \in S$이면 $\delta(t)$는 s에서 t로의 최단 경로의 길이이고
(ii) $t \not\in S$이면 $\delta(t)$는 마지막 선분이 S의 점에서 t로의 선분인, s에서 t로의 최단 경로의 길이이다.

이 주장을 S의 크기에 관한 귀납법으로 증명한다. $|S| = 1$이면, 즉, $S = \{s\}$이면 $\delta(s) = 0$이므로 (i)이 성립한다. (s, t)가 선분이면 $\delta(t) = d(s, t)$는 원하는 성질을 가진 s에서 t로의 최단 경로의 길이이고 (s, t)가 선분이 아니면 $\delta(t) = \infty$이므로 (ii)가 성립한다.

주장이 $|S| = k$일 때 성립한다고 가정하고 $|S'| = k+1$일 때 증명한다. $S' = S \cup x$, 즉 x가 알고리듬의 이 단계에서 S에 더해진 점이라 한다. 먼저 (i)이 x에 대하여 성립함을 보인다. 이 단계 전에 x는 S에 있지 않았고 따라서 귀납적 가정에 의하여 $\delta(x)$는 마지막 선분이 S의 점에서 x로의 선분인 (s, x)의 최단 경로 q의 길이이다. s에서 x로의 모든 경로 p는 S를 떠나서 x에 도달하여야 한다. p에 속하는 점 중 S에 있지 않은 첫째 점이 어떤 $y \neq x$이면 p는 (s, x) 최단 경로가 아니다. 그림 19.4에 설명되어 있다.

사실상 p에서 s와 y 사이의 부분은 q보다 짧을 수 없다. 짧다면 x 대신 y를 이 단계에서 S에 더해야 했다. (귀납적 가정에 의하여, 모든 $x \not\in S$에 대하여 $\delta(x)$가 최소이고 $\delta(x)$가 S의 원소에서 x로의 선분으로 끝나는 최단 (s, x) 경로의 길이임을 상기하라.) 그러면 y에서 x로 가야 하므로 p가 q보다 길다는 것을 의미한다.

또한 다익스트라 알고리듬의 정의에 의하여 S의 선분은 완화되지 않으므로 x를 S에 더해도 기존의 S의 원소의 라벨이 변경되지 않는다. 따라서 (i)이 증명된다.

(ii)를 증명하기 위하여 $h \in V(G) - S'$ 이라 한다. (x, h)가 아닌 (S', h)의 선분으로 끝나는 최단 (s, h) 경로가 있으면, x를 S'에 넣는 것은 아무 것도 변경하지 않으므로, 귀납적 가정에 의하여 주장은 증명된다. (S', h)의 선분으로 끝나는 모든 최단 (s, h) 경로가 (x, h)로 끝나면, 다익스트라 알고리듬에 의하여 $\delta(h) = \delta(x) + d(x, h)$이고, 그러한 모든 경로에서 s에서 x로의 경로는 (s, x) 최단 경로이며 길이 $\delta(x)$이므로 주장은 증명된다.

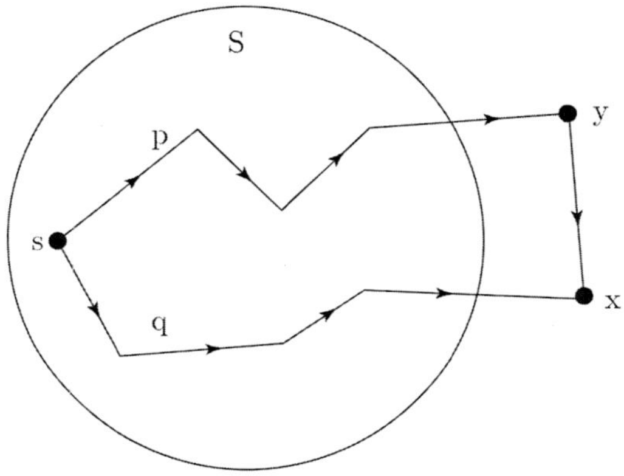

그림 19.4 경로 p는 경로 q보다 길다.

이는 (b)를 증명한다. (a)는 이제 알기 쉽다. 사실상, 다익스트라 알고리듬이 모든 점으로의 최단 거리를 계산한다는 것을 알므로, (a)는 단지 최단 거리를 실제로 달성하는지 추적하는 방법을 설명한다는 것을 안다. 최단 거리는 최단 경로로 달성되는데, (a)에서 묘사한 경로는 s에서 t로의 최단 거리를 달성하므로 최단 경로이다

다익스트라 알고리듬은 $O(n^2)$ 단계라는 것을 주목하라. 사실상, 각 단계에서, 한 점을 S에 더하므로, n 이하의 단계가 있고 이들 각 단계에서 $\delta(v)$가 최소인 $v \notin S$를 찾아야 한다. 이는 $O(n)$ 이하의 단계이고(부가 연습문제 14가 이 증명 문제이다.) 우리의 주장을 증명한다.

다익스트라 알고리듬에는 몇 가지 보다 정제되고 개선된 버전이 있다. 가장 널리 사용되는 특별한 경우는 넓이 우선 탐색(breadth first search)일 것이다. 이는 모든 선분의 가중치가 1인 특별한 경우에, 최소 개수의 선분을 포함하는 s에서 t로의 경로를 구하는 알고리듬이다. 넓이 우선 탐색이라는 이름은 이 알고리듬이 먼저 s의 모든 이웃에 도달한 후에 그래프에 더 깊이 도달한다는 사실을 언급한다. 이는 연습문제 8에 정의되어 있는 깊이 우선 탐색(depth first search)과 대조된다.

Notes

이 장과 다음 장의 주제에 관한 좋은 소개서로 허브 윌프의 알고리듬과 복잡도(Algorithm and Complexity)[50]가 있다. 알고리듬에 관한 고전적인 종합서로 코르만(Corman) 등의 알고리듬 소개(Introduction to Algorithms)[16]가 있다. 이 책에는 우리가 언급한 탐색 알고리듬인 넓이 우선 탐색, 깊이 우선 탐색의 자세한 분석 뿐 아니라 합병정렬과 같은 정도의 효율성을 갖는 몇 가지 정렬 알고리듬이 소개되어 있다.

연습문제 Exercises

1. 다음의 정렬 알고리듬을 고려하라. 먼저 우리가 정의하는 알고리듬에 따라 재귀적으로 $n-1$개 대상을 정렬한다. 그런 후 n 번째 원소 a_n을 다음과 같은 방법으로 맞는 위치에 넣는다. 첫째, a_n을 $n-1$개 원소의 정렬된 리스트 L의 가운데 원소와 비교한다. 결과에 따라 a_n을 L의 앞의 반이나 뒤의 반에 넣는다. 어느 쪽에 넣었건, a_n의 위치를 같은 방법으로 찾는다. 즉, a_n을 자신이 속한 반쪽 리스트의 가운데 원소와 비교하고, a_n이 속할 L의 사분 리스트를 정한다. $b(n)$을 최악의 경우에 알고리듬의 단계의 수라 한다. $b(n)=O(n\log_2 n)$임을 증명하라.

2. A가 원소의 쌍들의 비교만을 이용하는 알고리듬이고 $f(n)$이 n개의 원소를 정렬할 때 최악의 경우에 A의 단계의 수이면, $f(n)=\Omega(n\log_2 n)$임을 증명하라. 비교만 이용하는 최적 알고리듬의 비교 횟수는 $\Theta(n\log_2 n)$번이라고 결론 지어라.

3. 정해진 양의 정수 k에 대하여 한 단계에 k개의 원소를 비교하는 기계가 있다고 가정하자. 즉, k개의 서로 다른 실수를 입력으로 주면, 한 단계에 이들의 정렬된 리스트를 출력한다. $g(n)$이 n개의 서로 다른 실수를 정렬할 때 이 기계를 작동하는 횟수라 한다. $g(n)=\Omega(n\log_2 n)$인가?

4. 실수의 n-집합에서 $\frac{3}{2}n+2$ 이하의 쌍의 비교로 최대 원소와 두 번째로 큰 원소를 찾는 알고리듬을 구축하라.

5. k가 양의 정수이다. 실수의 n-집합에서 $O(n)$ 쌍의 비교로 k 번째로 큰 원소를 찾는 알고리듬을 구축하라.

6. n-치환 $n!$개 모두를 열거하는 알고리듬을 구축하라. 이 리스트의 각 원소는 바로 전의 것으로부터 $n-1$ 이하의 단계로 구하여야 한다.

7. G가 순환을 포함하지 않는 방향 그래프이다. G의 원소를 $i > j$이면 v_i에서 v_j로의 경로가 없는 $v_1, v_2, \cdots, v_n$으로 정렬할 수 있음을 증명하라.

8. G가 방향 그래프이다. 깊이 우선 탐색에서는 s로부터 경로로 도달할 수 있는 모든 점 t를 구한다. 먼저 s로부터 선분 (s, s_1)을 이용하여 s_1을 구한 후 s_1으로부터 선분 (s_1, s_2)를 이용하여 도달할 수 있는 s가 아닌 점 s_2를 구한다. 이 작업을 가능한 한 계속한다. k개의 점 $s, s_1, \cdots, s_{k-1}$후에 계속할 수 없다, 즉 s_{k-1}로부터 위의 점들이 아닌 점으로의 선분이 없다고 가정하자. 그러면 s_{k-1}의 선행 점 s_{k-2}에서 같은 과정을 반복한다.(역추적(backtracking)이라 한다.) 어떤 점에서 멈추게 될 때마다, 그 점의 선행 점에서 역추적을 한다.
G가 고리를 포함하지 않고 각 점에 s로부터 경로로 도달할 수 있는 방향 그래프라 한다. G가 순환을 포함하지 않는 필요충분조건을 s에서 시작하는 깊이 우선 탐색을 이용하여 서술하라.

9. 다음이 참인지 거짓인지 결정하라.
(a) $a > 0$이면, $n \log n = O(n^{1+a})$이다.
(b) $2^{n^2} = O(n!)$이다.
(c) $n! = \Theta\left(\dfrac{n^n}{e^n}\right)$이다.

10. 다음 알고리듬을 고려하라. G가 각 선분에 음이 아닌 가중치가 있는 단순 연결 그래프라 한다. 임의의 점 $v \in G$에 대하여 v로 이루어진 한 점 그래프로부터 시작하여 다음과 같이 그래프를 구축한다. 각 단계에서, T가 이미 구축된 그래프의 점집합이면, 여기에 더해도 순환을 포함하지 않는, T와 $V(G) - T$ 사이의 선분 중 최소 가중 선분을 더하라. $T = V(G)$일 때까지 계속한다. 이 알고리듬은 G의 최소 가중 신장 트리를 구축한다는 것을 증명하라.

11. S가 n-집합이다. 다음 정렬 알고리듬을 고려하라. $s \in S$를 임의로 선택한다. $S-s$를 $A=\{i \in S | i < s\}$와 $B=\{i \in S | i > s\}$로 분할한다. 이제 S는 AsB와 같이 부분적으로 정렬되었다. 정렬된 리스트를 얻을 때까지, 먼저 A와 B에 재귀적 방법을 적용하고, 다음에 이렇게 얻은 작은 집합에 같은 재귀적 방법을 적용하라.

(a) 이 알고리듬의 비교횟수가 $\binom{n}{2}$ 이하임을 증명하라.

(b) 비교횟수가 $\binom{n}{2}$일 때는 언제인가?

12. (+) 위의 연습문제의 정의를 따른다. $X(p)$가 S를 선택된 원소의 집합 p를 이용하여 정렬할 때 비교횟수라 한다. $E(X)=O(n\log n)$임을 증명하라.

부가 연습문제

Supplementary Exercises

13. 그래프 이론을 이용하여 n개의 원소를 $n-1$ 미만의 단계로 정렬하는 알고리듬이 없다는 간단한 증명을 구하라.

14. n개의 실수에서 최대 원소를 찾는 두 가지 알고리듬을 구하라. 각 알고리듬의 비교횟수가 $n-1$이어야 한다.

15. 64명의 탁구 선수 중 최고의 선수 두 명을 찾으려고 한다. 다음과 같은 의미에서 68 경기로 충분함을 보여라. 68 경기 이후에, 나머지 62명이 A나 B에게 패하고 A나 B는 이들 62명에게 패하지 않는 A, B가 있다.

16. X가 모든 n-치환의 집합에서 다음과 같이 정의된 랜덤 변수이다. $X(p)$는 거품 알고리듬이 p의 원소를 정렬할 때 두 원소를 교환하는 횟수이다. $E(X)$를 계산하라.

17. 연습문제 8에 정의된 깊이 우선 탐색은 무방향 그래프에도 적용된다. G가 무방향 연결 그래프이면, 이 알고리듬은 사실상 시작하는 점 s를 근으로 하는 G의 신장 트리 T를 발견한다. T에서 점 b와 s 사이의 유일한 경로가 점 a를 포함하는 필요충분조건이 a가 b의 후손(descendent)인 것이라 하자. e가 G의 선분이면, e의 한 끝점은 다른 끝점의 후손임을 증명하라.

18. n개 점에서의 연결 그래프에 길이 k인 경로가 없으면 $(k-1)n$개 이하의 선분이 있음을 증명하라.

19. 무방향 그래프가 연결 그래프인지 판정하는데 다익스트라 알고리듬을 이용하는 방법을 설명하라.

20. 다음이 참인지 거짓인지 판정하라.

(a) $\sin n = O(1)$

(b) $\sin n = \Theta(1)$

(c) $\left(\dfrac{n}{\log_2 n}\right)^n = O(n!)$

21. 10장 연습문제 29에 그래프의 지름이 정의되어 있다. n개 점에서의 그래프 G의 지름을 $O(n^3)$ 단계에 구하는 알고리듬을 제시하라.

22. 크러스칼 알고리듬의 의사코드를 써라.

23. 다익스트라 알고리듬의 의사코드를 써라.

24. M이 각 원소가 k 이하인 n개의 양의 정수의 리스트이다. M의 원소를 $O(n+k)$ 단계에 오름차순으로 정렬하는 알고리듬을 제시하라.

25. 위의 연습문제에서 $n=k$라 한다. 그 문제의 결과는 크기 n인 입력을 $O(n)$ 단계에 정렬하는 알고리듬이라는 것을 증명하라.

CHAPTER 20장

여럿은 하나보다 많은가? 계산 복잡도

알고리듬을 이용하는 문제가 광범위하므로, 다양한 알고리듬의 효율성을 측정하는 통일된 접근 방법이 필요하다. 앞 장에서는, 효율성을 알고리듬의 수행 단계로 측정했는데 이로써 각 문제에 대하여 단계라고 하는 것을 특정해야 했었다. 이제 우리의 목표는 모든 알고리듬에 적용되는 표준을 갖는 것이다.

20.1 튜링 기계

튜링 기계(Turing machine)는 영국 수학자 알란 튜링(Alan Turing)의 이름을 따른 이상적인 기계인데 인간이 알고리듬을 잘 정의된 규칙에 따라 단계별로 수행하는 것을 모방하도록 만들었다. 공식적으로, 튜링 기계 T는 다음 네 부분으로 구성되어 있다.

(1) **테입(tape)**: 이는 셀들의 일차원 배열인데 양 방향으로 무한이므로 결코 테입이 모자라지는 않다. 각 셀은 유한 집합 A의 기호 한 개를 포함한다. A의 기호 중 공란(blank)과 시작(start)이 있다. 셀에 아무 기호도 쓰기 전에는 공란을 포함하고 있다고 간주한다. 시작은 기계가 읽는 처음 기호로 기계에 시작하라는 신호를 준다. 테입은 종종 기계의 입력(input)이라 한다.

(2) **헤드(head)**: 공평하도록, 테입이 많은 정보를 포함해도 기계는 읽을 수 있어야 한다. 헤드는 테입의 양 방향으로 작동하며, 셀의 기호를 읽고, 교체할 수 있다. 이를 종종 헤드의 읽고 쓰기(read-write)라고 표현한다.

(3) **상태(state)**: 집합 S에는 시작 상태 s가 있다. 헤드가 테입을 따라 움직이면서 기계가 있는 상태가 바뀐다. T가 읽는 기호에 반응하는 방법은 자신의 상태에 따라 다르

다. 즉, 상태 t의 기계와 상태 u의 기계가, 기호 a를 읽을 때 다르게 반응할 수 있다.

(4) 전이(transition) 함수(또는 프로그램)

$$f: S \times A \rightarrow (S \cup \text{'Yes'} \cup \text{'No'}) \times A \times \{\leftarrow, \rightarrow, stay\}$$

이 함수는 T가 작동하는 방법을 설명한다. 정의는 보기만큼 어렵지는 않다. 기계의 작동이 현 상태와 읽는 기호에 따라 다르므로 f의 정의역은 $S \times A$이다. f의 치역은 세 요소의 직곱이다. 첫 번째 요소 $S \cup$ 'Yes' $\cup$ 'No'는 T가 현 상태의 주어진 셀에서 입력을 읽으면 'Yes(승인)' 상태나 'No(거절)' 상태로 갈 수도 있다는 것을 의미한다. 위의 정의로부터 'Yes'나 'No' 상태에 도달하면 기계는 즉시 멈춘다는 것에 주목하라. 또한 'Yes'나 'No' 상태는 S의 원소가 아님에 주의하라. 보다 향상된 튜링 기계는 'Yes' 나 'No' 상태에 도달하지 않고 멈춘다. 이 기계는 이와 같이 멈추는 상태를 '정지(Halt)' 상태라고 하는데, 이 모델을 다루지는 않을 것이다.

두 번째 요소 A는 T가 자신이 읽는 셀에 다른 기호를 쓸 수 있으므로 필요하다. 마지막으로 세 번째 요소 $\{\leftarrow, \rightarrow, stay\}$는 현재 셀에 기호를 쓴 후 헤드가 왼쪽이나 오른쪽으로 한 칸 움직이거나 그대로 있으므로 필요하다.

이 정의는 너무 번거롭거나 넓어 보일지 모르지만, 알고리듬이 할 수 있는 거의 모든 것을 구성한다. 따라서 우리가 접하는 대부분의 알고리듬은 튜링 기계로 수행할 수 있다.

튜링 기계의 몇 가지 향상된 버전과 두세 가지 단순화된 버전도 있다. 튜링 기계가 속한 상태, 헤드의 위치, 셀이 현재 읽는 내용으로부터 다음에 기계가 할 일을 알게 되므로 위에 설명한 기계는 종종 결정적(deterministic)이라 한다. 결정적이라는 형용사는 이 기계를 다른 기계와 비교할 때 더 설명할 것이다.

예제 20.1

튜링 기계를 이용하여 임의의 양의 정수 a가 3으로 나누어지는지 판정할 수 있다. 이 튜링 기계의 변수는 다음과 같다.

(1) 상태 집합 $S = \{start, 0, 1, 2, Yes, No\}$

(2) 기호의 집합 $A = \{start, blank, 0, 1, 2, 3, 4, 5, 6, 7, 8, 9, end\}$

(3) 왼쪽부터 오른쪽으로 순서대로 start(시작), a의 자릿수(한 자리 음이 아닌 정수), end(끝)가 써 있는 테입

(4) 다음과 같이 정의된 프로그램 f

(5) (a) 헤드가 start를 읽으면, a의 첫째 자릿수가 있는 바로 오른쪽 셀로 움직인다. start 상태로 머문다.

(b) 기계가 a의 i 번째 자릿수를 읽으면 다음과 같이 반응한다. 이 자릿수가 $0, 3, 6, 9$이면 현재 상태에 머문다. 자릿수가 $1, 4, 7$이면 한 상태 위로 간다. (즉, 상태 0에 있었다면 상태 1로, 상태 1에 있었다면 상태 2로, 상태 2에 있었다면 상태 0으로 간다.) 마지막으로 자릿수가 $2, 5, 8$이면 두 상태 위로 간다.

(c) 헤드가 end를 포함하는 셀에 도달할 때 기계가 상태 0에 있다면, 기계는 'Yes' 상태로 가서 정지한다. 헤드가 end를 포함하는 셀에 도달할 때 기계가 상태 1이나 2에 있다면, 기계는 'No' 상태로 가서 정지한다.

위의 프로그램은 a가 3의 배수인 필요충분조건이 자릿수의 합이 3의 배수라는 사실을 이용했다.

이 장의 나머지 부분에서 모든 프로그램을 이렇게 어렵게 분석하지는 않을 것이므로 독자는 두려워하지 말아야 한다. 위의 예의 목적은 알고리듬을 튜링 기계로 번역하는 방법을 보여주는 것이다. 이 모델의 장점은 단계가 무엇인지(헤드의 단계, $\rightarrow$, $\leftarrow$ 또는 stay(머문다)), 알고리듬의 실행 시간이 무엇인지(헤드의 단계의 개수) 명확해졌다는 것이다. 이것이 튜링 기계가 매우 광범위한 알고리듬의 효율성 분석에 적당한 이유이다.

20.2 복잡도 클래스

이 장에서 현대 수학에서 가장 두려운 문제들을 만날 것이다. 그들은 어떤 질문이 효율적인 방법으로 튜링 기계에 의하여 판정되는지 설명하려는 시도와 연관되어 있다.

20.2.1 P 클래스

판정 문제(decision problem)는 "이 그래프가 이분 그래프인가?", "이 그래프가 연결 그래프인가?", "이 수는 소수인가?", "이 순열은 길이 7인 짝수 개의 순환을 포함하는가?" 등 조합적인 대상에 대한 긍정, 부정의 문제이다. 언어 L은 주어진 판정 문제의 답이 긍정인 모든 대상의 집합이다. 따라서 위의 예에서, 모든 이분 그래프의 집합, 모든 연결 그래프의 집합, 모든 소수의 집합, 길이 7인 순환을 짝수 개 포함하는 모든 순열의 집합은 각각 언어이다.

튜링 기계 T가 주어진 입력 x에 대하여, $x \in L$이면 'Yes' 상태로 멈추고, $x \notin L$이면

'No' 상태로 멈춘다면, T가 언어 L을 승인(accept)한다고 한다.

이 절의 주요한 첫 번째 정의를 제시한다.

정의 20.2

어떤 튜링 기계 T와 양의 정수 k에 대하여, T가 L을 $O(n^k)$ 시간 안에 승인하면 언어 L이 P에 속한다고 한다. 단 입력의 크기는 n이다.

즉, 길이 n인 입력 x에 대하여, T의 헤드가 $O(n^k)$번 이내로 작동하여 $x \in L$인지 $x \notin L$인지 판정할 수 있다.

언어 L이 P에 속하면 어떤 원소가 L의 원소인지 여부를 다항식 시간에 검사할 수 있다고 한다.

독자는 P가 $O(n)$과 $O(n^{20})$ 시간 안에 승인하는 것을 구별하지 않는 것은 너무 부정확하다고 생각할 지 모른다. 이에 대한 두 가지 답이 있는데, 첫 번째는 다음 예를 보면 분명해 질 것이다.

예제 20.3

L이 삼각형을 포함하는 모든 단순 그래프의 집합이면 $L \in P$이다.

풀이 튜링 기계는 단순히 n개 점의 그래프의 $\binom{n}{3}$개의 세겹쌍 각각에서 세 쌍의 점이 인접하는지 확인할 수 있다. $\binom{n}{3} = O(n^3)$개의 세겹쌍 각각에 대하여 세 개의 선분만 확인하면 된다. 마지막으로 튜링 기계의 헤드는 두 개의 선분을 확인하는 사이에 n^2개보다 많은 셀을 방문할 필요는 없으며 주장은 증명된다.

P의 정의에서, k가 무엇인지 구체화하지 않는 것은 보상을 받았다. 이로써 입력의 크기가, 그래프의 점의 수 n인지, 인접행렬(선분에 대한 정보)의 원소의 수 n^2인지 등의 질문이 불필요해 진다.

또한 헤드를 한 테입의 끝에서 다른 테입의 끝으로 보내는 것도 나쁘지 않으므로, 한 테입에서 다른 테입으로 보내는 영리한 방법을 간구할 필요도 없다.

예제 20.4

L은 p^2이 항등 치환인 모든 치환 p의 집합이다. 그러면 $L \in P$이다.

이 예에서 입력의 크기는 명백히 p의 길이 n이다.

풀이 $p = p_1 p_2 \cdots\ p_n$이라 한다. 모든 $i \in [n]$에 대하여 $p_i = j$이면 $p_j = i$인지 확인한다. 이것이 항상 사실이면 승인하고, 아니면 거절한다. n개의 등식을 확인해야 하고, 두 개의 원소를 확인할 때 헤드가 n개 이하의 셀을 방문하므로 $O(n^2)$ 이하의 단계가 필요하다.

문제들의 클라스 P는 같은 복잡도 클라스(complexity class), 즉 난이도가 비슷한 문제들의 클라스의 예이다. 독자는 n단계로 해결할 수 있는 문제와 n^{100}단계로 해결할 수 있는 문제 사이에는 큰 차이가 있다고 항변할 지 모르지만, 이 차이는 뒤의 문제와 2^n단계로 해결할 수 있는 문제 사이의 차이보다는 훨씬 작다. 사실, 입력 크기 m인 문제를 $\log m$ 시간에 해결할 수 있는 컴퓨터가 있다면 처음 두 문제는 각각 $\log n$ 시간과 $100\log n$ 시간 걸릴 것이다. 이 시간은 상수 배 만큼만 차이가 있다. 마지막 문제는 $n\log 2$ 시간 걸리는데 이는 앞의 시간들보다 차수가 높다. 보다 정확하게, n이 무한대로 가면 처음 두 문제는 마지막 문제에 비하여 무시할 만큼 적은 시간에 해결된다. 이는 $O(n)$ 시간과 $O(n^{20})$ 시간에 해결되는 문제를 같은 클라스에 넣는 이유에 관한 우리의 두 번째 답이다.

대충 말하여, P는 효율적인 알고리듬에 의하여 판정되는 언어들의 집합이다. 사실상, 입력을 읽는 데만도 n 단계가 걸리므로 다항식의 시간은 기대할 수 있는 최상이다.

20.2.2. NP 클라스

다항식 시간 알고리듬이 알려지지 않은 판정 문제가 광범위하게 많다. 보다 정확하게, 임의의 입력 x에 대하여 $x \in L$인지 확인하는 다항식 시간 알고리듬이 알려지지 않은 언어 L이 있다. 매우 종종, $x \in L$인지 판정하지는 않지만, 누가 어떤 추론에 의하여 $x \in L$이라고 주장하면 다항식 시간 안에 이 추론이 옳은지 판정하는 보다 약한 알고리듬이 있다. 옳다면, $x \in L$이다. 아니라면, 다른 이유로 $x \in L$일 수도 있으므로, $x \notin L$라고 할 수는 없다.

예로, L은 양의 정수의 집합 S가 원소의 합이 양의 정수 m인 부분집합 T를 갖는 (S, m)들로 구성된 집합이다. 어떤 양의 정수의 집합 A, 양의 정수 t에 대하여

$x=(A,\ t)$라 하고 x가 L의 원소인지 알아보자. 당연히 A의 $2^{|A|}$개 부분집합의 원소의 합이 t인지 알아볼 수 있지만 다항식 시간에는 할 수 없다. 사실상, $2^{|A|}$는 입력값의 크기의 지수 함수이다. 한편, 어느 집합 $B \subseteq A$의 원소의 합이 t라고 주장하면, 단순히 B의 원소의 합을 구하여 주장을 $O(n)$ 시간에 증명할 수 있다. 물론, 주장이 틀리다고 판명되더라도 다른 $B' \subseteq A$에 의하여 $x \in L$일 수도 있으므로 그 경우에는 우리는 운이 좋지 않다.

이 판정 문제들의 집합, 즉 다항식 시간 안에 멤버임을 증명할 수 있는 문제들의 집합은 극단적으로 중요하다고 판명되므로 다음 공식적인 정의가 있다.

정의 20.5

다음을 만족하는 양의 정수 k와 튜링 기계 T가 존재하면 언어 L은 NP에 속한다고 한다.

- 각 $x \in L$에 관하여, T에 입력 $(x,\ W(x))$가 주어지면 $x \in L$임을 $O(n^k)$ 시간에 인지하는 목격자(witness) $W(x)$가 있다.
- 각 $x \notin L$에 관하여 위와 같은 목격자가 없다. 즉, T에 어떤 입력 $(x,\ W'(x))$가 주어져도 T가 거짓으로 $x \in L$이라고 말하도록 할 수는 없다.

다시 말하여, $x \in L$이라는 목격자가 다항식 시간에 검증(verify)되면(다항식 시간에 구할 수는 없을지라도) $L \in NP$이다. 목격자를 증명서(certificate)라 한다는 것을 지적한다.

따라서 이 부분절의 도입 예인 합이 m인 부분집합을 갖는 양의 정수의 집합 S에 대하여 $(S,\ m)$으로 구성된 언어는 NP이다. 이는 사실 부분합 문제라는 유명한 판정 문제의 한 가지 버전이다. 이 문제의 다른 버전을 곧 볼 것이다.

다른 고전적인 문제를 고려하자.

예제 20.6

L이 해밀톤 순환을 갖는 모든 무방향 그래프들의 언어라 하면 L은 NP이다.

풀이 G의 점의 순서 리스트 $v_1,\ v_2,\ \cdots,\ v_n$은 목격자 $W(G)$의 역할을 할 수 있다. 그러면 단지 선분 $v_1v_2,\ v_2v_3,\ \cdots,\ v_{n-1}v_n,\ v_nv_1$이 있는지 확인하면 된다. 즉, 튜링 기계 T가 이 n개의 선분을 갖는지만 확인하면 된다. T의 헤드는 두 개의 선분을 확인하는 사이에 n^2개 이하의 셀을 방문하면 되므로, T는 $O(n^3)$ 시간 안에 $v_1,\ v_2,\ \cdots,\ v_n,\ v_1$이 해밀톤 순환을 형성하는지 검증할 수 있다.

예제 20.7

L이 G와 H가 동형인 모든 단순 그래프 (G, H)의 쌍들로 구성된 언어라 하면 L은 NP이다.

풀이 전단사함수 $f: V(G) \rightarrow V(H)$는 목격자 $W(G, H)$의 역할을 한다. 그러면 튜링 기계 T는 모든 $u, v \in V(G)$에 대하여 uv가 선분일 때 $f(u)f(v)$가 선분이라는 것만 확인하면 된다. 이는 $\binom{n}{2} = O(n^2)$개의 선분을 확인하고, T의 헤드는 두 개의 선분을 확인하는 사이에 $O(n^2)$번 이하의 셀을 방문하므로 주장은 검증된다.

다음 성질은 이제까지 정의한 두 가지 복잡도 클라스를 비교한다.

성 질 20.8

$P \subseteq NP$이다.

증명 $L \in P$이면 L의 멤버임을 다항식 시간에 검사하는 튜링 기계가 있다. 따라서 T에 입력 $(x, W(x))$를 주면, T는 단순히 $W(x)$를 무시하고, $x \in L$임을 다항식 시간에 검증할 수 있다.

이 시점에서, 매우 자연스럽게 성질 20.8의 포함관계가 진부분인지 질문한다.

질문 20.9

$P = NP$인가?

이 문제는 오늘날의 수학에서 가장 어려운 미해결 문제 중 하나로 판명되었고, 아마 전산학 이론에서는 가장 어려운 미해결 문제일 것이다. 이 문제는 2000년에 클레이 수학 재단에서 선정한 일곱 가지 새 천년 현상금 문제 중 하나인데 각 문제에 상금 백만 달러가 걸려 있다. 흥미있는 독자는 이 장의 노트 부분을 참조하라.

질문 20.9가 여전히 미해결이라는 것이 매우 놀라울지도 모른다. 결국, 목격자를 검증하는 것은 발견하는 것보다 훨씬 간단한 일인 것 같다. 그러나 몇 가지 고려할 점이 있다. 첫째, P가 NP이려면, 멤버임을 검증하는 다른 튜링 기계 T'만큼 빠른, 멤버임을 검사하는 튜링 기계 T가 필요하지는 않다. T'이 멤버임을 검증하는데 $O(n)$ 시간이 걸리고 T가 멤버임을 검사하는데 $O(n^{10000})$ 시간이 걸려도 충분하다. 둘째, $P \neq NP$임을 증명하기 위하여 $L \not\in P$인 언어 $L \in NP$를 구할 필요가 있다. 어떤 언어가 P가 아님을 어떻게 증명하는가?

이 절에서 질문 20.9의 답을 구하는 데 사용할 수도 있는 다른 방법 몇 가지를 언급할 것이다.

20.2.2.1 $coNP$ 클래스

복잡도 클래스의 여클라스를 선택하는 미묘한 방법이 있다. 다음 정의에 의해 주어진다.

정의 20.10

다음이 성립하는 튜링 기계 T와 양의 정수 k가 존재하면 언어 L은 $coNP$라 한다.

- 각 $x \not\in L$에 대하여 T에 입력값 $(x,\ W(x))$가 주어질 때 $x \not\in L$라는 것을 $O(n^k)$ 시간에 인식하는 목격자 $W(x)$가 있다.
- 각 $x \in L$에 대하여 그러한 목격자가 존재하지 않는다. 즉, T에 어떤 입력 $(x,\ W'(x))$가 주어져도 T가 $x \in L$이라고 거짓으로 말하도록 할 수 없다.

즉, $coNP$는 어떤 원소가 멤버가 아니라는 것을 다항식 시간에 검증할 수 있는 언어의 클래스이다.

다음은 $coNP$라는 것을 쉽게 보일 수 있지만 NP라는 것을 보이기는 쉽지 않은 자연스럽게 정의된 고전적인 문제이다.

예제 20.11

$PRIMES$가 모든 소수의 집합이면 $PRIMES \in coNP$이다.

풀이 x는 $x \not\in PRIMES$임을 보이고자 하는 정수이다. x보다 작은 제수 $d = W(x)$는 $x \not\in L$라는 목격자가 될 수 있다. 사실상, T는 단순히 x를 d로 나누고 나머지가 0이라고 검증할 수 있다. x가 n자리 수이면 $O(n^2)$ 시간에 할 수 있다.

언급했듯이 n은 입력 x의 크기, 즉 자릿수라는 것에 주목하라. 그러므로 다음 논의는 틀릴 것이다. "$2 \leq i \leq \sqrt{x}$ 인 각 정수 i가 x를 나누는지 확인하면 되는데, 이는 다항식보다 작은 $\sqrt{x}$ 단계를 요한다. 따라서 언어 $PRIMES$는 P이다." 이 논의의 문제점은 x

에 관해서가 아니라 n에 관해서 다항 알고리듬을 요한다는 것이다.

독자는 coP를 정의하기 전에 튜링 기계에 의해 다항식 시간에 멤버가 아니라는 것을 검사할 수 있는 언어의 집합으로 $coNP$를 정의한 이유를 물을 지 모른다.

독자가 더 읽기 전에 잠시 이유를 생각하도록 권한다. 이유는 T가 다항식 시간에 L의 멤버가 아니라는 것을 검사할 수 있다면, 간단히 마지막에 승인 상태와 거절 상태를 교환함으로써 같은 T가 다항식 시간에 L의 멤버라는 것을 검사할 수 있으므로, $coP = P$라는 것이다. 이러한 추론으로 다음 성질을 얻는다.

성 질 20.12

$P \subseteq NP \cap coNP$이다.

증명 성질 20.8은 $P \subseteq NP$라는 것을 보여 준다. 한편, 같은 논의에 의하여 $coP \subseteq coNP$인데 $coP = P$이므로 주장은 증명되었다.

모든 소수로 구성된 언어 L이 NP라는 것을 증명하는 것은 다소 어렵다는 것을 지적한다. 이 결과를 프랏(Pratt)의 정리라고 하는데 정수론에서 매우 즐길 만한 사실을 이용하여 증명할 수 있다. 사실상, 다음의 소수에 대한 규명을 사용한다. 정수 $p > 1$이 소수인 필요충분조건은 $1 < r < p$인 다음과 같은 r가 존재하는 것이다.

(i) $r^{p-1} - 1$이 p로 나누어지고

(ii) 어떤 정수 d에 대하여 q가 $qd = p - 1$인 소수이면 $r^d - 1$은 p로 나누어지지 않는다.

주어진 p에 대하여 목격자 $W(p)$는 정수 r와 $p-1$의 모든 소인수 q이다. 튜링 기계는 다항식 시간에 모든 $d = \dfrac{p-1}{q}$에 대하여 r가 조건을 만족한다는 것을 검증할 수 있을 것이다. $p-1$의 모든 소인수 q의 개수는 $\log_2 p$ 미만이므로 $W(p)$는 입력의 크기에 관하여 다항식 크기 $\log p$이다.

*PRIMES*가 P에 속한다는 것을 증명하는 것은 더욱 어렵다. 이는 아마도 복잡도 이론의 가장 기념비적인 최근 결과일 것이다, 아그라왈(Agrawal), 카얄(Kayal), 삭세나(Saxena)의 증명은 2004년에 발표되었고[1] 12쪽 뿐이다! 세 저자 중 둘은 증명 당시 학부생이었다.

이제까지 정의한 세 가지 복잡도 클라스의 포함 관계는 그림 20.1에 있다.

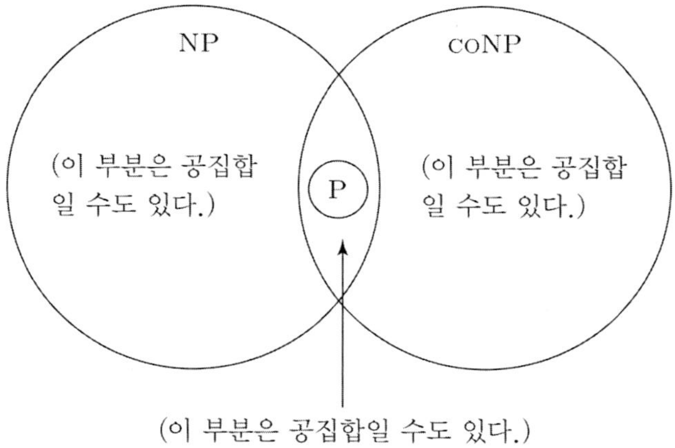

그림 20.1 세 가지 복잡도 클래스의 포함 관계

이 시점에서, 이 절의 개념의 이해도를 다음 성질을 증명함으로써 검사하라.

성질 20.13

다음 두 가지 서술은 동등하다.

(1) $P = NP$

(2) $P = coNP$

$NP = coNP$인지조차 알려지지 않았다는 것을 지적하면서 이 절을 마친다. P와 NP가 다르다고 믿는 것처럼 이 두 클래스는 다르다고 널리 믿고 있다.

20.2.2.2 비결정적 튜링 기계

복잡도 클래스 NP라는 이름에서 N의 유래가 궁금했을 것이다. 결국, 이 클래스의 정의는 무엇인가가 다항식 시간 초과(non-polynomial)가 아닌 다항식 시간에 이루어진다는 뜻이다.

이 질문의 답은 비결정적(nondeterministic) 튜링 기계라는, 튜링 기계의 버전에서 얻는다. 비결정적 튜링 기계의 처음 세 변수인 테입, 헤드, 상태는 고전적인 (결정적) 튜링 기계에서와 같이 정의된다. 차이는 결정적 튜링 기계에서 전이 함수 또는 프로그램이라 부르는 f에 있다.

$$f : S \times A \rightarrow (S \cup \text{'Yes'} \cup \text{'No'}) \times A \times \{\leftarrow, \rightarrow, stay\}$$

는 현재 읽는 셀의 상태와 기호로 이루어진 입력을 유일한 상태로 보내는 함수이다. 이러한 이유로 튜링 기계를 결정적이라 한다. 비결정적 튜링 기계에서는 함수 f가 다음의 관계

$$g: S\times A \rightarrow (S\cup \text{'Yes'} \cup \text{'No'})\times A\times\{\leftarrow, \rightarrow, stay\}$$

로 대치된다.

다시 말하여, 비결정적 튜링 기계에는 일반적인 단계에서 몇 가지 합법적인 작용이 있다. 셀의 주어진 기호와 그 기호를 읽을 때 기계의 상태에 의하여, 기계가 진행할 수 있는 방법이 몇 가지 있다.

좋다, 그러나 언제 비결정적 튜링 기계 T가 입력 문자열 x를 승인하는가? 어떤 합법적인 연이은 선택(시퀀스sequence)에 T가 'Yes' 상태로 정지하고, 어떤 합법적인 시퀀스에 T가 'No' 상태로 정지하는가? 다수결로 선택할 것인가?

승인은 개념이 매우 약하다고 판명되었다. 'Yes'로 정지하는 합법적인 시퀀스 하나만 있어도 T가 x를 승인한다고 한다. 그러한 시퀀스가 없으면 T가 x를 거절한다고 한다.

지금 정의한 입력 문자열의 승인으로 비결정적 튜링 기계 T에 의한 언어 L의 승인을 정의할 수 있다. 이 정의는 놀랍지 않다. T가 x를 승인하는 필요충분조건이 $x\in L$이면, 간단히 T가 L을 승인한다고 한다.

비결정적 튜링 기계의 실행 시간을 어떻게 측정하는가? 합법적인 문자열 선택에 필요한 각 단계의 실행 시간을 합하지는 않을 것이다. 대신, 가능한 계산 실행 시간의 최대값을 비결정적 튜링 기계의 실행 시간이라 정의할 것이다. 그림 20.2에 설명되어 있다. 이 정의를 비결정적 튜링 기계에서 가능한 모든 선택이 동시에 갱신되어 전체 실행 시간이 사실상 개별적인 실행 시간의 최대값이 된다고 해석할 수 있다.

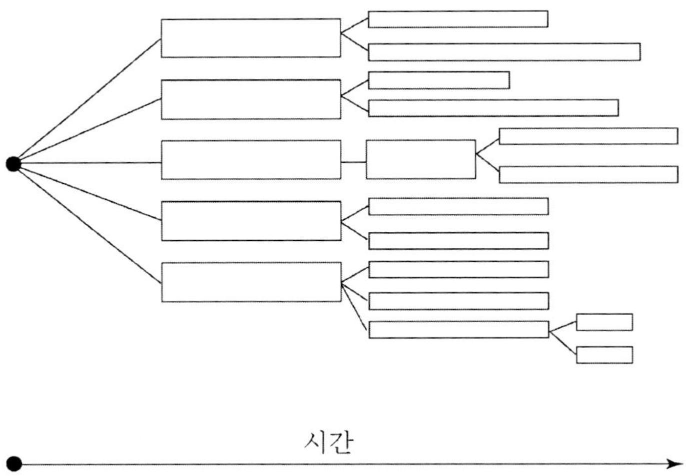

그림 20.2 비결정적 튜링 기계의 실행 시간 측정

마지막으로, NP라는 이름을 설명할 차례이다. NP 클라스는 비결정적 튜링 기계에 의하여 $O(n^k)$ 시간에 승인할 수 있는 언어의 클라스이다. 여기에서 k는 양의 정수, n은 입력의 크기이다. 즉, NP는 비결정적 다항식을 나타낸다. 사실, 언어 L이 NP에 속하면, $x \in L$에 대하여 목격자 $W(x)$는 결정적 튜링 기계에 의하여 다항식 시간에 검증될 수 있다. 비결정적 튜링 기계는 단지 x의 가능한 모든 목격자를 조사하여 그 중 유효한 것이 있는지 판정한다. 각 목격자를 검증하는데 다항식 시간이 걸리므로, 이 비결정적 기계는 다항식 시간에 작업을 마칠 것이다. 다른 한편 비결정적 튜링 기계가 다항식 시간에 모든 목격자를 확인할 수 없다면, 적어도 가능한 목격자 하나를 다항식 시간에 확인할 수 없을 것이고 L은 NP가 아닐 것이다.

이러한 NP의 다른 정의에 의하여도 결정적 튜링 기계 T는 비결정적 기계의 특별한 경우, 즉, 관계 g가 우연히 함수인 비결정적 튜링 기계이다. 다시 말하여, 각 단계에서 T에는 우연히 한 개의 합법적 선택이 있다. 따라서 $P \subseteq NP$임이 명백함에 주목하라. $P = NP$ 여부를 판정할 수 없다는 사실은 어떤 의미에서 비결정적 기계가 결정적 기계보다 정말 강한지 판단할 수 없다는 것이다.

예제 20.14

$HAMCYC$이 해밀톤 순환이 있는 모든 무방향 그래프 G의 언어라 한다. 그러면 $HAMCYC$은 비결정적 튜링 기계 T에 의하여 다항식 시간에 다음과 같이 판정된다. n이 G의 점의 수일 때 점들을 순환으로 배치하는 $\frac{(n-1)!}{2}$가지 방법이 있는데 이들이 T의 합법적 선택들이다. 어떤 선택을 하든, T는 선택이 해밀톤 순환을 형성하는지 검사할 수 있다. 이 단계에서, T는 결정적 기계로 작동하고, $O(n)$ 단계만 요한다. 따라서 $HAMCYC \in NP$이다.

20.2.3 NP-완전 문제

용어를 약간 남용하여, 이 절에서 언어 L과 $x \in L$인지 판정하는 문제를 동일시한다.

억 미만인 양의 정수의 소인수분해를 계산하는 프로그램이 있다고 가정하자. 어떤 목적으로, n의 소인수분해가 아니라 인수의 개수를 구한다고 가정하자. 이 경우에 프로그램이 모든 일을 할 수는 없지만, 사실상 거의 모든 일을 한다는 것을 알 것이다. 서로 다른 소수 p_i에 대하여 $n = p_1^{k_1} p_2^{k_2} \cdots p_t^{k_t}$이면, m이 n을 나누는 필요충분조건은

$m = p_1^{a_1} p_2^{a_2} \cdots p_t^{a_t}$인 것이다. 여기에서 모든 i에 대하여 $0 \leq a_i \leq k_i$이다. 따라서 n의 양의 인수의 개수는 $\prod_{i=1}^{t}(k_i + 1)$이다. 그러므로 우리가 할 일은 프로그램을 실행하고 결과를 얻어 여기에 매우 간단한 일, 즉 결과로 얻은 수들의 곱을 계산하는 것이다.

위의 예는 계산 이론(혹은 일반적인 수학)의 매우 일반적인 현상, 즉 어떤 문제가 다른 문제로 귀속되는 특별한 경우의 예이다. 사실, 위의 논의에 의하여 정수의 소인수분해를 구할 수 있으면 양의 인수의 개수를 구할 수 있다. 다시 말하여, 뒤의 문제는 앞의 문제로 귀속된다. 더욱이 귀속은 원래 문제에 비하여 오래 걸리지 않으므로(생각해 보라!) 가치가 있다. 물론, 귀속이 너무 오래 걸렸다면, 새 문제를 원래 문제로 귀속시키는 대신 직접 풀려고 했을 것이다.

어느 판정 문제가 다른 문제로 귀속되는 예를 정리 20.22의 증명에서 곧 제시할 것이다.

판정 문제 A가 다른 판정 문제 B로 짧은 시간에 귀속되면, 어떤 의미에서 "B가 A만큼 어렵다"고 생각하는 것이 자연스럽다. 어느 복잡도 클래스 C의 모든 문제가 한 문제 $B \in C$로 귀속될 수 있다면 C에서 B는 특별한 역할을 한다고 생각하는 것이 자연스럽다. 다음 정의는 이러한 가장 중요한 예이다.

정의 20.15

문제 L은 다음 조건을 만족하면 NP-완전(NP-complete)이라 한다.

(1) $L \in NP$이고

(2) 각 $L' \in NP$는 결정적 튜링 기계에 의하여 다항식 시간에 L로 귀속된다.

위의 조건은 다소 강하고, 어떤 문제가 NP-완전이라고 증명하는 것은 대개 어렵다고 생각할지 모른다. 또한 그렇다면 NP-완전 문제는 적고 따라서 그 클래스는 다소 제한되어 있다고 생각할지 모른다. 첫 번째 생각은 부분적으로 사실이다, 즉, 처음 NP-완전 문제를 발견하는 것은 어렵다. 그럼에도 불구하고 NP-완전 문제를 하나 발견하면, 다음 간단한 사실에 의하여 다른 것은 훨씬 발견하기 쉽다.

성질 20.16

L이 NP-완전이고 L'으로 귀속될 수 있으면, L'은 NP-완전이다.

증명 $A \in NP$이면 A가 L로 다항식 시간에 귀속되고 L이 L'으로 다항식 시간에 귀속된다. 그러므로 A는 L'으로 다항식 시간에 귀속된다.(귀속시키는 튜링 기계를 두 번 적용한다.)

따라서 NP-완전 문제를 하나 얻으면, 이 문제가 다른 문제로 다항식 시간에 귀속된다는 것을 밝힘으로써 다른 NP-완전 문제를 발견할 수 있다. 성질 20.16에서 L의 역할을 하는 더 많은 문제가 있으므로, NP-완전 문제가 더 많을수록 새로운 문제를 발견하기 쉽다.

NP-완전 개념은 $P=NP$임을 증명하는 전략을 제공한다. 이는 다음 보조정리의 내용이다.

보조정리 20.17

$L \in P$인 NP-완전 L이 있으면 $P=NP$이다.

증명 NP-완전 언어 L이 P이면, 임의의 언어 $L' \in NP$도 P이다. 사실, 먼저 L'을 L로 다항식 시간에 결정적 튜링 기계로 귀속시키고 L을 다른 결정적 튜링 기계로 다항식 시간에 판정한다.

언급했듯이 첫 번째 NP-완전 언어를 구하기는 쉽지 않다. 이제 NP-완전이라는 증명 없이 이 언어를 묘사하려고 한다.

$x_1, x_2, \cdots, x_n$이 부울 변수(Boolean variable), 즉 참, 거짓의 값을 갖는 변수이다. 이 변수나 그 부정을 문자(literal)라 한다. 문자의 집합에 연산 $\wedge$, $\vee$, $^{-}$을 다음과 같이 도입한다.

(1) $x_i \vee x_j =$참인 필요충분조건은 x_i나 x_j가 참인 것이다. $\vee$는 '또는'이라 할 수 있다.

(2) $x_i \wedge x_j =$참인 필요충분조건은 x_i와 x_j가 참인 것이다. $\wedge$는 '이고'이라 할 수 있다.

(3) $\overline{x_i}$가 참인 필요충분조건은 $x_i =$거짓인 것이다. $^{-}$는 '부정'이라 할 수 있다.

부울 표현식(Boolean expression)은 $(x_1 \wedge x_2) \vee \overline{x_3}$, $(x_1 \wedge x_2) \vee \overline{x_1}$ 등 문자의 연산의 시퀀스이다. 부울 표현식은 그 값이 참이 되도록 각 변수에 참 또는 거짓의 값을 부여할 수 있으면, 만족가능하다(satisfiable)고 한다.

예제 20.18

부울 표현식 $(x_1 \wedge x_2) \wedge \overline{x_3}$는 만족가능하다. x_1 =참, x_2 =참, x_3 =거짓이면 표현식은 참이다.

예제 20.19

부울 표현식 $(x_1 \wedge \overline{x_2}) \wedge (\overline{x_1} \vee x_2)$는 만족가능하지 않다. 앞의 괄호는 x_1 =참, x_2 =거짓일 때만 참인데, 이때 두 번째 괄호는 거짓이다.

논리곱 표준형(conjunctive normal form, CNP)은 괄호(절(clause)이라 한다.) 사이에는 $\wedge$ 만 있고 괄호 안에는 $\vee$ 만 있는 부울 표현식이다.

예제 20.20

부울 표현식 $(x_1 \vee x_2) \wedge (x_1 \vee \overline{x_3} \vee x_4) \wedge x_2 \wedge (x_1 \vee \overline{x_4})$는 논리곱 표준형이다.

각 부울 표현식과 동등한 유일한 논리곱 표준형이 있다고 증명할 수 있다. 따라서 논리곱 표준형만 다루면 일반성을 잃지 않으면서 부울 표현식을 간단히 다룰 것이다.

이제 어떤 언어가 NP-완전이라는 첫 번째 결과인 쿡(Cook)의 정리를 소개한다.

정리 20.21 [15] 쿡의 정리(Cook's theorem)

SAT가 만족가능한 부울 표현식의 논리곱 표준형의 언어라 한다. 그러면 SAT는 NP-완전이다.

SAT가 NP라는 것은 알기 쉽다. 사실, 주어진 부울 표현식 x의 목격자 $W(x)$는 x의 각 문자에 값을 지정하는 것이다. 각 절이 참인 하나 이상의 문자를 가졌다는 것을 검증하는데 $O(n)$ 시간이 걸린다. m개의 문자가 있으면 가능한 값의 지정은 2^m 가지이므로, 모두 확인하는 데는 다항식을 초과하는 시간이 걸린다.

쿡의 정리의 증명은 복잡도 이론의 모든 교재에 있다. 독자가 알기 쉬운 교재로 [50]을 추천한다. 각 절이 세 개의 문자만 포함하는 논리곱 표준형의 부울 표현식만 고려해도 해당하는 언어 $3SAT$는 NP-완전이다. 이는 다음 정리의 증명에서 보듯이 SAT가 $3SAT$로 다항식 시간에 귀속되기 때문이다.

정리 20.22

$3SAT$는 각 절이 정확히 세 개의 문자를 포함하는 논리곱 표준형의 부울 표현식의 언어이다. $3SAT$는 NP-완전이다.

증명 변수의 지정은 목격자의 역할을 하므로 말할 필요도 없이 $3SAT \in NP$이다. 이제 다항식 시간에 SAT를 $3SAT$로 귀속시키는 방법을 보일 것이다. 즉, 논리곱 표준형의 각 부울 표현식 X에 대하여, 각 절이 정확히 세 개의 문자를 포함하는 다음과 같은 $f(X)$를 구축하려 한다. X가 만족가능한 필요충분조건은 $f(X)$가 만족가능한 것이다.

$f(X)$의 각 절을 구축한다. X의 어느 절이 $(x_1 \vee x_2 \vee \cdots \vee x_m)$이라 하자. 이 절을 새로운 변수를 포함하는 $m-2$개의 작은 절로 분해할 것이다. 사실상, $X_c = (x_1 \vee x_2 \vee \cdots \vee x_m)$을

$$f(X_c) = (x_1 \vee x_2 \vee y_1) \wedge (x_3 \vee \overline{y_1} \vee y_2) \wedge (x_4 \vee \overline{y_2} \vee y_3) \wedge \\ \cdots \wedge (x_{m-2} \vee \overline{y_{m-4}} \vee y_{m-3}) \wedge (x_{m-1} \vee x_m \vee \overline{y_{m-3}})$$

로 분해한다. 즉, 처음과 마지막 절은 다른 절과 다르고 $2 \le i \le m-3$인 각 i에 대하여 i 번째 절은 $(x_{i+1} \vee \overline{y_{i-1}} \vee y_i)$이다.

X의 각 절 X_d를 이렇게 정의된 절 $f(X_d)$로 대치한다. 이제 X가 만족가능하다고 가정하자. 이는 X의 각 절이 만족가능할 때이다. X_c가 어떤 값의 지정에 의해 만족되므로, $x_i =$참인 지수 $i \in [m]$이 적어도 하나 있다. 그러한 최소의 i를 선택하라. 이제 $j < i-1$이면 $y_j =$참이고, 아니면 $y_j =$거짓이라 한다. 이 지정으로 처음 $i-2$개의 절은 y_j가 참이므로, 참이고 $(i-1)$ 번째 절은 x_i가 참이므로, 참이고 나머지 절은 $\overline{y_j}$가 참이므로, 참이다. 따라서 $f(X_c)$는 만족가능하다.

이 논의는 X의 각 절에 적용되므로, X가 만족가능하다면, $f(X)$는 만족가능하다는 것을 증명했다. 이제 역을 증명해야 한다.

$f(X) = \wedge(f(X_c))$가 만족가능하고 X는 그렇지 않다고 가정하자. 이는 $f(X)$의 모든 절을 만족하나 X의 모든 절을 만족하지는 않는 모든 변수 x_i, y_j 값의 지정이 있다는 것이다. c가 X_c를 만족하지 않지만 $f(X_c)$를 만족하는 지정이라 한다. $X_c = (x_1 \vee x_2 \vee \cdots \vee x_m)$이므로 이는 $f(X)$를 만족하는 지정에서 모든 $i \in [m]$에 대하여 $x_i =$거짓이라는 것을 의미한다. 그렇다면 결정적으로 $f(X_c)$에서 모든 x_i를 없애서 ($f(X_c)$가 x_i의 부정을 포함하지 않으므로) 얻은 표현식은 참이다. 이는 $f(X)$를 만족하는 지정이

$$y_1 \wedge (\overline{y_1} \vee y_2) \wedge (\overline{y_2} \vee y_3) \wedge \cdots \wedge (\overline{y_{m-4}} \vee y_{m-3}) \wedge (\overline{y_{m-3}})$$

를 만족한다는 것을 의미한다. 그러나 마지막 표현은 만족가능하지 않다. 사실상 처음 절을 만족하기 위하여 $y_1 =$참, 두 번째 절을 만족하기 위하여 $y_2 =$참인 등이다. 마지막에서 두 번째 절에서 $y_{m-3} =$참이고 마지막 절은 만족가능하지 않다.

따라서 X가 만족가능한 필요충분조건은 $f(X)$가 만족가능한 것이다. $f(X)$를 생성하는데 다항식 시간(선형 시간)만 걸리므로, SAT가 다항식 시간에 $3SAT$로 귀속되고 주장은 증명된다.

정리 20.22는 다음 의미에서 최적일 것이다. 각 절이 두 개의 문자로 구성된 부울 표현식만 고려하고, $2SAT$를 만족가능한 언어로 정의하면, $2SAT$가 NP-완전일 확률은 별로 없다. 이는 연습문제 4에서 증명한 대로 언어 $2SAT$가 P이기 때문이다! 따라서 $2SAT$가 NP-완전이면, $P = NP$이다. 연습문제 4를 풀려면 부가적인 정의가 필요하므로 이 절 마지막까지 기다려야 한다.

많은 NP-완전 문제는 그래프에 관계되고, 그들이 NP-완전이라는 증명은 $3SAT$를 그들로 귀속시키는데 관련되어 있다. 세련된 예로 연습문제 6을 풀도록 강력히 추천한다.

다음 세 가지 예는 NP-완전 문제이다. [19]는 이 복잡도 클래스만을 다룬 책이다.

예제 20.23

$HAMPATH$는 해밀톤 경로를 가지는 그래프의 언어이다. $HAMPATH$는 NP-완전이다.

예제 20.24

$SUBSETSUM$은 부분합이 0인 실수의 유한 중복집합이다. $SUBSETSUM$은 NP-완전이다.

연습문제 5는 이 문제의 변형이다.

예제 20.25

L이 p가 q를 패턴으로 포함하는 치환인 (p, q)의 집합이다. L은 NP-완전이다.

위의 예에서 q가 입력의 일부라는, 즉 q의 길이가 미리 주어지지 않는다는 것은 매우 중요하다. q의 길이가 주어진 상수이면, 해당하는 언어는 P이다. 부가 연습문제 14는 이의 증명 문제이다. 이는 어떤 문제가 P라고 증명되는지 NP-완전이라고 증명되는지 판정하는 중요한 차이의 예이다.

이러한 특별한 예가 유명한, 순회 외판원 문제(Traveling Salesman problem)이다. 부가 연습문제 17을 보라.

따름정리 20.17은 해밀톤 순환, 부분합 문제나 패턴 회피 문제의 효율적인 알고리듬(P에 속하는)을 구할 수 있으면, NP-완전이라고 알려진 다른 수백 가지 문제의 효율적인 알고리듬을 구할 수 있게 된다는 것을 의미한다.

20.2.4 다른 복잡도 클래스

튜링 기계가 판정 문제를 해결하는 데 걸리는 시간에 근거하는 대신, 필요한 공간, 즉, 튜링 기계가 요하는 셀의 수를 고려하여 복잡도를 정할 수 있다.

정의 20.26

어떤 튜링 기계 T, 양의 정수 k, 상수 c에 대하여 T가 x를 승인하는 필요충분조건이 $x \in L$이고, 입력 x가 주어졌을 때 T가 요하는 셀의 수가 cn^k 이하일 때, 언어 L이 복잡도 클래스 $PSPACE$에 속한다고 말한다.

다시 말하여, 주어진 입력 x의 크기가 n일 때 $x \in L$인지 판정하는데 T가 $O(n^k)$개의 셀을 요한다.

튜링 기계가 각 셀에 접근할 때 단위 시간을 요하므로, 즉각적으로 다음 성질을 얻는다.

성질 20.27

$P \subseteq PSPACE$이다.

이 포함관계가 진부분인지 알려져 있지 않다. 다음 포함 관계는 약간 덜 명확하다.

정리 20.28

$NP \subseteq PSPACE$이다.

증명 $L \in NP$이다. $PSPACE$의 원소라는 것에 관하여, 기계의 실행 시간은 중요하지 않다. 따라서 T가 L을 다항식 시간에 승인하는 비결정적 튜링 기계이면, T를 다음과 같이 변형하여 T'을 얻는다. T'의 각 계산이 T의 합법적인 시퀀스에 따르는 결정적 튜링 기계인데 동시가 아니라, 특별한 순서에 따라 연속적으로 수행하여서, 각 시퀀스는 이전 것 위에 덮어쓴다고 한다. 그러면 T'은 결정적 기계이다. 사실상, 각 단계에서 T'은 현재의 시퀀스의 다음 단계를 택하고 시퀀스들의 순서는 정해져 있으므로, T'은 유일하게 정의된 단계를 수행한다. 더욱이, 가장 긴 것을 포함하여 각 시퀀스가 다항식 공간을 요하므로, T'은 다항식 공간을 요한다. 사실상, 시퀀스 s의 수행에 다항식을 초과하는 공간을 요하면 T는 이 시퀀스를 다항식 시간에 수행하지 못한다.

$PSPACE$가 P보다 사실상 큰 지조차 알려져 있지 않으므로, $PSPACE$가 NP보다 큰 지 알려져 있지 않다.

이제까지 우리가 고려한 모든 복잡도 클래스는 P를 포함한다. P의 부분집합인 클라스는 어떠한가? 이러한 종류의 두 가지 흥미로운 클래스를 소개하기 위하여 로그 크기의 공간이라는 개념이 필요하다. 즉, $O(\log n)$ 공간만 사용함으로써 승인할 수 있는 언어를 고려하고자 한다. 이 시점에서 n이 튜링 기계의 입력의 크기이므로, 입력을 택하는데 $n > O(\log n)$ 단계가 필요하다는 것은 넌센스라고 말할 수 있다. 그러므로 이 복잡도 클라스를 고려할 때, 입력을 포함하는 테입 부분은 필요한 공간으로 세지 않고 직접 계산에 필요한 공간만 셀 것이다.

이제 새로운 두 가지 복잡도 클래스를 정의한다.

정의 20.29

양의 정수 k와 결정적 튜링 기계 T가 있어서, 임의의 길이 $|x|$인 입력 x에 대하여 기계 T가 $x \in H$인지 여부를 $k log|x|$ 셀을 이용하여 판정할 수 있으면, 언어 H가 L에 속한다고 한다.

이에 관한 특별한 최근 결과는 다음과 같다.

정리 20.30

UST는 무방향 그래프 G, s에서 t로의 경로가 있는 G의 점 s, t로 구성된 (G, s, t)의 언어라 한다. $UST \in L$이다.

정리 20.30은 오메르 라인골트(Omer Reingold)에 의해 2004년에 증명되었다[35].

정의 20.31

양의 정수 k와 비결정 튜링 기계 T가 있어서, 임의의 길이 $|x|$인 입력 x에 대하여 기계 T가 $x \in H$인지 여부를 $k\log|x|$ 셀을 이용하여 판정할 수 있으면, 언어 H가 NL에 속한다고 한다.

NL인 판정 문제의 유명한 예는 $REACHABILITY$이다. 즉 G는 방향 그래프, x는 G의 점, k는 양의 정수일 때 주어진 입력 (G, s, k)에 대하여 튜링 기계가 x로부터 경로에 의해 도달할 수 있는 G의 점이 k개 이상 있는지 판정하여야 한다. 이 문제가 NL에 속한다는 사실은 유명한 이머만, 세렙체니(Immerman-Szelepcsényi) 정리이다. 어느 알고리듬이 $REACHABILITY$를 판정할 수 있다면, UST를 판정할 수 있다는 점에 주목하라. 이는 $k=1$이라 놓고 무방향 그래프의 각 선분을 서로 반대 방향인 두 선분으로 대치할 수 있기 때문이다.

$REACHABILITY$가 L에 속하는지 여부는 알려지지 않았지만, $REACHABILITY$를 $O(\log^2 n)$개의 셀을 사용하여 해결할 수 있는 결정적 튜링 기계가 있다고 알려져 있다. P나 NP와 달리 복잡도 클라스 L은 그러한 방법으로 제곱하는 것을 허용하지 않는다는 점에 주목하라.

정의에 의해 명백히 $L \subseteq NL$인데 포함관계가 진부분인지는 알려져 있지 않다. 다음 포함관계는 증명하기가 약간 더 어렵다.

보조정리 20.32

$L \subseteq P$이다.

독자가 이 보조정리를 증명하도록 권한다. 연습문제 3의 풀이에 한 가지 증명이 주어져 있다. 이의 고차원적 버전이 $NL \subseteq P$를 증명하는데[32] 포함관계가 진부분인지 알려져 있지 않다.

마지막으로, 화제를 바꾸기 위하여 진부분이라고 알려진 포함관계를 언급한다. $L \neq PSPACE$라고 알려져 있다[32].

다음 포함관계는 이 장에서 언급한 약한 포함관계를 요약한다.

$$L \subseteq NL \subseteq P \subseteq NP \subseteq PSPACE \tag{20.1}$$

이 포함관계에서 놀라운 점은 (20.1)의 어떤 포함관계도 진부분이라고 알려져 있지 않다는 것이다. 한편, 언급했듯이 $L \neq PSPACE$이다. 그러므로 (20.1)의 포함관계 중 적어도 하나는 진부분이다. 하나 뿐일까? 아니라면, 어느 것이 먼저 증명될까?

Notes

일곱 가지 천 년 현상금 문제는 클레이 재단의 웹페이지 http://www.claymath.org/millennium에 있다. 이 책을 출간하는 2011년, 이들 문제가 발표된 지 11년이 지난 후 이 중 하나만 해결되었다.

앞의 장과 마찬가지로 이 장의 주제에 대한 알기 쉬운 소개서로 허브 윌프(Herb Wilf)의 알고리듬과 복잡도(Algorithms and Complexity)[50]가 있다. 매우 즐길 만하고 충분히 이해할 만한 종합적인 대학원 교재로 크리스 파파디미트리우(Christ Papadimitriou)의 계산 복잡도(Computational Complexity)[32]와 마이클 십서(Michael Sipser)의 계산 이론 소개(Introduction to the Theory of Computation)[38]가 있다.

연습문제 Exercises

주의 이 장의 연습문제를 해결할 때 본문의 증명 없는 정리나 예를 이용할 수 있다.

1. L이 연결 그래프들의 언어라 한다. $L \in P$임을 증명하거나 반증하라.

2. L이 이분 그래프들의 언어라 한다.
   (a) $L \in NP$임을 증명하라.
   (b) $L \in P$임을 증명하라.

3. 보조정리 20.32를 증명하라.

4. (+) $2SAT$가 각 절이 두 개의 문자로 구성된 논리곱 표준형의 부울 표현식이다. $2SAT \in NL$임을 증명하라. 이는 $2SAT \in P$임을 의미한다는 점에 주목하라.

5. $BIGSUBSETSUM$이 실수의 모든 유한 다중집합 S의 언어이고 다음과 같은 부분 다중집합 T를 갖는다고 한다.
(a) T의 원소의 합은 0이고
(b) $|T| > 0.9|S|$이다.
$BIGSUBSETSUM$이 NP-완전임을 증명하라.

6. $INDEPENDENT-SET$는 단순 그래프 G에 k개의 점에 유도된 선분이 없는 (G, k)로 구성된 언어이다. $INDEPENDENT-SET$가 NP임을 증명하라.

7. NP의 모든 문제가 결정적 튜링 기계에 의하여 다항식 시간에 귀속되는 판정 문제가 있으면 이 문제를 NP-난해(NP-hard)라 한다. 17장에서 논의한 정지 문제가 NP-난해임을 증명하라.

8. 위의 연습문제의 정의로부터 NP-난해 문제의 집합은 NP-완전 문제의 집합을 포함한다. 이 포함관계는 진부분인가?

9. $coNP$의 모든 문제가 결정적 튜링 기계에 의하여 다항식 시간에 어떤 판정 문제로 귀속되면 이 판정 문제를 $coNP$-완전($coNP$-complete)이라 한다. 항진명제(tautology)는 변수의 모든 지정에 대하여 참인 유한 부울 표현식이다. 예로 $x_1 \vee \overline{x_1}$는 항진명제이다. $TAUT$가 모든 항진명제의 집합이면 $TAUT$는 $coNP$-완전임을 증명하라.

10. $HAMCYC$가 해밀톤 순환을 포함하는 모든 그래프의 집합이면, $HAMCYC$는 NP-완전임을 증명하라.

11. 그래프 G의 지배 집합(dominating set) D는 점들의 집합으로 D에 있지 않은 모든 점이 D의 어떤 점에 이웃하는 집합이다. $DOMINATING-SET$는 G가 k개 이하의 점으로 구성된 지배 집합을 갖는 그래프인 (G, k)로 구성된 언어이다. $DOMINATING-SET$는 NP-완전임을 증명하라.

12. $SPANNING-TREE$는 단순 그래프 G가 각 점의 차수 k 이하인 신장 트리를 갖는 (G, k)로 구성된 언어이다. $SPANNING-TREE$가 NP-완전임을 증명하라.

부가 연습문제 Supplementary Exercises

13. (결정적) 튜링 기계의 공식적인 정의를 이용하여, 튜링 기계가 일단 승인 상태나 거절 상태를 입력하면 정지한다는 것을 증명하라.

14. q가 주어진 치환이고 L이 q를 부분치환으로 포함하는 모든 치환의 언어라 한다. $L \in P$임을 증명하라.

15. L이 크기 10 이하인 짝짓기를 포함하는 그래프들의 언어라 한다. $L \in P$임을 증명하거나 반증하라.

16. 성질 20.13을 증명하라.

17. 어느 외판원이 n개의 도시를 정확히 한 번씩 방문하고 처음 출발한 도시로 돌아온다. 임의의 두 도시 사이의 여행 경비는 미리 지급된다. 주어진 비용 C 미만으로 충당되는지 판정하는 문제는 NP임을 증명하라.

18. NP-완전 문제가 $coNP$이면 $NP = coNP$임을 증명하라.

19. L이 원소의 합이 같은, 두 부분으로 분할되는 실수의 유한 중복집합으로 구성된 언어이다. L이 NP-완전임을 증명하라.

20. $NP \subseteq coNP$이면 $NP = coNP$임을 증명하라.

21. $CLIQUE$가 그래프 G가 K_k와 동형인 부분그래프를 갖는 (G, k)로 구성된 언어이

다. *CLIQUE*가 *NP*-완전임을 증명하라.

22. 그래프 G의 점 덮개는 점집합 C로, G의 각 선분의 적어도 한 끝점이 C의 원소라는 것을 상기하라. *VERTEX-COVER*가 그래프 G가 크기 k 이하인 점 덮개를 갖는 (G, k)로 구성된 언어이다. *VERTEX-COVER*가 *NP*-완전임을 증명하라.

23. *SHORTESTPATH*가 무방향 그래프 G와 길이 k인 경로가 있는 G의 점 a, b의 (G, k, a, b)로 구성된 언어이다. $SHORTESTPATH \in P$임을 증명하라.

24. *SUBGRAPH*가 G가 H와 동형인 부분그래프를 갖는 그래프인 (G, H)로 구성된 언어이다. *SUBGRAPH*가 *NP*-완전임을 증명하라.

25. *HITSET*는 F가 유한 집합의 유한 클라스이고 F의 모든 집합과 교집합이 있는 k-집합이 있는 (F, k)로 구성된 언어라 한다. *HITSET*가 *NP*-완전임을 증명하라.

참고문헌

[1] Agrawal, M., Kayal, N., Saxena, N. (2004) "PRIMES is in P." Annals of Math., 160, 781-793.

[2] Albert, M., Elder, M., Rechnitzer, A., Westcott, P., Zabrocki, M. (2006) "A lower bound on the growth rate of the class of 4231 avoiding permutations", Adv. Appl. Math., 36, vol. 2, 96-105.

[3] Alon, N., Spencer, J. (2000) "The Probabilistic Method", second edition, Wiley-Interscience Series in Discrete Math. and Optimization, A Wiley-Interscience Publication. John Wiley and Sons, Inc.

[4] Andrews, G. E. (1976) "The Theory of Partitions", Encyclopedia of Math. and Its Applications, vol. 2, Addison-Wesley.

[5] Biggs, N. L. (2008) "Codes. An Introduction to Information Communication and Cryptography", Springer Verlag, London.

[6] Bollobás, B. (1978) "Extremal Graph Theory", London Mathematical Soc. Monographs, 11, Academic press, Inc.

[7] Bóna, M. (2005) "Introduction to Enumerative Combinatorics", McGrow-Hill.

[8] Bóna, M. (2004) "Combinatorics of Permutations", CRC Press - Chapman Hall.

[9] Bóna, M. (1998) "The permutation classes equinumerous to the smooth class", Electron. J. Combin., 5, no. 1.

[10] Bóna, M., Simon, R. (2000) "A self-dual poset on objects counted by the Catalan numbers and a type-B analogue", Discrete Math., 220, no. 1-3, 35-49.

[11] Bóna, M., MacLennan, A., White, D. (2000) "Permutations with roots", Random Structures and Algorithms, 17, no. 2, 157-167.

[12] Bóna, M. (1997) "A new proof of the formula for the number of the 3×3 magic squares", Math. Magazine 70, 201-203.

[13] Brenti, F. (1997) "Unimodal, log-concave and Pólya frequency sequences in combinatorics", Mem. Amer. Math. Soc., 81, no. 413.

[14] Colburn, C. J., Dinitz, J. H. (2007) "Handbook of Combinatorial Designs", Chapman Hall-CRC press, Boca Raton, FL.

[15] Cook, S. (1971) "The complexity of theorem proving procedures", Prodeedings of the third ACM Symp., ACM, 151-158.

[16] Cormen, T., Leiserson, C., Rivest, R., Stein, C. (2002) "Introduction to Algorithms", McGrow-Hill, second edition.

[17] Donaughey, R. (1975) "Alternating permutations and binary increasing trees", J. Combinatorial Theory Ser. A, 18, 141-148.

[18] Flajolet, P., Sedgewick, R. (2009) "Analytic Combinatorics", Cambridge Univ. press.
[19] Garey, M. D., Johnson, S. (1979) "Computers and Interactability; A guide to the theory of NP-completemess", W. H. Freeman and Co.
[20] Gordon, H. (1997) "Discrete Probability", Springer.
[21] Graham, L., Rothschild, B., Spencer, J. (1990) "Ramsey Theory", Wiley Intersciences, second edition.
[22] Greene, C., Bogarth, K. P., Kung, J. (1990) "The impact of the chain decomposition theorem on classical combinatorics. The Dilworth theorems", 19-29, Contemp. Math., Birkhäuser.
[23] Harary, F., Palmer, E. M. (1973) "Graphical Enumeration", Academic press, 1973.
[24] Kaiser, T., Klazar, M. (2003) "On growth rates of hereditary permutation classes", Electron. J. Comb., 9, vol. 2. R10.
[25] Krattenthaler, C. (1995) "The major counting of nonintersecting lattice paths and generating functions for tableaux", Mem. Amer. Math. Soc., 115, no. 552.
[26] Landman, B., Robertson, A. (2004) "Ramsey Theory on the Integers", Amer. Math. Society.
[27] Lóvasz, L. (1994) "Combinatorial Problems and Exercises", Elsevier; Akadémiai Kiadó (Publishing House of the Hungarian Academy of Sciences), second edition.
[28] Lóvasz, L., Plummer, M. D. (1986) "Matching theory", Akadémiai Kiadó(Publishing House of the Hungarian Academy of Sciences).
[29] MacMahon, P. A. (1916) "Combinatorial Analysis", vols. 1-2, Cambridge, 1916.(reprinted by Chelsea, NY, 1960).
[30] Marcus, A., Tardos, G. (2004) "Excluded Permutation matrices and the Stanley-Wilf conjecture", J. Combin. Theory Ser. A, 107 no 1, 153-160.
[31] Pach, J., Agarwal, P. (1995) "Combinatorial Geometry", Wiley-Interscience.
[32] Papadimitriou, C. H. (1994) "Computational Complexity", Addison-Wesley.
[33] Pittel, B. (1999) "Confirming two conjectures about the integer partitions", J. Combin. Theory Ser. A, 88, no 1, 123-135.
[34] Recski, A. (1989) "Matroid Theory and its Applications in Electronic Network Theory and in Statics", Springer-Verlag; Akadémiai Kiadó(Publishing House of the Hungarian Academy of Sciences).
[35] Reingold, O. (2005) "Undirected ST-connectivity in log-space", STOC'05: Proceedings of the 37th Annual ACM Symp. on Theory of Computing, 376-385, ACM.
[36] Sagan, B. E. (1998) "Unimodality and the reflection principle", Ars Combin., 48, 65-72.
[37] Simon, R., Ulman, D. (1991) "On the structure of the lattice of noncrossing partitions", Disc. Math., 98, no. 3, 193-206.
[38] Sipser, M. (2005) "Introduction to the Theory of Computation", Course Tech.; second edition.
[39] Stanley, R. (1983) "Combinatorics and Commutative Algebra", Progress in Math., 41, Birkhäuser.
[40] Stanley, R. (1973) "Acyclic orientations of graphs", Disc. Math., 5, 171-178.

[41] Stanley, R. (1997) "Enumerative Combinatorics", vol. 1, Cambridge Univ. press, second edition.

[42] Stanley, R. (1999) "Enumerative Combinatorics", vol. 2, Cambridge Univ. press, second edition.

[43] Tóth, G., Valtr, P. (2005) "The Erdös-Szekeres theorem, upper bounds and generalizations, Disc. and Computational Geometry", papers from the MSRI Special Program (J. E. Goodman et al. eds.) 52, 557-568.

[44] Trotter, W. T. (1992) "Combinatorics and Partially Ordered Sets. Dimension Theory", Johns Hopkins Series in the Mathematical Sciences, Johns Hopkins Univ. Press.

[45] Vella, A. (2003) "Pattern avoidance in permutations: linear and cyclic orders", Permutation patterns (Otago, 2003), Electron. J. Combin. 9 no. 2, Research paper 18, 43pp, electronic.

[46] W. D. Wallis (2007) "Introduction to Combinatorial Designs", Chapman Hall-CRC press, Boca Raton, FL.

[47] West, D. (2001) "Introduction to Graph Theory", Prentice Hall, second edition.

[48] West, J. (1996) "Generating trees and forbidden subsequences", Proc. of the 6th conference on Formal Power Series and Algebraic Combinatorics (New Brunswick, NJ, 1994), Disc. Math., 157, no. 1-3, 363-374.

[49] Wilf, H. (2005) "Generatingfuntionology", AK Peters, third edition.

[50] Wilf, H. (2002) "Algorithms and Complexity", AK Peters, second edition.

찾아보기

저자: Miklós Bóna

Miklós Bóna는 매사추세츠 공과대학교(MIT)에서 박사학위를 받고 플로리다 주립대학교(University of Florida) 교수로 지내면서 우수 교수자 아카데미(Academy of distinguished teaching scholars)의 일원이 되었고 이 대학교와 펜실베이니아 대학교(University of Pennsylvania)에서 강의상을 받았다. 또한 Electronic Journal of Combinatorics의 책임편집위원이기도 하다.

역자: 노 유 미

- 인천대학교 수학과 교수
- 서울대학교 수학과 이학사
- 미국 캘리포니아 주립대학교–샌디에고 경제학 석사
- 미국 위스콘신 주립대학교–매디슨 이학 박사

조합론 산책

초판3쇄발행 2022년 12월 15일

지은이 Miklós Bóna
옮긴이 노유미
펴낸이 오판근
펴낸곳 (주) 교우
주　소 서울시 동대문구 약령시로 8 교우빌딩 2층 (주)교우
전　화 02-925-2861 / **팩　스** 02-925-2860. **편집부** 02-925-2825
홈페이지&북스토어 www.kyowoo.co.kr / **이메일** kyowoo@kyowoo.co.kr

등　록 1994년 3월 24일 제1994-000013호
ISBN 978-89-8172-952-3 (93410)

Published by Kyowoo Co., Ltd. Printed in Korea
Copyright© 2022 노유미 Kyowoo Co., Ltd.
이 책의 저작권은 노유미와 (주)교우에 있습니다.

저작권법에 의해 보호를 받는 저작물이므로 무단 복제 및 전재를 금합니다.

(주) 교우는 보다 혁신적이고 참신한 도서를 다양하게 기획하고 있습니다.
책으로 펴내고자 하는 아이디어나 원고는 메일로 보내주세요.
(주) 교우는 전과정을 책임지고 최선을 다하겠습니다.

값 36,000원

교우미디어는 (주) 교우의 Imprint 사입니다.
수학정원·과학정원은 (주) 교우의 새로운 브랜드명입니다.

잘못된 책은 구입하신 서점에서 교환해 드립니다.